高等院校人工智能设计系列教材

元宇宙

技术解析与 Unity

实战应用

马溪茵 孙涵 范玲 俞洁 编著

中国电力出版社
CHINA ELECTRIC POWER PRESS

内容提要

本书面向元宇宙领域学习者及前沿技术关注者，结合 Unity 这一主流游戏开发引擎，由浅入深地介绍元宇宙核心技术与实操方法。全书共 7 章，围绕"元宇宙理念内涵——核心技术讲解——实操项目应用"三个维度展开，兼顾理论深度与实践指导，系统构建元宇宙的知识体系与应用框架。第 1～4 章介绍宇宙理念内涵，聚焦元宇宙的发展背景、技术基础与经济逻辑；第 5、6 章讲解元宇宙技术，聚焦全球元宇宙发展趋势与交互内容设计；第 7 章介绍元宇宙实操应用，以 Unity3D 引擎为核心，通过四个实战项目引导零基础读者掌握元宇宙开发技能。

本书配套数字化实操资料（包括相关案例素材、操作步骤、教学视频等），便于读者轻松学习 Unity 实战应用的各种基本技能，快速积累元宇宙场景应用引擎工具的实战经验。本书既可作为高等院校（及社会培训）相关专业教材，又适合作为相关爱好者自学用书。

图书在版编目（CIP）数据

元宇宙技术解析与 Unity 实战应用 / 马溪茵等编著 . -- 北京：中国电力出版社，2025.8. -- （高等院校人工智能设计系列教材）. -- ISBN 978-7-5239-0001-7

I. TP391.98

中国国家版本馆 CIP 数据核字第 20253M57G4 号

出版发行：中国电力出版社
地　　址：北京市东城区北京站西街 19 号（邮政编码 100005）
网　　址：http://www.cepp.sgcc.com.cn
责任编辑：王　倩（010-63412607）
责任校对：黄　蓓　马　宁
书籍设计：锋尚设计
责任印制：杨晓东

印　　刷：三河市航远印刷有限公司
版　　次：2025 年 8 月第一版
印　　次：2025 年 8 月北京第一次印刷
开　　本：889 毫米 ×1194 毫米　16 开本
印　　张：14
字　　数：413 千字
定　　价：59.80 元

迈向元宇宙时代的通识教育与技术实践

在人类文明演进的漫长历程中，每个时代都有其标志性的技术范式变革。从蒸汽机的轰鸣驱动工业革命，到电力网络编织现代生活图景，再到计算机诞生与互联网普及重塑信息交互，每一次技术跃迁都重构着人类认知世界与改造世界的方式。今天，我们正站在一个更具颠覆性的技术临界点：元宇宙（Metaverse），作为数字文明演进的新载体与新纪元，正在以前所未有的深度和广度，重塑社会生产、生活与认知的底层逻辑。值此关键之际，由上海电子信息职业技术学院元宇宙教学团队组织编写的《元宇宙技术解析与 Unity 实战应用》教材应运而生。它不仅为这一新兴领域提供了系统化的知识图谱与实践指南，更着眼于为学习者构建面向未来的数字技能与思维培养框架，其价值远超越单纯的技术传授。

首先，本书立足职教特色，紧密对接产业发展前沿，构建了"认知—技术—场景"三位一体的课程体系。全书各章节突出了"理论够用、实践为重"的编写原则，相较于同类教材，有三大亮点：第一，真实项目驱动。本书所选案例均来自合作企业的生产实际，如工业数字孪生运维、文旅虚拟导览等场景，确保教学内容与岗位标准"零距离"对接。第二，技能分层递进。通过 Unity 引擎的实战项目，实现从基础建模到多人协同开发的梯度化能力培养。第三，数字资源配套。随书提供了配套的 3D 模型库、C# 脚本模板及微课视频，形成了"纸质教材＋数字资源"的立体化学习系统，有效支撑混合式教学改革。

其次，本书在课程设计中创新性地将理论认知、工具掌握与项目落地深度融合，形成了"认知引领—技术支撑—实践内化"的实战教学模式。上海电子信息职业技术学院作为全国元宇宙数字设计行业产教融合共同体的牵头单位，紧跟技术前沿，自 2024 年起面向全校学生开设《元宇宙技术与应用》通识课程，旨在培养互联网新型人才，提升学生的数字素养，帮助学生建立元宇宙世界观并掌握相关数字能力。《元宇宙技术解析与 Unity 实战应用》教材的出版，既是学校深化职业教育教学改革、创新人才培养模式的重要成果，也是校企协同育人的生动实践。本书在认知维度，构建了从科幻文化到技术哲学的元认知；在技术维度，打通引擎开发、智能合约与 3D 建模的壁垒；在实践维度，通过项目链实现能力递进，彰显了职业教育"做中学"的精髓。

再次，本书凭借 Unity 引擎的跨平台特性、完善的 AR/VR 插件体系及相对低门槛的 C# 脚本语言，积极打造了元宇宙数字场景开发和交互设计体验。教材通过四个实战项目导入，为学生及元宇宙技术爱好者提供了一个循序渐进、可学可用的"能力阶梯"。从"跑酷游戏开发"训练基础场景构建能力，到"天气系统控制"，让读者掌握环境变量编程，再提升到"局域网漫游"使读者理解分布式架构，最后在"元宇宙小镇"综合实战项目中实现上述所有进阶能力的技术集成与系统架构。

最后，本书非常注重数字时代职业精神的塑造，特别强调对学生创新思维、职业责任及团队协作等多元复合能力的培养。在元宇宙技术快速演进的当下，作为职业技能教育工作者和元宇宙实践的先行者，我们更须深刻认识到：相较于技能传授，职业素养的培育尤为关键。本书一是通过"科幻作品中的技术预言"等拓展阅读，激发了学生的技术想象力；二是要在"虚拟场景光照优化"等项目中，融入工程伦理教育通识；三是参照国际数字孪生联盟的协作标准，设计多人联机开发任务，培养学生适应元宇宙的分布式工作模式的能力。

期冀本书在传授"技"之精要、解惑释疑的同时，更能实现对"道"的创新性传承。同时，也寄语更多有志青年学子：通过本书能初步掌握通往数字交互世界的钥匙，在元宇宙的星辰大海中，书写属于中国技术技能人才的成长答卷！

2025 年 7 月于上海

前　言

元宇宙作为数字网络空间和物理世界深度融合的产物，是新一代信息技术集成创新和应用的未来产业，其发展离不开 AI 等前沿技术的支撑。高校作为知识创新与人才培养的前沿阵地，积极响应时代需求，大力推进元宇宙技术课程建设。

本书以打造互联网新型人才为背景，以提升学生数字素养为核心，以全面提升学生对元宇宙世界观，以及元宇宙数字能力为目标，立足上海电子信息职业技术学院公共必修课程——元宇宙技术与应用，依托元宇宙数字设计行业产教融合共同体项目。书中项目案例选自优三缔（上海）科技有限公司、上海观风信息科技有限公司等共同体企业联合推荐。

本书从元宇宙的源起与爆发讲起，追溯科幻作品的灵感启蒙，梳理技术演进的关键节点，解析其高度沉浸、去中心化等核心特征；深入探讨虚拟现实、区块链、NFT 等底层技术，剖析数字孪生、虚拟化身等创新应用；着眼于社交、旅游、教育等多元场景下的实践案例，揭示元宇宙与实体经济的融合路径。书中融入创作构思与交互设计创作方法论，帮助读者掌握元宇宙内容构建的核心技巧。同时，在技术实践板块，本书聚焦元宇宙开发引擎工具 Unity，通过创建工程、2D 跑酷游戏开发、天气场景控制、多人局域网虚拟漫游等多个实战项目，帮助读者从入门到精通，将理论转化为可落地的元宇宙开发能力。每章配套的总结、作业与拓展思考，助力读者巩固知识、激发创新。

希望通过本书的学习，读者可以了解元宇宙的基本理念、技术及应用和未来发展，掌握引擎制作工具，并能够在特定的场景中应用。无论高校学生、技术爱好者、行业从业者，还是对未来数字世界充满好奇的探索者，本书都可成为助其打开元宇宙世界的钥匙。

编著者
2025 年 6 月

目 录

第1章

元宇宙的源起与爆发

识读难度：★★☆☆☆

核心概念：元宇宙、虚拟现实（VR）、增强现实（AR）、区块链、人工智能、沉浸式体验、NFT、数字资产、技术融合、去中心化、数字生态

本章导读

　　本章围绕元宇宙的起源与发展展开论述，首先从"元宇宙来了"切入，解析其核心特征及社会反响，随后回顾其文化与技术渊源，包括NFT的兴起、科幻作品的影响以及当代文化的体现。接着系统梳理元宇宙的技术基础，如虚拟现实、增强现实、人工智能与区块链等，为其加速发展提供支撑。最后，通过对关键里程碑、技术进步与产业发展的梳理，分析沉浸式体验与新兴应用场景的潜力，帮助读者全面理解元宇宙的形成逻辑与未来价值。

1.1 元宇宙来了

"元宇宙"这一术语的构成具有深厚的哲学与语言学基础。其前缀"meta"源自希腊语，意为"超越"或"之上"，在英语中常用来表示对某一事物的深层理解或超越性。在现代语境下，"meta"可以用来描述那些超出现实界限的概念，如"metadata"（元数据）指的是数据背后的数据，帮助我们理解信息的结构和上下文；而"meta-humans"（超人类）则表示那些具有超凡能力或特质的人。

这一术语的另一个构成部分是"宇宙"，其来源于拉丁文"universum"，意为"将所有（时间和空间）转变为一个整体"。在汉语中，"元"指全新的开端，强调天地万物的本源。"宇宙"一词同样蕴含着丰富的哲学意义，"宇"指的是"四方上下"，而"宙"则强调了时间的延续与空间的无垠。这种强调时间与空间的融合，突显了宇宙的无限性与整体性。

结合这两个部分，我们可以理解"元宇宙"的含义：它是一个超越传统现实的虚拟空间，融合了时间、空间以及各种形式的存在。在元宇宙中，用户不仅可以体验虚拟现实和增强现实带来的沉浸感，还能通过各种数字工具和平台创造、分享和交易数字资产。

元宇宙的特征

超越现实的空间：元宇宙构建了一个与物理世界并行的虚拟环境，用户可以在其中进行社交、游戏、教育和商业活动。这种虚拟空间不仅延续了现实世界的基本特征，还创造了全新的交互方式。

1. 用户主导的内容创造

在元宇宙中，用户不仅是消费者，也是内容的创造者。这一特性使得个体的创造力得以充分发挥，用户可以设计自己的虚拟角色、环境和体验，参与到更大范围的社交活动中。

2. 数字经济体系

元宇宙内部建立了独特的经济体系，用户可以通过交易虚拟资产（如数字货币、非同质化代币NFT等）进行商业活动。这种去中心化的经济模式为用户提供了更大的自由度和控制权。

3. 社交互动的重塑

元宇宙中的社交互动不再受限于物理空间的局限，用户可以跨越地域进行实时沟通与合作。通过虚拟化身（Avatar）和沉浸式体验，用户能够在虚拟环境中建立真实的情感联系。

1.2 元宇宙的源起

互联网行业通常会为新兴事物设定"元年"，因此2021年被普遍称为"元宇宙元年"。然而，实际上，元宇宙在2020年就已经展现出了强大的影响力。为了更准确地界定这一关键时期，我们可以将2020年4月至2021年3月视为元宇宙真正的起始阶段。在这一年多的时间里，发生了一系列密集且具有标志性的事件，为元宇宙的崛起奠定了坚实的基础。元宇宙的发展时间节点如图1-1所示。

（1）初步探索（2019年）。2019年，许多科技公司和初创企业开始关注元宇宙的构建和应用，尤其是在虚拟现实（VR）和增强现实（AR）技术方面的投资逐渐增加。Facebook宣布收购Oculus VR，进一步推动了虚拟现实技术的发展。

（2）疫情的催化（2020年4月）。新冠疫情的全球爆发使得人们对虚拟社交的需求急剧上升，远程办公和在线社交成为常态。各类虚拟活动和在线会议迅速普及，展现了虚拟空间的潜力。

（3）Roblox的崛起（2020年6月）。Roblox平台在青少年用户中的流行，展现了用户生成内容（UGC）的巨大吸引力。该平台的成功使得更多人关注虚拟世界的构建与社交互动。

元宇宙的崛起：关键里程碑

元宇宙的初步探索	Roblox在青少年中获得人气	NFT的兴起	数字货币的整合
2019年	**2020年6月**	**2020年12月**	**2021年3月**

2020年4月	**2020年10月**	**2021年1月**
疫情加速了虚拟社交需求	Facebook重新定义其愿景	虚拟房地产市场爆发

图1-1 元宇宙发展时间节点

（4）Facebook重塑愿景（2020年10月）。Facebook在其年度开发者大会上，首次提出"构建元宇宙"的愿景，并将其视为未来发展的重要方向。公司表示，元宇宙将是一个无处不在的虚拟空间，能够连接用户和社交互动。

（5）NFT的兴起（2020年12月）。随着NFT的流行，数字艺术品和虚拟资产的交易开始火爆，标志着虚拟经济的崛起。知名艺术家和品牌纷纷进入NFT市场，推动了数字资产在元宇宙中的应用。

（6）虚拟地产交易（2021年1月）。虚拟房地产市场迎来爆发，多个虚拟世界平台（如Decentraland、Cryptovoxels）上的土地交易额大幅增加，标志着元宇宙商业模式的成熟。

（7）数字货币的整合（2021年3月）。主流金融机构开始探索如何将数字货币与元宇宙结合，推动了虚拟经济体系的发展。元宇宙平台逐渐开始整合加密货币，为用户提供更加便捷的交易方式。

通过这些时间节点，可以清楚地看到，从2019年到2021年间，元宇宙的构建与发展经历了多个重要阶段。这一过程中，技术的进步、社交需求的变化以及数字经济的兴起共同推动了元宇宙的快速发展，预示着未来更为广阔的可能性。

元宇宙的概念可以追溯到计算机图形学和虚拟现实（VR）的发展。20世纪80年代，随着计算机技术的不断进步，图形学成为研究的热点，特别是三维图形的生成与渲染技术得到了长足的进展。研究者们开始探索如何将计算机生成的图像应用于更广泛的领域，如游戏、模拟训练和虚拟环境。

在这一背景下，虚拟现实的概念逐渐形成。早期的虚拟现实系统，如VPL Research的Data Glove和EyePhone，允许用户通过手势和视觉反馈与虚拟环境互动。尽管技术当时还相对粗糙，但这些实验奠定了后续虚拟世界发展的基础。

1.2.1 科幻作品对元宇宙概念的影响

20世纪80年代和90年代的科幻作品对元宇宙概念的形成产生了深远的影响。其中，尼尔·斯蒂芬森（Neal Stephenson）于1992年发表的小说《雪崩》（Snow Crash）被认为是对元宇宙最早的系统性描述。在该书中，斯蒂芬森构建了一个虚拟世界，用户通过化身（Avatar）在其中生活、工作和社交。这部作品不仅启发了后来的虚拟世界设计，还提出了许多关于身份、社交互动和数字经济的深刻思考，成为日后元宇宙构建的重要理论基础。

另一部具有重大影响的作品是恩斯特·克莱因（Ernest Cline）于2011年发布的《玩家一号》（Ready Player One），描绘了一个充满沉浸式体验的虚拟现实游戏世界。书中的玩家通过参与这个虚拟环境"绿洲"（OASIS），追寻隐藏的财富与荣耀。这部作品不仅丰富了公众对虚拟世界和元宇宙的理解，也为未来的虚拟平台提供了丰富的创意灵感。故事续作《头号玩家》延续了这一设定。在获得绿洲创始人詹姆斯·哈利迪（James Halliday）的遗产后，主角韦德·沃茨（Wade Watts）发现了一个名为"ONI"的设备，能够让用户以更真实的方式体验虚拟世界。然而，这一技术的出现也带来了新的挑战和威胁。这两部作品共同构筑了一个富有深度的虚拟未

图1-2　科幻作品对元宇宙概念的影响

来图景，对现实中的虚拟现实和元宇宙构想产生了深远影响（图1-2）。

1.2.2　当代文化中的元宇宙表现

随着技术的不断进步，元宇宙的概念在当代文化中得到了进一步的扩展与实践。例如，近年来举办的《堡垒之夜》（Fortnite）线上音乐会和伯克利大学的线上毕业典礼，都是元宇宙概念的重要体现。

在2020年，《堡垒之夜》举办了一场前所未有的虚拟音乐会，邀请了著名音乐人杰克·霍普金斯（Travis Scott）进行演出。这场音乐会吸引了超过1200万名玩家同时在线参与，展示了虚拟世界如何打破地理界限，让人们在同一时间共享一场盛大的文化活动。这种形式不仅使音乐会的参与者能够沉浸在虚拟环境中，还开创了线上娱乐的新模式，如图1-3所示。

与此同时，伯克利大学于2020年举办了一场线上毕业典礼，利用虚拟现实技术为学生们提供了一次独特的毕

图1-3　堡垒之夜

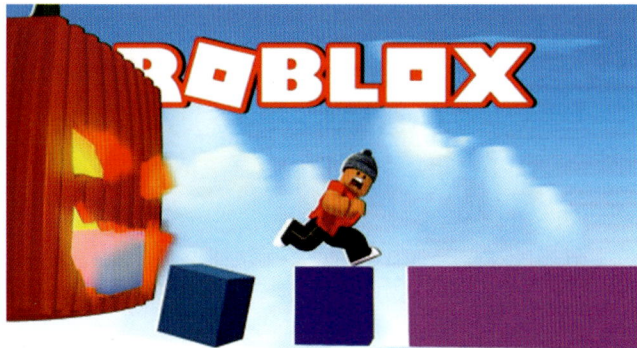

图1-4 Roblox与Minecraft游戏平台

业体验。在这一典礼中，毕业生们以虚拟形象出席，接受学位，并与教师和同学进行互动。这种创新的形式使得即使在线上，学生们仍能体验到一种新颖而有意义的毕业典礼，充分展示了元宇宙在教育领域的潜力。

这些事件不仅展现了元宇宙的实际应用，还反映了其在社会生活各个方面的影响力。通过科幻文学与现实世界的结合，元宇宙的概念正逐步渗透到人们的日常生活中，推动着文化、经济和社交方式的变革。

1.2.3 技术基础

1. 互联网的发展

元宇宙的形成与互联网的演变密不可分，尤其是在Web 1.0到Web 2.0的转变中，这一过程标志着互联网的根本性变化。在Web 1.0时期，互联网主要作为一个信息发布平台，用户的参与度相对有限，信息主要由少数网站提供，用户只能被动接收信息。这种模式虽然为信息传播提供了渠道，但缺乏互动性，用户无法参与内容的创作与分享。

随着Web 2.0的兴起，社交媒体、博客和用户生成内容（UGC）的普及，互联网开始向一个更加互动的空间转变。在这个新阶段，用户不仅是信息的接收者，更成为内容的创造者与传播者。例如，国内平台人人网、QQ空间等，国外平台YouTube和Twitter的崛起，让用户能够轻松地分享个人观点、创作视频以及互动交流。这种变革为元宇宙的互动性和社区感奠定了基础，用户在虚拟世界中能够主动参与、创造和分享自己的经验与创意。

这一趋势在多个领域得到体现，尤其是在游戏和社交平台中。例如，Roblox和Minecraft等游戏平台让玩家不仅可以参与游戏，还能够创建和分享自定义的游戏场景与角色，形成了一个充满创意和合作精神的社区。这些平台的成功展示了用户生成内容的重要性，为元宇宙的发展提供了有力的支持，如图1-4所示。

2. 虚拟现实（VR）和增强现实（AR）技术的进步

虚拟现实（VR）和增强现实（AR）技术的迅速发展为元宇宙提供了坚实的技术支持。VR技术通过沉浸式体验使用户能够感受到身临其境的感觉，通常需要佩戴头戴式显示器（HMD），从而完全沉浸在虚拟环境中。比如，Oculus Rift和HTC Vive等设备的推出，使得更多用户能够体验到高度互动的虚拟世界（图1-5）。与此同时，AR技术则将虚拟信息与现实世界结合，拓展了用户的感知界限。通过智能手机或AR眼镜，用户

图1-5 HTC Vive

可以在现实环境中看到虚拟物体的叠加,增强了现实生活中的交互体验。著名的例子包括《精灵宝可梦GO》,这一游戏通过AR技术使玩家在现实世界中捕捉虚拟精灵,吸引了大量用户参与,展现了AR技术在增强用户体验中的潜力。

随着技术的普及,VR和AR的应用场景不断拓展,包括教育、医疗、旅游等领域。例如,医疗领域利用VR技术进行外科手术模拟培训,帮助医学生在真实手术前进行实践;而在教育中,AR技术可以为学生提供更生动的学习体验,使抽象的概念变得更加直观。

3. 区块链技术的出现

区块链技术的出现为元宇宙的去中心化和数字资产管理提供了重要支持。通过区块链,用户可以安全地拥有和交易虚拟资产,如数字货币和NFT等。这一技术的去中心化特性赋予用户更大的控制权和自由度,使得虚拟经济体系得以建立,用户能够在元宇宙中自由创造、买卖和交换数字资产。

例如,NFT的兴起使得数字艺术品和收藏品的交易变得可行且透明。艺术家能够通过区块链技术将自己的作品转化为NFT,从而在市场上进行交易并获得收益。这一模式不仅为艺术创作者提供了新的收入来源,也为收藏家提供了对数字资产的确权和追踪的方式。

此外,虚拟世界中的土地和资产交易也日益依赖区块链技术。平台如Decentraland和The Sandbox允许用户在虚拟环境中购买、出售和开发虚拟地产,这些交易通过区块链技术确保透明性和安全性,推动了虚拟经济的繁荣。

1.3 元宇宙的爆发

元宇宙的爆发不仅是技术进步的结果,更是多个关键里程碑交汇的产物。这一过程涵盖了从早期虚拟世界的探索到现代技术的迅速发展,以及各大科技公司在这一领域的激烈竞争与创新。作为一个全新的数字生态系统,元宇宙通过深度融合人类对三维空间的天然认知与

新兴技术,提供了沉浸式的虚拟体验,同时重塑了人们的社交、娱乐和经济活动。

1.3.1 关键里程碑

2003年,Linden Lab推出了《Second Life》,这一虚拟世界开创了社会互动和经济体系的先河。《Second Life》允许用户创建虚拟形象(Avatar),在虚拟环境中进行社交、创作和交易。用户可以在这个开放的世界中建立虚拟房屋、商店和社群,推动了人们对虚拟社交的认知与接受。这一里程碑为后来的虚拟世界提供了模板,并为元宇宙的社会和经济模型奠定了基础。

2010年后,沙盒游戏如Minecraft的崛起进一步推动了用户生成内容(UGC)的概念。Minecraft提供了一个开放的环境,鼓励玩家自由建造和探索,并促进玩家之间的合作与创造。这一时代的游戏文化强调了社区的重要性,玩家在创作中的互动与合作成为元宇宙发展中的关键要素。

1.3.2 技术进步

5G技术的迅速普及为元宇宙的流畅体验提供了技术保障。相比于4G,5G具备更高的带宽、更低的延迟和更强的连接能力,使得用户能够顺畅地访问虚拟环境,进行实时互动。这种快速的数据传输能力使得大规模多人在线活动(MMO)成为可能,为元宇宙的社交和游戏体验注入了新的活力。

其次,人工智能和机器学习的快速发展在元宇宙中发挥着重要作用。随着技术的发展,AI、游戏引擎、虚拟人、数字孪生、区块链和NFT等新技术与VR、AR和MR的融合日益深入。这些技术的结合,为元宇宙的想象与实现开辟了全新的应用场景。智能算法的运用使元宇宙能够提供个性化的用户体验,包括智能推荐、内容生成和虚拟助手等功能。这些技术提高了用户互动的质量,增强了用户在虚拟世界中的沉浸感,使体验更加丰富和多样。

1.3.3 产业发展

近年来，各大科技公司如Facebook、Google和腾讯纷纷对元宇宙进行投资和布局。Facebook在2021年更名为Meta，明确将其战略重点转向构建元宇宙，引发了全球的广泛关注。同时，Google也积极推动AR和VR项目，探索如何在其产品中融入元宇宙元素。腾讯则通过其社交平台和游戏业务，整合线上线下体验，推动元宇宙的发展。

元宇宙的爆发也体现在游戏、社交媒体和电子商务等多个领域的融合与创新。虚拟游戏中的社交元素逐渐与现实生活中的社交媒体互动相结合，用户不仅可以在游戏中交流，还能通过社交平台分享他们的虚拟体验。此外，电子商务平台也开始探索如何在虚拟世界中进行产品展示与交易，推动数字资产与现实经济的结合。

1.3.4 沉浸式体验的优势

元宇宙通过虚拟现实（VR）、增强现实（AR）和混合现实（MR）等技术，为用户提供了更加多元、复合和多感官的体验。

虚拟现实（VR）技术使用户能够完全沉浸在虚拟环境中，体验全新的世界。用户佩戴头戴式显示器（HMD），能够在虚拟空间中自由移动、探索和互动，

体验乐趣与创意。

增强现实（AR）技术能够在用户的真实环境中叠加虚拟内容，创建出一个增强的现实世界。AR通过与现实环境结合，为用户提供新颖的互动体验，帮助他们在熟悉的环境中发现新信息和新功能。

混合现实（MR）技术则推动虚拟与现实的深度融合，创造出用户可以实时与虚拟内容和真实世界进行交互的新可视化环境。MR技术不仅丰富了用户体验，也使教育、培训和设计等应用场景变得生动直观。

1.3.5 全新应用场景的崭露头角

随着技术的不断成熟，元宇宙展现出丰富的应用潜力。在教育领域，学生可以通过VR技术参与沉浸式的课堂学习；在医疗领域，医务人员能够利用MR技术进行手术模拟和培训；在商业领域，企业利用数字孪生技术进行产品设计和测试。这些创新不仅提高了效率，还改变了传统行业的运作方式。

元宇宙的爆发是多种因素共同作用的结果，包括关键里程碑的建立、技术的不断进步以及产业的发展与创新。随着技术的不断演进和产业的深入融合，元宇宙将继续塑造未来的数字生态，为用户提供更为丰富的虚拟体验和互动空间。未来的元宇宙不仅是一个技术平台，更是一个全新的生活方式与社交方式的体现。

本章总结

本章探讨了元宇宙的概念及其发展历程，分析了元宇宙的技术基础，包括互联网的发展、VR与AR技术的进步以及区块链技术的崛起，这些技术的融合支持了元宇宙的实现，推动了去中心化的数字经济体系建立。同时，讨论了元宇宙的爆发，涵盖关键里程碑、技术进步和产业发展，强调其沉浸式体验和新兴应用场景将持续影响未来数字生态。

课后作业

请结合本章内容，思考元宇宙如何改变我们日常生活中的社交、教育和商业活动。列举几个具体例子，并说明其潜在影响。

思考拓展

（1）元宇宙的兴起对传统行业和职业会产生怎样的影响？您认为未来哪些行业可能会因元宇宙而面临转型或消失？

（2）在构建元宇宙的过程中，如何平衡虚拟与现实之间的关系，以确保用户的身心健康和社会责任？请结合技术、伦理和社会学的角度，提出见解。

第 2 章

元宇宙的构想

识读难度：★★☆☆☆

核心概念：元宇宙定义、交互发展、内容引擎、经济治理、虚拟世界、数字孪生、区块链、人工智能（AI）、5G、虚拟现实（VR）、增强现实（AR）、高度沉浸性、持续性、多元身份、去中心化、虚实交互、跨平台、互操作性、个性化服务

本章导读

　　本章围绕元宇宙的构想展开，从定义入手，梳理其发展脉络中的三条主线：交互方式的演进、内容及能力引擎的构建，以及基于区块链的经济治理体系。进一步解析元宇宙中的"三个世界"——虚拟世界、数字孪生的现实世界与虚实融合的增强现实空间。随后深入探讨元宇宙依托的关键技术，并系统总结其核心特征，包括沉浸性、持续性、多元化、去中心化、虚实交互及跨平台互操作性，展现元宇宙作为未来数字生活空间的构成逻辑与独特价值。

2.1 元宇宙的定义

2.1.1 一句话

元宇宙是数字化和智能化高度发展下的新一代人类社会形态,其核心在于虚拟世界与现实世界的深度融合。它不仅是技术的进步或产业的延伸,更是社会形态的变革与重塑。元宇宙的根本属性在于它构建了一个虚实相融的环境,超越了现有的互联网边界,将我们的生活、工作、娱乐、社交等全面转移到一个数字和物理世界无缝交织的空间中。这一变革是数字化和智能化发展的必然结果。伴随增强现实(AR)、虚拟现实(VR)、脑机接口等交互技术的进步,以及区块链和去中心化技术的广泛应用,元宇宙不仅重塑了人与虚拟世界的交互模式,还推动了创作者经济、数字资产治理、去中心化金融等新兴经济体系的诞生。随着内容创作从专业到个人再到AI驱动的不断演化,元宇宙为个人创作、协作、互动提供了前所未有的机会。

在元宇宙中,人类社会的边界被无限拓展,虚拟世界提供了无限的想象力与创造力,而数字孪生技术则将现实世界的精确复制呈现出来,帮助提高生产和生活的效率。最终,这一虚实融合的高能社会,不仅赋能个体能力的增强,也将人类社会推向更高层次的智能文明。元宇宙,既是技术发展的巅峰,也是人类社会未来进化的象征。

2.1.2 三条主线

元宇宙是数字化和智能化高度发展下的新一代人类社会形态,既超越了传统互联网,又引领了虚实融合的未来社会。在这一体系中,虚拟世界与现实世界的界限将逐步模糊,推动人类社会进入一个前所未有的融合时代。元宇宙不仅是技术进步的产物,更是人类社会经济、文化、治理模式全方位重塑的载体。它通过虚实交互、内容生产引擎的进化,以及去中心化技术的经济和治理革新,重塑了人类的生活方式、社会关系和价值体系。

1. 交互发展主线

元宇宙的交互发展依赖于一系列前沿技术的突破与融合,增强现实(AR)、虚拟现实(VR)、混合现实(MR)以及脑机接口等技术将成为核心推动力。这些技术不断提升用户的感官互动体验,在视觉、听觉、触觉等多方面进行深度创新。未来,随着技术的不断进化,虚拟世界与物理现实之间的界限将逐渐模糊,智能设备将从传统的手机、电脑进化为更为先进的交互工具,如AR眼镜、全息投影、脑机接口等。这些设备不仅将替代当前的主流硬件,还将重新定义人与数字世界的互动方式。AR眼镜能够将数字信息无缝嵌入现实环境中,提升用户在工作、学习、社交等方面的效率,而脑机接口则能够直接将大脑与虚拟世界连接,带来极具沉浸感的交互体验。这一趋势将打破传统交互模式的局限,为用户提供更加自然、高效的虚实融合体验。台积电董事长刘德音指出,未来10年,人类将逐渐感受到虚实结合带来的深刻变革,而苹果CEO库克则预测,未来智能生活将不再依赖手机,如图2-1所示。

2. 内容及能力引擎发展主线

元宇宙的内容生产逐步经历了专业内容生产(PGC)、用户生成内容(UGC)到人工智能生成内容(AIGC)的演变。这一内容生产主线不仅展现了技术的迭代过程,也反映了内容创作门槛的持续降低。专业创作时代,内容主要依赖于大型工作室、专业设计师的创作,但随着技术的进步和工具的普及,用户生成内容的时代兴起,个人用户也可以参与到内容创作中,极大地丰富了元宇宙的内容生态。如今,随着人工智能生成内容(AIGC)的快速发展,AI工具已能够在用户的简单操作下生成高质量的内容,如视频制作、数字人构建、工业仿真和教育课件等。内容创作的门槛大幅降低,创作者经济迅速崛起,越来越多的普通用户能够利用AI工具参与创作。这种生态的转变为元宇宙注入了源源不断的活力,使其成为一个充满创造力和创新能力的虚拟世界。尤其是随着游戏、数字孪生、数字人等引擎的发展,内容的生成效率和表现力大幅提升,推动了元宇宙内多元化的内容生态建设,如图2-2所示。

图2-1　交互工具

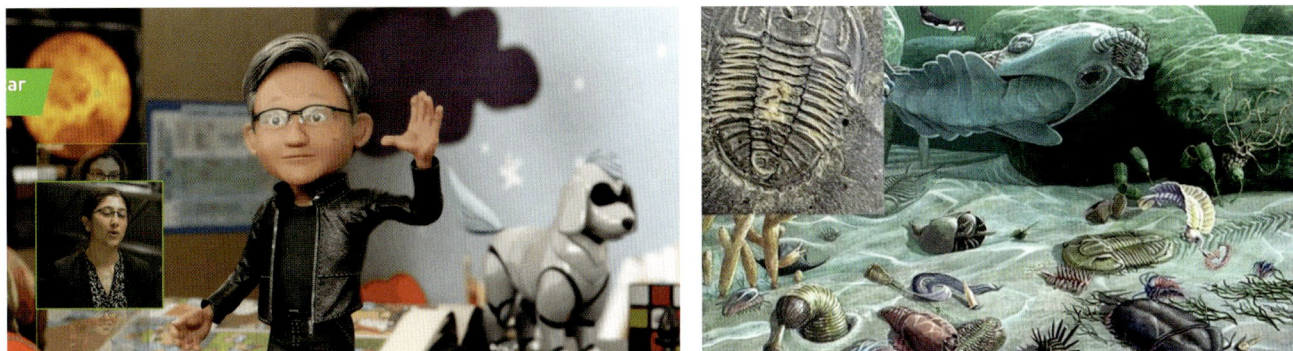

图2-2　人工智能生成内容

3. 基于区块链的经济和治理主线

区块链技术为元宇宙提供了全新的经济和治理架构，通过去中心化金融（DEFI）、非同质化代币（NFT）等创新工具，数字资产的确权、交易以及跨平台的互操作性得以更加高效透明地实现。在元宇宙的经济体系中，区块链赋予了每个参与者数字资产的自主权，并通过NFT技术确保创意、数字作品和虚拟商品的唯一性和确权机制。这种技术上的革新不仅重塑了传统的数字经济基础，也推动了去中心化自治组织（DAO）的广泛应用。DAO在元宇宙中将扮演重要的治理角色，能够高效、公平地协调社区成员的协作、资源分配和决策过程，消除传统中心化机构中的中介成本和效率低下的问题。借助区块链技术的透明性，元宇宙中的经济与治理体系将更具公信力，推动了数字资产的全球化流动，激励创新，促进了虚拟世界中的社会秩序和经济模式的深刻变革。

综上所述，元宇宙的发展主线以交互、内容生产和经济治理为核心，不仅推动了技术的跨越式发展，还带来了社会经济模式的全新变化。通过虚实交互的深度融合，内容生产的高度自由化，以及去中心化经济治理体系的崛起，元宇宙将重塑未来的人类社会形态，打造出一个更加智能、高效、互联的数字生态系统。

2.1.3　三个世界

1. 第一个世界：虚拟世界

元宇宙虚拟世界除了在娱乐、社交等非工作领域带来的丰富体验外，在工业和产业层面也展现出广阔的应用前景，这些应用可被称为"设计与仿真"。在未来的元宇宙中，不同产业可实现从产品设计到全流程仿真测试的全数字化模拟。包括新产品、武器装备、展厅、房地产项目、城市和景观规划等各类内容，都可以在元宇宙虚拟环境中率先完成设计、测试和优化。在数字模型内，人们可以通过高仿真的物理引擎进行一系列环境模拟，如风雨侵蚀、极限破坏和灾害情境，以此验证设计的可行性和耐用性。这将极大提升研发效率，降低成本并缩短研发周期。

未来，大多数产品将在元宇宙中首先实现数字原型，并通过虚拟世界的仿真数据优化后，最终传输至现实世界，使用3D打印或其他生产制造手段实现实体化。这样的虚拟世界被称为"第一虚拟世界"，类似于"头号玩家"或"黑客帝国"所描绘的平行于物理世界的数字空间。它构建了一个依靠人类想象力和创造力的纯数字世界，包含众多各具特色的子元宇宙，如同互联网中的各类应用程序一般丰富而多样。

在元宇宙时代，各类强大引擎平台和工具的支持让这些复杂设计和仿真过程变得高效、低成本且沉浸感十足，人们得以将宏大的构想以真实、生动的方式呈现在数字空间中。这种虚拟世界的构建与应用，不仅让沉浸式互动体验更为普及，也将推动工业、城市和社会建设向更加智能和高效的方向发展。

2. 第二个世界：数字孪生的极速版真实世界

将当前物理现实世界按照不同需求，以多种颗粒度复制到元宇宙的数字虚拟世界中，是一个充满前景的复杂工程。这种复制不仅仅局限于形状或结构的简单模拟，更注重实现物理特性的完整复刻和高度精确的仿真。通过该过程，现实世界中的物体和环境将以数字形式呈现，使虚拟世界中的物理行为与真实物理环境高度一致。

这一数字化复制及仿真系统，即"数字孪生的加速版真实世界"，具备巨大规模和复杂性，是一项宏大的工程，需要广泛的跨学科协作与技术整合。同时，该项目的实施涉及一个庞大的产业链，将催生大量新的技术岗位、数据管理需求和内容维护工作，从而创造出丰富的就业机会，推动相关产业的深度发展。

3. 第三个世界：虚实融合的增强现实世界

第三个虚拟世界，即"虚实融合的增强现实世界"，在第一虚拟世界与第二数字孪生世界的技术支持下，为人类提供了前所未有的增强体验。在这一世界中，个体的肉身依然处于物理现实中，但通过XR（扩展现实）眼镜等智能硬件的支持，得以实时接入前两个世界的资源，从而获得跨越空间限制的信息接收和处理能力，具备如"千里眼""顺风耳"和"增强认知"等超越常规的能力。

在此背景下，人们能够在物理世界中执行更为复杂的任务和进行高效的信息处理，工作与生活的各个方面均因此得到赋能和提升。这种虚实融合的世界将推动个体能力的高度扩展和社会效率的显著提高，是未来社会高效运作的重要支柱之一。

综上所述，元宇宙中的三个虚拟世界相互支撑、彼此赋能，共同推动人类的全面发展与现实进步。第一虚拟世界为人类提供了无限的想象空间，拓展了精神探索的自由度；第二数字孪生世界是物理现实的数字化极速版本，为真实世界提供精准的计算支持和模拟环境；而第三个增强现实世界则通过扩展现实（XR）设备等智能硬件，将前两个世界的资源实时赋能于物理世界，使得个体在现实中获得"千里眼""顺风耳"以及增强认知的能力，极大地提升了人类的实际工作效率和沟通协作能力。

在这一虚实融合的高能版现实世界中，每个人的物理能力得到成倍增强，从而助力物理世界的高效建设，并为虚拟和孪生世界的持续发展奠定了更为坚实的基础。元宇宙这三个世界不仅丰富了人类对精神世界的探索，更显著提升了人类在现实中探索和开发外部空间的能力与效率，推动着人类文明的不断进步和向外拓展。

2.2 元宇宙的构想

元宇宙作为一种新兴的数字化空间，承载了人类未来生活方式的可能性。它不仅延续了古典哲学和科幻文学中的理念，更为其赋予了新的深刻内涵，涵盖价值观、人文思想、技术工具和经济模式。在这个虚拟与现实交融的领域，元宇宙使每个人都能摆脱物理世界的限制，最大化自身价值。通过高度沉浸的体验，用户能够跨越物理边界，自由探索与个性化发展，实现深层次的数字交互体验。

2.2.1　技术基础

元宇宙的构建并非单一技术的产物，而是区块链、人工智能（AI）、5G、虚拟现实（VR）、增强现实（AR）、物联网（IoT）、大数据、云计算、边缘计算及游戏引擎等多项数字技术的协同应用与创新整合。这些技术的有机融合，为元宇宙的实现提供了坚实的技术支撑。

从计算能力的需求来看，元宇宙的运作所要求的算力远超现今手机和PC的水平，正如英特尔公司高级副总裁拉加·库德里所言，实现类似《头号玩家》中展现的体验，需要超越现有技术基础的巨量计算支持。

在这一背景下，各项核心技术之间的有机融合为元宇宙的实现提供了坚实的技术支撑，开启了全新的数字化未来。

2.2.2　哲学根源与科幻构想

按照西方的"言必称希腊"的传统，元宇宙的历史渊源可以追溯至古希腊。英国哲学家怀特海曾指出，"西方2000多年的哲学都是柏拉图理论的注脚"。柏拉图在《理想国》中提出的理念论，为后来的哲学研究奠定了基础。这一理论认为，感官所感知的事物是变化不定且不真实的，真正存在的事物是永恒的、完美的"理念"。这一理念世界与感官世界之间的紧密关联，恰似人们对元宇宙的理解，表明柏拉图的理念论是元宇宙概念的早期形态。

随着科学革命的兴起，科幻小说和电影逐渐成为元宇宙的新形态。1979年，计算机教授弗诺·文奇在小说《真名实姓》中构建了一个细节丰富的虚拟世界"另一平面"，人们可以通过类似脑机接口的设备接入这个虚拟世界，并用大脑操控自己的行为。1984年，威廉·吉布森在《神经漫游者》中创造了"赛博空间"的

概念，为20世纪90年代的计算机网络世界铺平了道路。

1992年，尼尔·斯蒂芬森在小说《雪崩》中首次提出了"元宇宙"这一术语。他构建的虚拟世界拥有独立的文明和经济体系，玩家可以在其中购买土地、建造房屋，与现实世界高度关联。这一理念的影响深远，很多后来的科幻电影，如《黑客帝国》《阿凡达》和《头号玩家》，都在不同程度上继承了这一构想。

2.2.3　现代元宇宙的发展

现代元宇宙的发展也借助了游戏的力量。诸如《去中心化之地》（Decentraland）和《Axie Infinity》等游戏，不仅实现了去中心化的管理模式，还创造了独立的经济系统，让玩家能够在虚拟世界中进行交易和互动。与此同时，社交平台和远程办公应用也开始向元宇宙方向演变，如Meta的Oculus公司推出的Horizon Workrooms，借助VR/AR技术增强用户的数字互动体验。

元宇宙的构想正不断发展演变，融合了多种文化和技术因素，展现出一个充满潜力和可能性的未来。作为一个数字化新空间，元宇宙不仅是虚拟世界的延伸，更是人类探索自由、个性化发展和深层次交互的全新平台。

2.2.4　关键技术及其应用

（1）区块链：构建可信任的去中心化数字经济。区块链在元宇宙中发挥着数字资产流通与所有权确认的基石作用。分布式账本与智能合约技术为数据提供了高度的透明性、可追溯性与不可篡改性。基于区块链的去中心化经济系统保障了用户在虚拟世界中的资产安全，推动了数字身份认证、NFT交易以及用户创造内容的去中心化管理，确保用户真正拥有并控制其在元宇宙中的资产，促进内在经济系统的可持续发展。

（2）人工智能：驱动元宇宙智能化体验的核心。人工智能作为元宇宙智能化发展的关键驱动力，支持虚拟角色生成、个性化内容推荐及自动化场景构建。通过

深度学习和自然语言处理等AI技术，元宇宙能够实现个性化的交互与内容推荐，为用户提供定制化服务体验。AI的模拟与生成能力能够创建高度仿真的虚拟人物与场景，增强用户沉浸感与交互性。

（3）VR与AR：构建沉浸式虚拟空间的主要技术手段，推动了沉浸式体验的发展。VR技术使用户置身于完全虚拟的空间，而AR技术则将虚拟信息叠加于现实场景中。两者结合为用户带来沉浸式、多维度的体验，允许他们在不同场景间自由穿梭，增强了虚实融合体验的真实感。VR与AR技术在娱乐、教育、医疗与工业仿真等场景中的应用，使得元宇宙的可能性得以拓展与深化。

（4）物联网（IoT）：连接物理世界与数字空间。物联网技术通过感知与采集现实环境的数据，为元宇宙提供动态的物理信息支持，使虚拟世界与现实世界高度连接。IoT设备将用户的实时位置信息和环境数据反馈至虚拟空间，提升虚实融合体验的真实性。此外，IoT为智能城市、数字家居、虚拟工业等应用场景提供数据基础，推动物理空间与元宇宙的相互融合与智能化发展。

（5）大数据：驱动元宇宙精准决策的核心技术。大数据技术为元宇宙的智能化和个性化服务提供决策依据。在元宇宙中，用户行为、社交互动与虚拟交易等将产生海量数据。通过对这些数据的处理与分析，元宇宙能够深入理解用户需求与行为模式，提供个性化推荐与高效服务。同时，大数据分析支持企业在元宇宙中的精准营销与市场定位，使得元宇宙的经济体系更具可持续性与适应性。

（6）云计算与边缘计算：资源管理与实时响应的核心支柱。云计算与边缘计算在元宇宙中构成了计算资源的双重保障。云计算提供大规模数据处理与存储能力，支撑元宇宙的整体运作，而边缘计算则将部分计算任务分散到用户附近的节点，降低数据传输延迟，满足用户实时需求。这种分布式计算模式不仅提高了运算效率，也保障了用户在元宇宙中的流畅体验，推动了元宇宙的大规模应用。

（7）游戏引擎：支撑动态虚拟场景的构建工具。游戏引擎技术在元宇宙中起到了构建虚拟场景与交互效果的基础作用。Unity和Unreal等游戏引擎通过实时渲染与动画控制构建出逼真且高度交互的虚拟场景，使元宇宙的视觉效果与互动体验达到高度仿真。同时，游戏引擎的灵活性支持不同场景需求，使元宇宙的应用涵盖教育、工业仿真与娱乐等多方面，提供广泛的应用可能。

区块链、人工智能、5G、VR/AR、物联网、大数据、云计算、边缘计算以及游戏引擎等技术的集成应用构成了元宇宙的技术框架与未来发展基础。这些技术的深度融合不仅实现了虚拟与现实的高度交互，也大幅提升了数字空间的智能化与沉浸体验。随着这些技术的不断进步，元宇宙将逐步发展为一个智能化、互联化的数字生态系统，不仅丰富了人类在虚拟世界中的探索，也为现实世界带来了新的发展机遇与挑战。

2.3 元宇宙的核心特征

每一次互联网革命都展现出独特的个性与特征。万维网革命确立了互联网的基本结构与规范，使得每个人能够自由上网，进而引发了信息的爆炸；Web 2.0则以用户互动为核心，通过社交平台连接了数亿甚至数十亿人，同时电商的崛起也促进了数字经济的繁荣；而移动互联网时代则因智能手机的普及，催生了移动支付、数字货币和用户创作内容的迅猛发展，使人类正式进入数字社会。

在对元宇宙的讨论中，各种观点和愿景交织在一起，形成了丰富多样的想象。因此，我们对未来元宇宙所应具备的核心特征进行了系统地梳理与归纳：元宇宙（Metaverse）不仅仅是一个虚拟空间，更是一个数字与现实高度融合的新世界，它将成为未来人类工作、娱乐、社交和学习等多方面活动的数字化平台。其核心特征包括高度沉浸性、持续性、多元化、去中心化、虚实交互性和跨平台性。这些特征共同赋予了元宇宙作为未来数字社会基础设施的独特价值，如图2-3所示。

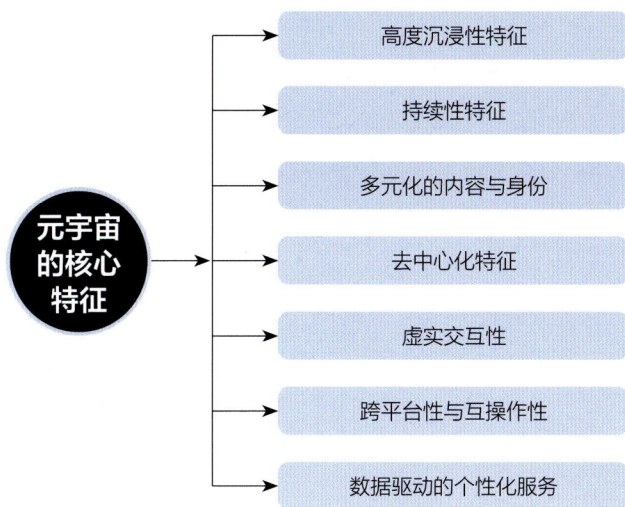

图2-3 元宇宙的核心特征

元宇宙的核心特征

- 高度沉浸性特征
- 持续性特征
- 多元化的内容与身份
- 去中心化特征
- 虚实交互性
- 跨平台性与互操作性
- 数据驱动的个性化服务

2.3.1 高度沉浸性特征

元宇宙的高度沉浸性是其核心特征之一，它不仅依赖于视觉和声音的结合，更涉及用户体验与情感的深层次连接。当我们走入欧洲的哥特式大教堂，阳光透过五彩斑斓的玫瑰窗洒下，伴随着悠扬的唱诗班合唱，这种虚幻而震撼的体验展现了视觉与声音在营造沉浸感方面的重要性。

在当前的讨论中，许多人设想像《头号玩家》中"绿洲"那样的高度真实感虚拟世界，确实能让人感到震撼。然而，想要实现这一愿景，需要复杂的算法、高效的计算能力以及昂贵的VR设备，而现有技术尚未完全达成这一目标。有些国内游戏公司甚至预测，未来10到30年内将出现类似于《黑客帝国》和《头号玩家》的虚拟现实世界，届时全球将有10亿人参与其中，这一预期或许显得过于乐观。

从艺术表现的视角来看，单纯追求真实感或写实性并不一定能增强作品的感染力，或使观众真正沉浸其中。例如，卢浮宫中登纳的肖像画因其细致程度令人赞叹，但凡·代克的一幅速写肖像在表现力上或许更胜一筹。西方古典绘画强调透视与写实，而东方绘画常常打破这一规则，通过写意手法传递强烈的艺术情感。因此，三维真实感仅是实现沉浸式体验的一种手段。

实际上，沉浸感并不局限于三维环境，任何引人入胜的内容都能促使人进入沉浸状态。心理学家米哈里·齐克森米哈里提出的"心流"概念表明，个体在某种状态下可以全神贯注，甚至忘却时间与周围环境的存在。正如Beamable公司CEO乔·拉多夫所说，"元宇宙的沉浸感并不一定依赖于3D或2D图形"，更重要的是提供一种心流体验，包括游戏、故事和社交等形式。

元宇宙倡导多元与包容，二次元文化在青少年群体中具有广泛的影响力，也是沉浸感的一种表现方式。二次元世界由动画、漫画和游戏等构成，虽然起源于现实，但其规则与现实世界迥然不同。二次元世界的社交关系不再依赖于现实生活中的传统方式，而是能够创造出新的社交模式。

对于"Z世代"或"00后"的年轻人来说，他们既是数字时代的原生代，也是二次元文化的支持者。利用二次元构建元宇宙，不仅在技术和设计上具有优势，还能够使年轻人以熟悉的方式体验沉浸感。事实上，像《堡垒之夜》和Roblox这样被视为接近元宇宙的游戏平台，并没有追求逼真的画面，而是采用了卡通风格，依然吸引了大量用户。

元宇宙中的沉浸感不仅取决于场景与内容的风格协调，还需契合用户的个性化特征与需求。不同用户可能偏好超现实的科幻风格、历史感或古典风格等，通过聚集在各自喜爱的子空间，用户能够更深刻地体验沉浸感，类似于如今各种微信群和QQ群的构成。

在技术层面，元宇宙的沉浸性通过虚拟现实（VR）和增强现实（AR）等技术手段实现。VR技术为用户提供完全虚拟的沉浸式体验，而AR技术则能将虚拟内容与现实环境无缝叠加，让用户在现实中感知到虚拟信息的存在。随着XR眼镜等智能硬件的发展，元宇宙能够提供更加丰富的视觉、听觉甚至触觉的多感官体验，显著提升用户的参与感与沉浸度，使得数字空间的体验愈加接近现实世界。

2.3.2 持续性特征

元宇宙的持续性特征反映了其在时间上保持稳定与发展的能力，涉及技术、生态和用户体验等多个方面。首先，技术架构的稳健性是其持续性的基础，关键技术如区块链、云计算和人工智能的稳定运行至关重要。通过去中心化和分布式网络，元宇宙能够在高并发用户访问时保持稳定，同时确保数据的安全性与完整性。生态系统的多样性也是可持续发展的关键。不同开发者、内容创作者和用户之间的良性互动能够生成丰富的内容与应用，形成动态的市场环境。这种多样性使得元宇宙不易因单一产品或服务的失败而受到重大影响。用户参与和社区建设也是持续性的重要方面。元宇宙鼓励用户积极参与内容创作、反馈和治理，进而形成一个自我维持的社区。在用户的共同努力下，元宇宙能够不断适应变化的需求与趋势，从而保持活力与吸引力。此外，元宇宙的经济模型需具备可持续性，以保障长期的资金流动与资源配置。这包括合理的激励机制和商业模式，旨在支持用户的创造力与经济活动，并确保生态系统的公平性与透明度。在环境影响方面，元宇宙需关注其对生态的影响。随着技术的进步，绿色计算和节能措施应纳入设计与运营，以减少碳足迹，达到可持续的生态平衡。

元宇宙的持续性还体现在其对新技术、新趋势及用户需求的快速适应能力上。持续的创新是元宇宙生存与发展的关键，能够应对市场变化，并提供用户所需的新功能与体验。元宇宙不仅能够在短期内吸引用户和内容，还能在长期内维持其生态系统的健康与活力，真正实现可持续发展。元宇宙的持续运行特性确保其空间不会因单一用户的退出或重新登录而中断。与传统互联网社交平台或游戏相比，元宇宙中的事件和变化持续发生，即使用户不在线，虚拟世界中的互动、交易和发展仍在进行。这种特性使得元宇宙能够与现实之间保持同步，体现出高度的可持续性。

2.3.3　多元化的内容与身份

在元宇宙中，用户的体验和表达方式因多元化的内容与身份特征而变得更加丰富。不同于传统互联网，元宇宙的核心是以人为中心的数字身份。每位用户拥有独特的身份，这不仅包含现实生活中的身份证明，还包括高度交互的数字分身（阿凡达），它能够真实地反映用户的声音、性格和行为。

数字身份的构建依托超写实的数字分身技术，通过高精度3D扫描，准确捕捉用户的外貌和动作，从而使得数字人在虚拟空间中呈现出极高的真实感。此外，数字人具备人工智能能力，能够在虚拟环境中自主代理用户，提高效率。

用户画像则是数字身份的另一种形式，通过大数据和智能算法对用户的特征进行标签化描述，从而帮助分析用户的兴趣和消费习惯。这种分析有助于提升个性化服务的质量和市场营销的精准度。

在元宇宙中，用户对自身数字身份和资产享有自主控制权。身份的标准化与互通性是其重要特征，使得用户能够在不同平台之间无缝使用身份凭证。数字资产的多样化赋予用户创造和交易虚拟物品的能力，并允许其在多个平台上自由流动。数字钱包作为去中心化的身份与资产管理工具，赋予用户选择分享身份数据的自由，同时保障其隐私与安全。

通过区块链技术，用户不仅可以在虚拟空间中创建和交易NFT，还能进行身份自定义和资产所有权的确认。这种多样化的内容与身份管理方式不仅提升了个性化体验，还促进了独特的文化与经济生态的形成，使每个用户都能在元宇宙中实现自我表达和价值创造。用户可以在虚拟空间中创造、展示和利用个性化的数字资产与虚拟身份，进一步拓展个体的表达方式和体验维度。

2.3.4　去中心化特征

元宇宙社交的显著特征之一是去中心化。与传统互联网相比，元宇宙社交不仅限于三维图形或虚拟现实（VR）场景的构建，高清视频通话所提供的用户体验也同样令人满意。然而，元宇宙的核心优势在于其去中心化的运营模式与数字身份。这种模式允许不同参与者以开放的方式进行互动和交流。在元宇宙中，数字身份通过去中心化的可验证身份凭证（VC）来实现。用户可以自主掌控和管理这些凭证，类似于现实生活中对身份证的管理。通过可验证身份凭证，用户能够向平台授权提交最少的个人信息，从而无需注册账号即可快速便捷地访问各种社交和游戏平台。随着身份的统一，用户能够在不同社交平台和游戏之间无缝切换，这不仅提升了用户体验，同时也有效保护了个人数据和隐私。

此外，元宇宙可以借鉴万维网（W3C）标准，制定通用的互操作标准协议，从而实现社交、娱乐、工作和生活等多个平台的无缝整合。通过促进不同平台之间的开放互通，元宇宙构建了一个广阔的数字经济生态。在这一生态中，用户可以自由互动，并能够对各个平台及其创意品牌进行组合与创新。

以《堡垒之夜》为例，作为元宇宙平台开放性的典范，该游戏平台允许漫威与DC的知识产权角色相互交汇。用户的数字分身可以身着漫威角色的服饰，与穿着DC服装的其他数字分身进行互动。未来，这些数字资产的应用可能超出《堡垒之夜》平台，用户设计的皮肤可能在其他游戏中使用，如《反恐精英》或《绝地求生》。用户还可以将设计的虚拟汽车赠送给微信好友，好友在《火箭联盟》中体验驾驶的乐趣。此外，数字资产也可以在第三方数字交易所进行交易。

元宇宙社交的设计应以用户为中心。尽管这一点看似与去中心化的理念相悖，实际上，去中心化并非意味着完全消除中心，而是实现多个中心之间的相互制衡，构建一个分布式自治组织。在元宇宙时代，用户的个人身份由用户自身掌控，尽管需要访问多个社交空间，但在没有传统账号系统的情况下，用户又该如何有效管理个人数据？

基于以用户为中心的理念，用户可以在元宇宙中购置虚拟土地（即存储和计算资源），构建个人数据中心，设置社交聚合平台。这一平台能够统一存储和管理用户在不同平台上的数字分身、服饰、游戏装备、数字艺术品、数字收藏品及NFT等资产，并以标准化格式进行管理，从而实现跨平台互操作。这种设置使得数字资产可以在不同社交游戏平台之间自由流动，并让不同平台中的角色在同一场景中交互，从而充分展示元宇宙的社交魅力，并激发数字经济前所未有的活力。

在去中心化的经济系统中，元宇宙依赖于区块链技术，以构建去中心化的交易机制和资产管理体系。分布式账本和智能合约技术为用户之间的可信交易提供支持，使得用户能够拥有、交易虚拟物品并自主创作数字内容。去中心化的经济体系赋予用户更高的数字资产掌控权，推动虚拟空间内经济活动的活跃性，构建一个开放且自治的数字经济生态。

2.3.5 虚实交互性

元宇宙与现实世界密切相连，能够相互补充，用户通过智能终端设备参与并进行交互。交互方式主要分为两类：一类是"人与虚拟环境的交互"（PvE），即玩家与游戏中的非玩家角色（NPC）互动；另一类是"人与人的交互"（PvP），即玩家之间的直接互动。NPC在游戏中起到将玩家与故事情节连接起来的作用，并在元宇宙中同样扮演重要角色。用户不仅可以与NPC进行多种互动，还能基于AI算法与任何虚拟物体或角色进行交流，这种互动不再局限于娱乐，还扩展到内容创作等多个领域。

元宇宙的功能远不止于游戏，它能够将现实世界的社交活动映射到虚拟空间，为用户提供丰富多样的体验。例如，NPC可以具备逼真的3D形象，能够与用户进行文本或拟人语音的交流，提供聊天、情感陪伴等服务。Fable Studio推出的AI虚拟角色Lucy便能在多个平台上与用户实时互动，展示了这一可能性。

更为普遍的则是人与人之间的直接交流（PvP）。与传统的网络交互方式相比，元宇宙提供了更为流畅的交流体验，用户可以利用手势识别、面部识别等技术，丰富互动方式，增强现场感和空间感。

元宇宙的交互界面并不限于3D、VR、AR等形式，文本、语音和视频等传统媒介仍将在适当场景中发挥作用。尽管VR技术尚需进一步突破，手机和计算机依然是接入元宇宙的重要途径。元宇宙本质上是一个虚拟与现实交织的混合空间，用户可以根据自身的体验需求灵活调整虚实界限，这一过程也依赖于用户的认知水平和操作便利性。

交互以AI技术为基础，构建智能虚拟向导，从而简化用户的操作过程。用户可以通过语音、手势以及传统输入设备进行交互。此外，传统的图形用户界面（UI）也将继续保留，以满足用户的不同需求。在VR/AR环境中，先进的HUD界面和手势操作逐步实现。元宇宙通过物联网（IoT）和边缘计算技术，将实时数据与虚拟空间无缝连接，形成虚实之间的双向交互。这一特性不仅增强了元宇宙的适用性，还为智慧城市、智能家居等场景提供了更多的发展可能。

2.3.6 跨平台性与互操作性

元宇宙的设计理念强调跨平台性与互操作性，旨在为用户提供无缝的体验，避免传统互联网中常见的"孤岛效应"。在元宇宙中，用户的数字身份和虚拟资产可以在多个平台上自由使用，从而增强了灵活性和便利性。例如，用户在某游戏平台上购买的虚拟服饰可以在社交平台或其他游戏中继续使用，这一特性显著提升了沉浸感。实现互操作性依赖于标准化的协议和技术框架，如去中心化身份标识（DID）和区块链技术，这些协议确保不同平台之间的数据和资产能够安全共享。此外，用户对自身数字身份和资产享有自主控制权，能够通过统一的数字钱包轻松管理和转移信息，从而简化操作流程。跨平台性与互操作性不仅促进了技术的整合，也推动了不同用户群体之间的文化交流与融合，使得用户能够参与跨平台活动，如联动游戏和虚拟展览，进一步增强了元宇宙的活力与吸引力。随着5G、云计算和边缘计算等技术的发展，实现跨平台无缝连接的技术基础日益坚实，使得用户能够通过手机、电脑、VR头显等多种设备接入同一元宇宙。这种跨平台性和互操作性使得元宇宙真正成为一个开放共享的数字空间，让用户能够跨越平台与设备的限制，自由体验虚拟世界中的多元场景。

2.3.7 数据驱动的个性化服务

在元宇宙中，数据驱动的个性化服务成为用户体验的重要组成部分。每个用户的行为、社交互动和虚拟交易等都生成大量数据，这些数据为个性化服务的提供奠定了基础。通过先进的大数据分析技术，元宇宙能够对用户行为进行深度挖掘和分析，识别出用户的兴趣、偏好和需求，从而为其提供量身定制的内容、活动和服务。

首先，人工智能（AI）在数据处理中的应用尤为关键。AI可以实时分析用户在元宇宙中的活动数据，识别出潜在的兴趣点。例如，若用户频繁参与某类虚拟活动或浏览特定类型的内容，系统能够快速捕捉到这些信息，并基于这些数据生成个性化推荐。这不仅限于内容的推荐，还包括虚拟环境中的活动安排、社交圈的扩展以及交易提示等，极大提升了用户的沉浸感和参与度。元宇宙中可动态生成个性化的虚拟角色（NPC）为用户提供陪伴和咨询服务。这些NPC不仅仅是简单的程序，它们可以根据用户的历史行为和偏好进行学习与适应，提供更为精准的互动体验。比如，在用户感到孤独时，NPC可以主动发起对话或提供娱乐建议；在用户进行虚拟购物时，NPC可以根据其购物历史提供个性化的产品推荐和折扣信息。这种智能化的互动，不仅增强了用户的体验，也使得虚拟空间的生态系统变得更加智能和灵活。数据驱动的个性化服务还推动了用户之间的互动与社交。通过分析用户的社交行为和兴趣，元宇宙能够推荐志同道合的用户，促进社区的形成与发展。这种基于数据的社交推荐，使用户能够在广阔的虚拟世界中找到更具吸引力的交友和合作机会，进一步提升了用户在元宇宙中的整体体验。

最后，这种个性化服务不仅限于用户的日常互动和体验，它也为内容创作者和开发者提供了宝贵的洞察。通过分析用户的反馈和行为数据，创作者可以更好地理解市场需求，优化他们的作品，从而推动整个元宇宙生态系统的持续发展与创新。

本章总结

本章全面探讨了元宇宙定义，梳理了元宇宙的三条主线：交互发展、内容及能力引擎发展和基于区块链的经济治理。分析了三个世界：虚拟世界、数字孪生的真实世界和虚实融合的增强现实世界，展示了其在各领域的应用潜力。强调了元宇宙作为未来生活方式的数字空间，依赖区块链、AI、5G和VR/AR等技术的协同应用。最后，总结了元宇宙的核心特征，包括高度沉浸性、持续性、多元化、去中心化、虚实交互性和跨平台性，这些特征构成了其独特魅力。

课后作业

选择一个领域（如教育、娱乐、工业设计等），分析元宇宙技术如何改变该领域的现状，并提出具体的应用案例。

思考拓展

（1）道德与伦理：在元宇宙中，去中心化经济系统和用户控制权带来了新的道德和伦理问题。思考这些问题如何影响用户行为和社会结构。

（2）技术的平衡：探讨技术进步对个体隐私和安全的影响，如何在促进个性化发展的同时保护用户的权益。

（3）未来展望：结合当前的技术趋势，预测未来五到十年内元宇宙的发展方向，以及可能面临的机遇和挑战。

第3章
虚拟现实与沉浸感体验打造

识读难度：★★☆☆☆

核心概念：虚拟现实技术（VR）、增强现实（AR）、混合现实（MR）、
信息物理系统（CPS）、数字孪生、交互式 VR 设备、虚拟化身

本章导读

在虚拟现实技术飞速发展的当下，沉浸感体验正成为连接人类与虚拟世界的关键纽带。本章首先追溯了虚拟现实技术的发展历程，从早期的双目立体视觉到现代的VR头盔和裸眼3D技术，揭示了沉浸感体验逐步升级的技术路径。其次，介绍对大型工程系统的实时感知与动态控制的信息物理系统，以及创建物理实体的数字化"双胞胎"数字孪生。通过本章的学习，读者将全面掌握虚拟现实技术、及其相关领域的最新进展，深入理解虚实场景深度融合，为读者的思考带来了全新的思考路径，为虚拟现实技术融入实际工作与创作打下坚实基础。

3.1 虚拟现实技术发展

3.1.1 虚拟现实技术萌芽阶段

1. 双目立体视觉与元宇宙

食草动物的眼睛通常位于头的两侧，眼睛位置使得它们拥有广阔的视野。人类的双目是平行排列在面部前方，可以获得空间立体感。人类通过双眼观察物体时，由于两眼的位置不同，会产生视差，大脑根据视差信息来感知物体的深度和距离。

双目立体视觉技术是一种计算机视觉技术，它模仿人类双眼视觉系统的工作原理，通过两个或多个成像设备（通常是两个摄像机）从不同的角度同时获取同一场景的图像序列，然后基于这些图像之间的差异（主要是视差）来计算场景中物体的三维几何信息，为用户提供了深度感知，使虚拟世界中的物体和场景更加真实、立体，增强了用户的沉浸感。

在元宇宙中，用户需要与虚拟环境和虚拟对象进行交互，这种沉浸式体验是对人类视觉系统最基本的充分利用。双目立体视觉技术可以实时捕捉用户的头部、身体以及手部等部位的位置和姿态变化，精确地确定用户在虚拟空间中的位置和方向，实现精准的空间定位。同时，基于双目立体视觉的手势识别、动作捕捉等技术，使用户能够以自然、直观的方式与虚拟环境中的物体进行交互，如抓取、移动、操作虚拟物品等，提升了交互的自然性和流畅性。

2. 最早的立体观看装置

最早的虚拟现实立体观看装置（图3-1）可以追溯到1838年英国物理学家查尔斯·惠斯通发明的立体镜。这个装置看似复杂庞大却很有效，仅仅通过两面倾角45度的反射镜及分摆在两侧的图片，当人眼从正面直视反射镜时，双眼看到的同一物体的成像是不同的，从而产生三维的立体视觉感受，由此开启了人们的3D视觉体验。

1849年，布鲁斯特·戴维在查尔斯·惠斯通的理论基础上发明了透镜式立体镜，并制造出了便携式3D眼镜Lenticular Stereoscope（图3-2）。

3. 虚拟现实眼镜第一次在小说中出现

1935年，美国科幻小说作家斯坦利·G·温鲍姆在一篇名为《皮格马利翁的眼镜》的故事中，设想了一种特殊的眼镜，它能够让使用者不仅看到立体的图像，还能体验到与场景相关的各种感官信息，如视觉、嗅觉、味觉及触觉等。这部小说被很多人认为是探讨虚拟现实的第一部科幻作品，是对"沉浸式体验"的最初描写，故事中详细描述的以嗅觉、触觉和全息护目镜为基础的虚拟现实系统，和今天的虚拟现实装置一模一样。

4. 第一个VR设备——Sensorama感官体验

1957年，好莱坞摄影师摩登·海里戈为了追求给观影者三维图像的设想，发明了一台Sensorama的3D模拟器，并在1962年获得专利。Sensorama外形就像一个电话亭，包含立体影像处理、风扇、嗅觉装置、立体

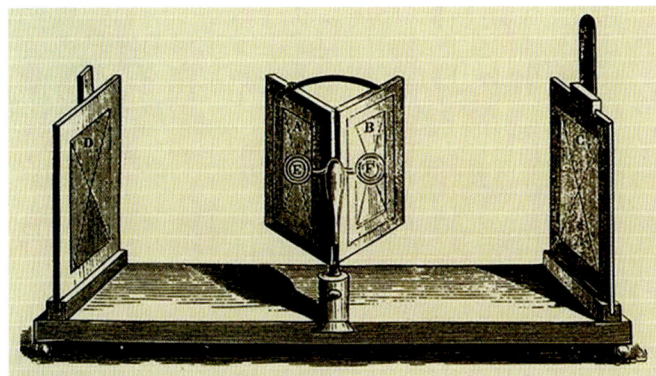

图3-1 最早的虚拟现实立体观看装置

图3-2 便携式3D眼镜Lenticular Stereoscope

图3-3　第一个VR设备——Sensorama

图3-4　第一台VR头戴式显示器

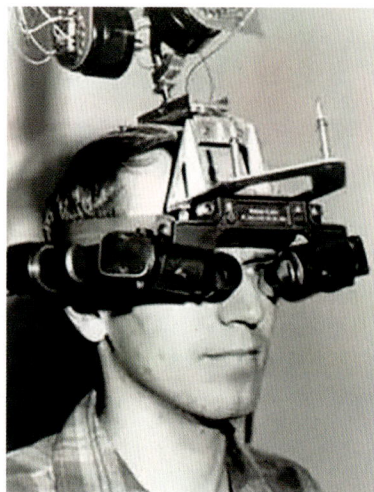

图3-5　达摩克利斯之剑

扬声器、移动椅等单身用装置，使用时需要观影者把头探进设备内部，由三面显示器形成空间感，并且提供气味、立体声、振动、风吹等多种感官体验（图3-3）。

3.1.2　虚拟现实技术初现阶段

1. 第一台虚拟现实头戴式显示器

1963年，美国著名科幻杂志编辑、科幻文学的先驱之一雨果·根斯巴克在Life杂志上介绍了她的发明"Teleyeglasses"（再生词：电视+眼睛+眼镜）。Teleyeglasses的质量只有约140g，其外表像一个袖珍电池供电的便携式电视，有旋转式的按钮，两侧有长长的电线，眼镜里面有小阴极射线管，为每只眼睛配备一个单独的屏幕，很像现代的3D VR眼镜。虽然该发明只是一个可穿戴电视，但严格来讲，这是世界上第一台VR头戴式显示器。该设备提供了一种名为"新火星人"的观看体验（图3-4）。

2. 第一套虚拟现实系统——达摩克利斯之剑

1968年，伊凡·苏泽兰（Ivan Sutherland）开发出一套虚拟现实系统，这套系统被命名为"达摩克利斯之剑（Sword of Damocles）"，如图3-5所示。该系统使用一个光学透视头戴式显示器，同时配有两个六度追踪仪，一个是机械式，另一个是超声波式，头戴式显示器

由其中一个进行追踪。受制于当时计算机的处理能力，这套沉重的系统不得不将显示设备放在用户头顶的天花板上，并通过连接杆和头戴设备相连。该系统将两个小屏幕组合到一起给体验者一种三维立体图像的错觉，能够将简单线框图转换为具有3D效果的图像。因为屏幕是半透明的，所以体验者可以同时看到虚拟世界和真实世界，因此"达摩克利斯之剑"也被称为首例增强现实产品，而Ivan Sutherland也被人们称为"虚拟现实之父"。

3. Virtual Reality——"虚拟现实"概念出现

20世纪80年代，"虚拟现实（Virtual Reality）"这个术语开始被广泛使用。美国VPL（Visual Programming Language）Research公司创始人Jaron Lanier在1987年创立了VPL Research公司，并且大力推广虚拟现实的概念。VPL Research开发了一系列虚拟现实设备，如Data Glove（数据手套），它可以让用户通过手部动作与虚拟环境进行交互。这些设备的出现和相关概念的传播使得"虚拟现实"逐渐成为一个被计算机科学、工程学等多个领域所关注的重要技术概念。

3.1.3　虚拟现实技术全面爆发

1. 虚拟现实技术全面应用

虚拟现实技术的应用包含沉浸感打造和交互性实现

两方面。虚拟现实技术通过创建一个虚拟的三维环境，让用户感觉仿佛置身于另一个世界。

（1）VR头盔在虚拟现实中的应用。

VR头盔是虚拟现实中最直接的设备之一，它结合了显示技术、音频技术等多种手段。例如，当用户戴上VR头盔玩一款模拟太空探索的游戏时，通过精确的头部跟踪技术，用户转动头部时，看到的星空、飞船内部等场景会随之改变，就像真的在太空船中观察外面的宇宙一样。同时，配合环绕立体声耳机，模拟宇宙中的各种声音，如飞船的引擎声、星际物质的碰撞声等，全方位地营造出沉浸感。用户可以与虚拟环境进行交互。比如在建筑设计的VR应用中，设计师可以使用手柄等输入设备在虚拟场景中移动、抓取建筑模型部件，改变建筑的形状、颜色等属性。这是通过在VR头盔中集成动作追踪技术来实现的，它可以检测到手部的动作并将其转换为虚拟环境中的相应操作。

（2）裸眼3D技术在虚拟现实中的应用。

光栅技术是裸眼3D的一种常见实现方式。它在显示屏前设置了光栅结构，这个光栅可以是狭缝式的或者是柱状透镜式的。以狭缝式光栅为例，它通过在屏幕前添加不透明的条纹，在显示左眼图像时，条纹会遮挡右眼对应的像素；在显示右眼图像时，条纹会遮挡左眼对应的像素，从而让左右眼看到不同的图像，实现3D效果。在一些裸眼3D的虚拟现实展示设备中，利用光栅技术可以让用户在一定范围内自由观看3D虚拟场景，而不需要佩戴头盔。例如在大型的VR主题馆的展示屏幕上，观众站在一定的距离和角度范围内，就可以看到逼真的3D虚拟场景，这种方式增加了观众的参与度和互动性，而且避免了佩戴头盔带来的不便。

（3）Starline裸眼三维效果的显示技术。

这个被谷歌AI掌门人Jeff Dean称作"魔镜"的设备可在不需要佩戴任何眼镜或者头盔的情况下，让屏幕另一边的人看起来有体积、有深度和阴影，就像坐在你的面前一般真实。Starline用到的设备是一个65英寸的光场显示屏，以及在现场布置的十多个摄像头和传感器。这些传感器从不同角度捕捉人的形象，使用深度学习进行实时压缩，传输到另一边再重建成3D影像播放出来。这一切都是实时完成，并非事后渲染。配合上空间音效，屏幕两端的人就可以即时交流，如图3-6所示。

2. 虚拟现实应用技术的分类

虚拟现实涉及学科众多，应用领域广泛，系统种类繁杂，这是由其研究对象、研究目标和应用需求决定的。从不同角度出发，可对虚拟现实系统进行不同分类。最常见的分类方式是将虚拟现实分为增强现实、混合现实和扩展现实。

（1）增强现实。

增强现实是一种将真实世界信息和虚拟世界信息"无缝"集成的技术，把原本在现实世界的一定时间空间范围内很难体验到的实体信息，通过电脑等科学技术模拟仿真后再叠加，将虚拟的信息应用到真实世界，被人类感官所感知，从而达到超越现实的感官体验。

增强现实是真实世界和虚拟世界的信息集成。在视觉化的增强现实中，用户利用头盔显示器等设备，把真

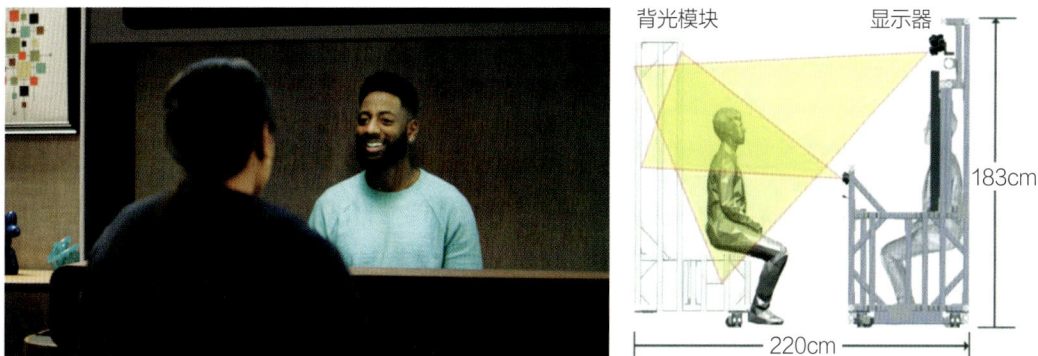

图3-6 魔镜

实世界与电脑图形多重合成在一起，使真实环境和虚拟物体实时地叠加到同一个画面或空间同时存在。它具有实时交互性，用户可以与虚拟元素进行实时互动，如通过手势、语音等方式控制虚拟物体的显示、移动、旋转等。在三维尺度空间中增添定位虚拟物体，能够根据用户的视角和位置变化，准确地将虚拟物体定位在真实世界的相应位置。

增强现实广泛应用于军事、医疗、建筑、教育、工程、影视、娱乐等领域，如在医疗领域中医生可以利用增强现实技术进行手术部位的精确定位，在娱乐、游戏领域增强现实游戏可以让玩家共同进入一个真实的自然场景，以虚拟替身的形式进行网络对战等。

（2）混合现实。

混合现实是虚拟现实技术的进一步发展，该技术通过在虚拟环境中引入现实场景信息，在虚拟世界、现实世界和用户之间搭起一个交互反馈的信息回路，以增强用户体验的真实感。它结合了虚拟和现实，在新的可视化环境里物理和数字对象共存，并实时互动，既包括增强现实和增强虚拟。

混合现实在虚拟的三维空间中进行交互，通过手势、语音等方式控制虚拟物体的显示、移动、旋转等。它能够实时获取现实世界的信息，并根据用户的操作和现实世界的变化及时更新虚拟场景和交互内容。

混合现实技术在工业设计、教育培训、游戏娱乐、建筑设计等领域有广泛的应用前景，如在工业设计中，设计师可以通过混合现实技术将虚拟的产品模型与现实的工作环境相结合，进行产品的设计、评估和优化；在游戏娱乐领域，混合现实游戏可以让玩家同时保持与真实世界和虚拟世界的联系，并根据自身的需要及所处情境调整操作。

（3）扩展现实。

扩展现实是指通过以计算机为核心的现代高科技手段营造真实、虚拟组合的数字化环境，以及新型人机交互方式，为体验者带来虚拟世界与现实世界之间无缝转换的沉浸感，是AR、VR、MR等多种技术的统称。它融合多种技术，集成了近眼显示、渲染计算、三维重建、传感测量、人工智能、脑机接口等多种前沿技术，提供了更加丰富和复杂的体验。提供无缝转换的沉浸感，可以让用户在真实世界和虚拟世界之间流畅地切换并进行交互，使用户难以区分现实和虚拟的界限。

扩展现实是下一代通用性技术平台和元宇宙的关键入口，为元宇宙提供了交互入口，以及虚拟人、物和场景构建。在游戏、娱乐、教育、培训、医疗、建筑、设计等领域都有广泛的应用前景，如在教育领域，扩展现实技术可以创建虚拟的学习环境，让学生身临其境地学习知识；在医疗领域，扩展现实技术可以用于手术模拟、康复训练等。

（4）联系和区别。

AR、MR和VR等技术都依赖于计算机图形学、传感器技术、人机交互技术等基础技术，并且在不断发展和创新的过程中相互借鉴和融合。AR和MR是XR的重要组成部分，它们与VR一起，共同为用户提供了从现实到虚拟的连续体验，满足了不同用户在不同场景下的需求。

AR主要是对现实世界的增强：侧重于将虚拟信息叠加在真实世界之上，以辅助或丰富用户对现实世界的感知和体验，虚拟元素通常是对现实场景的补充和说明，用户主要还是以观察现实世界为主。

MR则强调虚拟与现实的融合与互动：虚拟和现实的界限更加模糊，用户可以在一个混合的环境中与虚拟和现实的元素进行自然、流畅地交互，虚拟元素和现实元素的重要性相对较为均衡。

XR是一个更广泛的概念：涵盖了AR、VR、MR等多种技术，更注重提供一种无缝连接和转换的沉浸式体验，让用户能够自由地在虚拟和现实之间穿梭，并与各种虚拟和现实的元素进行交互。

3.1.4　交互式VR设备

1. 交互式VR设备分类

早期的计算机交互设备主要是显示器和键盘，加上后来的鼠标，成为迄今为止最常用的计算机交互设备。网络游戏的交互方式也大多使用键盘+鼠标方式，或使用游戏操纵杆。智能手机将屏幕和触摸板合二为一，交互更为便捷。但这些交互方式使用户获得的沉浸感仍然有限。要想获得高度沉浸感，主要途径是通过3D/VR交互设备。

（1）手柄类交互式。

手柄是目前VR设备中最常见的交互工具之一。它通常具有多个按键和摇杆，方便用户进行多种操作。例如，按键可以用于选择菜单选项、触发动作（如射击、抓取）等，摇杆则用于控制角色的移动方向和视角的转动。一些高端手柄还配备了触摸板，用户可以通过在触摸板上滑动手指来实现诸如翻页、精确瞄准等操作。

手柄还具备空间定位和动作追踪功能。通过与基站（如HTC Vive的Lighthouse定位系统）或头显内置的传感器配合，手柄能够精确地反映用户手部在三维空间中的位置和动作。这使得用户在VR环境中可以自然地伸手去拿东西、挥舞工具或者进行精细的手部动作，如解开虚拟的锁等。

HTC Vive手柄是一款广为人知的产品。在VR游戏中，比如《节奏光剑》，玩家可以使用手柄握住虚拟的光剑，根据音乐节奏和游戏中的方块位置挥动光剑进行切割。手柄的震动反馈还能让玩家感受到光剑与方块碰撞的瞬间，增强游戏的沉浸感。在建筑设计VR软件中，设计师可以使用手柄来抓取和移动虚拟建筑模型的部件，调整模型的布局和结构。

（2）体感交互式。

体感交互式VR设备能够感知用户身体的动作和姿态，提供更加自然和全身参与的交互体验。它们通常利用惯性测量单元（IMU）、深度摄像头或其他传感器来捕捉身体的运动。一些体感设备可以实现全身动作捕捉，包括头部、四肢和躯干的动作，并且能够将这些动作实时映射到VR环境中的虚拟角色上。

这类设备还能提供运动反馈，根据VR场景中的情况给用户身体带来相应的感觉。例如，在模拟飞行VR应用中，当飞机遇到气流颠簸时，体感设备可以通过模拟座椅的震动或者对身体施加轻微的压力变化，让用户感受到飞行中的真实情况。

微软Kinect是体感设备的代表之一。在VR健身应用中，Kinect可以捕捉用户的健身动作，如拳击、瑜伽姿势等，并将其与虚拟健身课程中的教练动作进行对比，给予用户反馈和指导。在VR冒险游戏中，玩家的奔跑、跳跃、攀爬等全身动作都可以被体感设备捕捉，然后在虚拟世界中相应地驱动角色进行冒险，让玩家仿佛置身于真实的冒险场景中。

（3）触觉反馈交互式。

触觉反馈交互式VR设备主要用于模拟触摸物体时的感觉。它们通过各种技术，如振动电机、压力传感器、电刺激等，来实现触觉反馈。不同的触觉反馈方式可以模拟不同的触感，例如，振动电机可以模拟物体的表面纹理，高频振动可能表示粗糙的表面，低频振动则可能表示光滑的表面；压力传感器可以模拟物体的硬度，当用户触摸虚拟的硬物时，会感受到较大的阻力。

触觉反馈设备还可以提供温度感知，通过加热或冷却元件来模拟物体的冷热感觉。这种多维度的触觉模拟能够让用户更加真实地体验虚拟环境中的物体和场景。在VR模拟手术训练应用中，手套可以模拟手术刀接触人体组织时的不同感觉。当手术刀划过肌肉组织时，手套会产生柔软的阻力和相应的振动，当接触到骨骼时，阻力会增大，振动频率也会改变，让医生学员能够更好地感受手术操作过程中的触觉细节。在VR游戏中，比如模拟手工制作的游戏，玩家在触摸虚拟的木材、金属等材料时，通过触觉反馈设备可以感受到材料的不同质地。

2. 沉浸感体验打造

（1）视觉交互设备与沉浸感。

1）头戴式显示器（HMD）。高分辨率能让虚拟场景中的细节更加清晰，如在VR游戏里，玩家可以清楚地看到远处建筑的纹理、角色的装备细节等。高刷新率则能减少画面的延迟和拖影，使画面更加流畅。例如，刷新率达到90Hz甚至120Hz以上的HMD，在用户快速转头或场景快速切换时，不会出现画面模糊的情况，让用户感觉自己就像在真实的环境中观察事物。除此之外，广视角和低余晖，也是提升沉浸感的关键因素。广视角能够扩大用户的视野范围，使虚拟场景更具包围感。低余晖则是指像素在快速切换颜色时，不会留下残像，这对于沉浸感体验同样重要。一些高端的HMD设备通过优化显示技术，实现了接近人眼视角的广视角和极低的余晖效果，让用户在转头等动作时，不会感觉到画面边界的存在，仿佛置身于一个完整的虚拟世界之中。

2）眼球追踪设备。眼球追踪技术可以检测用户眼睛的注视点。在渲染虚拟场景时，根据注视点来分配计算资源，对用户注视的区域进行高质量渲染，而对周边区域适当降低渲染质量。这样既可以保证用户关注的重点区域有出色的视觉效果，又能节省计算资源，提升整体性能。通过眼球追踪，用户可以用眼神进行交互，如通过注视来选择菜单选项、触发事件等。在一些VR阅读应用中，用户可以通过眼神来控制翻页，这种自然的交互方式进一步增强了沉浸感，让用户感觉自己就像在真实的阅读场景中一样。

（2）触觉交互设备与沉浸感。

1）触觉反馈手套。触觉反馈手套能够模拟触摸物体的感觉，包括物体的质地、硬度、温度等。随着技术的发展，手套可以更精准地模拟各种复杂的触感。例如，在VR手工制作模拟应用中，当用户触摸虚拟的木材时，手套可以通过微小的振动、压力变化等方式模拟出木材的粗糙质感和一定的硬度；当触摸金属时，又能传达出冰冷、光滑的感觉，使用户感觉自己真的在触摸真实的物体。

手势交互与触觉反馈结合：用户可以通过手套做出各种手势动作，并且在动作过程中得到相应的触觉反馈。比如在VR游戏中，玩家做出握拳的动作来抓取虚拟物体，手套不仅能检测到这个动作，还能在抓取时根据物体的重量和质地给予适当的阻力反馈，让玩家切实感受到自己抓住了一个实实在在的东西。

2）力反馈设备（如手柄等）。力的反馈精度提高：力反馈设备在用户操作过程中可以提供更精确的力的反馈。以VR赛车游戏为例，当玩家转动方向盘时，力反馈手柄可以根据游戏中的路况、车速等因素，模拟出真实的转向阻力。在车辆行驶在不同路面（如沙地、柏油路）时，手柄反馈的阻力大小和质感也会相应变化，让玩家仿佛坐在真实的赛车中驾驶。

多维度力反馈集成：除了简单的线性力反馈，还能实现多维度的力反馈。例如，在一些模拟手术的VR应用中，手术刀在切割组织时，力反馈设备可以在不同方向上提供阻力，模拟组织的弹性和切割时的反作用力，使医生学员在操作过程中能够更好地感受手术的真实情况。

（3）听觉交互设备与沉浸感。

1）空间音频技术。声音定位与环境模拟：空间音频可以让用户根据声音来判断虚拟物体的位置和方向。例如，在VR恐怖游戏中，当怪物从用户的左侧靠近时，用户可以通过耳机听到来自左侧的脚步声和呼吸声，并且声音的大小和方向会随着怪物的移动而变化，这种真实的声音定位效果大大增强了游戏的紧张氛围和沉浸感。同时，空间音频还可以模拟不同的环境声学特性，如在虚拟的大教堂里，能模拟出声音的混响效果，让用户感觉自己真的身处教堂之中。

个性化音频体验：根据用户的头部形状和耳朵结构，空间音频技术可以为每个用户提供个性化的音频体验。因为不同的人听到的声音会因个体差异而略有不同，这种个性化的调整能够让用户更加身临其境，就像在现实世界中听到的声音一样自然。

2）骨传导耳机。真实的声音传导方式：骨传导耳机通过颅骨传导声音，这是一种更接近自然的声音传导方式。在一些需要保持耳部开放的VR应用场景中（如户外探险类VR体验），骨传导耳机可以让用户在听到虚拟声音的同时，还能感知到周围的真实环境声音，如风声、鸟鸣等。这种方式既能提供沉浸感十足的虚拟声音，又不会让用户与现实世界完全隔离，增加了体验的真实感和安全性。

（4）动作捕捉系统与沉浸感。

1）全身动作捕捉系统。精准动作映射：全身动作捕捉系统能够实时捕捉用户的全身动作，并将其精确地映射到虚拟角色上。在VR舞蹈游戏或健身应用中，用户的每一个动作，包括头部的转动、四肢的伸展和扭动等，都能被系统捕捉并同步到虚拟角色身上，让用户感觉自己就是在虚拟舞台上跳舞或者在虚拟健身房中锻炼。这种高度的动作同步性可以极大地增强用户的沉浸感，使用户完全投入到虚拟的活动中。

表情捕捉与反馈：除了身体动作，一些高级的动作捕捉系统还能捕捉用户的面部表情，并将其应用到虚拟角色上。在VR社交应用或角色扮演游戏中，用户的喜怒哀乐等表情可以通过虚拟角色展现出来，并且其他用户看到的也是栩栩如生的角色表情，这使得虚拟社交和互动更加真实和自然，进一步提升了沉浸感。

2）体感控制器（如手柄、体感棒等）。自然的动作交互：体感控制器可以让用户以自然的方式与虚拟环境进行交互。例如，在VR体育游戏中，用户可以像在真实运动中一样挥动体感棒来击球或者挥舞体感手柄来模拟射箭动作。这种自然的动作交互方式，配合视觉、触觉和听觉等其他方面的反馈，能够让用户更容易地融入虚拟场景，增强沉浸感。

3.2 信息物理和数字孪生

3.2.1 信息物理系统

在希腊神话中，存在着一位与众不同的巨人，他肩负着看守的职责，其周身布满了密密麻麻的眼睛，被人们赋予了"全见的阿耳戈斯"这一独特称谓，他能一直观察周围的所有物体，这就像元宇宙中全能感知的信息物理系统。信息物理系统所涵盖的感知设备种类繁多，从能敏锐捕捉环境温度变化的传感器，到可以精准定位物体位置的定位装置，再到能够细致监测各类物理参数的专业仪器等等，它不仅可以通过接触式的探测来获取信息，还能利用非接触式的感应技术去感知周围的情况，这远远超出了仅仅依靠眼睛去观察的阿耳戈斯。

1. 信息物理系统的概念

信息物理系统（CPS）是一个综合计算、网络和物理环境的多维复杂系统。它通过3C（Computation、Communication、Control）技术的有机融合与深度协作，实现大型工程系统的实时感知、动态控制和信息服务。例如，在智能交通系统中，车辆通过车载传感器感

知自身的速度、位置等物理信息，利用通信技术将这些信息传输到交通控制中心，交通控制中心根据这些信息进行计算和决策，然后通过控制信号对交通信号灯等设备进行控制，从而优化交通流量。

CPS的关键在于将物理过程与信息处理过程紧密结合。以工业自动化生产为例，生产线上的机器人手臂是物理实体，其运动状态（位置、速度、力度等）通过传感器进行实时监测，这些监测数据被传输到控制系统中进行处理。控制系统根据生产任务的要求（如产品的尺寸、形状等信息），通过计算生成控制指令，指挥机器人手臂的动作，实现精确的生产操作。

2. 信息物理社会

信息物理社会（Cyber－Physical－Social Systems，CPSS）是在信息物理系统（CPS）的基础上融合社会因素而形成的一个更为复杂的系统。它强调物理系统、信息系统和社会系统之间的深度交互与协同。例如，在一个智慧城市的建设中，城市的交通设施（物理系统）、交通管理系统（信息系统）以及市民的出行行为和交通规则意识（社会系统）相互影响（图3-7）。交通设施的布局和状态会通过传感器等设备将信息传递给交通管理系统，交通管理系统会根据这些信息和社会系统中的交通规则、市民出行需求等因素来制定交通策略，如调整信号灯时长、规划公交路线等。

信息物理社会的构成包括物理要素、信息要素和社会要素。物理要素是信息物理社会的基础，包括各种自

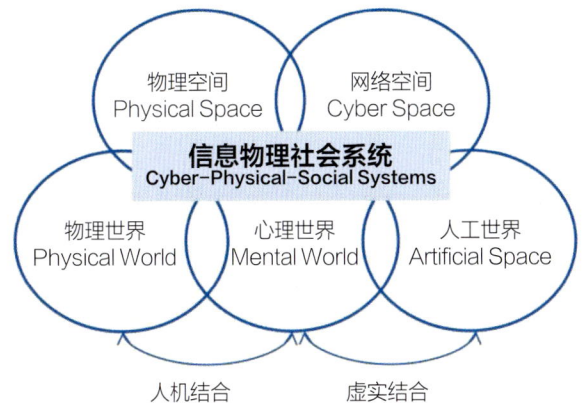

图3-7　信息物理社会系统

然的和人造的物理实体。信息要素包括数据的采集、传输、处理和应用。在信息物理社会中，大量的传感器用于采集物理实体的数据，如物联网设备可以收集温度、湿度、位置等信息。这些数据通过通信网络（如5G、光纤网络等）进行传输，然后在数据中心或云端进行处理。社会要素主要涉及人的行为、社会关系、文化传统等。人的行为是社会要素的关键部分。

3. 信息物理社会的应用场景

（1）智能交通领域：在城市交通中，信息物理社会可以通过整合交通基础设施（如道路、桥梁、停车场等）、交通信息系统（如交通信号控制系统、智能导航系统等）和社会因素（如驾驶员和行人的行为、交通法规等）来实现高效的交通管理。例如，通过分析交通流量数据和驾驶员的出行习惯，交通管理部门可以动态调整交通信号灯的时长，减少交通拥堵。同时，利用社交媒体等平台收集的公众反馈，可以及时发现交通问题并采取措施。

（2）智慧医疗领域：CPSS可以将医疗设备（物理系统）、医疗信息系统（如电子病历系统、远程医疗系统等）和社会因素（如患者的就医行为、医护人员的工作习惯等）结合起来。例如，通过可穿戴医疗设备监测患者的生理数据，这些数据传输到医疗信息系统中，医护人员可以根据这些数据和患者的社会背景（如生活方式、家族病史等）进行综合诊断和治疗。同时，利用社会网络平台可以开展健康知识宣传和患者互助活动。

（3）智能制造领域：在工厂生产过程中，信息物理社会将生产设备（物理系统）、生产管理信息系统（如企业资源计划系统、制造执行系统等）和社会因素（如工人的技能水平、劳动法规等）相结合。例如，通过在生产设备上安装传感器，实时监测设备的运行状态，将这些数据与生产计划和工人的工作安排相结合，实现生产过程的优化。同时，考虑社会因素，如遵守劳动法规和保障工人的权益，合理安排工作时间和强度。

3.2.2 数字孪生

1. 数字孪生的概念

数字孪生（图3-8）是充分利用物理模型、传感器更新、运行历史等数据，集成多学科、多物理量、多尺度、多概率的仿真过程，在虚拟空间中完成对物理实体或系统的映射。简单来说，它就像是为真实的物理对象（如汽车、飞机、工厂等）创造一个数字化的"双胞胎"。例如，对于一架飞机而言，这个"双胞胎"可以精确地反映飞机的各种特征，包括机翼的形状、发动机的性能参数、飞机内部各个系统（如燃油系统、液压系统等）的状态。

数字孪生的组成部分包括物体实体、虚拟模式以及数据和连接。物理实体是数字孪生的基础，是真实世界中存在的物体或系统。虚拟模型是数字孪生的核心部分，是物理实体在虚拟空间中的呈现。它通过数学模型、几何模型、物理模型等多种建模方式构建而成。数据是数字孪生的"血液"，连接则是"血管"。数据包括物理实体的设计数据、运行数据、维护数据等。例如，通过在生产设备上安装传感器，实时收集设备的运行数据，如温度、振动频率等，这些数据通过网络连接传输到虚拟模型中，用于更新和优化虚拟模型，使虚拟模型能够实时反映物理实体的真实状态。

图3-8 数字孪生

2. 数字孪生的历史

数字孪生的历史分为四个阶段，分别为：概念起源与早期探索阶段（20世纪70年代—21世纪初），技术发展与初步应用阶段（约2010—2015年），快速发展与广泛关注阶段（2015—2020年）和深度融合与广泛应用阶段（2020年至今）。多行业全面开花，具体详见表3-1。

表3-1 数字孪生的发展历程

时间阶段	发展历程
概念起源阶段 （20世纪70年代—21世纪初）	1970年，美国国家航空航天局（NASA）在执行阿波罗计划过程中，对太空飞行器进行仿真模拟和故障检测，产生了比较原始的数字孪生思想
	2002年，美国密歇根大学的Michael Grieves教授在产品全生命周期管理课程上首次提出了"数字孪生"（Digital Twin）的概念
初步应用阶段 （约2010—2015年）	随着物联网（IoT）、大数据和云计算等技术的逐步发展，数字孪生开始有了初步的应用。在制造业领域，一些先进的汽车制造企业开始尝试利用数字孪生技术来优化汽车生产线
	在航空航天领域，数字孪生也得到了进一步的应用。例如，飞机发动机制造商可以利用数字孪生技术对发动机的运行状态进行实时监测
快速发展阶段 （2015—2020年）	2017年，国际数据公司（IDC）预测，到2020年，全球将有超过20%的大型制造业企业会使用数字孪生技术
	以西门子为代表的工业软件和自动化解决方案提供商，推出了一系列基于数字孪生的软件和服务。例如，西门子的MindSphere平台
	在智慧城市建设领域，数字孪生也崭露头角。通过构建城市的数字孪生模型，将城市的交通系统、能源系统、建筑设施等各种基础设施的数据整合在一起
广泛应用与深化阶段 （2020年至今）	2020年之后，数字孪生技术在更多行业得到了广泛应用。在医疗行业，数字孪生可以用于人体器官建模
	在建筑行业，建筑信息模型（BIM）与数字孪生技术相结合，实现了从建筑设计、施工到运营维护的全生命周期管理
	随着人工智能（AI）和机器学习（ML）技术与数字孪生的融合不断加深，数字孪生模型的准确性和智能化程度得到了极大的提升

3.2.3 数字孪生应用场景

1. 智能制造

数字孪生在智能智造方面的应用场景包括产品设计与研发、生产过程优化和设备管理与维护。

产品设计与研发方面包括虚拟设计与验证和设计优化与创新。在产品概念设计阶段，利用数字孪生技术创建虚拟产品模型，通过仿真分析对产品的外观、结构、性能等进行多维度评估和优化，减少物理原型的制作数量和成本，缩短产品研发周期。例如，航空航天企业在设计新型飞机时，通过数字孪生模型进行空气动力学、结构强度等方面的仿真分析。同时，结合大数据分析和人工智能算法，对数字孪生模型进行优化设计，挖掘潜在的创新点和改进空间，提高产品的竞争力。

生产过程优化是指构建生产线的数字孪生模型，对生产流程、设备布局、人员配置等进行仿真分析，发现潜在的瓶颈和问题，优化生产节拍、物流路径和资源分配，提高生产效率和质量。基于数字孪生模型和实时生产数据，利用机器学习算法对生产工艺参数进行优化调整，确保产品质量的稳定性和一致性。例如，在钢铁生产过程中，通过数字孪生技术对炼钢、轧钢等工艺参数进行实时优化，提高钢材的质量和性能。

设备管理与维护是通过在设备上安装传感器，实时采集设备的运行数据，并传输到数字孪生模型中，对设备的状态进行实时监测和分析，提前发现潜在的故障隐患，发出预警信号，以便及时进行维护和维修，减少设备停机时间和维修成本。根据设备的运行状态和历史数据，结合数字孪生模型和人工智能算法，制定合理的设备维护计划，实现设备的预防性维护和精准维护，延长设备的使用寿命。

2. 智慧城市

智慧城市是利用信息和通信技术（ICT）等手段感测、分析、整合城市运行核心系统的各项关键信息，从而对包括民生、环保、公共安全、城市服务、工商业活动在内的各种需求做出智能响应。其目的是实现城市的可持续发展，提高城市居民的生活质量。包括城市建设从设计到管理的方方面面。

城市规划阶段，数字孪生可以创建一个虚拟的城市模型。规划师可以在这个模型中进行各种规划方案的模拟，如不同功能区（商业区、住宅区、工业区等）的布局调整。例如，通过数字孪生模型，可以直观地看到增加一个大型购物中心对周边交通流量和居民生活的影响。还可以对建筑的高度、密度等参数进行调整，分析其对城市采光、通风等环境因素的影响。它提供了一个全面、实时、精准的城市信息平台。城市管理者可以基于这个平台进行科学决策，如在应对突发公共事件时，通过数字孪生模型快速了解事件影响范围、人员分布等情况，制定更加有效的应对策略。数字孪生应用能够整合城市各个部门的数据和管理职能，打破部门之间的信息壁垒，实现协同治理，例如，城市规划部门和交通管理部门可以通过共享数字孪生模型中的数据，更好地协调城市建设和交通改善工作。

3. 医疗保健

数字孪生在医疗保健行业的应用主要是通过创建患者个体或者医疗系统的虚拟模型，结合医学数据和实时监测数据，为医疗决策、治疗过程优化和医疗设施管理等提供支持。一是疾病诊断与预测，利用患者的病历数据（包括病史、症状、检查结果等）和生物医学数据（如基因数据）构建数字孪生模型。例如，对于心血管疾病患

者，医生可以整合患者的心电图数据、心脏超声图像、血液生化指标等信息到数字孪生心脏模型中。二是个性化治疗方案制定，根据患者的数字孪生模型，模拟不同治疗方法的效果。以癌症治疗为例，医生可以在数字孪生肿瘤模型中测试不同的化疗药物组合、放疗剂量和手术方案。结合患者的身体状况，如身体耐受性、免疫功能等，优化治疗方案。比如，对于身体较为虚弱的患者，通过数字孪生模型模拟，可以选择对身体负担较小但同样有效的治疗方案。三是康复过程模拟与监测，为患者建立康复数字孪生模型，模拟康复过程。例如，对于骨折康复患者，模型可以模拟骨骼的愈合过程、肌肉力量的恢复情况等。结合可穿戴设备和传感器（如智能手环监测运动数据、压力传感器监测肢体受力情况等），实时更新模型数据，医生可以根据模型调整康复计划。

3.3 虚拟化身

3.3.1 虚拟化身理论

虚拟化身的定义源于印度梵语"Vatar"，本意是指"分身、化身"，（尤指电脑游戏或聊天室中代表使用者的）化身，也被翻译为阿凡达。元宇宙中的虚拟化身是用户在虚拟数字世界中的数字化代表。它可以是基于用户自身形象创建的高度个性化的角色，也可以是完全虚构的形象。虚拟化身就像是用户在元宇宙这个广阔舞台上的"演员"，通过它，用户可以进行社交、游戏、工作、学习等各种活动。

虚拟化身的外观可以千变万化。从简单的卡通形象，到高度逼真的类人形象都有。其特征包括外貌（如发型、肤色、五官等）、体型、服装配饰等。例如，在一些元宇宙社交平台上，用户可以为自己的虚拟化身选择时尚的服装，像在现实生活中搭配服饰一样，通过改变服装风格来展示自己的个性或适应不同的场合。除了外观，虚拟化身还可以有动作和表情。通过动作捕捉技术或预设的动画，虚拟化身可以行走、奔跑、跳跃、挥手、点头等，并且能够做出喜怒哀乐等各种表情。这使

得虚拟化身在与其他用户的交互过程中能够更加生动地传达情感和意图。

虚拟化身的创建方式包含基于模板的创建、自定义创建和人工智能辅助创建等（表3-2）。

表3-2 虚拟化身的创建方式

虚拟化身创建分类	分类说明	应用举例
基于模板的创建	许多元宇宙平台提供了一系列预设的模板供用户选择	在某些游戏化的元宇宙应用中，新用户可以从几个基本的角色类型模板开始，然后通过完成任务或获取道具来逐步解锁更多的外观定制选项
自定义创建	这是一种更高级的创建方式，允许用户对虚拟化身的各个方面进行精细的设计	用户可以上传自己的照片，利用平台的算法来生成与自己外貌相似的虚拟化身头部形象，然后再手动调整细节
人工智能辅助创建	随着人工智能技术的发展，一些平台开始利用AI来帮助用户创建虚拟化身	AI可以根据用户输入的描述自动生成初始形象，然后用户再根据自己的喜好进行调整

进入元宇宙虚拟社区时，几乎所有的平台都可以创建自定义的个性化虚拟化身，并且装扮自我，以完全不同于真实的面貌在虚拟世界出现。元宇宙社交App可以创建卡通风格的化身开展社交活动。

3.3.2 数字人、虚拟人和数字替身

数字人是一种复杂的3D人体模型，它利用最近开发的高端功能在外观（皮肤着色或头发修饰）和运动（准确的装配和动画）方面产生逼真的结果。数字人是艺术化与结构化的3D模型。"结构化"意味着其数据已经组织好，并且已经经历了使其"可以投入生产"的某些步骤。

虚拟人（图3-9），"虚拟"这个词，考虑了人的职业、个性和故事。和数字人（复杂高端昂贵的3D资产）相比较，虚拟人可以是助手、演员、网红，简而言之就是有工作的数字人。数字人更偏向于资产，而虚拟人还要考虑它的应用场景。虚拟人常常集合在某个软件中，通过某一业务的熟练或敏锐度来完成特定的服务目的。

虚拟人与人工智能紧密相关，所有声称致力于虚拟人的公司也常常伴有不同程度的AI专业知识。一些公司甚至将AI视为其主要方向，比如虚拟助手Amelia，是

图3-9 虚拟人

为企业定制的人工智能平台。另一方面，在像Brud或Diigitals这样的社交媒体上运作的虚拟助理，更多是在讲故事和交流，并未直接使用人工智能技术。即使是还没有人工智能需求的公司，将来也很有可能会使用它，人工智能是可扩展性的关键，可以将数字人趋势转变为蓬勃发展的行业。

数字替身（图3-10）是真实人类的复制品，不只是名人。数字替身不是要创建一个随机的虚拟化身，也不是从头开始设计一个人，而是要尽可能忠实地还原公众人物的外观和表情。数字替身大部分出现在电影的视效部分中，通常他们的应用包括：面部替换，数字特技替身，生物类型变换或体征变换。特效公司MPC曾在《银翼杀手2049》中成功还原除了1984版本的女主瑞秋，当时的女演员肖恩·杨在拍摄第二部时已经50多岁了，特效团队扫描了她的头部模型，获得了准确的头骨数据，然后建模人员根据当年瑞秋表演片段作为参考，制作了一个真实的数字替身。

还有一个词是AI换脸，它和数字人完全不同，但两者常被一起拿来炒作人工智能及一些相关领域，在某种程度上，它们都创造了可控制的"伪造人类"。区别在于，数字人是3D模型，这意味着它们是结构化数据包，而AI换脸是神经网络的结果，几乎无法控制结果。此外，AI换脸是图像，以2D格式生成，而数字人则能够放置于3D场景中并与该场景相关的各种软件和硬件相连。数字人所能达到的运动范围和潜力远远超过了一次AI换脸。

图3-10　数字替身

本章总结

本章内容围绕虚拟现实技术、信息物理和数字孪生、虚拟化身三大板块展开，介绍了相关技术的发展历程、应用场景及特点。

在虚拟现实技术方面，从萌芽阶段的双目立体视觉、早期立体观看装置，到现阶段的首款头戴式显示器、"虚拟现实"概念的出现，再到全面爆发阶段，在VR头盔、裸眼3D等设备及技术上实现了广泛应用，并对增强现实、混合现实、扩展现实进行了分类介绍，同时阐述了交互式VR设备的分类及如何打造沉浸感体验。

信息物理系统通过3C技术实现对大型工程系统的实时感知等，信息物理社会在此基础上融合社会因素，在智能交通、智慧医疗、智能制造等领域有应用场景。数字孪生为物理实体创造数字化"双胞胎"，历经概念起源、技术发展等阶段，在智能制造、智慧城市、医疗保健等方面发挥重要作用。

虚拟化身作为用户在虚拟数字世界的代表，外观多样，创建方式丰富。数字人是复杂且逼真的3D人体模型。这些技术和概念不断发展，为人们在虚拟世界的体验和交互带来变革，推动各行业创新应用。

课后作业

请选择虚拟现实技术在增强现实、混合现实、扩展现实中的某一分类，分析其在一个具体行业（如教育、医疗、娱乐等）中的应用实例，并阐述该应用如何体现了该分类的特点以及对行业发展的影响。

思考拓展

（1）分析虚拟化身在未来数字社会中的角色演变及对人类社会的影响。

（2）尝试研究虚拟化身在元宇宙社交、工作、学习、娱乐等多元场景中的角色发展趋势。例如，在元宇宙办公环境中，虚拟化身如何成为人们高效协作的重要载体，实现远程沉浸式会议、项目协作等功能；在元宇宙教育场景中，虚拟化身如何辅助个性化学习，为学生提供定制化的学习体验。

第 4 章

元宇宙的数字产品与经济

识读难度：★☆☆☆☆

核心概念：虚拟房地产；林登币；NFT；区块链；虚拟经济；虚拟资产/数字资产；
经济模式（内循环、外循环、虚实循环）；虚拟商品；产权体系

本章导读

　　随着元宇宙的快速发展，数字产品和经济模式不断创新，正在深刻改变虚拟
世界和现实经济。本章围绕元宇宙中数字资产的创造、交易及技术支撑，系统介
绍虚拟房地产、平台货币、区块链与NFT等核心内容。通过典型案例，帮助读者
理解元宇宙经济的运作机制，掌握虚拟资产的价值实现及未来发展趋势。学习本
章后，读者不仅能够理解元宇宙数字经济体系的结构与逻辑，还能把握相关新技
术、新商业的实际应用及未来发展趋势。

元宇宙的快速发展催生了全新的数字产品形态和商业模式，这些创新不仅改变了虚拟世界的经济运行方式，也对现实经济产生了深远影响。本章将聚焦元宇宙中数字资产的创造与交易，探讨技术驱动下的商业模式变革，分析虚拟经济如何通过技术手段实现价值流通与创新，为未来数字经济的发展提供新的思路和方向。

4.1 虚拟房地产与林登币

4.1.1 虚拟房地产

在2021年12月，虚拟现实平台"沙盒（The Sandbox）"上一块数字土地以430万美元的价格售出，约合人民币2740万元。这块土地的买主是一家专门经营"元宇宙世界"房地产的公司，标志着虚拟房地产市场的高价值交易。

此外，在2021年11月22日至28日这一周，四个主要的元宇宙房地产交易平台的总交易额接近1.06亿美元。这一数据反映了数字平台上活跃交易的趋势，表明元宇宙中的虚拟房地产市场正在迅速崛起，并吸引了广泛的关注。

无论是个人用户还是企业投资者，越来越多的人开始认识到这些数字资产的潜在价值和投资机会。元宇宙正逐渐形成一个充满商机的虚拟经济体，而数字土地则是这一经济体的重要组成部分。

1. 虚拟房地产的概念

虚拟房地产是指存在于虚拟世界或元宇宙中的数字土地或空间，用户购买虚拟土地后，可以在其上建造虚拟建筑、举办活动、开设商店，甚至出租或出售给其他用户。虚拟房地产的用途多样，既可以用于商业开发，也可以作为个人展示或社交互动的空间。虚拟房地产通常基于区块链技术，用户通过平台的专属虚拟货币进行交易，并以NFT（非同质化代币）的形式记录所有权。最突出的虚拟房地产平台包括沙盒（Sandbox）和去中心化世界（Decentraland），它们将虚拟世界划分为有

限数量的地块，供用户购买和开发。

虚拟世界平台中的虚拟房地产正受到越来越多的关注。这些虚拟资产不仅涵盖NFT和ETF，还引发了对多元化资产管理方法的广泛讨论，与传统的在线体验和多人视频游戏有显著区别。作为数字化转型时代的代表，元宇宙正在重新定义房地产的概念，将虚拟空间转变为以房地产为核心的新型平台。虚拟房地产等无形资产的价值和投资模式正在快速发展，这也促使人们重新思考现有资产的价值变化及其投资逻辑。

在这一背景下，服务提供商需要开发能够支持虚拟区域用户直接交易的技术，并探索包括广告在内的多样化收益模式。这种趋势表明，在现实中无法直接拥有的资产——如公寓、皇宫、地铁、海洋等，可以通过元宇宙房地产实现虚拟拥有（图4-1），并通过价格差异创造价值，这一现象正在获得越来越多的关注和欢迎。

图4-1 通过NFT购买数字位置

第二地球［地球2（Earth2）］、超级世界（Superworld）等虚拟房地产平台将虚拟空间映射到地球的整个表面，允许用户购买地球上任何地方。数字位置的出售正在成为一种趋势，令人担忧的是，多个平台同时出售数字位置，这意味着同一地标可能在不同平台上生成独立的NFT。例如，某一平台上的用户可以拥有埃菲尔铁塔位置的NFT，而另一平台上的用户也可以拥有相同位置的NFT。这种情况可能导致混乱和价值的不确定性，且许多用户可能未充分意识到不同平台上相同位置的NFT实际上是完全独立的资产

2．虚拟房地产的特征

一般来说，人们在投资现实房地产时会经过深思熟虑并谨慎决策，这主要是因为房地产与大多数资产密切相关。在现实房地产市场中，房地产的现有资产价值已经大幅上涨，这也成为人们对虚拟资产表现出浓厚兴趣的重要背景。然而，在投资虚拟资产时，必须确保投资的合理性。房地产作为一种安全资产，其特性决定了收益的保障性和资产价值的增长潜力，同时需要优先考虑流动性、选址以及税务管理等因素。因此，在投资虚拟房地产时，也需要全面审视这些关键特性。

首先，当大型企业进入虚拟房地产平台时，可以有效降低市场对企业信任的不确定性。例如，美国Facebook于2021年10月29日宣布更名为Meta平台，此后元宇宙房地产的交易规模迅速增长，销售额几乎暴增9倍，达到1.33亿美元。

其次，由于现实房地产的特性，增长的不确定性通常伴随着高风险与高收益。同样，虚拟房地产的增长不确定性也可能带来高收益。根据美国市场研究报告预测，从2022年至2028年，虚拟房地产市场规模预计将以每年31%的速度增长。然而，鉴于目前尚无法保证明确的增长趋势，投资者在投资虚拟房地产时应保持谨慎，同时关注未来可能带来的巨大潜在回报。

最后，与现实房地产类似，虚拟房地产的地理位置也直接影响其价值（溢价）。例如，在虚拟房地产平台沙盒（Sandbox）上，由美国嘻哈音乐人史努比·道格（Snoop Dogg）开发的区域因其名人效应而具有显著溢价。因此，虚拟房地产的价值不仅取决于其位置，还与拥有者身份及其开发计划密切相关。

另一方面，现实世界的房地产具有稀缺性这一特性，而虚拟世界中的房地产却可以通过开发者不断扩展平台来增加虚拟空间。例如，沙盒（The Sandbox）通过扩大虚拟空间的销售规模实现了市场增长。然而，这种无序扩展也引发了"金字塔骗局"的质疑。因此，在投资虚拟房地产时，应保持高度警惕，避免盲目投资，并在充分评估风险的基础上做出决策。

3．虚拟房地产的类型与案例

如图4-2所示在元宇宙中，虚拟房地产通常以二维网络坐标的形式组织，这种方式使用户能够在一个虚拟网格上购买、出售和开发土地。二维网络坐标系统使用一个由行和列组成的网格来管理虚拟空间。每个地块通过一个唯一的坐标对（如X，Y）来标识，使用户能够直观地定位、购买和开发特定区域。

以下是一些以这种方式组织的元宇宙平台。

- 沙盒（The Sandbox）
- 去中心化乐园（去中心化世界Decentraland）
- 加密体素（Cryptovoxels）
- 米尔福德峡湾（Nifty Island）

图4-2 虚拟房地产的二维坐标方式

这种结构化的布局不仅便于导航和交易，还帮助用户理解地块之间的邻近关系，促进社交互动和资源共享

● 荒野世界（Wilder World）

● 百度希壤

虚拟房地产因其能够交易现实中无法购买的地点而在全球范围内受到极大欢迎。

具体来看，各虚拟房地产平台的类型如下。

（1）虚拟土地交易。

图4-3是基于谷歌三维地图制作的虚拟地球平台——地球2（Earth2）。在该平台上，所有土地被划分为固定大小的地块（Tile），每块地的面积为10米x 10米，并作为虚拟土地进行销售，每个地块与现实世界的地理位置一一对应，因此每块地都是独一无二的，尤其是知名地标附近的地块更具稀缺性。最初，纽约曼哈顿的地块价格为0.10美元/Tile（平台的初始价格），但目前已上涨超过1000美元/Tile，涨幅超过1000倍，是地球2（Earth2）平台上地块价值大幅上涨的典型案例，显示出显著的增值潜力。

截至目前，地球2（Earth2）平台的全球活跃用户已达60万人，在该平台上进行虚拟房地产交易时，用户需使用平台发行的专属代币进行支付。购买虚拟土地后，用户可以在土地上插上自己国家的国旗，以确认土地的所有权归属。

然而，购买虚拟地块仅获得平台内的数字权益，并不涉及现实世界的土地所有权。这本质上是一种数字资产投资和娱乐体验，与物理空间的实际拥有者没有法律上的关联。

（2）土地和建筑物销售。

第二种类型的虚拟房地产案例，是美国最大的房地产平台齐洛（Zillow）与马特波特（Matterport）合作，为房源提供3D虚拟看房功能。通过马特波特（Matterport）的扫描设备，房产经纪人可以为房源创建高精度的3D模型，买家能够在线查看房屋的布局和细节，甚至使用测量工具评估房间尺寸和家具摆放空间。此外，齐洛（Zillow）将虚拟看房与其房产估价工具结合，帮助买家更全面地了解房产价值，为购房决策提供了更多支持。

这种虚拟看房功能显著提升了房源的吸引力，齐洛（Zillow）报告称，带有虚拟看房的房源浏览量比普通房源高出200%～300%。买家可以在看房前更高效地筛选房源，减少了无效的线下看房次数，而经纪人也反馈称，这项技术帮助他们吸引了更多潜在客户，加快了房产的销售速度。

（3）元宇宙房地产。

虚拟房地产的第三种类型是元宇宙房地产平台，在虚拟世界的虚拟空间中，化身进行社会、文化和经济活动。许多知名品牌和开发商已经开始在元宇宙中建立虚拟房产，以吸引用户并创造新的收入来源。图4-4展示了虚拟房地产的第三种类型，可以看作是在虚拟世界中

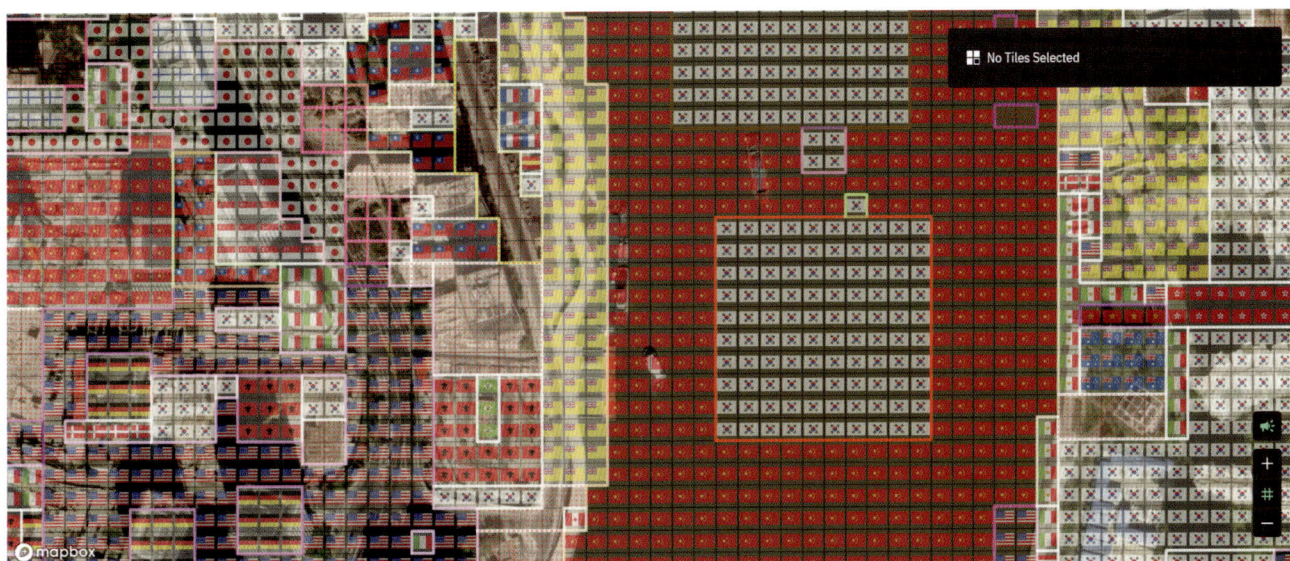

图4-3　虚拟空间中买卖土地的类型图像［地球2（Earth2），2024］

图4-4 元宇宙虚拟商业空间［去中心化世界（Decentraland），2024］

图4-5 唐娜·卡兰纽约（DKNY）虚拟商店
这座四层楼的建筑包括一家唐娜·卡兰纽约（DKNY）精品店、一家纽约风格的披萨店、一家艺术画廊和一个俯瞰纽约市天际线的屋顶休息室。此外，DNKY还为所有访客提供可穿戴NFT或虚拟披萨盒等奖励

图4-6 银行巨头摩根大通的虚拟休息室
虚拟银行时代。银行巨头摩根大通成为首家进入虚拟世界的银行，在基于区块链技术的去中心化世界（Decentraland）虚拟世界中开设了黑玛瑙酒廊（Onyx Lounge）休息室。这家虚拟银行的一楼有一只老虎在游荡，墙上挂着银行老板杰米·戴蒙的照片

替代"我"的化身进行社会和文化活动的现实世界扩展。这种类型即使不购买虚拟土地，也可以与虚拟房地产平台公司建立合作伙伴关系，在那里以虚拟方式多样化利用，如时装秀和音乐会场所等，如唐娜·卡兰纽约（DKNY）携唐娜·卡兰纽约（DKNY）.3重返元宇宙时装周，这是一场以该品牌2023年春夏系列活动为主题的虚拟体验，旨在向那些让纽约如此特别的隐藏瑰宝和标志性机构致敬，独特、身临其境的唐娜·卡兰纽约（DKNY）.3体验将大城市的活力带入虚拟世界（图4-5）。

此外，美国最大的银行摩根大通成为首家进入虚拟世界的银行。该银行在基于区块链的去中心化虚拟世界中开设了一个虚拟"休息室"，名为"黑玛瑙酒廊（Onyx Lounge）"（图4-6）。这个虚拟空间旨在为客户和合作伙伴提供一个互动的平台，展示摩根大通在区块链和数字资产领域的创新。用户可以在这个虚拟休息室中进行社交互动，了解摩根大通的最新金融服务和技术解决方案。

业内人士认为国内企业通过元宇宙进行品牌营销仍处于起步阶段，并强调元宇宙营销是继社交媒体之后的在线营销新趋势。这种第三种类型的营销，即使不直接购买虚拟土地，企业也可以与虚拟房地产平台建立合作伙伴关系，在这些平台上虚拟举办时装秀、音乐会等多种活动。

4. 虚拟房地产的登记制度和交易手段

在现实世界中，房地产所有权的证明通常通过登记权利证和登记簿副本来实现。而在虚拟房地产中，所有权的证明则由NFT（非同质化代币）取代传统的登记权利证，成为虚拟资产所有权的核心凭证（表4-1）。

表4-1 虚拟房地产的登记制度

项目	相关内容
区块链技术	使用区块链技术记录虚拟房地产的所有权和交易历史，确保透明性和安全性
NFT非同质化代币	每个虚拟地产通过NFT（非同质化代币）进行标识，确保其唯一性和不可替代性，便于买卖和转让
智能合约	通过智能合约自动化交易过程，确保交易条件得到满足后自动执行，减少人为干预
资产注册平台	专门的平台，如去中心化世界（Decentraland）、沙盒（The Sandbox）用于注册和管理虚拟房地产，提供用户友好的界面

虚拟房地产在交易手段方面更加多样化（表4-2），既可以通过账户转账或现金交易，也可以使用信用卡等支付方式。但值得注意的是，几乎所有虚拟房地产平台都采用直接发行的积分或代币，以及基于区块链技术的虚拟货币作为主要交易手段。

区块链技术是实现元宇宙等数字世界的重要基础，而NFT在明确虚拟资产所有权方面发挥着关键作用。这种基于区块链的登记制度和交易方式，不仅提升了虚拟房地产市场的透明性和安全性，也为未来数字经济的发展奠定了基础。

表4-2 虚拟房地产的交易手段

项目	相关内容
直接交易	用户可以在虚拟房地产平台上直接与其他用户进行交易，通常通过加密货币支付
拍卖机制	一些平台提供拍卖功能，用户可以竞标购买虚拟地产，最高出价者获得所有权
代理交易	用户可以委托代理人或中介进行虚拟房地产的买卖，代理人负责交易的谈判和执行
交易市场	虚拟房地产交易市场，如开放海域（OpenSea），允许用户列出和购买虚拟地产，提供更广泛的交易选择
租赁和共享	用户可以选择将虚拟地产出租或共享，创造持续的收入流，同时吸引更多用户参与虚拟空间

虚拟房地产是元宇宙经济的重要组成部分，随着虚拟世界的不断发展，它不仅是数字资产，还成为品牌宣传、商业活动和社交互动的新载体。然而，其价值高度依赖于平台的受欢迎程度和技术支持，投资者需谨慎评估风险与回报。

4.1.2 林登币是什么

1. 林登币的概念

林登币是3D网络游戏"第二人生（Second Life）"里的虚拟货币，以游戏的创造者林登实验室命名。第二人生（Second Life）的用户（称为居民）可以用美元等真实货币购买林登币。由于只能在Second Life平台内使用，因此是一种闭环数字货币。

林登币（L$）可用于购买、出售、租赁或交易虚拟土地、数字商品和在线服务。林登币还可以根据浮动汇率兑换美元。林登实验室并未允许这种货币成为成熟的法定货币，甚至加密货币。

关键要点

- 林登币（L$）是沉浸式在线世界"第二人生"中使用的虚拟货币。
- 林登币可用于在该平台上购买和出售虚拟商品、财产和服务。

- 它们也可以在平台外兑换美元，或在平台内兑换虚拟商品和服务，
- 林登实验室（Linden Labs）监管其转移，并可以完全控制用户的林登币价值，甚至可以无缘无故地撤销它们。

2. 林登币的由来

"林登币"（Linden Dollar）最初出现是为了支持"第二人生（Second Life）"中的经济活动，提供一种虚拟货币来促进用户之间的交易和互动，同时激励用户创造内容，使虚拟世界更加丰富和真实。这个简单的构想最终演变成了一个完整的虚拟经济体系，不仅解决了最初的问题，还带来了许多意想不到的积极效果，比如促进了虚拟世界的繁荣发展，甚至催生了像爱林·格雷夫这样的虚拟世界百万富翁。

在2006年，德国籍湖北华侨爱林·格雷夫通过在网络游戏"第二人生"中开发房地产，成为网络世界里第一个由虚拟房产创造出的百万富翁。她的虚拟化身"安社钟"以红色唐装的形象活跃在游戏中。通过成功的房地产开发，爱林·格雷夫创造了大量的虚拟资产，这些资产是游戏中的居民用美元购买的。

爱林·格雷夫的成功不仅使她在虚拟世界中积累了财富，也让她的故事登上了《财富》和《商业周刊》等知名杂志，成为虚拟房地产领域的标志性人物。这一案例展示了元宇宙经济的潜力，表明虚拟世界中的商业活动可以与现实经济产生重要的联系。

此外，居民可以创建虚拟财产和/或服务并与其他居民进行交易。"第二人生（Second Life）"的目的是让用户通过用户创建的、社区驱动的体验沉浸在虚拟世界中。

林登币对美元的价值会波动。林登币可以用美元和某些其他货币在林登实验室提供的兑换服务上购买。虽然林登币是浮动汇率，但汇率一直保持相对稳定，过去十年来，1美元兑林登币汇率在240至270之间。该平台的设计旨在使互动动态与现实世界的体验非常相似。

> 2023年，"第二人生"经济的GDP估计约为6.5亿美元，其居民每年通过平台内创作和交易获得的收入超过8000万美元。

3. 林登币的缺陷

林登币在"第二人生"中的使用虽然带来了便利，却也存在一些显著的缺陷。

- 缺乏合理的经济模型：由于林登币可以与美元兑换，并引入虚拟银行系统，但没有有效的经济模型支撑，导致经济体系不够稳定。
- 缺乏监管和资产支撑：林登币的随意发放缺乏实质性资产支撑和合规框架。这在玩家大量涌入时，导致汇率大幅波动，容易引发林登币的价值暴跌。
- 技术瓶颈："第二人生"的群集服务器系统中，主服务器与资产集群服务器之间存在通信瓶颈。在资产服务器停机维护期间，玩家的资产变动信息可能无法及时更新。

这些问题最终导致了玩家流失和平台衰落，直到区块链技术的出现才为类似问题提供了更好的解决方案。

4.2 元宇宙的经济模式

元宇宙的经济模式是一个高度数字化的生态系统，人们在其中进行数字化生产、流通和消费。这一模式不仅限于虚拟世界，还与实体经济紧密相连，通过数字资产、虚拟商品和服务的交易，形成一个融合虚拟与现实的经济体系（图4-7）。

在元宇宙中，虚拟生产涉及人们在虚拟世界中进行数字化创造，包括虚拟物品、建筑、道具和特效等。例如，在去中心化世界（Decentraland）中，用户可以创建和销售虚拟艺术品、服装和游戏道具，这些虚拟商品可以通过区块链技术进行交易，确保所有权的透明性和安全性。此外，用户还可以提供社交服务，如举办虚拟聚会或展览，这些活动不仅丰富了虚拟世界的内容，还能通过交易和服务赚取真实货币和价值，实现虚拟与现实经济的融合。

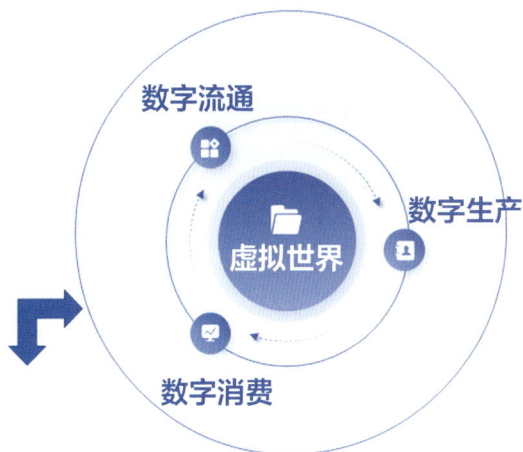

图4-7 元宇宙的经济模式

4.2.1 元宇宙经济与现实关联

1. 虚拟经济的概念

虚拟经济是指在虚拟环境中进行的经济活动，包括数字资产的创造、交易和消费。与传统经济相比，虚拟经济不依赖于物理商品的流通，而是基于数字商品和服务的交换（表4-3）。虚拟经济的兴起得益于互联网技术的发展，尤其是区块链、虚拟现实（VR）和增强现实（AR）等技术的应用。

表 4-3 虚拟经济与传统经济的区别

名称	虚拟经济	传统经济
资产形式	依赖于数字资产（如虚拟货币、NFT等）	主要依赖于实物资产（如房地产、商品等）
交易方式	通过去中心化的技术（如区块链）实现直接交易，减少了中介的参与	交易通常需要中介（如银行、经纪人等）
市场范围	具有全球性，用户可以跨越地理限制进行交易	往往受到地域限制
即时性	交易通常是即时的，用户可以随时进行交易	可能需要较长的处理时间

2. 虚拟资产的价值

虚拟资产是指在虚拟环境中存在的数字资产，包括虚拟货币（如比特币、以太坊）、非同质化代币（NFT）和虚拟商品（如游戏道具、虚拟房地产等）。这些资产在元宇宙中扮演着重要角色，用户可以通过购买、出售和交易这些资产来实现价值的转移和增值。

在科幻电影《头号玩家》中，游戏玩家的全部价值都在虚拟世界"绿洲"中创造。当他们在"绿洲"中破产时，也意味着在现实世界中失去一切（图4-8）。这种现象反映了元宇宙中虚拟经济与现实经济的高度关联，展示了虚拟资产对现实生活的深远影响。

3. 虚拟经济对现实生活的影响

虚拟经济的兴起对现实生活产生了深远的影响，主要体现在以下几个方面。

（1）消费习惯的变化：随着虚拟商品和服务的普

图4-8 《头号玩家》中虚拟货币

及，消费者的购买习惯逐渐向数字化转变。越来越多的人愿意为虚拟物品（如游戏道具、虚拟服装等）支付真实货币，这种趋势改变了传统消费模式。

（2）社交互动的演变：虚拟经济促进了在线社交平台的发展，用户可以通过虚拟环境与朋友和陌生人互动。例如，虚拟聚会、在线游戏和社交媒体平台的结合，使得人们能够在虚拟空间中建立和维护社交关系。

（3）工作方式的转变：虚拟经济的兴起也推动了远程工作的普及。许多企业开始利用虚拟会议和协作工具，员工可以在虚拟环境中进行工作和交流，打破了传统办公空间的限制。

著名说唱歌手史努比·道格（Snoop Dogg）在沙盒（The Sandbox）中创建的虚拟音乐会是虚拟经济与现实生活结合的一个典型案例（图4-9）。通过这一活动，史努比·道格（Snoop Dogg）不仅能够与全球粉丝互动，还能创造新的收入来源。具体表现如下

（1）独特的体验：粉丝可以在虚拟世界中参与音乐会，享受沉浸式的娱乐体验。这种形式的音乐会打破了地理限制，让更多人能够参与。

（2）虚拟商品的销售：在音乐会期间，史努比·道格（Snoop Dogg）还推出了限量版的虚拟商品（如虚拟服装和道具），粉丝可以购买这些商品以展示他们的支持。

（3）品牌合作：通过与沙盒（The Sandbox）的合作，史努比·道格（Snoop Dogg）能够吸引更多品牌的关注，进一步拓展其商业机会。

这种活动不仅为艺术家和品牌提供了新的收入来源，也让粉丝能够以新的方式与他们喜爱的明星互动，进一步模糊了虚拟与现实之间的界限。

4.2.2　元宇宙与实体经济交融

1. 元宇宙经济的运行模式

元宇宙经济的运行可以分为三种循环模式（图4-10）：内循环、外循环和虚实之间的循环。这些循环相互关联，促进了虚拟与现实经济的互动。

- 内循环：指的是元宇宙内部的经济活动，包括用户在虚拟环境中创造、交易和消费虚拟商品和服务。这个循环是自给自足的，用户通过参与平台活动获得收益，并将这些收益再投入到虚拟经济中。

- 外循环：涉及不同元宇宙之间的经济系统互通。通过区块链和加密货币技术，用户可以在不同平台之间进行代币交易和价值交换，形成一个开放的经济生态。

- 虚实之间的循环：通过增强现实（AR）、数字孪生和物联网（IoT）等技术，虚拟与现实世界之间的商品和资金流动得以实现。这一循环使得虚拟商品可以在现实世界中找到对应的价值，反之亦然。

这些循环的存在不仅增强了元宇宙的经济活力，也促进了虚拟经济与现实经济的深度融合。例如，用户在虚拟世界中创造的价值可以通过现实世界的消费行为得到体现，反之，现实世界的需求也可以推动虚拟商品的创造。

图4-9　史努比·道格（Snoop Dogg）的虚拟音乐会

史努比·道格（Snoop Dogg）的虚拟世界在沙盒（The Sandbox）平台上非常受欢迎，用户可以探索他在现实生活中豪宅的虚拟再现，并参加独家的音乐会。这种新方式帮助史努比·道格（Snoop Dogg）与粉丝建立联系，创造了虚拟聚会、NFT掉落和独家音乐会的未来

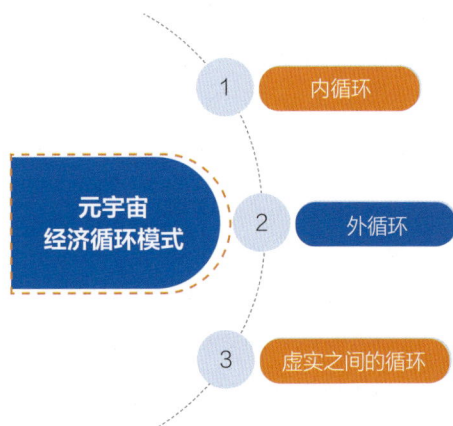

图4-10　元宇宙的经济循环模式

2．内循环实例

罗布乐思（Roblox）是一个典型的元宇宙平台，其经济生态系统通过用户生成内容（UGC）和虚拟商品交易实现了内循环的闭环。以下是其内循环的关键要素。

- 用户创造内容：罗布乐思（Roblox）提供了强大的开发工具，允许用户创建自己的游戏、虚拟物品和场景。例如，用户可以设计虚拟服装、道具或建筑，并将其上传到平台供其他用户购买。
- 虚拟货币交易：罗布乐思（Roblox）使用虚拟货币"罗布币（Robux）"作为交易媒介，用户可以通过出售虚拟商品或游戏获得罗布币。罗布币可以用于购买其他虚拟商品，也可以兑换为现实货币。
- 经济闭环：用户通过创造内容获得收益，其他用户通过消费这些内容获得娱乐体验，形成了一个自给自足的经济循环。

用户生成内容（UGC）对平台经济的推动作用如下。

- 激发创造力：UGC模式鼓励用户参与内容创作，丰富了平台的内容生态。
- 增加用户黏性：用户不仅是消费者，也是生产者，这种双重身份增强了用户对平台的依赖性。
- 促进经济增长：UGC模式为平台带来了持续的收入来源，同时也为用户提供了通过创作获利的机会。

实例：

罗布乐思（Roblox）上的开发者社区非常活跃，许多用户通过创建热门游戏或虚拟商品获得了可观的收入。例如，一位年轻开发者通过设计虚拟服装和游戏，在一年内赚取了超过100万美元。

3．外循环实例

外循环的核心是通过区块链和加密货币技术实现不同元宇宙之间的价值交换。以下是外循环的关键特征。

- 跨平台资产流动：用户可以在一个元宇宙中赚取虚拟资产（如代币或NFT），并将其转移到另一个元宇宙中使用。
- 去中心化金融（DeFi）支持：通过DeFi应用，用户可以将虚拟资产兑换为其他代币或现实货币，增强了虚拟资产的流动性和实用性（图4-11）。

案例分析： 去中心化世界（Decentraland）的代币互通性

去中心化世界（Decentraland）是一个基于区块链的虚拟世界，其经济系统依赖于两种代币：曼纳（MANA平台代币）和土地（LAND虚拟土地NFT）。以下是去中心化世界（Decentraland）的外循环实例。

- 代币的获取与使用：用户可以通过参与去中心化世界（Decentraland）的活动（如虚拟房地产交易或举办展览）赚取MANA。MANA可以用于购买虚拟商品或虚拟土地。
- 跨平台交易：用户可以将曼纳（MANA）转移到其他区块链平台[如去中心化交易所（Uniswap）或币安（Binance）]进行交易，兑换为其他加密货币或法定货币。
- 增强资产价值：通过跨平台的代币流动，用户的虚拟资产不仅在去中心化世界（Decentraland）内部有价值，还可以在更广泛的区块链生态系统中使用。

1MANA 多少钱？

换算表

1 Decentraland (MANA) 兑换美元 (USD)	0.51 美元	1 Decentraland (MANA) 兑换加拿大元 (CAD)	0.74 加元
1 Decentraland (MANA) 兑换英镑 (GBP)	0.41 英镑	1 Decentraland (MANA) 为 日元 (JPY)	¥80.65
1 Decentraland (MANA) 为 印度卢比 (INR)	43.63 卢比	1 Decentraland (MANA) 转换为 Real (BRL)	3.17 巴西雷亚尔
1 Decentraland (MANA) 为 欧元 (EUR)	0.49 欧元	1 Decentraland (MANA) 为 尼日利亚奈拉 (NGN)	奈拉 791.64
1 Decentraland (MANA) 兑换韩元 (KRW)	₩752.99	1 Decentraland (MANA) 为 新加坡元 (SGD)	0.69 新元
查看更多		最后更新: 下午 7:01	

图4-11　去中心化世界（Decentraland）代币的现金价值（2024年12月29日实时汇率）

这种互通性使得用户的虚拟资产具有更高的流动性和价值，吸引了更多用户参与元宇宙经济。

4. 虚实之间的循环的实例

通过增强现实和数字孪生技术实现虚拟与现实商品的流动。虚实之间的循环通过技术手段实现了虚拟商品与现实商品的互换，以下是其关键特征。

- 增强现实（AR）：通过AR技术，用户可以在现实环境中体验虚拟商品。例如，用户可以在虚拟商店中试穿虚拟服装，并将其购买为现实商品。
- 数字孪生：通过数字孪生技术，现实商品可以在虚拟世界中拥有对应的数字版本，用户可以在虚拟世界中使用这些商品。

案例分析： 耐克（Nike）在虚拟世界中推出的限量版商品

2022年耐克（Nike）和RTFKT在虚拟世界去中心化世界（Decentraland）中推出了首款虚拟运动鞋NFT，这款名为"耐克加密鞋（Nike Cryptokicks）"的数字运动鞋以该品牌标志性的丹克（Dunk）鞋型的形式推出。耐克丹克创世纪（Nike Dunk Genesis）运动鞋可使用RTFKT制作的八种皮肤进行定制（图4-12）。

- 虚拟商品的发布：品牌在元宇宙平台去中心化世界（Decentraland）中发布限量版虚拟运动鞋，用户可以通过虚拟货币购买。
- 现实商品的兑换：购买虚拟运动鞋的用户可以获得一个唯一的NFT，作为虚拟商品的所有权证

明。用户可以使用该NFT在现实中兑换对应的实体运动鞋。
- 增强用户体验：通过这种模式，用户不仅可以在虚拟世界中展示他们的虚拟商品，还可以在现实中拥有实体商品，增强了品牌的吸引力和用户的参与感。

这种虚实结合的模式不仅为品牌创造了新的收入来源，还为用户提供了独特的消费体验，进一步推动了虚拟经济与现实经济的融合。

4.2.3　元宇宙产业链结构

1. 产业链的分层结构

元宇宙产业链可以分为四个层次：基础层、标准层、工具层和应用层。每一层都在元宇宙的生态系统中扮演着重要角色，彼此相互依赖，共同推动元宇宙的发展。

- 基础层：提供技术支持和基础设施。
- 标准层：制定身份认证和资产确权的标准。
- 工具层：提供开发和创作的工具。
- 应用层：实现具体的应用场景和用户体验。

2. 基础层

基础层是元宇宙的技术基础，主要包括以下几种关键技术。

- 区块链：提供去中心化的账本技术，确保虚拟资

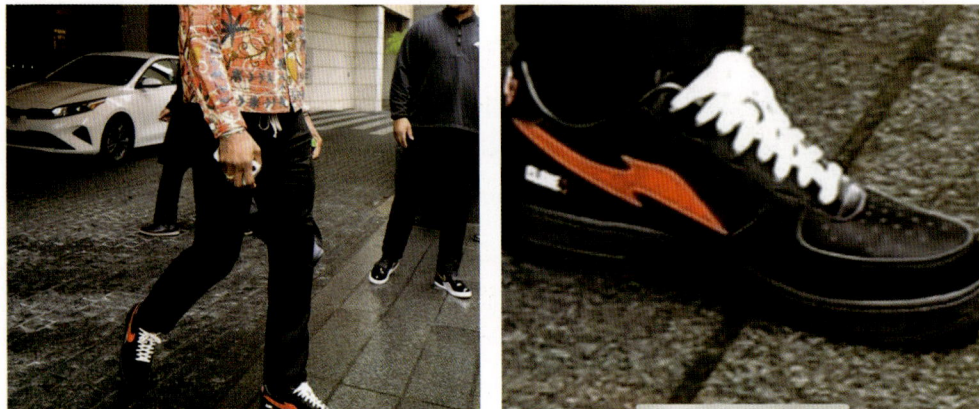

图4-12　NBA巨星穿着耐克加密鞋

产的所有权和交易的透明性。区块链技术使得用户能够安全地进行交易，防止资产被篡改或伪造。

- 虚拟现实（VR）和增强现实（AR）：提供沉浸式的用户体验，使用户能够在虚拟环境中进行交互。VR和AR技术使得用户能够在虚拟世界中感受到真实的存在感。
- 5G网络：提供高速、低延迟的网络连接，支持大规模用户同时在线交互。5G技术的普及使得虚拟世界中的实时交互成为可能。

案例分析： 区块链技术的应用

在元宇宙中，区块链技术被广泛应用于确保虚拟资产的所有权和交易透明性。例如，以太坊（Ethereum）区块链允许用户创建和交易NFT（非同质化代币），每个NFT都是独一无二的，代表特定的虚拟资产（如艺术品、游戏道具等）。通过智能合约，交易记录被永久存储在区块链上，确保了所有权的不可篡改性和交易的透明性。这种机制不仅保护了创作者的权益，也增强了用户对虚拟资产的信任。

3. 标准层

标准层为元宇宙中的身份认证和资产确权提供了标准化的解决方案，确保不同平台和应用之间的互操作性。主要包括以下几个方面。

- 数字身份：为用户在元宇宙中提供唯一的身份标识，确保用户的隐私和安全。数字身份可以通过区块链技术进行验证，防止身份盗用。
- NFT标准：为虚拟资产的创建和交易提供统一的标准，确保不同平台之间的资产互通性。

案例分析： NFT在艺术品交易中的应用

NFT在艺术品交易中的应用改变了传统艺术市场的格局。艺术家可以通过NFT将其作品数字化，并在区块链上进行交易。例如，著名的华人艺术家徐冰在2021年推出的NFT作品《书法的未来》将传统书法与数字艺术结合，展示了文化的创新。这件作品在佳士得拍卖行展出，引起了广泛关注，体现了华人在NFT领域的影响力。这一交易不仅为艺术家提供了新的收入来源，也使得艺术品的所有权和交易记录变得透明和可追溯，吸引了更多投资者和收藏家的关注。

4. 工具层

工具层为开发者提供了创建和管理元宇宙内容的工具，主要包括以下几种。

- 游戏引擎：如优尼蒂（Unity）和虚幻引擎（Unreal Engine），这些引擎提供了强大的开发环境，支持3D建模、动画、物理引擎等功能，使开发者能够创建丰富的虚拟环境和交互体验。
- 创作工具：如布兰德（Blender）和玛雅（Maya），用于创建虚拟物品、角色和场景。

案例分析： 开发者如何利用这些工具

开发者可以利用Unity引擎创建一个虚拟现实游戏，玩家可以在游戏中探索一个开放的虚拟世界，完成任务并与其他玩家互动。例如，开发者可以使用Unity的物理引擎实现真实的物理效果，使得玩家在虚拟世界中的体验更加沉浸。此外，开发者还可以通过Unity的Asset Store共享和销售他们的虚拟资产，进一步推动了元宇宙的内容生态。

5. 应用层

应用层是用户直接接触和体验的层面，涵盖了元宇宙中的各种实际应用场景，包括。

- 游戏：用户可以在虚拟世界中进行游戏，体验沉浸式的娱乐。
- 办公：企业可以利用虚拟会议室进行远程办公，提升团队协作效率。
- 社交：用户可以在虚拟环境中与朋友互动，参加虚拟活动。

案例分析： 元（Meta）的虚拟会议室

元（Meta），推出的虚拟会议室是远程办公的一种创新解决方案。用户可以通过虚拟现实（VR）设备进入虚拟会议室，与同事进行实时交流和协作。虚拟会议室提供了沉浸式的体验，用户可以在虚拟环境中共享屏幕、展示文件，并进行互动。这种方式不仅提高了远程工作的效率，还增强了团队成员之间的联系，打破了传统视频会议的局限。

1	应用层	游戏、办公、购物等各类活动
2	工具层	人物、物品、资产生成工具等
3	标准层	数字身份、NFT标准等
4	基础层	区块链、VR\AR、5G\去中心化存储\数字孪生等

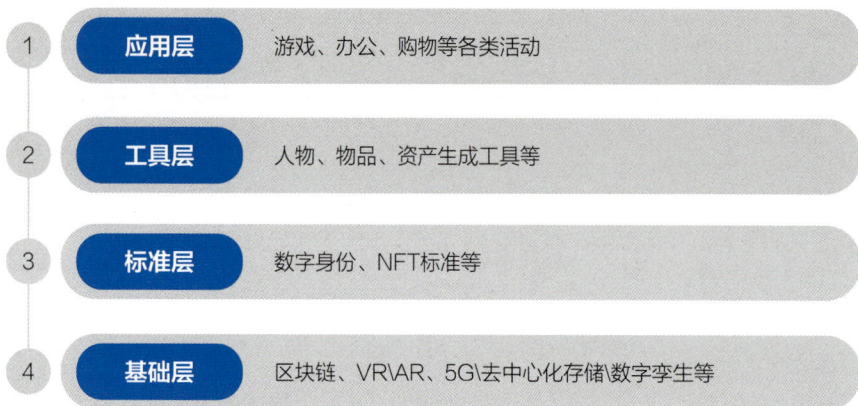

图4-13　元宇宙产业链结构

这种分层结构清晰地展示了元宇宙产业链的组成，从基础技术到最终应用，每一层都有其特定的功能和重要性。这种结构有助于理解元宇宙的技术基础、标准规范、创作工具和最终用途，反映了元宇宙生态系统的复杂性和多样性（图4-13）。

4.3　区块链

区块链：虚拟资产的信任基石

数字化的虚拟资产存在容易被复制、造假等问题，是阻碍元宇宙发展的重要原因。区块链作为数字资产的价值交换信任机制，让数字资产具有了可编程性、原生性和更好的流动性等。

> 为降低各方面的风险，几乎任何有价值的东西都可在区块链网络上进行跟踪和交易。

4.3.1　区块链概念

区块链技术是一种分布式处理技术，网络内的所有参与者共同维护一个统一的交易账本，并将交易信息以区块的形式按时间顺序连接成链。与之相对的是传统交易方式，后者依赖集中式服务器或中介机构来记录和管理交易信息，采用中心化的数据存储模式（图4-14）。

中央集中服务器的方式存在一个显著缺点：如果遭受网络攻击或发生系统故障，就无法保证数据的完整性

（Integrity）和可用性（Availability）。为了解决这一问题，基于P2P（点对点）方式的去中心化（Decentralization）区块链技术应运而生（图4-14）。

区块链起源于比特币（Bitcoin）。2008年，中本聪（Satoshi Nakamoto）首次提出区块链概念，并将其作为比特币的底层技术支持。自比特币网络诞生以来，区块链逐渐演化为一项全球性技术，吸引了全球的广泛关注和投资。

区块链包括三个基本要素，即交易、区块和链

区块链中每个区块保存规定时间段内的数据记录（即交易），并通过密码学的方式构建一条安全可信的链条，形成一个不可篡改、全员共有的分布式账本（表4-4）。

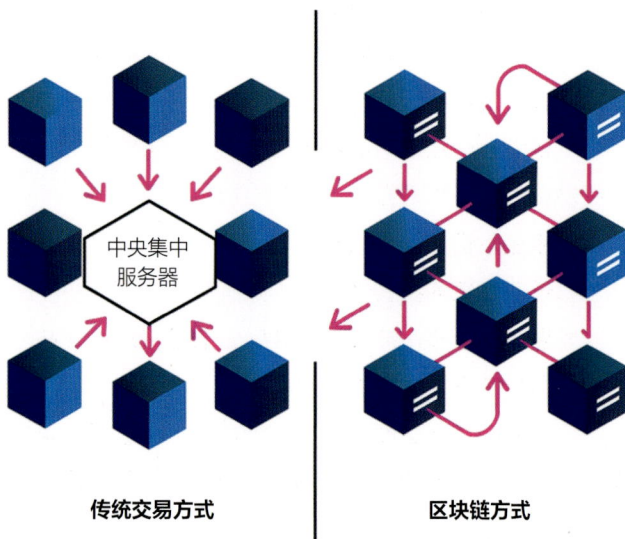

传统交易方式　　　　区块链方式

图4-14　区块链概念图

表 4-4 区块链的三要素

要素	内容
交易	记录用户之间的价值交换行为
区块	存储一定时间段内的交易数据，每个区块包含交易记录和前一区块的哈希值
链	通过密码学技术将区块按时间顺序链接成链，形成一个不可篡改的分布式账本

区块链的连接过程如下：当新的交易发生时，包含前一个区块的哈希值（hash value）和自身哈希值的区块头（Header）会被发送给网络上的所有参与者。所有参与者将对该区块进行有效性验证。如果超过半数的参与者通过验证，该区块将与其他区块连接，并在各个节点上进行分布式存储。要伪造已连接的区块，必须更改所有后续区块的哈希值。以比特币为例，每10分钟就会增加一个新块，因此实际上几乎不可能完成这一操作。

从本质上讲，它是一个共享数据库，存储于其中的数据或信息，具有"不可伪造""全程留痕"等特征。基于这些特征，区块链技术奠定了坚实的"信任"基础，创造了可靠的"合作"机制，具有广阔的运用前景。

4.3.2 区块链特征

区块链的特征包括如下。

- 去中心化：区块链的核心特征，消除了对中央控制机构的依赖，增强了系统的抗审查能力。
- 开放性：所有数据公开，任何人都可以查询，增加了透明度。
- 自治性：系统中的参与方自动进行安全验证和交换，减少了人为干预。
- 信息不可篡改：数据永久保存，无法被篡改，确保了信息的真实性。
- 匿名性：除非涉及法律规定，信息传递和交易可以匿名进行，保护用户隐私。

这些特征相互关联、相互支撑，共同构建了区块链可靠、安全、高效的技术基础，为数字经济发展提供了强有力的支撑。

4.3.3 区块链意义

区块链的意义在于其对多个领域的深远影响和变革潜力，具体体现在以下五个方面。

1. 区块链为元宇宙提供身份标识

（1）防篡改性：区块链的防篡改机制确保数字身份信息一旦记录就无法被更改，为元宇宙中的身份认证提供可靠保障。

（2）可追溯性：区块链上的所有交易和操作都可以被追踪，使得身份信息的变更历史清晰可查，增加了身份管理的透明度。

（3）防复制：区块链通过其分布式账本技术，确保每个身份的唯一性。这种"防复制"特性对于元宇宙至关重要，因为它防止了身份的重复和伪造，确保用户在虚拟世界中的独特性。

只有保证元宇宙中身份的唯一性和安全性，用户才能放心地参与虚拟经济活动，而无需担心身份被盗用或资产被剽窃。

2. 区块链为元宇宙带来去中心化支撑

（1）数据主权：区块链在去中心化的元宇宙中保障数据安全，确保个人数据归属个人，无法篡改或随意处置。

（2）数据授权机制：组织需授权并支付费用才能使用个人数据，或仅验证参与资格而不获取身份信息。

（3）现实交互升级：未来元宇宙中，交互更贴近现实，买卖双方无需知晓对方身份，购买虚拟房产也无电话骚扰之忧。

3. 储存、计算、网络传输去中心化

在元宇宙中，区块链技术通过去中心化的方式重新定义了储存、计算和网络传输的模式。

代码即法律：区块链是去中心化且公开透明的，所有规则通过代码实现，确保没有黑箱操作。

智能合约：通过智能合约的方式，提前将规则用代码写好，确保规则的自动执行，减少人为干预。

4. 区块链为元宇宙提供资产支持，推动其经济系统的发展

可信的资产价值：随着元宇宙经济系统的形成，区块链为数字资产提供了可靠的价值基础，确保用户可以信任这些资产的真实性和价值。

不可篡改的分类账：每笔交易都记录在区块链上，确保其透明和不可更改。这提高了交易的安全性，并增强了用户对元宇宙经济的信任。

NFT为资产赋能：NFT利用区块链技术，将数字资产变成独特且可验证的代币，使虚拟物品具有独特性和稀缺性，为艺术品、虚拟地产等提供了新的价值。

5. 区块链基础上的产权体系

区块链为元宇宙中的产权体系提供了坚实的基础，促进了点对点的交易。这种去中心化的交易体系确保了产权的强保护。

基于区块链的产权体系能够有效解决元宇宙中的"反公地悲剧"问题。通过将创作者的贡献转化为NFT，创作者可以根据自己的意愿选择出售或保留这些NFT。这种机制确保了每个创作者的权益，并使得交易过程更加灵活和公平。

知识拓展

反公地悲剧是一个经济学概念，描述的是当资源的所有权被过度分割时，导致资源无法有效利用的情况。其与"公地悲剧"相对。公地悲剧是指多个个体共享资源时，因过度使用而导致资源枯竭的现象。

由于区块链的不可篡改性，可以保证每个区块的完整性，而分布式账本技术（Distributed Ledger Technology，DLT）的特点则确保了数据的可用性。这种去中心化的结构使得区块链在数据安全性和可靠性方面具有显著优势。

4.4 NFT

4.4.1 概念

NFT是"非同质化代币"（Non-Fungible Token）的缩写，是一种基于区块链技术的数字资产。与同质化代币（Fungible Token，如比特币或以太坊）不同，NFT具有唯一性和不可互换性，每个NFT都包含独特的元数据和标识符，能够证明特定数字资产的所有权和真实性（表4-5）。NFT通常通过智能合约在区块链上生成，其数据存储在区块链中，确保了透明性和不可篡改性。

表4-5　代币差别

特征	同质化代币（FT）	非同质化代币（NFT）
定义	可互换的代币，每个单位相同	不可互换的代币，每个单位独特
例子	比特币、以太坊等	数字艺术、游戏道具、虚拟地产等
价值	通常基于市场供需，单位价值相同	每个代币的价值因其独特性而异
交易方式	可以直接交换	需要特定的市场或平台进行交易
使用场景	货币、支付、投资	收藏、艺术、游戏、身份验证等
发行方式	通常通过相同的标准（如ERC-20）发行	通常通过不同的标准（如ERC-721）发行

尽管NFT在法律上尚无明确的定义，但它被广泛视为一种具有稀缺性和独特性的数字资产，连接了虚拟世界与现实世界的价值体系。NFT也被称为"公共交易账本"，因为它依赖区块链技术记录所有权和交易历史。

NFT生成数字资产为不可替代代币的原理如下：首先，将包含媒体数据、名称、描述、创作者、许可证等元数据的数据存储在链上或链下。然后，基于不可替代代币标准ERC-721，通过区块链上的智能合约将这些元数据传递给NFT智能合约。已发行的NFT将拥有合约地址和唯一的代币ID，这两个组合确保了数字资产的独特性（图4-15）。

4.4.2 特征

NFT基于区块链技术，其所有权、交易历史等信息都记录在区块链上，具有透明性和不可篡改性。由于首次发行者的所有权可以明确追溯，NFT无法被伪造或复制。此外，NFT包含独特的识别值，具有不可互换性，这使得每个NFT都是独一无二的。

虚拟世界中的资产同样需要保障权利，而区块链技术和NFT正是实现这一目标的重要技术基础。NFT赋

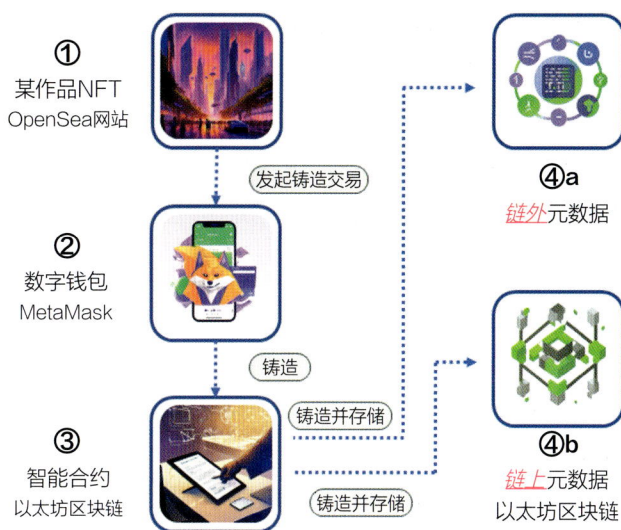

图4-15 NFT生成（Mint）流程

予虚拟资产稀缺性和唯一性，未来，万物皆可NFT，包括艺术品、收藏品、游戏道具、域名和门票等，还有任何具有独特性的财物，都可以通过上链成为NFT，这为各类资产提供了新的价值体现方式。因此近年来在数字艺术品、在线体育收藏品、游戏道具交易等领域，其影响力迅速上升，成为数字经济的重要组成部分（表4-6）。

表4-6 区块链特征

特征	描述
唯一性	每个NFT都有独特的标识符，确保其在区块链上的唯一性，无法与其他NFT直接互换
不可分割性	NFT通常不能被分割成更小的单位进行交易，必须作为整体进行买卖
所有权证明	所有权记录在区块链上，任何人都可以查看其历史交易记录，确保所有权的真实性
可编程性	NFT可以包含智能合约，执行特定的规则和条件，如创作者在转售时获得版税
互操作性	NFT可以在不同的平台和市场之间进行交易，尤其是在支持相同标准的区块链上
稀缺性	NFT的发行通常是有限的，增加其稀缺性和价值，吸引收藏者和投资者
多样性	NFT可以代表各种类型的数字资产，如艺术作品、音乐、视频、游戏道具等
社区和文化	NFT通常与特定的社区或文化相关联，增强其价值和吸引力

4.4.3 NFT应用案例

在NFT出现之前，数字作品容易被复制和滥用，创作者难以确认版权和获得收益。而现在，NFT解决了这些问题，让创作者可以真正售出（而非仅仅授权）其数字作品，并且能够从作品的后续交易中持续获得版税收益，这不仅保护了创作者的权益，还为他们提供了长期的经济回报。

从2007年5月开始，数字艺术家迈克·温科尔曼每天创作一件艺术作品，并连续5000多天将其发布到网上。这些作品最终被汇集成一个巨型马赛克拼贴的316MB的JPG文件，并以NFT的形式存储。NFT技术为这幅作品提供了基于区块链的真实性数字证书，保证了其唯一的所有权和不可更改性。在拍卖行，《每一天：最初的5000天》（图4-16）以6900万美元的高价售出，这不仅是数字艺术和NFT市场的重大里程碑，也为艺术品市场开启了数字化的新篇章。

美国NBA公司则将篮球运动员卡片和比赛场景制作成NFT进行销售。芝加哥公牛队推出了首批官方授权的NFT系列，名为"公牛队传奇系列"（图4-17）。该系列突出了球队标志性的六枚世界冠军戒指，共包含567个代币，分为六种独特的设计（每枚戒指一个）以及三个不同的稀有等级：传奇、标志性和稀有。该系列基于Flow网络构建，于2021年7月在短短六天内发售，所有代币在几分钟内便售罄。目前，拥有传承系列NFT的唯一途径是通过官方的二级市场进行购买。这使得NFT不仅在艺术界崭露头角（图4-18），还扩展到收藏品、游

图4-16 《每一天：最初的5000天》

《每一天：最初的5000天》（Everydays: The First 5000 Days）是一件具有开创性的NFT艺术品，也是第一件在传统拍卖行出售的纯数字作品。这件作品出自知名数字艺术家迈克·温科尔曼之手

1991年冠军戒指

1993年冠军戒指

1996年冠军戒指

1998年冠军戒指

图4-17 公牛队传奇系列代币设计

图4-18 《彩虹猫表情包》（Nyan Cat）

《彩虹猫表情包》（Nyan Cat）是一个著名的NFT艺术品，由克里斯·托雷斯（Chris Torres）创作。这个动画展示了一只身披Pop Tart饼干的猫咪在宇宙中飞翔，背后拖着一长串彩虹。自从发布以来，这一形象在互联网上迅速走红。克里斯·托雷斯将《彩虹猫表情包》的数字版作为NFT出售给了Foundation，一个专门用于买卖数字商品的网站。最终，这个NFT以约58万美元的价格成交

戏、体育等多个领域，并逐渐应用于虚拟房地产，以提高投资价值。

下面是一些奢侈品牌在NFT领域的创新尝试（图4-19～图4-21）。

4.4.4 NFT的机遇与风险

1. NFT在艺术领域的机遇

（1）艺术品交易的透明化与高效化。

- 高度防伪与唯一性证明：NFT技术通过区块链为数字艺术品提供了独一无二的标识，使得每件作品的真实性和所有权都可以被验证。这种技术手段解决了传统艺术交易中常见的伪造和盗版问题。

- 公开透明的交易过程：NFT艺术品的交易记录永久存储在区块链上，所有交易信息（如价格、时间、买卖双方）公开透明，减少了传统艺术市场中信息不对称的问题。

- 简便高效的交易与付款形式：NFT交易无需中介机构，用户可以通过去中心化的市场直接购买或出售艺术品，节省了中间费用，并提升了交易效率。

图4-19 古驰的NFT艺术品

古驰推出了以「Aria」服装系列为主题的NFT艺术品。这些作品以视频形式呈现，展示了古驰在数字时尚领域的创意和前瞻性

图4-20 路易威登手游

路易威登Louis Vuitton推出了一款名为【Louis The Game】的手游，通过游戏的形式让玩家获取NFT艺术品。这款游戏不仅是品牌推广的一部分，也为玩家提供了互动体验和数字收藏的机会

图4-21 巴宝利区块链游戏

巴宝利Burberry与Mythical Games合作，推出了【Blanko】区块链游戏。在这个游戏中，玩家可以获取和交易Burberry品牌的NFT艺术品。这一合作展示了奢侈品牌如何通过区块链技术和游戏化体验来吸引新一代消费者

（2）艺术品的保存与流通。

● 易于保存与转移：NFT艺术品以数字形式存在，无需考虑实体艺术品的修复、保养和运输问题，降低了收藏成本。

● 全球化流通：NFT艺术品可以通过区块链在全球范围内自由流通，突破了传统艺术市场的地域限制，扩大了艺术品的受众范围。

（3）艺术家收益模式的创新。

● 追续权机制：通过智能合约，艺术家可以从作品的每次转售中获得一定比例的收益（通常为5%~10%）。这种机制打破了传统艺术市场中艺术家只能从初次销售中获利的局限，创造了更加公平和可持续的收益模式。

● 降低市场准入门槛：NFT的去中心化特性让艺术家无需依赖画廊、经纪人等传统中介机构即可直接面向市场。这种模式打破了传统艺术市场的垄断局面，让更多艺术家，尤其是年轻或非主流艺术家，能够获得展示和销售作品的机会。

● 互动性与社区化：通过NFT平台，艺术家可以直接与收藏者互动，建立更紧密的联系，甚至通过社交媒体和社区运营提升作品的市场价值。

（4）艺术生态的多样化。

NFT技术推动了数字艺术的兴起，拓展了艺术创作的形式和媒介。

● 动态艺术、交互式艺术等新形式的数字艺术作品得以广泛传播。

● 艺术家可以将声音、视频、虚拟现实（VR）等多种媒介融入创作，突破了传统艺术的表现局限。

2. NFT的风险与挑战

尽管NFT在艺术领域展现了巨大的潜力，但其发展过程中也面临着诸多风险与挑战（图4-22）：

（1）市场接受度与教育问题。

● 艺术界的观望态度：作为一种新兴的艺术形式，NFT艺术需要时间让传统艺术家和收藏者接受。许多传统艺术界人士可能对数字艺术的价值持怀疑态度，认为其缺乏艺术本身的情感与技法。

● 受众教育：普通用户对NFT技术的认知尚处于初级阶段，市场接受度的提升需要大量的教育和宣传。

（2）法律与监管的不确定性。

● 法律支持不足：目前，许多国家（包括我国）对NFT的法律支持和监管尚不完善。例如，NFT艺术品的所有权、知识产权和交易中的税务问题缺乏明确的法律框架。

● 跨境交易的复杂性：由于NFT艺术品的全球化流通，跨境交易可能涉及多国法律，增加了法律风险和合规成本。

（3）市场投机与泡沫风险。

● 市场过热：NFT艺术市场的快速增长吸引了大量投机者，导致某些作品的价格远超其实际价值，

新兴的形式
NFT艺术是较为新兴的形式，艺术家和受众接受这种形式还需要时间

法律支持有限
目前我国法律对NFT的支持有限，这在一定程度上阻碍国内NFT艺术品市场的发展

适合艺术精品
NFT艺术只适合成熟市场基础的艺术精品，不适合普通创作者的作品

艺术作品核心
艺术作品的核心是使用技法的创作者，而非技术本身，艺术思想和情感表达始终是艺术能够直击人心的要义

图4-22　NFT的风险与挑战

形成市场泡沫。一旦市场热度下降，可能会引发价格暴跌，伤害艺术家和收藏者的利益。

● 普通创作者的困境：尽管NFT降低了艺术市场的准入门槛，但只有少数知名艺术家能够获得高额回报。普通创作者的作品可能难以获得足够的市场关注，甚至面临被淹没在海量作品中的风险。

（4）技术与艺术价值的平衡。

● 技术过度依赖：NFT的技术特性（如防伪、稀缺性）为艺术品赋予了价值，但艺术的核心仍在于创作者的技法、思想和情感表达。如果过于强调技术而忽视艺术本身的价值，可能会使作品缺乏深度和意义。

● 审美与价值冲突：一些NFT艺术品因其技术特性而被高价拍卖，但从审美或艺术价值的角度来看可能难以令人信服。这种现象可能引发对NFT艺术品价值的质疑。

（5）环境与技术问题。

● 高能耗的区块链技术：目前许多NFT平台基于以太坊等区块链，其能源消耗问题备受关注。高能耗不仅对环境产生负面影响，也可能影响NFT技术的可持续发展。

● 技术迭代风险：随着区块链技术的不断发展，现有的NFT标准和平台可能面临被淘汰的风险，给艺术家和收藏者带来潜在的资产损失。

未来，NFT艺术品可能与虚拟现实（VR）、增强现实（AR）等技术相结合，创造更加沉浸式的艺术体验。可以看出，这项技术正处于快速发展阶段，其潜力巨大，但仍需时间和努力解决现有问题。只有在技术、法律和市场教育等多方面取得平衡，NFT才能真正改变艺术生态，推动艺术市场的创新与发展。

4.4.5　NFT的优缺点

即使对加密货币投资持负面看法的人们也表现出对NFT的更大兴趣，因此预计NFT市场将形成一个比加密货币投资市场更大的市场。然而，许多人对NFT的理解程度较低，尤其是对区块链上所有权概念的认知不足，这导致了尚未明确界定的风险。

NFT的局限性在于它代表的是所有权的获取，而非版权的独占。此外，NFT的铸造和交易过程可能对环境造成负面影响，尤其是在使用能源密集型区块链时。然而，如果能够深入理解NFT并将其与社会需求相结合，它有潜力成为数字资产所有权的新概念，推动数字经济的发展（表4-7）。

表 4-7　NFT 的优缺点

	优点/缺点	描述
优点	生产的便利性	NFT可以通过真品证明令牌确认数字资产的真实性，使创作者轻松将作品转化为NFT
	交易的自由度	NFT的交易方式灵活多样，交易过程透明且可追溯，确保了交易的安全性和可靠性
	稀缺性	每个NFT在制作初期生成唯一的识别代码，赋予其稀缺性，从而增加了收藏者对特定作品的兴趣
缺点	缺乏权威认证	NFT的真实性通常依赖于卖方的保证，而非权威机构的认证，可能导致争议
	与门门槛	NFT涉及复杂的区块链技术，普通用户难以理解，限制了其在大众中的普及
	盗用NFT	存在未经授权将他人创作物注册为NFT的现象，侵犯原作者权益，威胁市场的诚信和合法性

本章总结

在本章中，深入探讨了元宇宙的数字产品与经济，重点关注以下几个方面。

（1）虚拟房产与林登币：分析了虚拟房产的概念及其在元宇宙中的重要性，特别是林登币作为虚拟经济中的主要货币，如何促进虚拟资产的交易和价值创造。

（2）元宇宙的经济模式：讨论了元宇宙的经济模式，包括虚拟生产、流通和消费的特点，以及虚拟经济与现实经济之间的紧密联系。通过案例分析，我们了解了虚拟经济如何影响现实生活和商业模式。

（3）区块链：探讨了区块链技术在元宇宙中的应用，如何确保虚拟资产的所有权和交易透明性，以及去中心化金融（DeFi）如何推动虚拟经济的发展。

（4）NFT：介绍了非同质化代币（NFT）的概念及其在艺术、游戏和其他领域的应用，分析了NFT如何改变传统市场的格局，并为创作者和消费者提供新的价值。

通过本章的学习，读者应能够理解元宇宙的数字产品与经济的基本构成，掌握虚拟资产的交易机制，以及区块链和NFT在这一生态系统中的重要作用。

课后作业

（1）案例研究：选择一个元宇宙平台［如去中心化世界（Decentraland）、The Sandbox或Roblox］，研究其经济模式和虚拟资产交易机制。撰写一篇500字的报告，分析该平台如何实现用户生成内容（UGC）和虚拟经济的循环。

（2）查找NFT的案例，理解其经济模式：需选择一个具体的NFT案例进行研究，分析其经济模式和市场表现。可以选择的案例包括但不限于知名的NFT艺术品、游戏道具、虚拟地产等。撰写一篇500字的报告，包含以上研究内容，并附上相关数据和图表（如有）。

（3）理解区块链的定义及意义：研究区块链技术在元宇宙中的应用，特别是在虚拟资产交易中的作用。讨论区块链如何解决虚拟经济中的信任问题，并结合具体的例子进行分析。

思考拓展

（1）思考元宇宙的未来发展趋势。你认为哪些技术（如人工智能、虚拟现实、增强现实等）将对元宇宙的经济模式产生重大影响？

（2）探讨元宇宙对社会的潜在影响，包括对工作方式、社交互动和消费习惯的改变。你认为这些变化是积极的还是消极的？

第 5 章

元宇宙应用大爆发

识读难度：★ ☆ ☆ ☆ ☆

核心概念：数字资产；虚拟社交；智慧城市；数字孪生；医疗健康元宇宙；

教育元宇宙；超智能社会；虚拟身份 / 数字认证

本章导读

在虚拟现实、增强现实等技术快速进步的浪潮下，元宇宙正全面融入现实世界，推动人与社会、经济与产业发生深层变革。本章梳理全球主要科技企业与各国元宇宙布局及其核心技术趋势。内容涵盖元宇宙在社交、旅游、教育、医疗、智慧城市等领域的典型应用，展示虚拟化与现实经济、社会的深度融合。后续还分析了超智能社会的新模式，以及技术、法律、安全和伦理等元宇宙实现过程中面临的主要挑战。通过本章学习，读者将全面理解元宇宙"应用大爆发"对经济社会创新的推动力及其亟需关注的未来挑战。

元宇宙的快速发展催生了全新的数字产品形态和商业模式，这些创新不仅改变了虚拟世界的经济运行方式，也对现实经济产生了深远影响。本章将聚焦元宇宙中数字资产的创造与交易，探讨技术驱动下的商业模式变革，分析虚拟经济如何通过技术手段实现价值流通与创新，为未来数字经济的发展提供新的思路和方向。

作为一个全新的数字生态系统正在全球范围内得到越来越多的关注。各国科技巨头纷纷布局元宇宙，力求在这一新兴市场中占据领先地位。本章节将探讨美国、日本、韩国和中国在元宇宙领域的最新动态。理解元宇宙的核心技术及其在不同国家和企业中的应用，掌握元宇宙发展的全球动态及其对未来经济的影响。

图5-1展示了微软、元（Meta）、腾讯和字节跳动四大科技巨头在元宇宙领域的全面布局。从内容应用到底层技术基础，各公司通过不同的技术和产品构建其元宇宙生态系统（表5-1）。

5.1 元宇宙的业界动态

随着虚拟现实和增强现实技术的快速发展，元宇宙

表5-1　四大科技巨头的元宇宙动态分析

企业	核心技术	应用场景	战略目标
微软	云计算、虚拟会议工具	企业协作、游戏	企业级元宇宙解决方案与娱乐扩展
元 Meta	虚拟现实/增强现实、元宇宙社交平台 地平线世界（Horizon Worlds）	社交、虚拟办公、娱乐	打造沉浸式社交生态
腾讯	游戏、AI、社交网络	游戏、虚拟社交	全真互联网与元宇宙生态融合
字节跳动	AI和机器学习（ML）、内容推荐算法	社交媒体、短视频、新闻聚合、教育	为全球领先的内容平台，推动信息的高效传播和用户的多元化体验

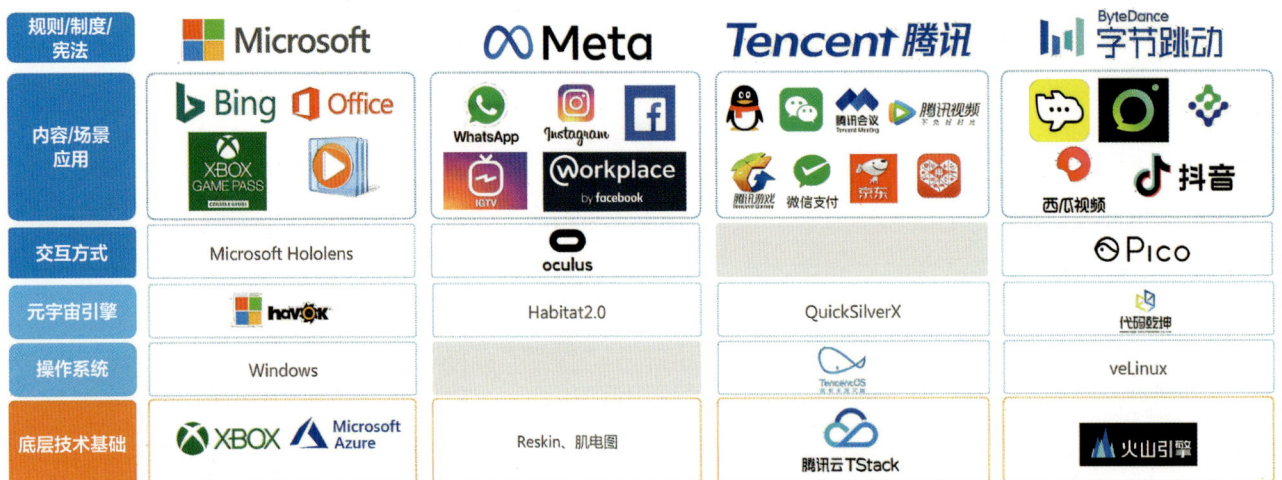

图5-1　元宇宙的业界动态

5.1.1 美国动态

1. 罗布乐思（Roblox）

Roblox是一家全球互动社区和大型多人游戏创作平

台，于2021年3月在纽约证券交易所上市，被誉为"元宇宙第一股"。在其招股书中，罗布乐思（Roblox）提到了元宇宙的概念，描述为虚拟世界中的持久性和共享的3D虚拟空间。为了更深入理解和定义元宇宙，

罗布乐思（Roblox）标识了八个关键要素：身份、朋友、沉浸感、低延迟、多元化、随地、经济系统和安全（表5-2）。这些要素共同构成了罗布乐思（Roblox）及其元宇宙理念的重要基础，推动了公司在虚拟世界领域的发展。

变，旨在通过增强现实和虚拟现实技术，构建一个更加沉浸式和互动的数字世界。

3. 史诗游戏（Epic Games）

2021年4月13日，史诗游戏（Epic Games）宣布投资10亿美元用于打造元宇宙，他们的热门游戏《堡垒之夜》（Fortnite）已经形成了"元宇宙"的雏形。史诗游戏（Epic Games）开发的"虚幻"引擎是一套软件工具，非常适合用于创建鼓励用户协作的有趣体验（图5-3）。

4. 微软

在2021年11月2日的年度技术盛会"微软技术大会2021"（Lgnite 2021）上，微软展示了其在多个前沿领域的创新和布局，包括元宇宙、人工智能、云计算与大数据、混合办公、数字化转型与数字安全。微软在这些领域的技术开发和应用场景展示了其在推动企业和社会数字化进程中的关键角色（图5-4）。

表5-2 罗布乐思（Roblox）的八大要素

关键要素	描述
身份	用户在虚拟世界中的独特身份标识
朋友	用户之间的社交关系
沉浸感	提供身临其境的体验
低延迟	实时互动，减少延迟感
多元化	多样化的内容和体验
随地	随时随地访问虚拟世界
经济系统	虚拟货币和资产的交易
安全	用户数据和交易的安全保障

2. 元（Meta）

2021年7月27日，脸书（Facebook）宣布成立元宇宙团队，计划在五年内转型为一家元宇宙公司。随后，在10月28日的"元宇宙连接大会"（Facebook Connect）大会上，首席执行官扎克伯格宣布将公司更名为"元"（Meta），这一名称来源于"元宇宙"（Metaverse）（图5-2）。Meta的目标是整合所有脸书（Facebook）的应用和技术，重点将元宇宙的概念带入人们的日常生活。这一举措标志着公司战略的重大转

图5-3 史诗游戏（Epic Games）

图5-2 克伯格宣布将公司更名为"元"（Meta）

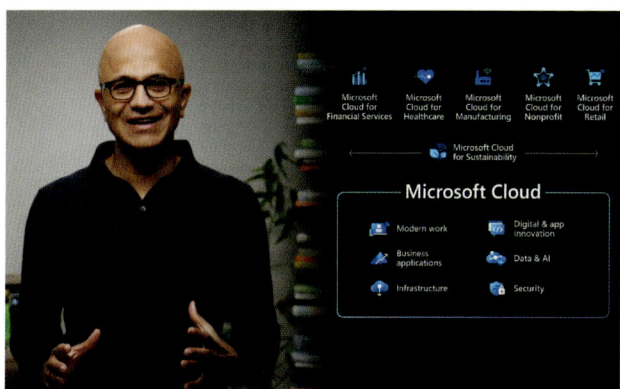
图5-4 微软多个前沿领域的创新和布局

随后，微软在2022年1月18日宣布以每股95美元的价格全现金收购游戏巨头动视暴雪，总交易价值达到687亿美元。这项收购是微软历史上最大规模的一笔交易，旨在加强其在游戏和元宇宙领域的竞争力。通过整合动视暴雪的丰富游戏资源和用户群，微软计划进一步拓展其在互动娱乐和虚拟世界中的影响力。

5. 第二人生（Second Life）

第二人生（Second Life）是第一个现象级的虚拟世界，于2003年发布，受到美国用户的广泛欢迎。它由林登实验室开发，并通过一个可下载的客户端程序提供服务。玩家在游戏中被称为"居民"，可以通过虚拟化身在数字世界中互动。第二人生不仅提供了一个典型的元宇宙环境，还在其基础上增加了高度的社交网络服务。居民们可以在虚拟世界中自由探索，与其他居民互动，参与个人或集体的活动，创造和交易虚拟财产和服务。这种高度互动的环境吸引了许多国家在第二人生中设立虚拟外交使馆，甚至建立自己的虚拟办公室，成为现实世界与虚拟世界交互的早期尝试。

名称解释：

"现象级"通常用来形容某种事物在特定领域或社会中引起了广泛关注和影响，达到了超出常规的高度或规模。这个词常用于描述一些特别成功、受欢迎或具有重大影响力的现象、事件或产品。像《堡垒之夜》（Fortnite）这样的游戏被称为现象级游戏，因为它们在全球范围内吸引了数百万玩家，并且在文化和社交互动方面产生了深远的影响。抖音（TikTok）的迅速崛起也被视为一种现象级的社交媒体现象，改变了人们的内容消费和创作方式。

在美国，元宇宙领域的最新动态显示出快速发展的趋势，吸引了科技公司、投资者和创作者的广泛关注。大型科技公司如元（Meta）、微软和罗布乐思（Roblox）等正在加大对元宇宙技术的投资，推动虚拟现实（VR）和增强现实（AR）设备的研发，以提升用户体验和互动性（表5-3）。

表5-3 美国元宇宙动态

公司	特有属性
罗布乐思 Roblox	-用户生成内容（UGC） -强大的社交互动 -虚拟经济（宠物交易） -高用户参与度
元 Meta	-强调社交互动 -跨平台整合 -VR和AR技术的结合 -用户生成内容（UGC）
史诗游戏 （Epic Games）	-强大的游戏引擎（虚幻引擎） -大规模用户参与 -跨界合作（音乐与游戏） -互动性强
微软 Microsoft	-强调企业级应用 -混合现实技术（HoloLens） -远程协作与会议解决方案 -大数据与云计算的结合
第二人生 Second Life	-高度社交互动 -用户生成内容（UGC） -虚拟经济与商业活动 -虚拟外交使馆

5.1.2 亚洲动态

1. 日本动态

日本在元宇宙领域的动态展现了其技术创新和用户友好的设计理念。VR开发商哈西拉斯（Hassilas）公司正式推出了其最新的元宇宙平台——机械宇宙（Mechaverse）。这一平台的显著特点是用户无需注册即可通过浏览器直接访问，极大地降低了用户进入虚拟世界的门槛，使得更多人能够轻松体验元宇宙的魅力。

机械宇宙（Mechaverse）平台支持单一场景最多容纳1000名用户，并提供丰富的服务选项，包括虚拟音乐会和虚拟体育场等常见项目。这种设计不仅增强了用户的互动体验，还为内容创作者提供了广阔的舞台，促进了虚拟活动的多样化发展。通过这些创新，哈西拉斯希望在竞争激烈的元宇宙市场中占据一席之地，推动日本增强在全球元宇宙生态中的影响力。

2．韩国动态

韩国首尔在元宇宙领域的动态表现出其在数字化转型中的先锋地位。2022年，首尔通过普信阁虚拟敲钟仪式，成为首个进入元宇宙的城市，这一创新活动不仅吸引了全球的关注，还展示了城市如何利用虚拟技术与市民互动。为进一步推动元宇宙的发展，首尔市制定了价值39亿韩元的五年计划，分三个阶段实施，旨在通过元宇宙技术增强市民体验和提高城市服务效率（表5-4）。

表5-4　首尔的元宇宙五年计划

阶段	时间	目标	实施策略
第一阶段	2022年	平台建立	投资建设基础设施，制定相关政策
第二阶段	2023—2024年	扩展服务	通过资金、技术支持和教育合作，促进企业和人才发展
第三阶段	2025—2026年	实现全面运营	开发智能城市解决方案，吸引游客和提升市民生活质量

这一项目具有重大的创新和示范意义，标志着首尔在全球城市数字化转型中的领导地位。通过实施这一计划，首尔希望在公共服务、文化传播和市民参与等方面实现突破，推动城市的智能化建设。随着元宇宙技术的不断发展，首尔的举措将为其他城市提供借鉴，促进全球范围内的数字化创新与合作。

3．中国动态

（1）腾讯。

腾讯在元宇宙领域的布局主要聚焦于基础设施建设和内容生态发展。2020年底，腾讯首席执行官马化腾提出了"全真互联网"概念，强调了将虚拟与现实相结合的愿景。到2022年1月，他首次公开回应元宇宙话题，指出腾讯在游戏、社交媒体和人工智能等领域拥有丰富经验，具备探索和开发元宇宙的技术和能力。依托腾讯云、5G网络和人工智能技术，腾讯致力于打造支持元宇宙运行的底层技术框架，同时通过虚拟现实（VR）和增强现实（AR）技术的研发，为用户提供沉浸式体验。此外，腾讯还将其强大的社交和游戏生态（如微信、QQ、腾讯游戏）与元宇宙结合，推动虚拟社交、虚拟经济和数字内容的创新，构建一个多元化的虚拟世界（图5-5）。

在内容生态方面，腾讯积极推动元宇宙在游戏、社交、教育和文化传播等领域的应用。例如，通过旗下的《王者荣耀》《和平精英》等游戏探索虚拟世界的互动模

图5-5　腾讯的元宇宙布局

图5-6　字节跳动

图5-7　网易河狸计划

式，同时开发虚拟社交活动和赛事，增强用户参与感。此外，腾讯还计划利用元宇宙技术开展虚拟展览、在线教育和文化活动，推动数字文化传播。通过这些举措，腾讯希望在元宇宙领域占据领先地位，构建一个连接虚拟与现实的数字生态系统。

（2）字节跳动。

字节跳动（图5-6）在元宇宙领域的动态显示出其积极布局和创新发展。2021年8月，字节跳动收购了中国VR设备公司"皮扣"（PICO），并注册了"皮克斯欧"（PIXSOUL）商标，计划推出类似于搜尔（SOUL）的元宇宙社交产品。通过这一收购，字节跳动不仅增强了其在虚拟现实硬件领域的实力，还为其元宇宙战略奠定了基础，旨在为用户提供更加沉浸式的社交体验。

此外，字节跳动投资的代码乾坤公司也在元宇宙内容创作方面取得了进展，发行了《重启世界》这款游戏，进一步丰富了其元宇宙生态。通过结合社交、游戏和虚拟现实技术，字节跳动希望在竞争激烈的元宇宙市场中占据一席之地，推动用户的互动和参与。随着这些举措的推进，字节跳动正努力构建一个多元化的元宇宙平台，吸引更多用户参与到虚拟世界中。

（3）网易。

网易在元宇宙领域的动态展现了其对游戏创作和虚拟世界开发的重视。网易推出了《河狸计划》原创游戏社区，提供低门槛的游戏开发工具，旨在鼓励更多用户参与游戏创作。这一计划不仅为独立开发者提供了展示才华的平台，还促进了用户之间的互动与合作，推动了游戏生态的多样化发展（图5-7）。

此外，网易还投资了音普罗布尔（IMPROBABLE）公司，其云计算平台"斯佩肖欧艾斯"（SPATIALOS）允许第

三方创建大型虚拟世界。这一投资进一步推动了虚拟世界的开发和创新，使得开发者能够构建更为复杂和丰富的虚拟环境。通过这些举措，网易希望在元宇宙领域占据重要位置，推动用户体验的提升和虚拟世界的不断扩展。

（4）百度。

百度在元宇宙领域的动态表现出其对未来科技的前瞻性布局。2021年12月，百度推出了首款国产元宇宙产品《希壤》，并通过这一平台举办了百度Create大会，确立了其在国内元宇宙领域的领先地位。《希壤》旨在打造一个跨越虚拟与现实的永久互动空间，承载着连接现实与未来的愿景。其设计以莫比乌斯环星球为造型，象征着无限和循环，体现了百度对元宇宙的深刻理解和创新追求。

《希壤》不仅为用户提供了一个全新的社交和创作平台，还积极推动了元宇宙技术的应用与发展。这一平台汇聚了多种虚拟体验，用户可以在其中进行互动、创作和探索，促进了数字经济的繁荣。百度的这些举措展示了其在元宇宙领域的雄心，旨在通过技术创新引领未来数字生活的变革（图5-8）。

图5-8　百度《希壤》

通过对各国和主要企业在元宇宙领域的动态分析，我们可以看到，元宇宙正在成为全球科技发展的重要方向。各国在技术创新、商业应用和政策支持方面的努力，将推动元宇宙的进一步发展。未来，元宇宙有望在社交、经济和文化等多个领域产生深远的影响。

5.2 元宇宙的应用大爆炸

5.2.1 社交元宇宙：重新定义人与人的连接方式

社交元宇宙正在通过虚拟化身、沉浸式场景和实时互动重新定义人类的社交体验。以家庭为核心的社交平台"阿尔科夫"（Alcove），通过休闲游戏等方式增强家庭成员之间的互动，特别为老年人提供了便捷的数字社交入口，帮助他们跨越技术鸿沟，融入数字化生活。罗布乐思（Roblox）则以"一起玩"为理念，

构建了一个充满创造力的虚拟世界，全球数亿玩家在其中互动、创作和探索，建立了跨越年龄和地域的社交联系。史诗游戏（Epic Games）的数字人创建工具为用户提供了高度个性化的虚拟化身，使他们能够在虚拟世界中自由表达自我，进一步提升了社交的沉浸感和多样性。

在企业领域，微软网格（Microsoft Mesh）平台通过云计算和混合现实技术，打破了时间和空间的限制，为用户提供了跨终端的高效协作体验。微软网格（Microsoft Mesh）不仅广泛应用于商务会议、汽车设计和手术指导等领域，还为未来虚拟社交的场景拓展了可能性。此外，清华大学推出的智能虚拟人"华智冰"展示了人工智能与虚拟社交的结合潜力，其智能化的交互能力为未来虚拟社交提供了更多可能性（图5-9）。

这些多样化的应用共同展示了社交元宇宙的无限潜力，从个人到企业，从娱乐到工作，元宇宙正在深刻改变人与人之间的连接方式（表5-5）。

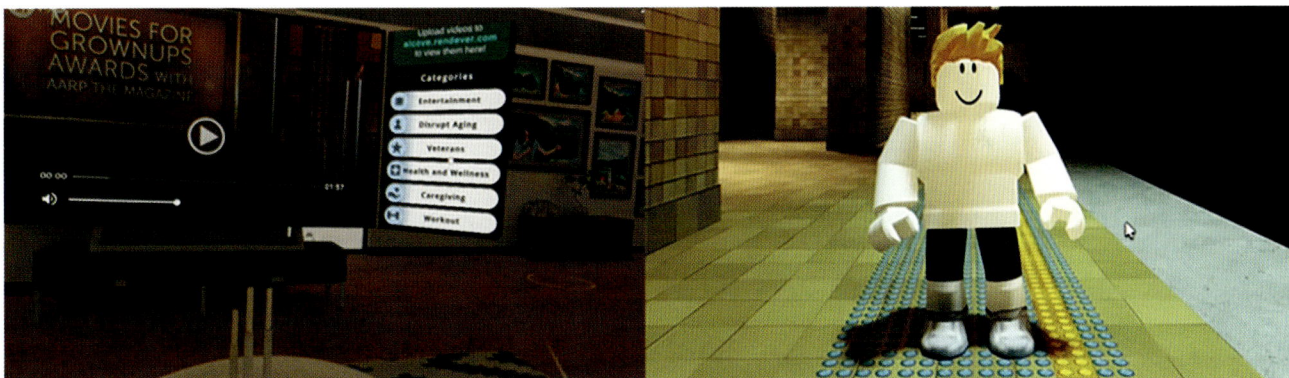

"阿尔科夫"（Alcove） "罗布乐斯"（Roblox）

史诗游戏（Epic Games） 华智冰

图5-9 社交元宇宙的形态

表5-5　社交元宇宙平台比较

应用平台	目标用户	主要功能	特色与优势	未来发展潜力
阿尔科夫 Alcove	家庭用户	休闲游戏、视频通话	便捷的数字社交入口，适合老年人	扩展更多家庭互动功能
罗布乐斯 Roblox	青少年及年轻人	游戏创作、实时互动	大规模用户基础，鼓励创造与分享	增加教育和职业发展相关内容
史诗游戏 Epic Games	游戏开发者与玩家	虚拟人创建、社交互动	高度个性化的虚拟化身	提升虚拟现实技术的应用范围
微软网格 Microsoft Mesh	企业用户	远程协作、会议	跨终端支持，增强现实与虚拟现实结合	扩展至更多行业应用
华智冰	广大用户	智能交互、社交体验	人工智能驱动的虚拟形象	深化与社交平台的整合

1. 扎克伯格：元宇宙的急先锋

扎克伯格作为元宇宙的积极推动者，2021年将脸书（Facebook）更名为"元"（Meta），标志着公司战略的重大转变。他提出了社交元宇宙的八要素，旨在构建一个更具沉浸感和互动性的虚拟空间。2024年，"元"（Meta）收购了虚拟现实硬件开发商奥克拉斯虚拟现实（Oculus VR），进一步增强了其在虚拟现实领域的技术实力。通过奥克拉斯虚拟现实（Oculus VR）的设备，"元"（Meta）希望为用户提供更丰富的社交体验，使其能够在虚拟环境中与朋友和家人进行互动。

2. 微软：混合现实的先锋

微软在增强现实（AR）和混合现实（MR）方面也积极布局。2015年，微软发布了增强现实全息头显（AR HoloLens），开启了其在混合现实领域的探索。2016年，微软推出了社交模式的办公协作工具"微软团队"（Teams），旨在提升团队协作的效率。2021年，微软推出了全息头显2（HoloLens 2）的混合现实平台Mesh，允许用户在虚拟环境中进行实时协作。"微软网格"（Mesh）与"微软团队"（Teams）的功能结合，被认为是"通往元宇宙的入口"，为用户提供一个更加灵活和高效的工作方式。

3. 英伟达：工业设计领域的创新

英伟达在工业设计领域积极发力，推出了协作平台

"全宇宙"（Omniverse）。"全宇宙"（Omniverse）旨在统一场景数据格式，实现多用户的实时交互与协作。通过该平台，设计师和工程师可以在一个共享的虚拟空间中进行协作，实时更新和共享设计成果。这种多用户协作的方式不仅提高了工作效率，还促进了创意的碰撞与交流，为工业设计行业的数字化转型提供了强有力的支持。

5.2.2　旅游元宇宙：沉浸式探索世界与互动体验

旅游元宇宙通过虚拟现实（VR）和增强现实（AR）技术，为用户提供了沉浸式探索和互动分享的新方式，打破了时间和空间的限制，让人们足不出户即可感受世界文化的魅力。以北京中轴线的元宇宙体验为例，用户可以在虚拟环境中探索这条历史悠久的文化线路。通过数字化呈现，用户不仅可以看到中轴线上的标志性建筑和景观，还能深入了解其背后的历史故事和文化意义（图5-10）。北京故宫VR体验馆则利用虚拟现实技术，让游客沉浸式探索故宫的文化和历史。通过VR，游客可以"走进"故宫，体验其建筑和历史细节。这不仅提供了全新的参观方式，也为故宫文化的传播和保护开辟了新途径（图5-11）。

为了增强娱乐性和趣味性，旅游元宇宙还将虚拟体验与游戏化元素相结合。例如，支付宝的"AR红包"模式将虚拟红包与实际地理位置绑定，用户需要到达特定位置才能通过AR扫描获得奖励。这种方式不仅增加

图5-10 北京中轴线的元宇宙体验

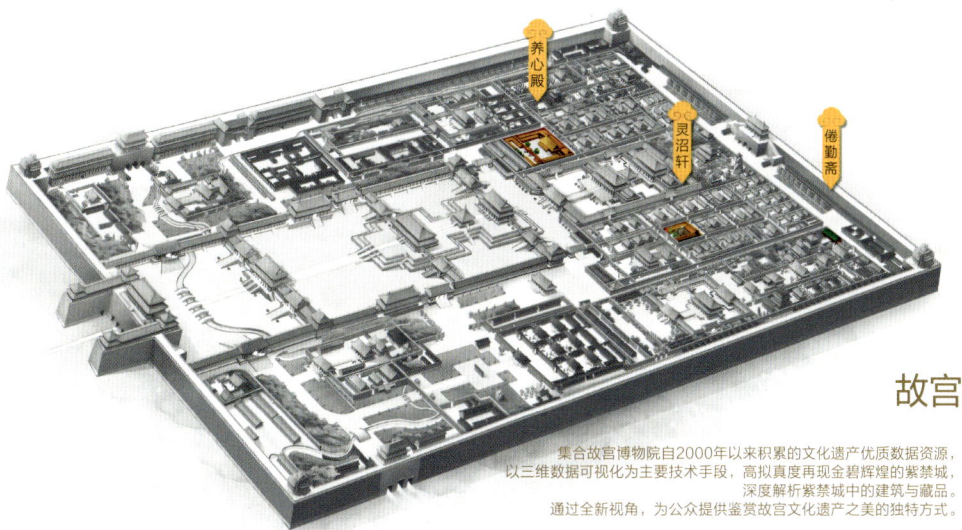

故宫

集合故宫博物院自2000年以来积累的文化遗产优质数据资源，以三维数据可视化为主要技术手段，高拟真度再现金碧辉煌的紫禁城，深度解析紫禁城中的建筑与藏品。通过全新视角，为公众提供鉴赏故宫文化遗产之美的独特方式。

图5-11 北京故宫VR体验馆

了探索景点的动力和趣味性，还提升了游客的参与感和体验感，同时帮助景区收集有价值的数据，优化运营和服务（图5-12）。

未来，随着技术的不断进步，旅游元宇宙将进一步融合虚拟与现实，为用户提供更加丰富和个性化的旅行体验。

5.2.3 教育元宇宙：想象力比知识更重要

教育元宇宙通过虚拟现实和增强现实技术，为学生提供了一个超越传统课堂的学习环境，使他们能够在虚拟博物馆和科技馆中进行沉浸式学习。通过这种方式，学生可以跨越时间和空间，体验全球顶级展览，激发想象力和创造力。例如，虚拟博物馆让学生能够"亲临"古代遗址或探索宇宙深处，而虚拟科技馆则通过互动式实验帮助学生理解复杂的科学原理。这种沉浸式学习不仅增强了学生的学习动机，还提供了个性化的学习路径，培养了他们的批判性思维和解决问题的能力（图5-13）。

斯鲁德尔岛（Sloodle）是一个创新的学习平台，

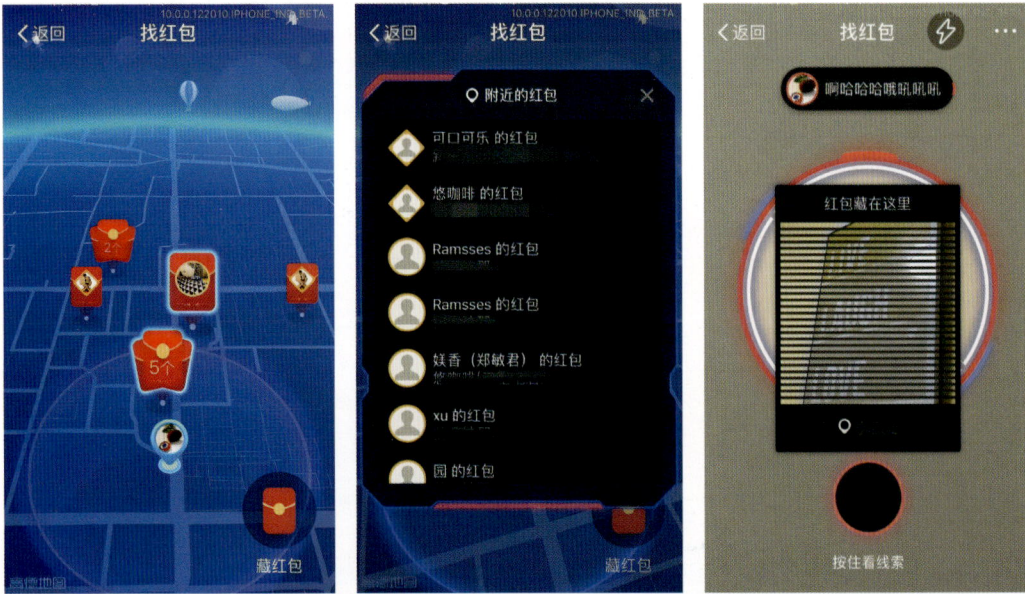

图5-12 支付宝的"AR红包"模式

图5-13 博物馆教育元宇宙

图5-14 斯鲁德尔岛（Sloodle）虚拟学习社区

将慕课学习管理系统与"第二人生"虚拟世界整合在一起，创造了一个独特的虚拟学习社区。用户可以在斯鲁德尔岛（Sloodle）上参与定期的会议和讨论，享受沉浸式的学习体验，展示了元宇宙与虚拟学习社区结合的潜力（图5-14）。此外，虚拟贝拉（Virbela）作为一个专为解决远程协作挑战而设计的虚拟世界平台，提供了沉浸式三维环境。用户可以创建虚拟身份，在平台上召开会议、举办活动和参与课程。通过打破地理限制，虚拟贝拉（Virbela）增强了互动和沟通效率，为远程工作和学习提供了创新的解决方案（图5-15）。

图5-15 虚拟贝拉（Virbela）虚拟学习社区

　　教育元宇宙不仅是传统课堂的延伸，更是未来教育模式的革新，通过沉浸式学习培养学生的跨学科能力和全球视野。

　　从社交到旅游，从教育到办公，元宇宙正在逐步渗透到人类生活的方方面面。它不仅提供了全新的体验方式，也为各行业的数字化转型提供了无限可能。社交元宇宙通过虚拟化身和沉浸式互动重新定义了人与人的连接方式；旅游元宇宙让人们足不出户即可探索世界文化；教育元宇宙则通过沉浸式学习激发了学生的想象力和创造力。随着技术的不断进步，元宇宙的应用场景将更加丰富多样，为人类社会带来更多创新和变革。

可以说，元宇宙就在你我身边！

5.3 超智能社会新模式

元宇宙在动态演进中，其应用范围不断扩大，从游戏、社交、娱乐逐步扩展到数字经济领域。同时，元宇宙技术在公共服务和社会治理方面发挥着重要作用，为城市交通、医疗卫生和养老服务等领域的转型升级提供了创新解决方案。

5.3.1　公共服务与社会治理

元宇宙技术在公共服务与社会治理领域的应用正在逐步实现智能化和数字化转型。通过构建虚拟服务大厅，政府和公共机构能够提供更高效、便捷的服务，用户可以在线办理各种事务，同时与线下办理保持协调和同步。这种方式不仅增强了公共服务的交互性和沉浸感，还提升了用户的满意度。

1. 智能化虚拟服务大厅

虚拟服务大厅是元宇宙在公共服务领域的重要应用之一。通过构建功能完整的虚拟服务大厅，与现实世界的服务大厅实现镜像同步，用户可以在线上办理各种事务，如税务申报、证件办理和社会保障查询。这种方式不仅提升了服务效率，还增强了用户的交互性和沉浸感。

爱沙尼亚的电子政务系统是全球领先的数字化公共服务平台，90%以上的公共服务可以在线办理。未来，元宇宙技术可以进一步增强其沉浸式体验，让用户通过虚拟化身与政府服务人员实时互动。

2. 虚拟个人数据中心

虚拟个人数据中心是元宇宙技术在数据管理领域的创新应用。通过构建独立的通用数字身份体系，个人可以建立自己的数据中心，形成一个"数字管家"，对个人数据拥有自主控制权。这种方式不仅保护了用户隐私，还为数据共享和管理提供了新的解决方案。

区块链技术确保数据的安全性和不可篡改性，用户的个人信息和交易记录都被安全地存储在区块链上，防止数据被篡改或丢失。云计算技术则提供高效的数据存储和处理能力，使得用户能够快速访问和管理自己的数据。

5.3.2　智慧城市与交通旅行

智慧城市是元宇宙技术的重要应用场景之一，通过数字孪生技术、车联万物（V2X）技术和虚拟现实技术，城市规划、交通管理和公众服务得到了全面升级（图5-16）。

1. 智慧城市建设的三阶段发展

数字孪生技术是智慧城市建设的核心技术之一，通过构建城市的虚拟模型，实现对城市运行的实时监控和优化。

在第一阶段，通过数字孪生技术为城市规划设计者和决策者提供了一个动态的数字空间，能够实时收集和分析城市各项数据。这一阶段的目标是支持科学决策，帮助规划者在设计城市基础设施时，能够基于真实数据进行模拟和预测。例如，新加坡的"虚拟新加坡"（Virtual Singapore）项目通过数字孪生技术，创建了一个全面的城市模型，使得城市规划者能够在虚拟环境中测试不同的规划方案，评估其对交通流、环境影响和公共服务的影响。这种方法不仅提高了规划的科学性，还减少了资源浪费，确保了城市发展的可持续性。

在第二阶段，城市运维管理者进入元宇宙，利用数字孪生技术实现城市运营的智能化和自动化。通过实时监控城市基础设施的运行状态，管理者能够及时发现问题并进行优化。例如，雄安新区利用数字孪生技术，实时监控城市的交通流量、能源消耗和环境质量，确保城市各项服务的高效运转。这一阶段的关键在于数据的整合与分析，管理者可以通过可视化的方式，快速获取城市运行的全貌，从而做出更为精准的决策。此外，智能

图5-16 智慧城市平台布局

化的运维系统还可以通过预测分析，提前识别潜在的故障和风险，降低城市运营的成本，提高服务的可靠性。

在第三阶段，社会公众进入元宇宙，享受超越现实的体验，并与现实世界同步互动。公众可以通过虚拟现实技术参与城市生活，体验丰富的文化活动和社区服务。例如，市民可以在虚拟环境中参观博物馆、参加社区活动，甚至参与城市治理的讨论和决策。这种互动不仅增强了公众对城市发展的参与感和归属感，还为城市管理者提供了宝贵的民意反馈（表5-6）。

未来，随着技术的不断进步，公众的参与将更加深入，元宇宙将成为城市生活的重要组成部分，推动城市治理的透明化和民主化。

表5-6 智慧城市建设的三阶段

阶段	主要功能	特色与优势	未来发展潜力
第一阶段	动态数字空间，支持科学决策	提供实时数据和模拟环境	扩展至更多城市基础设施
第二阶段	智能化城市运营	实时监控和优化城市基础设施	提高城市运作效率
第三阶段	社会公众参与城市生活	超越现实的体验，丰富互动	增强公众对城市发展的贡献

2. 车联万物（V2X）技术的应用

（1）V2X技术的协同通信：V2X（Vehicle-to-Everything）技术通过实现车-人-路-车的协同通信，为未来交通系统带来了诸多创新和改进（表5-7）。

这种技术使得车辆能够与周围的环境进行实时信息交换，包括与其他车辆、行人、交通信号灯和道路基础设施的互动。通过这种协同通信，V2X技术能够显著提升交通安全性和效率。例如，当一辆车接收到前方交通信号灯即将变红的信息时，可以提前减速，从而减少交通事故的发生。此外，V2X技术还可以优化交通流量，减少拥堵，提高整体出行效率。随着5G网络的普及，V2X技术的实时性和可靠性将进一步增强，为智能交通系统的实现奠定基础。

表 5-7 V2X 技术的协同通信

应用领域	主要功能	特色与优势	实际案例
V2V（车与车）	车辆间信息共享	提高行驶安全，减少碰撞风险	特斯拉的自动驾驶系统
V2I（车与基础设施）	与交通信号灯和路标通信	优化交通流量，减少拥堵	新加坡的智能交通信号系统
V2P（车与行人）	行人与车辆的实时通信	提升行人安全，减少事故	现代城市中的智能行人信号灯

（2）无人驾驶与车联元宇宙：无人驾驶技术将车辆融入车联网的元宇宙体系中，充分发挥数据共享和智能决策的优势。

无人驾驶技术是V2X技术的重要组成部分，它将车辆融入车联网的元宇宙体系中，充分发挥数据共享和智能决策的优势。无人驾驶汽车通过传感器和摄像头收集周围环境的数据，并与其他车辆和基础设施进行实时通信。这种信息的共享使得无人驾驶汽车能够更好地理解交通状况，做出更安全的行驶决策。

以"萝卜快跑"（Apollo Go）为例，这是百度推出的自动驾驶出租车服务平台。该平台已在深圳、上海、北京等多个城市进行试验，提供无人驾驶出租车服务。自2023年5月15日起，萝卜快跑的第六代无人驾驶车型在武汉正式上路，吸引了众多市民尝试并获得了积极评价。乘客在使用服务时，只需通过手机应用预约，车辆便会自动抵达指定地点，乘客可以在无人驾驶的情况下安全出行。

萝卜快跑的无人出租车利用先进的传感器和算法，实时获取周围环境的信息，并与其他车辆和交通基础设施进行有效的互动。这种协同通信不仅提高了行驶安全性，还优化了出行效率。例如，当无人出租车接收到前方交通信号灯的状态信息时，可以提前调整行驶速度，确保安全通过交叉路口。此外，萝卜快跑还利用大数据分析和用户反馈，不断优化其服务，提升用户体验。

未来，随着无人驾驶技术的成熟，车辆将不仅仅是交通工具，更将成为智能移动终端，能够与用户的生活和工作无缝连接。无人驾驶汽车将能够提供个性化的出行体验，支持商务会议、娱乐消费等多样化服务，进一步提升用户的出行效率和生活质量。

（3）交通元宇宙的导航服务：用户可以实时获取交通信息和导航服务，结合历史趋势分析和交通预测，提供最佳路径选择。

交通元宇宙的导航服务是V2X技术应用的另一个重要方面。用户可以实时获取交通信息和导航服务，结合历史趋势分析和交通预测，提供最佳路径选择。这种服务不仅考虑了当前的交通状况，还利用大数据分析预测未来的交通流量，从而为用户提供更为精准的出行建议。例如，谷歌地图和维兹（Waze）等导航应用已经开始整合实时交通数据，帮助用户避开拥堵路段，选择更快速的行驶路线。未来，随着V2X技术的进一步发展，交通元宇宙将能够提供更为个性化的导航服务，甚至根据用户的出行习惯和偏好，自动调整推荐的行驶路线。

（4）商务与娱乐信息服务：无人驾驶车辆内部将成为移动的数字空间，为用户提供商务会议、娱乐消费等多样化服务。

无人驾驶车辆内部将成为移动的数字空间，为用户提供商务会议、娱乐消费等多样化服务。在无人驾驶的环境中，乘客可以利用行驶时间进行工作、休闲或社交活动。例如，车内可以配备高质量的音视频设备，支持视频会议和在线学习，提升出行的生产力。同时，车载娱乐系统可以根据用户的兴趣推荐电影、音乐或游戏，提供个性化的娱乐体验。这种转变不仅提升了用户的出行体验，也为汽车制造商和服务提供商创造了新的商业机会。未来，随着车联网技术的不断进步，车辆将成为一个多功能的移动空间，改变人们的出行方式和生活方式（表5-8）。

表 5-8　商务与娱乐信息服务

应用领域	主要功能	特色与优势	实际案例
车载商务会议	支持视频会议和在线协作	提高出行时间的利用率	未来的无人驾驶共享汽车
娱乐消费	提供个性化的娱乐体验	满足用户的休闲需求	车载娱乐系统，如奈飞（Netflix）、斯波提菲（Spotify）
社交互动	车内社交平台	增强乘客之间的互动	未来车载社交应用

5.3.3　国际旅行身份与安全管理

随着全球化的加速和国际旅行的普及，身份与安全管理在国际旅行中变得愈发重要。有效的身份管理不仅能够提高旅行的安全性，还能提升旅客的出行体验。现代技术的应用，如生物识别技术、区块链和人工智能，正在改变传统的身份验证和安全管理方式。

1．利用数字旅行凭证或电子护照

数字旅行凭证和电子护照的引入，正在彻底改变旅客的身份验证过程。这些数字化凭证可以存储在手机或其他智能设备中，旅客在入境和出境时只需展示这些数字凭证，便可完成身份验证。这种方式不仅提高了身份验证的效率，还减少了旅客在机场排队等候的时间。许多国家和地区已经开始试点这种数字护照，旨在提升旅客的出行体验。

例如，爱沙尼亚作为全球数字化国家的典范，推出了电子护照，旅客可以通过手机应用程序存储和展示护照信息，简化了入境程序。此外，新加坡的数字护照项目允许旅客在入境时使用面部识别技术，结合电子护照，实现无缝通关。

2．安监人员使用人脸识别和区块链技术

安监人员通过人脸识别和区块链技术，能够快速、准确地验证旅客身份。这种技术的优势在于无中心化的数据存储，增强了数据的安全性，减少了身份验证所需的时间。人脸识别技术能够实时捕捉和识别旅客的面部特征，与数据库中的信息进行比对，确保身份的真实性。同时，区块链技术为身份数据提供了

更高的安全性，确保数据在传输和存储过程中的不可篡改性。

例如，美国海关与边境保护局（CBP）在多个国际机场实施人脸识别技术，旅客在登机和入境时通过面部识别快速完成身份验证。迪拜国际机场则利用区块链技术，确保旅客的身份信息在不同部门之间安全共享，提升了整体安全管理的效率。

3．通过VR头盔发现违规旅客

虚拟现实（VR）技术的应用为安监人员提供了新的工具，使他们能够在虚拟环境中高效监控旅客动态。通过VR头盔，安监人员可以实时查看机场的各个区域，及时发现和反馈潜在的风险行为。这种创新技术不仅提升了安监人员的识别能力，还增强了他们的响应能力，使他们能够更快速地处理突发事件。

例如，一些机场正在试点使用VR监控系统，安监人员可以在虚拟环境中观察旅客行为，发现异常情况并进行及时干预。此外，VR技术还被用于安监人员的培训，通过模拟各种场景，提高他们在真实情况下的应对能力。

4．在安全与隐私的基础上分享或使用旅客数字身份

在国际旅行中，确保旅客数字身份的安全性和隐私保护是重中之重。通过加密技术和严格的权限控制，旅行相关方可以在合法和适当的情况下，分享或使用旅客的数字身份信息。这种方式不仅提高了服务的个性化和安全性，还增强了旅客对自身数据的控制权。旅客可以选择哪些信息可以共享，确保个人隐私不被侵犯。

例如，欧盟实施的GDPR（通用数据保护条例）为

旅客提供了更强的数据保护权利，确保其个人信息在国际旅行中的安全。同时，一些国家正在开发基于区块链的数字身份管理平台，确保旅客的身份信息在共享时得到加密和保护。

5.3.4 医疗健康元宇宙

医疗健康是元宇宙技术的重要应用领域之一，通过可穿戴设备、电子病历和虚拟现实技术，医疗服务的效率和用户体验得到了显著提升。

1. 可穿戴设备与健康数据采集

可穿戴设备在医疗健康元宇宙中扮演着重要的角色，成为用户健康管理的前沿工具。这些设备通过实时监测用户的生理指标，如心率、血压、血氧饱和度和活动水平，提供了丰富的健康数据。苹果手表、华为手表和菲特比（Fitbit）等设备能够实时跟踪用户的健康状况，并通过手机应用提供个性化的健康建议。Oura Ring是一款先进的智能戒指，专注于健康监测和睡眠分析。它通过内置的高精度传感器，实时收集用户的生理数据，包括心率、体温、活动水平和睡眠质量。欧拉戒指（Oura Ring）提供详细的睡眠分析，帮助用户了解深度睡眠、浅睡眠和快速眼动（REM）睡眠的情况，同时还会根据生理数据给出恢复评分，帮助用户评估身体的恢复状态。其时尚轻便的设计使其适合日常佩戴，成为追求健康生活方式人士的理想选择。这种数据驱动的健康管理方式使得用户能够更好地掌控自己的健康，及时调整生活方式，预防潜在的健康问题（表5-9）。

表5-9 医疗健康元宇宙

设备名称	功能	案例
苹果手表Apple Watch	心率监测、血氧监测、运动追踪	提前发现心律不齐，挽救用户生命
菲特比Fitbit	睡眠监测、活动追踪、健康建议	帮助用户改善睡眠质量，支持慢性病管理
华为手表2 Watch D	血压监测、心率监测	为高血压患者提供实时血压监测，优化健康管理
欧拉戒指Oura Ring	睡眠监测、体温追踪、压力管理	在疫情期间帮助用户监测体温变化，提前发现感染风险

2. 电子病历与健康档案管理

电子病历（EMR）（图5-17）和个人健康档案（PHR）在元宇宙中得到了更高效的管理。通过区块链和云计算技术，患者的健康信息可以安全地存储和共享，确保数据的隐私和安全性。例如，美国的史诗系统（Epic system）是全球领先的电子病历管理平台，支持医院和诊所之间的数据共享，减少重复检查，提高医疗效率。帮助医生快速访问患者的历史病历、检查结果和治疗方案，从而在短时间内做出更为准确的诊断和治疗决策。

3. 虚拟现实技术在医疗中的应用

虚拟现实技术（VR）为医疗健康领域带来

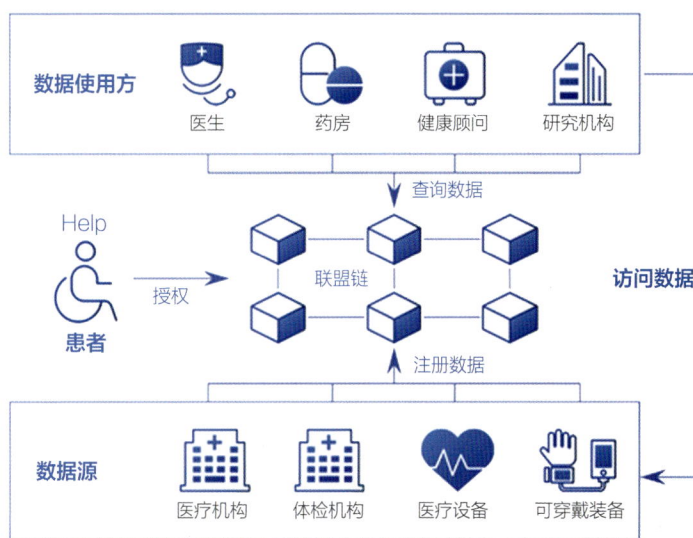

图5-17 电子病历的架构

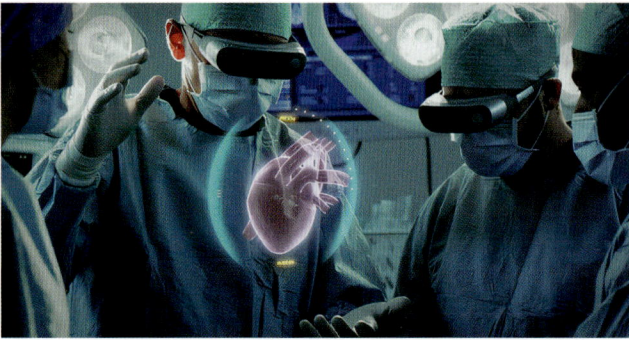

图5-18 虚拟现实技术在医疗中的应用

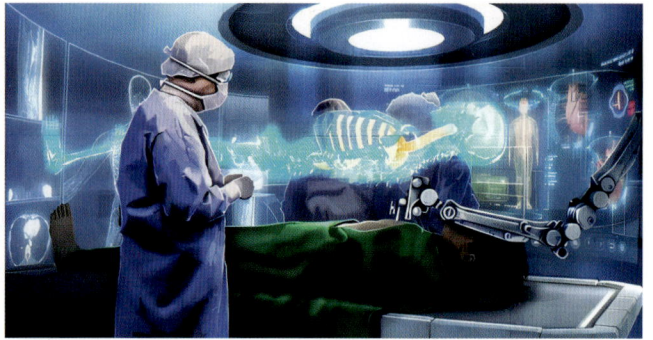

了全新的体验，正在改变传统的医疗培训和患者治疗方式。通过创建沉浸式的虚拟环境，医生可以在无风险的情况下进行手术模拟和培训，提升其操作技能和应对复杂情况的能力。这种技术不仅提高了医生的学习效率，还降低了实际手术中的风险。例如，美国斯坦福大学医学中心利用虚拟现实技术（VR）进行手术培训，显著提高了医生的操作水平，使他们在面对真实手术时更加自信和熟练。

在患者治疗方面，虚拟现实技术同样展现出巨大的潜力。患者可以通过VR技术进行心理治疗，帮助缓解焦虑、恐惧和疼痛等问题。研究表明，沉浸式的虚拟环境能够有效分散患者的注意力，降低他们对疼痛的感知。例如，虚拟现实技术（VR）技术被广泛应用于术前放松训练，帮助患者在手术前减轻焦虑，提高术后恢复效果。此外，虚拟现实技术（VR）还可以用于康复训练，通过游戏化的方式激励患者参与康复活动，提升他们的积极性和参与度（图5-18）。

5.4 实现元宇宙的挑战

随着元宇宙概念的兴起，越来越多的技术、法律和社会问题开始浮现。元宇宙不仅是一个虚拟空间的构建，更是一个涉及多种技术和社会结构的复杂生态系统。在这一过程中，面临的挑战主要集中在技术成熟度、法律与安全治理，以及社会与技术伦理等方面。这些挑战不仅反映了当前技术发展的瓶颈，也为未来技术

突破和应用奠定了方向。

1. 技术成熟度的挑战

元宇宙的核心技术尚未完全成熟，主要集中在以下几个方面。

（1）VR/AR显示与交互技术的挑战：沉浸感是影响用户体验的核心因素。当前的技术瓶颈主要集中在画面的视觉效果、视野范围、分辨率和交互方式等方面。实现足够的真实感和无缝的用户交互是进一步发展的关键。

（2）区块链技术及治理挑战：区块链作为元宇宙去中心化金融体系的基础，存在显著的交易风险，并且在许多场合下不符合现有的金融监管框架。如何平衡技术创新与监管需求是区块链技术面临的主要挑战。

（3）人工智能面临的挑战：元宇宙中的许多场景需要依赖强人工智能来实现复杂的交互和服务。然而，由于技术复杂度的限制，目前大多数应用仍处于弱人工智能阶段，短期内普及高水平人工智能应用存在困难。

2. 安全与法律治理的挑战

元宇宙的发展中，安全与法律治理面临着一系列复杂问题。

（1）网络数据安全及隐私保护的挑战：随着元宇宙的普及，基于数字身份的安全防护成为关键。尽管我国通过《中华人民共和国民法典》和《中华人民共和国网络安全法》等法律框架为用户数据提供了保障，但在实

际应用中，复杂的网络环境仍对技术和法律提出了更高要求。

（2）元宇宙单一数字市场及法律治理挑战：元宇宙需要发展统一的去中心化数字身份、通用法定数字货币以及一致的数字资产和知识产权保护机制。建立全球化的法律和治理框架对元宇宙市场的健康发展至关重要。

（3）去中心化金融体系的监管挑战：去中心化金融体系为元宇宙带来了新的商业模式，但也带来了复杂的监管问题。制定和实施智能法律合约成为应对这一挑战的重要手段，为元宇宙中的商业交易提供法律保障和规范。

3. 社会与技术伦理的挑战

元宇宙的快速发展也带来了社会和技术伦理方面的深刻挑战（图5-19）。

（1）从沉浸到沉迷：个人身心健康挑战，元宇宙的沉浸式体验可能导致用户沉迷，影响个人的身心健康。科技企业需要承担伦理责任，推动"科技向善"的理念，通过设计健康的使用场景和工具来抑制过度使用带来的负面影响。

（2）人工智能的伦理治理：AI技术在元宇宙中的广泛应用需要明确的伦理规范与执行机制，以确保其对社会有利，并防止偏见与歧视。这需要跨部门和跨国界的合作与协调。

（3）脑机接口的伦理挑战：脑机接口技术（如植入芯片、记忆移植和意识上传）提出了新的伦理难题。我们必须慎重考虑这些技术对个人隐私、身份认同和人类尊严的潜在影响，并制定相应的法律与伦理框架。

（4）贫富差距与数字鸿沟挑战：尽管数字化普及带来了广泛的经济和社会机会，但也可能加剧现有的贫富差距和数字鸿沟。确保技术的普及性和可及性，并设计包容性的政策以减轻技术带来的不平等，是实现公平与可持续发展的关键。

元宇宙的实现面临技术、法律、安全和伦理等多方面的挑战。这些挑战不仅是当前技术发展的瓶颈，也为未来的技术突破和社会治理提供了明确的方向。通过技术创新、法律完善和伦理规范的多方协作，元宇宙的健康和可持续发展将成为可能。

01
从沉浸到沉迷：个人身心健康挑战
"不作恶" + "消除恶" + "科技向善"

02
人工智能的伦理治理
伦理规范+执行机制

03
脑机接口的伦理挑战
植入芯片？记忆移植？意识上传？

04
贫富差距与数字鸿沟挑战
数字化的普及……

图5-19 社会及技术伦理挑战

本章总结

　　本章探讨了元宇宙的快速发展及其在各个行业的应用，强调了技术进步和市场动态对元宇宙的推动作用。同时，分析了超智能社会的潜在模式及其带来的挑战，指出在实现元宇宙的过程中需要克服的技术、安全和社会接受度等问题。

课后作业

　　（1）选择一个元宇宙应用案例，分析其商业模式和用户体验。
　　（2）讨论元宇宙对某一特定行业（如教育或医疗）的影响，并提出改进建议。
　　（3）研究当前元宇宙技术的安全隐患，并提出相应的解决方案。

思考拓展

　　（1）元宇宙将如何影响未来的工作和生活方式？
　　（2）在实现元宇宙的过程中，如何平衡技术创新与伦理道德的考量？
　　（3）未来的元宇宙可能会出现哪些新的职业和角色？

第 6 章
元宇宙创作与互动设计

识读难度：☆☆☆☆☆

核心概念：剧本构思、剧本要素、互动剧本、题材价值、游戏交互设计、交互性与故事性、游戏剧本框架、元宇宙构建技术、创作软件、观众参与、沉浸式体验、游戏引擎、创作革新

本章导读

    本章聚焦于元宇宙环境下的创作与互动设计，从剧本定义、核心要素与发展入手，剖析剧本从传统线性叙事向互动式体验的演变过程，强调观众身份的转变与剧本创新的契机。同时，系统介绍了元宇宙游戏中的交互设计要素、叙事与机制的融合方式，分析故事剧本在游戏中的应用优劣与结构模板。章节后半部分呈现元宇宙构建的关键技术与常用创作软件，拓展学生的创作视野与技术应用能力，为探索沉浸式数字内容创作奠定基础。

6.1 元宇宙的剧本构思

6.1.1 剧本定义

剧本（Scenario）是一种以文字形式呈现的叙事作品，通过描述角色、情节、场景和对话等内容，为戏剧、电影、电视、游戏等表演艺术提供详细的创作蓝图。剧本不仅是文学作品，更是实施和指导视听艺术创作的重要工具。它通过结构化的内容呈现人物关系、冲突发展与情感表达，将作者的构思转化为可视化与可感知的艺术作品。

6.1.2 剧本的核心要素

剧本的核心要素包括角色、情节、场景、对话、主题和冲突，这些要素共同构建了一个完整的叙事体系。如图6-1所示。

（1）角色：剧本中的人物角色是故事的主体。他们的性格、目标与行为共同推动故事发展。角色的塑造应富有层次感与真实性，以激发观众的情感共鸣。主要角色通常包括主角、反派与重要配角，他们的互动构成故事的核心动力。

（2）情节：由一系列事件与行动构成，是故事的主线与结构。一个完整的情节通常包括开端、发展、高潮与结局。通过矛盾与冲突的展开与解决，情节呈现出引人入胜的故事发展过程。

（3）场景：描述故事发生的时间与地点，构成故事发展所需的空间与环境。每个场景的设置应有助于表现人物关系与推动情节进展，增强故事的视觉与情感效果。

（4）对话：是角色之间的交流与言语表现。它通过角色的语言展现性格、表达情感与推动故事情节。对话设计应自然流畅，富有表现力，避免冗长与重复。

（5）主题：是故事的核心思想或主旨，揭示作品的深层意义与作者的价值观。一个明确的主题能够为故事赋予思想深度与情感张力，帮助观众理解创作意图。

（6）冲突：是故事情节的核心动力，表现为角色之间的矛盾、目标冲突或内心挣扎。冲突推动故事的发展，使情节更具戏剧性与吸引力。

6.1.3 剧本的发展

剧本的早期发展可以被看作是一个从原始图像表达到复杂故事叙述的渐进过程。最初，剧本的形式并不如今天那样具有结构化和规范化，而是通过简单的图像、符号、口头传说等方式传递人类的经验、思想和文化。如图6-2所示。

1. 岩画与符号

在史前时代，最早的剧本形式可能是通过岩画、壁画等图像表达出来的。这些图画往往讲述的是日常生活、狩猎、战争或宗教仪式等情境。岩画不仅是装饰，

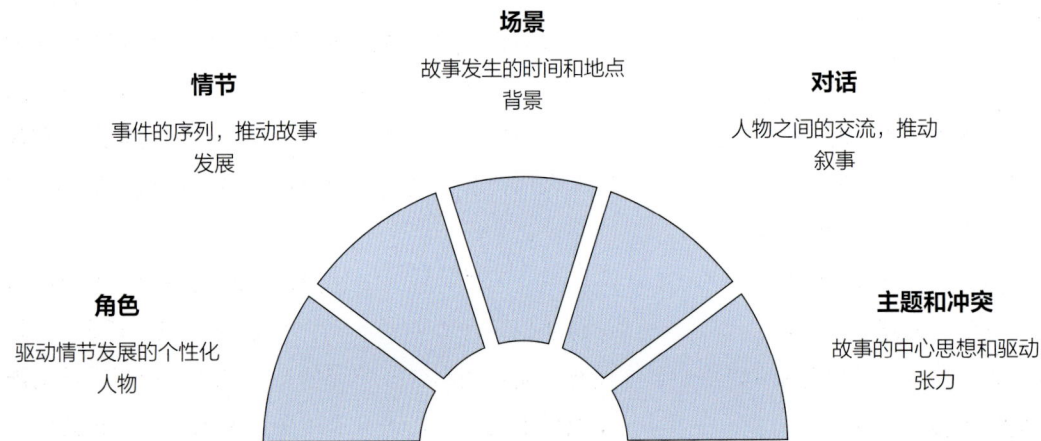

场景
故事发生的时间和地点背景

情节
事件的序列，推动故事发展

对话
人物之间的交流，推动叙事

角色
驱动情节发展的个性化人物

主题和冲突
故事的中心思想和驱动张力

图6-1 剧本要素

从文字到戏剧文本
将书面文字转变为戏剧文本

戏剧的诞生
通过表演艺术引入戏剧

口头传说与寓言
通过口头传统和寓言传递故事

岩画与符号
早期人类用图像和符号讲述故事

图6-2 剧本的发展演变

它们可能传递着特定的信息或情感，类似于讲述一个故事。这些图像可以看作是最早的"剧本"，虽然它们没有文字和语言，但通过视觉符号传达了生存、信仰和文化。

2. 口头传说与寓言

随着社会的进步，人类逐渐发展出了口头传说，开始用语言来传递故事。这些故事常常是关于人类起源、自然现象的解释，或是道德和生活智慧的总结。寓言、神话和传说成为剧本发展的早期形式。寓言通过简单的动物角色或虚构故事传递道理；神话探讨了人类和神灵的关系，揭示了人类对生命、死亡和自然力量的理解；传说则结合了历史事件与超自然元素，成为口口相传的文化载体。

3. 戏剧

随着人类文明的发展，特别是在古希腊时期，戏剧作为一种艺术形式逐渐诞生。最初的戏剧是在宗教仪式中通过舞蹈、歌唱和对话来表达故事，这为后来的戏剧形式奠定了基础。亚里士多德在《诗学》中对戏剧的结构进行了阐述，提出了戏剧的"开端、中间和结尾"三段式结构。这一结构的引入使得故事表达更加有序和复杂，也成为后来的剧本创作的核心框架。

4. 从文字到戏剧文本

随着文字的发明，人类的故事开始逐渐以书面形式存在。这为剧本的创作提供了更多的可能性。尤其是在古罗马和中世纪，戏剧文本的出现使得剧本创作变得更加规范化，演员和导演可以根据这些文本进行表演。文字不仅让故事得以保存，也使得剧本创作有了更高的艺术水准。

5. 游戏剧本的发展

游戏剧本的发展经历了多个阶段，从简单的文本叙事到复杂的互动叙事系统，其演变反映了游戏技术、玩家需求以及叙事形式的不断进步。以下是游戏剧本发展的几个关键阶段，如图6-3所示。

（1）早期文字冒险游戏。在早期的游戏中，剧本通常是简单的文字叙述，玩家通过输入指令与游戏进行互动。游戏剧本的核心是文字描述和情节线性发展。例如，经典的《Zork》系列游戏，玩家通过键入指令与游戏环境互动，尽管这些游戏没有复杂的图像和声音，但其剧情设定和角色对白依然构成了游戏的叙事核心。

（2）图像冒险与角色扮演游戏的兴起。随着技术的进步，图像冒险游戏和角色扮演游戏（RPG）开始流行，剧本创作变得更加复杂。游戏的叙事不再局限于简单的文字，加入了更丰富的情节、人物设定和互

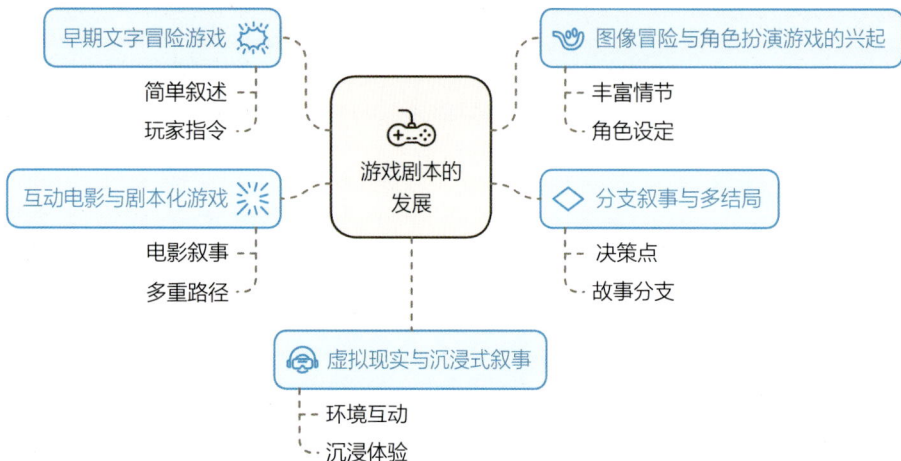

图6-3　游戏剧本发展

动对话系统。例如,《生化危机》和《最终幻想》系列,剧本通过引人入胜的情节推动,角色对话也成为游戏体验的重要组成部分,玩家的选择开始影响剧情走向。

（3）互动电影与剧本化游戏。随着技术的进一步发展,互动电影和剧本化游戏成为一个重要的趋势。例如,《底特律变人》等作品通过高质量的电影叙事与游戏互动结合,进一步模糊了电影和游戏的界限。这些游戏的剧本不仅涉及人物塑造和情节设计,还包括玩家选择的多重路径和结局,玩家的决策直接影响剧情的走向和角色关系。

（4）分支叙事与多结局。在2000年后,游戏剧本开始引入分支叙事系统,玩家的选择直接影响故事的进展和结局。游戏如《质量效应》系列、《上古卷轴》系列等,提供了多个决策点,玩家的选择不仅决定角色的命运,还可能改变整个游戏世界的走向。这种非线性的叙事方式增强了游戏的重玩性,并让玩家感受到更多的互动性和沉浸感。

（5）虚拟现实与沉浸式叙事。随着虚拟现实（VR）和增强现实（AR）技术的兴起,游戏剧本的互动性进入了一个全新的层次。游戏不再仅仅是通过屏幕与玩家进行互动,而是通过VR设备让玩家身临其境,完全沉浸在游戏的世界中。在这种环境下,剧本创作不仅要考虑情节和人物的深度,还要与环境互动、视觉效果、音效等因素紧密结合,提供更加个性化和身临其境的体验。

剧本的发展经历了从岩画符号、口头传说到文字形式的演进,随着技术的进步和叙事方式的创新,现代游戏剧本已经结合了互动元素,变得更加复杂和多样化。从传统的线性叙事到非线性的多结局系统,再到沉浸式的虚拟现实叙事,剧本的创作正在不断拓展边界,呈现出更加丰富和个性化的体验。

6.1.4　剧本创意与属性

1. 剧本创意

剧本创意（Creation）是剧本创作的核心,它涉及创作者在构思和创作剧本时所产生的独特思想、概念和构思。创意不仅决定了剧本的主题、情节、角色、结构与表现方式,它还承载着整个故事的生命力。通过创意,剧本从无到有,形成一个具有吸引力的故事世界,并通过人物和情节的互动,传递出深刻的情感与思想。成功的剧本创意能够打动观众,引发共鸣,并在视觉、情感和思想层面上产生深远影响。

（1）创意的核心:灵感与天赋。剧本创意的起点通常是灵感,或称为"天赋的创造力"。在罗伯特·麦基的观点中,"好故事"来源于天赋的创造力,这种创造力既是天生的,也是可以培养的[2]。灵感常常是在某种瞬间的启发或感知中出现的,它源自创作者对社会、人性、历史等的深刻理解与观察。

然而,灵感并不是孤立的,它往往建立在创作者的生活积淀之上。创作者需要通过日常生活中的细节、对社会现象的敏锐感知，以及对人类情感与行为的深入理解，激发灵感。这种创意的本质，是通过对世界的独到观察和感知，将人物、情节和事件的冲突、复杂性转化为可讲述的故事。正是这些来自灵感的细节和洞察，构成了剧本创意的核心内容。

（2）创意的来源：生活与艺术的积淀。剧本创意的来源不仅仅是偶然的闪现，它更是创作者生活积累和艺术经验的结晶。创作者需要有丰富的生活积淀，才能在创作中捕捉到细腻的情感和复杂的人物关系。此外，艺术的积淀——包括对历史、文化、哲学等领域的知识储备——为创作提供了更广阔的视野和更深刻的洞察。

这种多层次的积淀为剧本创作提供了广阔的资源和灵感源泉。创作者通过对社会、文化和人类情感的细致观察，将这些元素融入故事之中，从而赋予剧本以深度与广度，使其在情感和思想层面上触动观众。一个富有创意的剧本往往能够在展示人物冲突和社会矛盾的同时，唤起观众对更大主题的思考与反思。

（3）创意的结合：现实与虚构的融合。剧本创意不仅仅是对现实世界的反映，它还需要将虚构元素与现实相结合，创造出独特的故事世界。这一创作过程要求剧作者能够在现实与想象之间找到平衡，既不失去现实感，又能够通过虚构的设定展现出更为丰富的情感体验和思想表达。

通过将现实生活的观察与个人的艺术创意相结合，剧作者能够创造出既真实又富有幻想的剧本世界。这种创意的融合能够赋予故事深刻的层次感，使得剧本既具备社会意义，又能在情感上产生强烈的共鸣。

（4）创意的挑战：从直觉到理性。剧本创意的过程中，创作者不仅需要依赖直觉和灵感的引导，还要在理性分析和结构规划上付出更多的努力。最初，剧作者的创意可能充满直觉的闪现和情感的冲动，但随着创作的深入，创作者需要将这种直觉转化为更为严密的情节结构和人物关系。

创意的挑战在于如何将这些散乱的灵感和观察，经过反复的推敲和整理，形成一个有机的、结构合理的故事。剧本创作不仅是情感的表达，更是对逻辑和结构的

考验，创作者需要在理性和感性之间找到恰当的平衡，以确保故事既具备情感张力，又有内在的逻辑性。

（5）创意的未来：多样性与创新。随着时代的发展，剧本创作的形式和表现方式不断发生变化。尤其在数字媒体和互动技术的影响下，剧本创意的边界越来越宽广。从传统的戏剧文本到电影、电视剧，甚至是互动剧本，创作方式和观众的互动形式不断创新。

在这种多样化的创作环境中，剧本创作者需要不断创新，敢于打破常规，探索新的叙事方式和表达手段。数字技术的迅速发展也为创意提供了新的空间，创作者可以利用虚拟现实、增强现实等技术手段，开创出更为多元和富有创意的作品形式。

剧本创意是剧作的灵魂，它决定了故事的方向和深度。创意不仅仅是灵感的瞬间闪现，它是创作者通过对社会、人性、历史和艺术的深刻洞察，结合个人经验和观察，构建出的独特故事世界。一个成功的剧本创意能够打动人心，引发思考，并在情感和思想层面上与观众产生深刻的共鸣。通过不断积累和创新，剧本创作的创意将永远充满无限可能。

2. 剧本创意属性

在剧本创作中，创意是作品的灵魂，它能够为作品赋予深度和魅力。一个好的剧本创意不仅是灵感的结晶，更是能够激发观众思考、情感共鸣和思想启迪的源泉。剧本创意的属性决定了作品的艺术价值、文化影响力以及市场表现。以下是剧本创意的四大核心属性，如图6-4所示。

（1）新颖性。新颖性是剧本创意最基本的属性之一，它要求创作者突破传统的框架，打破常规，创造出新的视角与方式。新颖的创意能够给观众带来耳目一新的体验，让他们感受到不曾见过的世界或情节。这种新颖性不仅仅局限于故事情节，还可以体现在人物设定、叙事手法、视觉效果和音效设计等方面。比如电影《阿凡达》通过创新的剧本和惊艳的视觉效果，展现了一个独特的外星世界，同时深入探讨了环保、文化冲突和道德抉择等主题，成功将新颖性与深刻的社会意义结合，吸引了全球观众。

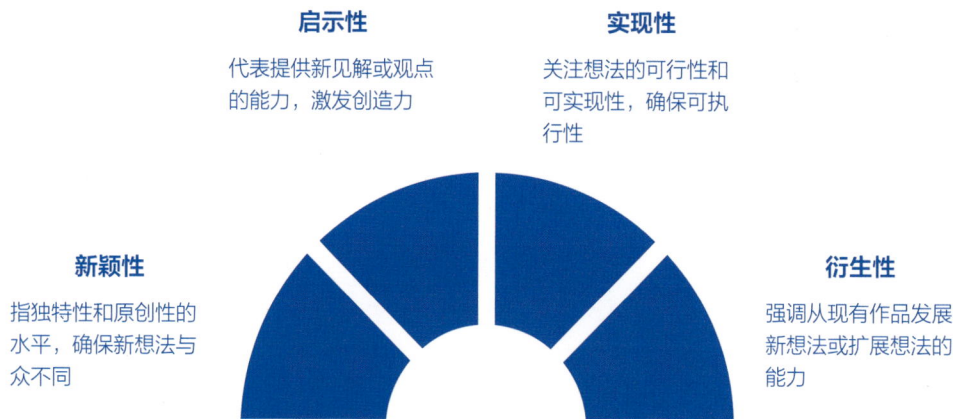

启示性
代表提供新见解或观点的能力，激发创造力

实现性
关注想法的可行性和可实现性，确保可执行性

新颖性
指独特性和原创性的水平，确保新想法与众不同

衍生性
强调从现有作品发展新想法或扩展想法的能力

图6-4　剧本创意属性

（2）启示性。一个好的创意应当不仅仅是视觉和情节的创新，更要能够激发观众的思考，带来深刻的启示。启示性不仅是表面上的奇思妙想，它要求创意具有内在的思想深度，能够引发人们对社会、人性、哲学等层面的思考。例如，《阿凡达》不仅提供了一个视觉震撼的科幻世界，还通过电影中的环保意识、文化尊重等主题，启发观众对于现实世界的深刻反思。启示性的创意能够引导观众思考更广泛的社会问题，甚至激发他们为改变现状而行动。

（3）实现性。剧本创意不仅要具备理论上的吸引力，还需要具备实际拍摄的可操作性。优秀的创意必须考虑到技术、预算以及社会背景的实际情况，确保创意可以通过具体的手段实现。在电影史上，许多初期的创意由于技术条件的限制未能得以呈现，但随着科技的进步和社会认知的变化，这些创意得以实现。例如，早期的科幻电影在特效技术上有限制，而今天的《阿凡达》等电影则通过尖端的视觉特效技术呈现出更加壮观和细腻的世界。创意的实现性依赖于当时的技术水平以及社会对于新概念的接受度，优秀的创意需要在这些条件下得以完美呈现。

（4）衍生性。衍生性是指一个剧本创意不仅要能够引起观众的兴趣，还应具有足够的深度和广度，能够衍生出更多的创意和作品。衍生性的创意具有持久的生命力和广泛的影响力，能够在不同的媒体、不同的文化背景下延伸并形成更大的艺术生态。例如，《星球大战》系列电影不仅仅影响了电影产业，还催生了大量的衍生作品，包括书籍、电视节目、漫画和电子游戏等。衍生性的创意能够带动更多的文化产业发展，也能够成为一种文化现象，影响一代人甚至多代人的价值观和审美。

一个成功的剧本创意不仅仅是灵感的闪现，它应该具备新颖性、启示性、实现性和衍生性等多重属性。通过这些属性的结合，创作者能够创造出既具有艺术深度，又能引发社会广泛讨论的作品。剧本创意不仅是故事的基础，它还能够推动电影和游戏等媒体形式的发展，引领潮流并影响观众的思想和情感。这些创意的力量，将永远推动影视和游戏艺术向前发展。

3. 剧本互动形式

在电影、电视、游戏等媒介中，互动元素的加入使得观众能够在一定程度上影响剧情的发展，或与剧情产生更深的联系。互动形式使得传统的剧本创作逐步转向更加多元的叙事方式，主要表现为以下几个方面，如图6-5所示。

（1）观众选择：在一些互动剧本中，观众可以通过选择剧情的发展方向来影响故事的走向。例如，互动电

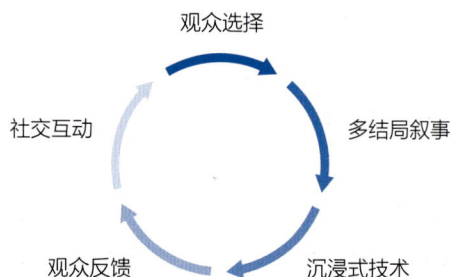

观众选择
社交互动
多结局叙事
观众反馈
沉浸式技术

图6-5　剧本互动形式

影或剧集如《黑镜：潘达斯奈基》提供了观众参与决策的机会，观众的选择将直接决定剧情的结局或角色的命运。这种互动方式打破了传统剧本的单一线性结构，使得每个观众的观影体验都具有独特性。

（2）多结局与分支叙事：互动剧本常常采用分支叙事的方式，多个可能的结局和情节路径给予观众选择的空间。这种形式不仅增强了观众的参与感，还让创作者能够探索故事的多样性和复杂性。例如，在电子游戏中，玩家的每一个选择可能都会影响角色的成长、任务的完成或世界的变化，从而让每个玩家的游戏体验都具有个性化。

（3）沉浸式技术：虚拟现实（VR）和增强现实（AR）技术的加入为剧本的互动形式提供了更多的可能性。在这些环境中，观众不仅仅是被动的接受者，还可以通过与环境的互动来推动剧情发展。通过身临其境的沉浸式体验，观众与故事中的人物和世界互动，进而创造出更具个性化和参与感的叙事体验。

（4）观众反馈与共创：互动剧本创作也逐渐融入了观众的反馈和共创元素。一些剧本创作平台允许观众参与到剧本的构建过程中，例如让观众投票决定某个情节的走向，或者让观众提交自己的创意和想法，从而参与到剧本的创作和发展中。这样，创作者与观众之间形成了一种互动与合作的关系，使得作品能够更加贴合观众的需求和期望。

（5）社交互动：在社交媒体和互动平台的环境中，剧本创作不仅仅是剧作者与观众之间的关系，也包括观众之间的互动。在这些平台上，观众可以分享自己的看法、评论剧情、猜测结局，甚至与其他观众共同讨论剧情发展。这种社交互动增强了观众对剧本的参与感和归属感，形成了共同创造的社区文化。

剧本的创意表达是通过语言、视觉、音乐等手段将创作者的思想、情感和故事情节呈现给观众的过程。而互动形式则通过观众的参与，使得剧本创作不再是单向的，而是变得更加开放和多元。从传统的故事讲述到现代的互动体验，剧本创意不断发展，突破了静态和单一的表现形式，带给观众更为丰富和个性化的文化体验。

6.1.5 题材价值

在剧本创作中，题材是作品的基础，它决定了故事的框架和内容的整体方向。题材不仅是创作灵感的起点，也是整个故事世界的构建基础。正如罗伯特·麦基所说："迈向好故事的第一步就是创造一个小小的、可知的世界。"这一世界的建立必须遵循内在的逻辑和法则，确保故事的发展和情节的合理性[1]。题材的选择关系到故事的整体架构，它为创意提供了具体的实现路径。每个剧本的主题和情节，都源于某种类型的题材，而这一题材不仅要符合创作的艺术构思，还要能够吸引目标观众群体。无论是历史、科幻、犯罪、爱情还是家庭剧，题材的确定往往直接影响到剧本的成败。

1. 题材的分类

在剧本创作中，题材的分类为创作者提供了清晰的思路与框架，帮助明确作品的主题与表现形式。根据题材的覆盖范围与具体程度，可以将其分为广义题材和狭义题材两种类型。如图6-6所示。

（1）广义的题材：指的是影视作品所涉及的广泛生活领域，如历史题材、现实生活题材、科幻题材等。这类题材为剧本创作提供了广阔的世界观和多样的叙事空间。例如，《权力的游戏》通过构建一个虚拟的中世纪世界，探索了权力斗争与政治阴谋；而《阿凡达》则通过科幻题材展示了一个丰富的外星生态系统。

（2）狭义的题材：指的是具体的故事事件或生活现象，是创作者从大量素材中精炼提炼出的基本内容。这类题材通常更为具体，编剧会根据整体构思对素材进行挑选和加工。比如，《十二怒汉》以司法审判与人性为题材，探讨了陪审员的集体决策过程，而《第二十条》则聚焦于正当防卫的法律议题，展现了当代社会的法律与伦理冲突。

狭义题材
专注于具体事件或现象的具体类别

广义题材
涉及广泛生活领域的广泛类别

图6-6 题材分类

2．题材价值与作品吸引力

剧本题材的选择是作品成功的关键之一。一个清晰、富有价值、符合市场需求的题材能够为剧本创作奠定坚实的基础，同时为观众带来深刻的情感体验和思想启迪。在选择题材时，创作者需要充分考虑其独特性、社会意义、市场需求和审美趣味的多维度需求，从而创造出既具艺术价值又能引发社会思考的作品。如图6-7所示。

（1）题材的鲜明性。

题材的鲜明性在影视作品中至关重要，它为观众提供了明确的选择指引，帮助他们快速识别电影或剧集的主题方向。不同的观众有各自的兴趣爱好，因此，题材的选择和呈现直接影响到观众的观看决定。许多观众通过对题材的了解，便能大致预判影片的内容和情感走向，从而做出是否观看的判断。优秀的电影作品之所以能够赢得观众的喜爱，往往归功于创作者在题材选择上的深刻洞察与综合把握。

在很多成功的作品中，创作者能够在保持题材集中性的同时，将两种甚至多种题材元素巧妙地融合在一起。这种跨题材的结合不仅丰富了故事层次，还极大地增强了情节的吸引力，使影片更具观赏性。例如，《泰坦尼克号》不仅是一部爱情片，它巧妙地融合了历史题材与爱情故事。影片讲述了发生在泰坦尼克号上的一段跨越阶级的浪漫悲剧，并将其与历史上真实的泰坦尼克号灾难紧密结合。这种历史与爱情的交织，不仅加强了影片的情感深度，还引发了观众对历史事件的思考，调

动了观众的情感共鸣。

此外，许多作品通过将多个题材巧妙融合，创造了更加丰富和多层次的故事。例如，许多动作片、科幻片或冒险片，往往不仅仅局限于单一的题材，它们可能同时涉及社会、家庭、爱情、英雄主义等多个层面，从而拓宽了观众的情感体验和思考维度。这种题材的融合，不仅让作品的内容更为丰富，也让观众能够在观看中体验到不同类型题材交织带来的冲击和震撼。

题材的选择和呈现对于作品的吸引力至关重要。鲜明且多元的题材能够帮助观众快速识别影片的主题内容，并为他们提供丰富的情感体验。创作者如果能够巧妙地将多个题材有机结合，就能在保证作品主题清晰的同时，提升作品的深度和层次，使故事更加引人入胜，最终赢得广泛的观众喜爱和认可。

（2）题材的社会意义。

题材不仅要吸引观众，还要具有一定的社会价值。优秀的题材往往能够与时代背景相呼应，反映社会现象、文化潮流，以及人类的情感共通性。比如，《阿凡达》通过探讨环保与人类与自然的关系，传递了深刻的生态保护意识，既符合全球性环保的价值观，又具备强烈的时代意义。题材的价值还体现在其能够推动社会思考。例如，《满江红》通过讲述小人物的英雄事迹，成功迎合了当代社会对"正义与担当"的价值认同。正如《阿凡达》或《长安三万里》等作品，不仅具备情感上的共鸣，还能引发观众对社会、文化、历史等多方面的深刻思考。

（3）题材的审美趣味与市场需求。

在作品的创作过程中，剧本题材的选择不仅需要兼顾艺术性和思想性，还必须充分考虑观众的审美趣味和市场需求。每个时代的观众在情感诉求上都有不同的侧重点，因此，创作者需要深入了解目标观众的心理需求，并根据市场反馈及时调整创作方向。

现代作品越来越注重题材的创新性与独特性，以避免内容单一化和过于陈旧的表现形式。同时，观众的审美趣味也表现出趋同性和特殊性，随着互联网的普及，观众群体变得更加多样化，审美趋势也发生了迅速变化。例如，近年来，短视频平台的兴起带动了"快消

题材鲜明性
使主题易于识别
和选择

多元化与创新性
鼓励跨越传统界限
的实验

社会意义
反映社会价值和
文化现象

跨越性与持久性
具有超越时代的
吸引力

审美与市场需求
平衡艺术性与观众偏好

图6-7　题材价值

型"内容的热潮，观众倾向于接受简洁、直观，并且能够迅速引发情感冲击的作品。因此，影视创作者需要在题材和内容上做出相应调整，以适应这种快速变化的需求。

此外，随着社会和文化背景的变化，观众的情感需求也在不断变化。例如，在疫情期间，许多影视作品将焦点转向家庭亲情、个人成长和团结协作等主题，这种转变不仅响应了特殊时期的社会背景，也切合了观众的情感需求。创作者通过题材的调整，能够与时代共鸣，增强作品的情感共振。而《塞尔达传说：荒野之息》作为一款创新力十足的游戏，通过开放世界的设计和高度自由度的呈现，吸引了大量玩家的关注。这款游戏的题材多样性和对玩家需求的精准把握，展示了现代创作对市场需求的良好适应性。无论是在电影、电视剧还是其他娱乐作品中，创作者必须确保题材能够契合当前市场趋势，满足观众对新鲜感、深度与多样化的追求。

（4）题材的多元化与创新性。

近年来，越来越多的作品尝试打破传统的题材界限，融合不同领域的元素，创造出更加多元化的故事内容。比如《仙剑奇侠传》不仅是一部奇幻爱情剧，更是一部融合仙侠冒险、爱情纠葛、成长历险与家国情怀的经典作品。其丰富的情节与深刻的人物塑造，使其从最初的同名游戏成功改编为广受欢迎的电视剧，成为影视与游戏跨界融合的典范之作。《阿凡达》则不仅是科幻影片，它融合了生态学、哲学、人类学等多重元素，提供了丰富的思想内涵和艺术表达。因此，剧本创作中的题材选择不仅要符合时代的需求，还要具有足够的创新性和多元性，能够在满足观众需求的同时，提供一种全新的思维和感受。

（5）题材的跨越性与持久性。

一个具有长期吸引力的题材不仅能够满足当下观众的需求，还应该具备跨越时代的潜力。这种跨越性体现在题材能够启发后续的创作，形成持续的文化影响力。例如，《盗梦空间》通过探讨梦境与现实之间的关系，不仅开启了心理学和科幻的讨论空间，还影响了多个领域的影视创作和游戏设计。

6.2　元宇宙游戏交互设计

游戏作为一种独特的艺术形式，其核心特质在于"交互性"。"交互性"是连接玩家与虚拟世界的重要桥梁，直接决定了游戏体验的流畅性、沉浸感以及玩家对虚拟世界的控制程度。这种特性使玩家不再是被动的观众，而是游戏世界中的积极参与者，他们的每个行为都可能对游戏的进程和结局产生影响。相比传统的电影和电视剧，游戏需要在叙事和交互之间找到微妙的平衡，既能让玩家享受到丰富的故事内容，又不牺牲游戏体验的自由度和互动性。

6.2.1　游戏交互的定义与核心要素

游戏交互是玩家与虚拟世界之间的桥梁，是游戏体验的核心环节。通过输入设备（如手柄、键盘、鼠标或触摸屏），玩家的操作会被映射到虚拟世界中，触发对应的反馈与反应，从而完成信息的交换与互动。交互设计的优劣直接影响玩家的沉浸感和游戏体验。优秀的交互设计需要满足以下核心要素，如图6-8所示。

1. 即时反馈

玩家的每次操作都应该迅速在游戏中得到明确的反馈，这种反馈可以是视觉效果（如屏幕闪光）、声音提示（如按钮点击声）或触觉震动（如手柄震动）。即时

即时反馈
通过视觉、声音和触觉提示增强玩家的控制感和满意度

流畅性
直观和简化的控制使玩家轻松上手和享受游戏

沉浸感
通过动态元素和叙事将玩家深深融入游戏世界

灵活性
允许多样化的探索和玩法，满足不同的玩家偏好

图6-8　游戏交互要素

反馈能够增强玩家的控制感，让他们感受到操作的价值与意义。比如，在射击游戏中，玩家开枪后，目标被击中时会有血液飞溅的动画、震动反馈以及敌人的反应动作，这些都属于即时反馈。

2. 流畅性

操作过程应符合玩家的直觉，设计应简洁高效，避免繁琐或复杂的交互步骤。优秀的流畅性设计能够让玩家轻松掌握游戏操作，而不需要反复学习或记忆。比如，《超级马里奥》系列，通过简单的跳跃和方向操作即可完成大部分游戏内容，降低了玩家上手的门槛。

3. 沉浸感

交互方式需要与游戏的世界观、叙事背景紧密结合，使玩家在操作的同时感受到身临其境的氛围。沉浸感设计可以通过动态场景、音效匹配和角色行为来实现。比如，在开放世界游戏《荒野大镖客2》中，骑马的操控手感、场景的动态天气以及NPC的自然互动，增强了玩家的沉浸感。

4. 灵活性

提供多种交互路径，允许玩家在规则范围内自由探索和尝试。灵活性设计可以满足不同类型玩家的需求，从而增强游戏的可玩性和重玩价值。比如《塞尔达传说：旷野之息》中，玩家可以通过攀爬、飞行或游泳等多种方式到达目标地点，充分体现游戏的自由度。

游戏交互设计不仅是技术实现的过程，更是为玩家构建一个充满可能性的虚拟世界的艺术。即时反馈提供操作的价值感，流畅性降低了学习门槛，沉浸感让玩家忘记现实，灵活性则赋予了探索的自由。通过平衡这些核心要素，设计师可以创造出让玩家沉浸其中并乐于反复体验的游戏世界。

6.2.2 交互性与故事性的结合

传统的电影和电视剧以线性叙事为核心，观众只能按照创作者设计的顺序体验故事。这种体验具有高度的可控性和一致性，但观众的角色相对被动，无法对情节产生实际影响。而游戏则完全不同，其独特之处在于玩家通过行为和选择直接塑造故事发展，形成交互式叙事模式。

1. 非线性叙事-以玩家行为为核心推动故事进程

游戏叙事的核心在于非线性逻辑。设计者需要考虑玩家可能采取的各种行为，并为每种行为设计合理的情节分支，从而使玩家感受到自己的选择对游戏世界的意义。例如，在许多RPG（角色扮演游戏）中，玩家的决策可能导致完全不同的结局或影响关键角色的命运。这种灵活性使游戏叙事相比传统叙事更加丰富多样。

比如经典RPG游戏《仙剑奇侠传》是交互叙事的典范。游戏的核心故事围绕主角李逍遥的成长与冒险展开，情节充满情感张力，讲述了爱与责任、成长与牺牲的动人故事。然而，《仙剑奇侠传》的成功不仅依赖于精妙的故事设计，更得益于其交互设计为玩家提供了深度的沉浸感和参与感。

玩家在游戏中不仅可以通过探索丰富的地图、与NPC（非玩家角色）互动来获取线索，还能够根据自己的判断选择对话和行动，这些选择直接影响了剧情的走向。例如，玩家在游戏中的一些决策可能会决定某个角色的生死，甚至引导游戏进入截然不同的结局。这种由玩家推动的叙事模式，不仅让玩家对角色和情节有更深的代入感，也增强了游戏的重玩价值。

2. 交互性对故事性的提升作用

（1）角色代入感：通过交互，玩家不再只是旁观者，而是成为故事中的一员，他们的行为和情感可以直接与虚拟世界产生联结。例如，玩家在游戏中经历角色的成长和抉择时，往往会形成强烈的共鸣，增强了故事的情感表现力。

（2）探索与发现：交互设计为玩家提供了探索的自由，使他们可以主动发现隐藏的情节或秘密。这种设计不仅丰富了故事的层次感，也满足了玩家的好奇心，提升了游戏体验的趣味性。

（3）多结局设计：通过交互，游戏可以实现多样化的故事呈现。例如，玩家的不同选择可能导致剧情走向完全不同的方向，从而提升叙事的复杂性和吸引力。

在许多角色扮演游戏（RPG）中，玩家与非玩家角色（NPC）的对话不仅揭示背景故事，还影响后续事件的发展。玩家需要根据自己的理解和判断做出选择，这些选择可能会触发隐藏任务、改变角色关系，甚至决定结局走向。交互让故事的推进变得动态化和个性化，让每位玩家都能体验到专属的叙事过程。

6.2.3　交互性与游戏设计的关系

1. 玩家行为的自由

游戏设计师需要为玩家提供足够的自由度，允许他们探索不同的选择路径。例如，《塞尔达传说：荒野之息》通过开放世界的设计让玩家能够自由决定冒险的顺序、方式以及节奏，从而创造出独特的游戏体验。游戏中的每个行为都可能带来不同的结果，这种自由度大大提升了玩家的沉浸感。

2. 交互性对叙事的影响

在强调交互性的同时，故事的完整性和连贯性也需要得到保障。例如，《半条命》的设计中通过无缝衔接的场景和复杂的故事情节，将叙事与玩家行为完美融合。尽管玩家拥有一定的选择权，但整体叙事仍然沿着预设轨道推进，从而确保游戏情节的戏剧性和情感张力。

3. 非线性叙事的挑战

非线性叙事要求设计师预见玩家可能做出的所有选择，并为每个选择设定相应的反馈。这不仅增加了开发周期和难度，还需要大量的测试和调试工作。例如，在情节复杂的游戏中，玩家的选择可能会引发意想不到的BUG或逻辑矛盾，因此开发团队需要反复调整以确保体验的连贯性。

6.2.4　故事剧本在游戏中的优缺点

故事剧本在游戏中的应用是游戏设计中至关重要的一部分，它不仅是玩家体验游戏世界的桥梁，更是构建游戏叙事核心的关键要素。与传统媒体相比，电子游戏具有独特的交互性，这使得游戏的故事叙述不再仅仅依赖于预设的情节发展，而是允许玩家在过程中做出选择，从而影响剧情走向。这种互动性和沉浸感的结合，赋予了游戏叙事一种独特的表现形式。

然而，尽管故事剧本在提升游戏体验、增强情感共鸣、增加重玩价值等方面具有显著优势，它也面临着一些挑战。如何平衡线性叙事与玩家自由选择之间的关系、如何确保复杂剧本的开发成本不至于过高，以及如何应对剧本与交互性之间可能的冲突，都是开发者在设计游戏剧本时必须考虑的问题。因此，了解故事剧本在游戏中的优缺点，对于开发者和玩家而言，都是十分重要的。如表6-1所示。

表6-1　故事剧本在游戏中的优缺点

优点		缺点	
强化叙事逻辑	精心编写的剧本能够提供清晰且富有层次的故事框架，引导玩家逐步揭示游戏的核心主题和情节	可能限制自由度	过于线性的剧本设计可能束缚玩家的行为，让玩家感到被动或受限
增强情感共鸣	通过角色塑造和情节设计，剧本可以让玩家对虚拟角色和世界产生深刻情感，从而提高沉浸感	开发成本高	编写复杂的剧本需要更多资源投入，特别是在多结局和非线性叙事的情况下
支持多分支设计	优秀的剧本能够通过分支叙事和多结局设计，赋予玩家多样化的选择体验，提升游戏的重玩价值	叙事与交互冲突	在交互性较高的游戏中，如何让剧本与玩家自由行为相适应是一大挑战，可能导致情节断裂或不连贯

比如,《最后生还者》通过电影化的叙事剧本和高自由度的互动设计,在故事推进与玩家参与之间找到了完美的平衡。游戏中的剧情紧密且富有情感,玩家通过角色间的互动和剧情进展逐步揭示故事的深层次主题,同时享有一定的自由度来影响角色命运。这种深度的叙事设计,使游戏成为一部沉浸式的互动电影,获得了玩家和评论界的高度评价。

《底特律变人》是一款典型的多分支叙事游戏,拥有丰富的对话分支和多结局设定。玩家的每个选择都会直接影响剧情的走向,游戏中的每个决策都充满了权衡与后果。通过这种高度互动的叙事方式,游戏展现了玩家选择的真正意义,强调了每个决定如何塑造角色命运以及整个世界的演变。这种设计不仅提升了游戏的沉浸感,还彰显了互动叙事的独特魅力,玩家每次体验都会发现不同的故事层面。通过这些案例,我们可以看到故事剧本在游戏中的深刻影响,不仅提升了游戏的叙事性和情感层次,还增加了玩家的参与感和重玩价值。然而,在设计过程中,如何平衡自由度与剧情深度,以及如何应对高成本和叙事冲突的挑战,仍然是开发者需要深入思考的问题。

综上所述,游戏交互设计不仅是技术与艺术的结合,也是玩家体验设计的核心。通过优化交互方式,增强玩家在游戏世界中的沉浸感与控制感,设计师能够创造出既富有挑战性又令人愉悦的游戏体验。在未来,交互技术的进步与叙事艺术的融合将进一步拓展游戏的边界,为玩家带来更加丰富多彩的虚拟世界探索旅程。游戏作为一种独特的艺术形式,其核心特质在于"交互性"。这种特性使玩家不再是被动的观众,而是游戏世界中的积极参与者,他们的每个行为都可能对游戏的进程和结局产生影响。相比传统的电影和电视剧,游戏需要在叙事和交互之间找到微妙的平衡,既能让玩家享受到丰富的故事内容,又不牺牲游戏体验的自由度和互动性。

6.2.5　游戏剧本创作的核心框架与模板设计

游戏剧本是构建游戏故事、角色和世界的核心框架。它不仅为游戏的叙事提供了清晰的方向,还决定了玩家的互动体验以及游戏的沉浸感。通过精心设计的剧本,玩家能够在虚拟世界中探索、决策,进而影响剧情发展,创造独特的游戏体验。一个优秀的游戏剧本不仅需要具备复杂的剧情结构、丰富的角色塑造,还要灵活地应对玩家选择的多样性,确保故事能够在自由度与引导性之间找到平衡。

为帮助开发者和剧本创作者更好地组织和规划游戏剧情,我们提供了一个详细的剧本模板,该模板涵盖了从基本信息、角色设计,到任务结构和分支叙事等各个方面。通过使用此模板,创作者可以清晰地整理游戏中的每个细节,并系统化地管理剧本的各个部分。这不仅有助于确保游戏故事的连贯性和深度,还能提升创作效率。通过这一模板,剧本创作者能够更有效地设计游戏情节和对话系统,进而为玩家提供丰富、动态且个性化的互动叙事体验。

剧本模板

6.3　元宇宙创作与构建技术

随着数字化技术的发展,元宇宙作为一个虚拟与现实融合的数字空间,正在逐步改变我们的生活和工作方式。在元宇宙的构建过程中,三维建模、虚拟场景搭建、图像视频处理以及数字绘画等技术,成为了实现这一虚拟世界的核心组成部分。对于学习元宇宙创作的受众而言,掌握相关的关键技术和软件工具是进入这一领域的第一步。

6.3.1　元宇宙构建的关键技术

元宇宙的构建并非一蹴而就,它涉及多个技术领域的深度融合,依赖于许多前沿技术的共同推动。元宇宙不仅仅是一个虚拟世界的简单集合,而是一个动态、互动、沉浸式的数字环境。为了实现这一目标,多个领域的技术必须无缝衔接,从基础设施到用户体验,都是复杂的系统工程。以下是几个关键技术,它们在元宇宙的实现过程中起到了至关重要的作用,如图6-9所示。

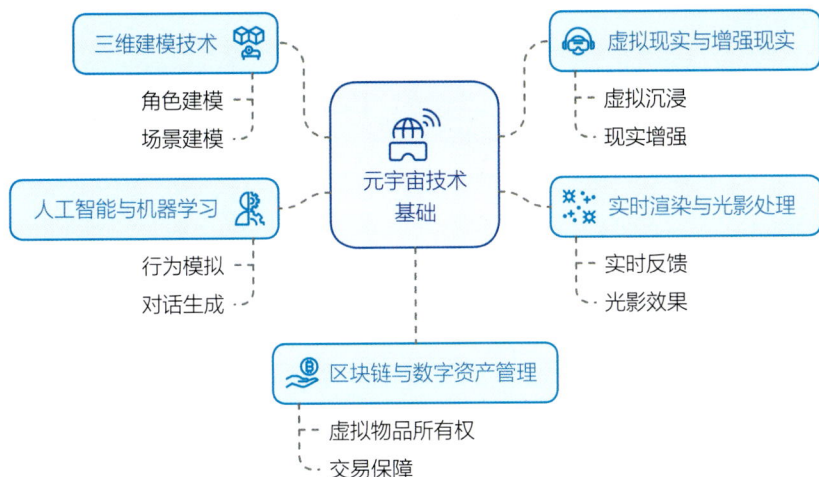

图6-9　元宇宙关键技术

1. 三维建模技术

三维建模是元宇宙中最基础的构建技术之一，所有虚拟世界中的角色、场景、物体等都需要通过三维建模技术来实现。三维建模技术不仅仅局限于建造物体的外形，更包括细节的雕刻、纹理的制作和灯光的调整等多个方面。

2. 虚拟现实与增强现实

虚拟现实（VR）和增强现实（AR）是构建元宇宙沉浸感的重要技术。VR通过头显设备让用户全身沉浸在虚拟世界中，而AR则是将虚拟元素叠加在现实世界中，增强用户的感知体验。两者结合，可以提供更加丰富和多元化的互动体验。

3. 实时渲染与光影处理

渲染技术决定了元宇宙中视觉效果的质量，尤其是实时渲染，它能保证用户在互动时获得即时反馈，创造出流畅且真实的虚拟环境。光影处理和环境光照也直接影响着视觉效果的真实性，如何在虚拟世界中模拟现实世界的光影效果，是实现沉浸式体验的关键。

4. 人工智能与机器学习

在元宇宙中，人工智能（AI）技术主要用于角色行为、对话生成、场景互动等方面。例如，AI可以根据玩家的选择实时调整剧情走向，或为虚拟角色提供更智能的反应，使得玩家的互动更加自然和多元。

5. 区块链与数字资产管理

区块链技术在元宇宙中的应用越来越广泛，尤其在数字资产的管理方面。区块链为虚拟物品的所有权和交易提供了去中心化和透明的保证，这为用户在元宇宙中创造和交易虚拟物品提供了保障。

6.3.2　常用的元宇宙创作软件

1. 游戏引擎工具

游戏引擎是一种用于开发虚拟环境和交互式体验的专业软件框架。它为开发者提供了基础工具，支持创建、管理和优化游戏内容，广泛应用于电子游戏、虚拟现实（VR）、增强现实（AR）以及影视制作等领域。游戏引擎的核心功能主要包括以下几个部分，如图6-10所示。

（1）图形渲染：提供2D和3D渲染能力，实现真实的光影效果、材质表现和场景构建。

（2）物理引擎：模拟真实物理现象，如重力、碰撞和流体动力学。

（3）动画系统：支持角色骨骼动画、面部表情动画和动态视觉特效。

（4）音效引擎：管理环境音效、背景音乐及交互音效的制作与输出。

（5）人工智能：通过路径规划和行为树等技术实现非玩家角色（NPC）的智能化行为。

游戏引擎功能

动画系统
支持角色和特效的骨骼
和面部动画

物理引擎
模拟现实世界中的
物理现象

音效引擎
管理环境音效、背景音乐
和交互音效

图形渲染
实现真实的2D和3D视觉
效果和场景构建

人工智能
通过路径规划和行为树
实现智能NPC行为

图6-10　游戏引擎主要功能

2. 游戏引擎的发展历程

游戏引擎是驱动数字交互体验的重要技术框架，其发展历程映射了游戏产业从简单娱乐到复杂虚拟世界的蜕变。从早期的基础渲染工具到集成物理模拟、人工智能和跨平台支持的现代引擎，游戏引擎在功能与性能上不断突破，为开发者提供了无限可能的创作空间。如图6-11所示。

早期突破与id Software的贡献1992年，id Software发布了《德军总部3D》（Wolfenstein 3D），以伪3D技术模拟了第一人称视角体验。1993年的《毁灭战士》（DOOM）奠定了现代游戏引擎的技术基础，而1996年的《雷神之锤》（Quake）首次实现了真正的3D渲染，同时引入动态光照和立体声技术，为游戏引擎的发展树立了重要里程碑。id Software的技术总监约翰·卡马克（John Carmack）是公认的游戏引擎技术先驱。他的开源代码策略极大地推动了行业的进步和创新。

虚幻引擎的崛起在1998年，Epic Games推出了虚幻引擎（Unreal Engine），整合了图形渲染、物理模拟、动画系统和音效处理等多种功能模块。在持续迭代中，虚幻引擎加入了实时光线追踪和元宇宙开发功能，成为行业标杆。

2005年Unity引擎得到了广泛应用，Unity引擎问世，以其简洁直观的开发环境和强大的跨平台能力迅速流行。Unity支持从移动设备到虚拟现实的多种平台，极大地降低了小型团队和独立开发者的开发门槛。

CryTek公司开发的CryENGINE以其卓越的画质和动态光影效果著称。例如，《孤岛危机》（Crysis）系列以高环境细节和复杂物理互动闻名，成为衡量硬件性能的基准。

除了虚幻引擎、Unity引擎和CryENGINE，其他知名的游戏引擎同样在特定领域展现了卓越的技术实力。例如，EA开发的寒霜引擎（Frostbite Engine）因其在大规模多人游戏中的出色表现被广泛用于《战地》系列游戏。Rockstar Games推出的RAGE引擎则以支持超大规模开放世界和动态天气系统而闻名，为《侠盗猎车手》（GTA）系列提供了技术支撑。起源引擎（Source Engine）凭借丰富的人物表情动画和真实的物理互动赢得了开发者的青睐，在叙事驱动型游戏中大放异彩。

此外，网页引擎如Three.js和Babylon.js利用WebGL

游戏引擎的演变：从1992年到未来

1992 id Software发布《德军总部3D》

1993 《毁灭战士》的发布，确立现代游戏引擎标准

1996 《雷神之锤》引入真正的3D渲染和动态光照

1998 Epic Games推出虚幻引擎

2005 Unity引擎发布，推动跨平台开发的普及

图6-11　游戏引擎的演变

技术，使得在浏览器中实现3D图形渲染成为可能。虽然这些引擎的功能相较于传统游戏引擎稍显有限，但其高性能和广泛可用性在轻量化交互应用中发挥了重要作用。这些多样化的技术选择为开发者提供了灵活的工具，也共同推动了游戏技术的全方位发展。

综上所述，未来的游戏引擎将进一步融合虚拟现实、人工智能和云计算技术，为用户带来更沉浸、更智能的体验。虚幻引擎的元宇宙开发功能、Unity引擎的实时协作能力，以及CryENGINE在影视制作中的应用，都预示着游戏引擎技术的广泛应用前景。

3. 常用创作软件

要实现元宇宙的构建，选择合适的软件工具至关重要。以下是几款在元宇宙创作中广泛应用的关键软件。如图6-12所示。

（1）互动与用户体验设计。Unity作为一种多功能游戏引擎，它不仅支持3D建模、动画制作，还能用来构建互动体验。它有广泛的支持和库，可以帮助创作者在元宇宙中构建复杂的交互式世界。

（2）三维建模与动画软件。3ds Max，作为一款经典的三维建模和动画软件，3ds Max适用于角色建模、场景搭建和动画制作等多个方面。它强大的建模工具和精细的渲染效果，使其成为许多专业工作室的首选工具。3ds Max在游戏、影视、建筑等行业有广泛的应用。

Maya是另一款广受欢迎的三维建模和动画软件，特别擅长角色建模和动画制作。它的多功能性使得复杂的建模和动画操作更加灵活，是许多动画师和建模师的必备工具。

Blender是一款开源免费的三维建模软件，它的功能已不亚于收费软件，且界面灵活、操作简便。Blender的最大优势在于它支持视口渲染，允许用户实时查看渲染效果，这对于初学者有很大的帮助。同时，Blender拥有庞大的社区，用户可以方便地获得学习资源和技术支持。

Cinema4D在电商和短视频制作中发挥了重要作用，尤其适合没有三维基础的用户。它的操作界面直观、易于上手，适合初学者进行三维建模和动画创作。然而，如果作品用于商业用途，需要购买正版软件以避免法律风险。

（3）数字绘画。数字绘画是元宇宙创作中的重要技术，主要用于前期的角色立绘、场景设计等。无论是使用PC端的SAI还是平板端的Procreate，数字绘画都能帮助创作者快速表达创意，并进行细节调整。

（4）图像处理软件。Photoshop（PS）是图形设计和图像处理的行业标准软件。在元宇宙创作中，Photoshop常用于纹理绘制、角色设计和场景概念艺术的制作。通过PS，设计师可以绘制高质量的2D图形，为三维模型添加精细的纹理和细节。

（5）影视后期制作。After Effects（AE）是视频后期制作与特效合成的强大工具。在构建元宇宙时，AE可以帮助用户制作虚拟世界中的动态效果和视觉特效，如虚拟场景的动效、粒子效果、角色动画等，提升整体的视觉表现力。

元宇宙的构建是一个多学科交叉的复杂过程，涉及三维建模、图像处理、动画制作、虚拟现实等多个技术领域。在这一过程中，选择合适的软件工具并掌握它们的使用，将帮助学生更好地实现创意和构建虚拟世界。通过本章的学习，学生将获得实践经验，并能在未来的创作中将这些技术应用到元宇宙构建中，从而创造出更加丰富和多元化的数字体验。

互动设计
Unity用于开发互动体验

三维建模与动画
工具如3ds Max、Maya和Blender用于建模和动画

数字绘画
数字绘画工具用于角色和场景设计

图像处理
Photoshop用于纹理和概念艺术

影视后期制作
After Effects用于视觉特效和合成

图6-12 元宇宙创作常用软件

本章总结

本章节旨在引导学生理解剧本作为艺术形式的演变，涵盖剧本的定义、核心要素、发展历程及其创意特点。从传统的线性叙事到现代的互动剧本，剧本经历了从静态到动态、从被动到主动的转变，观众从观察者变为参与者。这一转变推动了剧本创作的革新，同时强调在游戏设计中，游戏引擎和元宇宙工具的引入大大扩展了剧本的创作空间。学生将通过分析剧本创意的独特属性，提升创新思维，探索剧本创作与新兴技术结合的前景，开拓创作手段和观众体验的边界。

课后作业

剧本创作与互动元素应用分析

要求：

（1）选择一部电影、电视剧或互动游戏剧本作为分析对象。例如，你可以选择电视剧《黑镜潘达斯奈基》或互动游戏《底特律变人》等。

（2）简要分析所选作品中的剧本创作，关注其核心要素，如情节设计、人物设定和对话构建。

（3）讨论互动元素如何融入作品中。以《黑镜潘达斯奈基》为例，分析该剧如何通过选择分支情节让观众成为故事的参与者，探索互动剧本如何改变传统剧本的线性结构。

（4）论述互动元素如何增强观众的参与感，并分析这一转变对传统剧本创作的影响。

思考拓展

你认为互动剧本可以为创作带来更多自由度以及为观众提供更加多元的体验吗？简要分析其原因。

第 7 章

元宇宙引擎工具——Unity实战应用

识读难度：★★★★☆

SHOPPING

GAME

COMMUNICATE

MEETING

EXERCISE

案例资源包+
工程文件

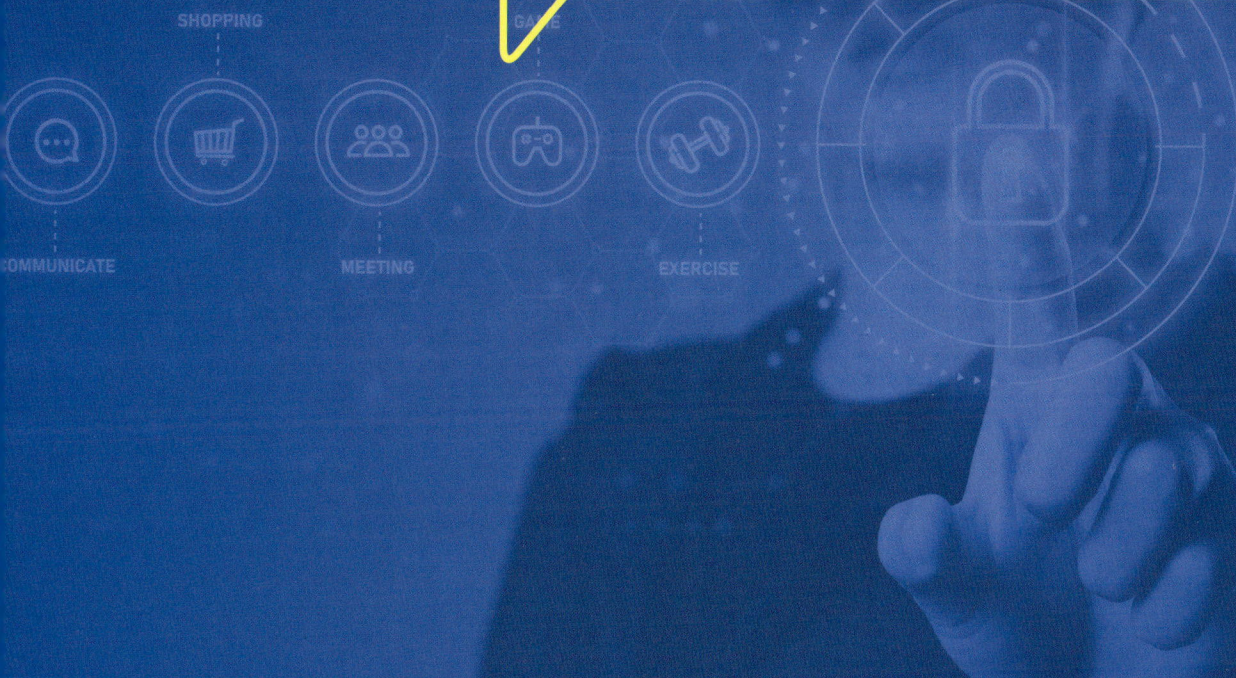

　　本章介绍了元宇宙开发引擎Unity3D的基础、开发环境配置、基本操作以及四个实战教学项目。

　　项目一，通过2D游戏《2D跑酷》的开发，学习如何进行跑酷场景搭建、添加碰撞体、控制2D角色及下雪特效创建等功能。

　　项目二，通过环境模拟项目《天气变化控制》，学习如何用按钮切换天气、杠杆调节太阳升降，以及Unity天空环境与自然光设置等功能。

　　项目三，通过第三人称射击游戏《小兵出击》，学习如何设置键盘控制士兵行走、鼠标射击、角色控制、镜头跟随与射击机制开发等功能。

　　项目四，通过元宇宙项目《元宇宙畅想小镇》，学习如何设置多人局域网探索，如何进行PC/VR双端口输出。项目可自定义场景分享，实现多人协同漫游等功能。

7.1 认识元宇宙技术引擎工具——Unity

7.1.1 Unity的发展和应用

在元宇宙时代，虚拟内容制作是构建沉浸式体验的核心环节。元宇宙时代的虚拟内容制作是一个多学科交叉的领域，涉及3D建模、动画、音效、AI、区块链等技术。随着工具的不断进化和用户需求的多样化，虚拟内容制作将更加智能化、协作化和去中心化。无论是专业团队还是个人，都可以通过合适的工具和平台参与元宇宙的内容生态。因此，引擎工具是构建虚拟世界的核心技术支撑。元宇宙技术引擎工具有很多，本书主要以Unity引擎作为主要开发工具进行讲解。

Unity是一款功能强大的实时3D内容创作和运营平台，自问世以来便以其易用性、灵活性及广泛的跨平台支持能力，在全球范围内赢得了开发者、设计师、艺术家以及游戏制作团队的青睐。它不仅极大地简化了从创意构想到产品发布的整个流程，还通过不断迭代更新，持续引领着游戏开发、VR/AR体验、模拟训练、建筑设计可视化、影视动画制作等多个领域的创新与发展。

Unity的核心优势是其强大的渲染引擎，能够高效处理复杂的场景渲染与光影效果，让作品呈现出逼真细腻的视觉效果。它还内置了物理引擎和动画系统，可以进行物体运动模拟、角色动画设计，功能实现变得直观且高效，为创作者提供了广阔的创意空间。

对于开发者而言，Unity的编辑器界面友好，集成了代码编辑（支持C#、Java等语言）、场景构建、资源管理、性能优化等多种工具，使得无论是经验丰富的程序员还是初入门的开发者，都能快速上手并创作出高质量的作品。此外，Unity商店（Asset Store）汇聚了数以万计的插件、素材和工具，涵盖了从音效、模型到脚本代码的各个方面，极大地丰富了项目的创作资源，加速了开发进程。

Unity另一大亮点是其跨平台发布能力。通过简单的设置，开发者即可将游戏或应用部署到包括PC、Mac、iOS、Android、WebGL、PlayStation、Xbox在内的多种平台上，无需为每个平台编写特定的代码或进行复杂的适配工作，从而大大节省了时间和成本。

综上所述，Unity作为一款集高效性、易用性、灵活性及强大跨平台能力于一身的创作平台，正持续推动着数字内容创作领域的革新与发展，成为连接创意与技术的桥梁，让每一位创作者都能轻松实现自己的梦想。

1. Unity的发展

通过前面内容的简单介绍，应该对Unity游戏开发引擎有了初步的认识。Unity游戏开发引擎现在已经在移动游戏开发领域中扮演着不可缺少的角色，下面将简单介绍Unity游戏开发引擎的简单历程。

（1）2002年：Unity的雏形奠定，源于丹麦程序员尼古拉斯·弗朗西斯（Nicholas Francis）在OpenGL论坛上关于着色器系统的讨论。

（2）2004年：Unity在丹麦阿姆斯特丹诞生。

（3）2005年6月，Unity将总部迁至美国旧金山，并在苹果全球开发者大会上首次发布了Unity 1.0版本，主要针对WEB项目和VR（虚拟现实）的开发，起初只能应用于Mac平台。Unity1.0是一个轻量级、可扩张的依赖注入容器，有助于创建松散耦合的系统。

（4）2007年：Unity 2.0发布，增加了地形引擎、实时动态阴影，支持DirectX9，并具有内置的网络多人联机功能。同年，Unity开始支持Windows平台，并添加了Web浏览器支持。

（5）2008年：Unity开始支持Wii和iOS平台，顺应移动游戏的潮流而变得炙手可热。

（6）2009年3月，Unity2.5发布，增加了对Windows Vista和XP的全面支持，所有功能都可以与Mac OS X实现同步和互通，在外观和功能上都相互统一。Unity2.5的优点就是Unity可以在任何平台建立任何游戏，实现了真正的跨平台。此时，Unity的注册人数已达到3.5万，荣登2009年游戏引擎的前五名。

（7）2009年10月，Unity2.6独立版本开始免费。Unity2.6支持许多外部版本控制系统，如Subversion或其他VCS系统等。

（8）2010年9月，Unity3.0发布，开始支持Android平台。同年，Unity还支持了iPad，并推出了Unity Asset Store。

（9）2011年：Unity用户超过75万。Unity开始支持PS3和XBOX360，标志着其全平台构建的完成。

（10）2012年2月，Unity Technologies发布3.5。

（11）2012年11月，正式推出Unity4.0版。引入Mecanim动画系统及对DirectX 11的支持，并增加了对Linux、Adobe Flash Player等多个平台的支持。同年，Unity上海分公司成立，正式进军中国市场。

（12）2013年，Unity宣布移动Basic版授权免费，并在中国率先推出国际认证考试。同年11月，Unity4.3版本发布。同时Unity正式发布2D工具，标志着Unity不再是单一3D工具，而是真正地能够同时支持二维和三维内容的开发和发布。

（13）2014年11月，Unity4.6版本发布。加入了新的UI系统，Unity开发者可以使用基于UI框架和视觉工具的Unity强大的新组件来设计游戏或应用程序。

（14）2015年3月，Unity公司正式发布Unity5.0。Unity官方表示，Unity5是Unity的重要的里程碑。Unity实现了实时全局光照，加入了对WebGL、PlayStation 4、Xbox One等的支持，实现了完全的多线程。

（15）2016年至2018年：Unity持续进行版本更新，提供更多功能和可用性。例如，Timeline和Cinemachine等功能的加入，使开发人员能够在游戏中创造引人入胜的讲故事体验和更好的视觉冲击力。

（16）2020年：Unity为中国开发者社区搭建了Unity中文课堂，提供丰富的学习资源和课程。

（17）2022年：Unity宣布与合作伙伴达成协议并成立合资企业——Unity中国。同年，Unity推出"Unity黑马计划"，为独立开发者及游戏工作室等提供技术支持和资源扶持。

（18）2024年：Unity在中国市场的布局进一步深化，全中国使用Unity引擎的开发者数量接近350万。Unity还发布了《2024年移动游戏增长与变现报告》，为游戏行业提供了有价值的洞察和趋势分析。同时，Unity中国也推出了专门服务中国市场的引擎版本——团结引擎，并针对中国市场进行了多项优化和适配。

Unity自诞生以来经历了快速的发展和变革，不断推出新技术和新功能以满足开发者的需求。同时，Unity也积极拓展市场，特别是在中国市场取得了显著的成果。未来，随着技术的不断进步和市场的不断发展，Unity有望在游戏开发领域继续发挥重要作用。

2. Unity的应用领域

Unity应用领域非常广泛，包括但不限于以下几个方面。

（1）游戏开发。Unity是游戏开发领域中最受欢迎和广泛使用的引擎之一。它支持跨平台开发，包括PC、移动设备、游戏主机等，使得开发者能够轻松地将游戏发布到多个平台上。Unity提供了丰富的游戏开发工具和资源，如可视化脚本、物理引擎、音频系统、动画系统等，极大地提高了游戏开发的效率和质量。许多热门游戏，如《王者荣耀》《原神》等，都是使用Unity开发的。

（2）虚拟现实（VR）和增强现实（AR）。Unity也是实现VR和AR的主流开发引擎之一。它提供了强大的3D渲染和交互功能，使得开发者能够创建出逼真的虚拟环境和交互体验。Unity还支持多种VR和AR设备，如Oculus Rift、HTC Vive、Microsoft HoloLens等，使得开发者能够将VR和AR应用发布到多个平台上。

（3）工业仿真与可视化。Unity还被广泛应用于工业仿真和可视化领域。通过使用Unity，企业可以创建出逼真的工业场景和模拟环境，用于培训员工、展示产品、优化生产流程等。此外，Unity还支持3D打印和虚拟现实技术的结合，使得企业能够将虚拟模型转化为实体产品。

（4）影视制作与动画制作。Unity的3D渲染和动画系统也非常强大，使得它成为影视制作和动画制作领域中的有力工具。通过使用Unity，制作者可以创建出逼真的角色、场景和特效，为影视作品增添更多的视觉冲击力和表现力。

（5）建筑设计与室内设计。Unity在建筑设计和室内设计领域也有着广泛的应用。通过使用Unity，设计师可以创建出逼真的建筑场景和室内环境，用于展示设计方案、模拟施工流程等。此外，Unity还支持虚拟现实技术的结合，使得客户能够在虚拟环境中亲身体验设计效果。

（6）教育与培训。Unity还可以用于教育和培训领域。通过使用Unity，教育者可以创建出互动式的教育内容和模拟实验环境，帮助学生更好地理解和掌握知识点。此外，Unity还支持多人在线协作和分享功能，使得教育者能够与学生进行实时互动和交流。

（7）其他领域。除了以上几个领域外，Unity还可以应用于其他多个领域，如广告、汽车设计、航空航天等。通过使用Unity，开发者可以创建出逼真的广告场景和汽车模型等，为这些领域提供更多的创意和可能性。

综上所述，Unity的应用领域非常广泛且多样化。无论是在游戏开发、虚拟现实、工业仿真还是其他领域中，Unity都展现出了其强大的功能和无限的潜力。

7.1.2 获取Unity软件

1. Unity的获取和安装

目前Unity官方的最新版本是6000.0.25（发布日期为2024年11月28日），随着时间的推移，新版本也会不断发布。想要获取Unity的最新版本信息，可以访问Unity中国官网，通过Unity下载页面获取最新的版本信息和下载链接。也可以通过Unity Hub定期更新版本，以获得最新的功能和改进。

Unity Hub是Unity官方发布的一款"启动程序"，主要用途有三个：一是下载与管理电脑上不同版本的Unity软件；二是方便管理电脑上所有的Unity项目工程；三是统一管理电脑上所有Unity软件的授权。为了方便后期定期更新版本，本书建议采用Unity Hub进行下载和安装。

注意：考虑到项目工程的兼容性和稳定性，所以本书要以Unity2021.3.41f1c1版本的功能进行讲解。获取方式和安装步骤如下。

（1）首先进入官方网址https：//unity3d.com/cn/，点击右上角"下载Unity"蓝色按钮，如图7-1所示，进入Unity下载页面。如图7-2所示，根据提示进行安装。

（2）选择所需安装的Unity Hub对应版本，如图7-3所示。

（3）Unity ID是使用Unity软件的必备账号，想要使用Unity所提供的各项服务必须先注册账号；注册Unity ID之前，可以先准备好邮箱地址，邮箱地址必须是没有注册绑定过Unity ID的地址。如果之前注册过Unity ID并且能正常使用，就不需要注册新的，如图7-4所示。

（4）点击创建Unity ID，输入对应信息进行创建，如图7-5所示。通过激活邮件进行ID激活，即可注册成功，如图7-6所示。

（5）回到Unity官网页面，按照步骤操作：点击"下载Unity"→点击"从Hub下载"→Windows下载→双击UnityHubSetUp安装包→同意/下一步→安装完毕，如图7-7所示。

（6）备注：软件的安装位置可选择非系统盘，安装路径不可出现中文。

（7）打开安装好的Unity Hub软件，左上角点击登

图7-1　Unity官网界面

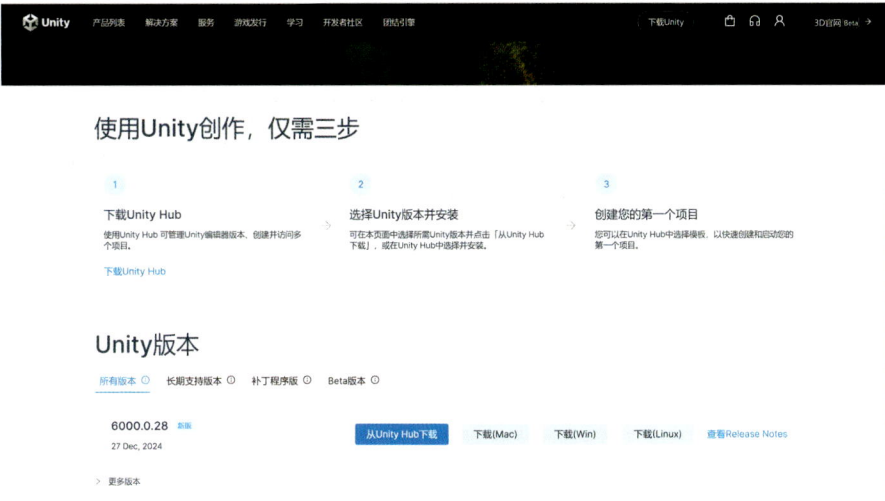

图7-2　Unity下载页面

图7-3　Unity Hub下载

图7-4　登录UnityID

图7-5　创建UnityID

图7-6　邮件激活UnityID

图7-7　Unity Hub安装完成

录账号。如图7-8所示。

（8）点击左侧选项栏中"安装"→点击"安装编辑器"，查找需要安装的版本。如图7-9所示。

（9）点击"存档"→点击"长期支持"，跳转到Unity官网下载链接，下载所需版本，如图7-10、图7-11所示。

（10）下载完成后打开程序安装包，根据提示安装Unity。重启Unity Hub，点击"新项目"创建工程文件。如图7-12所示。

2. Unity的版本说明

Unity初版是在2005年发布的，开始时用unity3.X、4.X这样的名称进行版本更新及称呼。在unity5.X版本后，即unity2017以后，按照年份进行更新。例如，

图7-8　Unity Hub登录账号

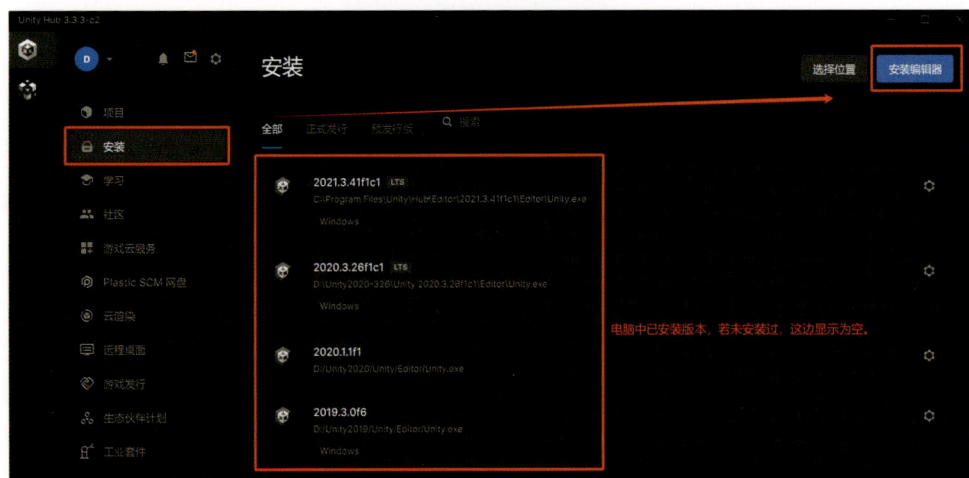

图7-9　安装Unity编辑器

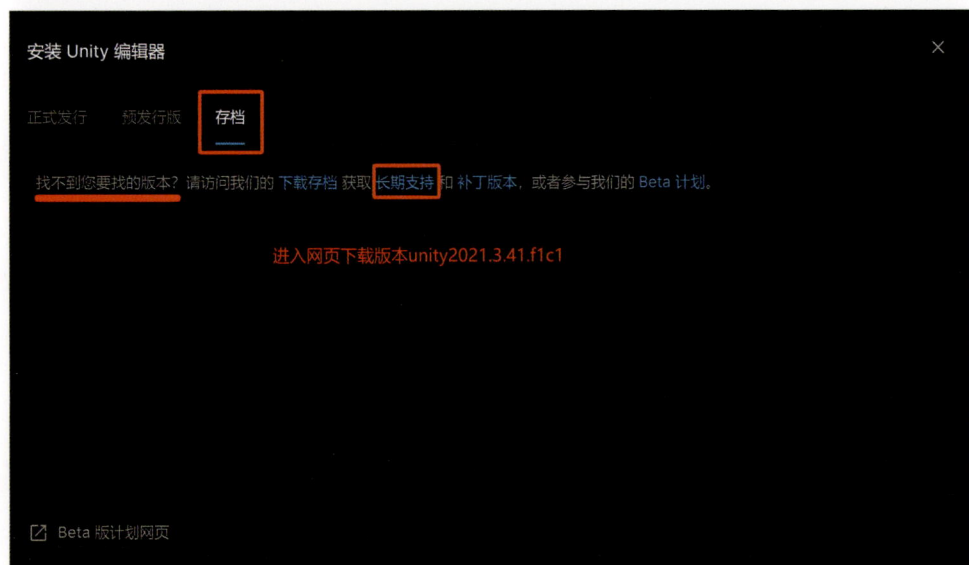

图7-10　在Unity Hub中点击跳转到网页下载所需版本

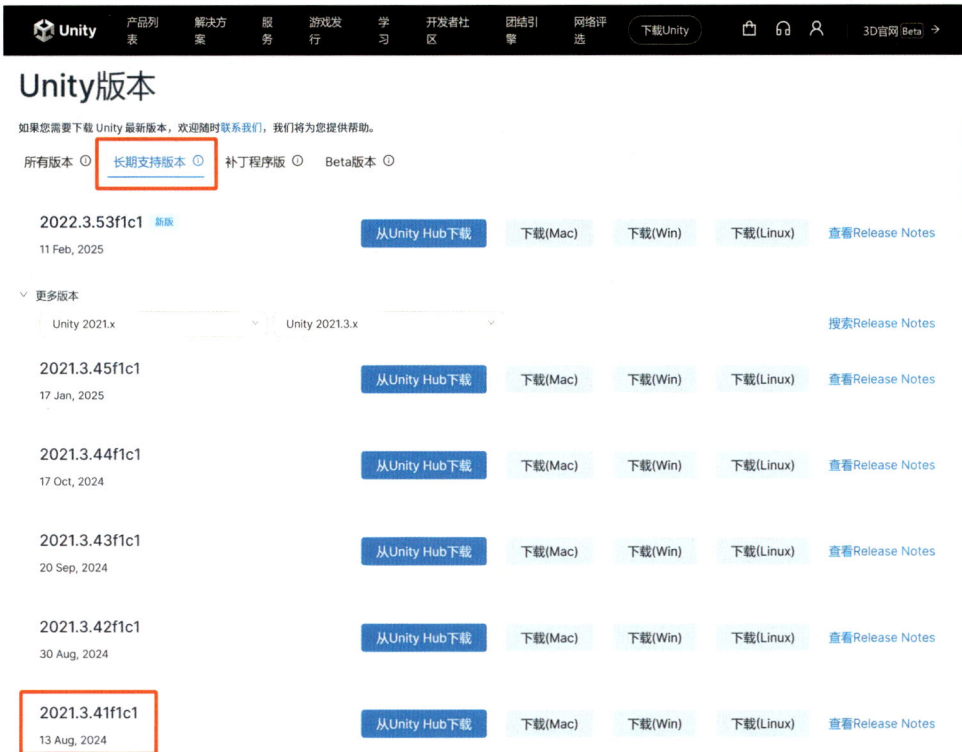

图7-11 在网页中下载所需版本

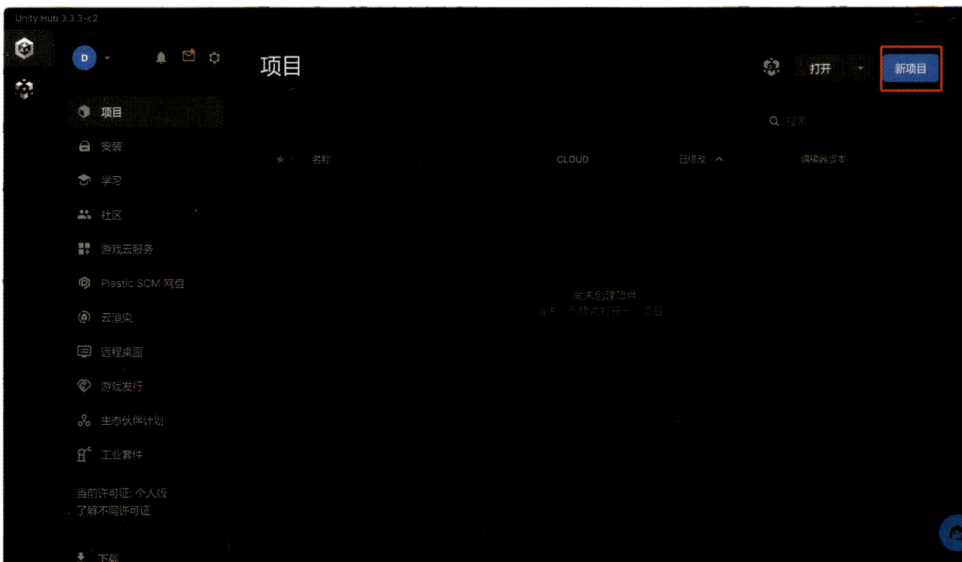

图7-12 创建新项目

2022.1为预览版本（Beta），在2021年之前就放出供大家使用，一年后转为正式版2022.3（LTS）。

1. 主要版本分类

Alpha（预览版，内部测试版）：提供最新功能的早期试用。与Beta版相比，Alpha版有较大的稳定性风险。

Beta（外部测试版）：用户可提前使用新功能，并

帮助反馈使用中的问题，以协助开发人员完成最终版本。此版本的稳定性可能不如最终版本。

Patch（补丁版）：针对当前版本所存在的Bug进行修复。不会更改任何功能、API变更或改进。

Tech（技术前瞻版）：适合想要了解或使用最新版Unity提供新功能的用户。

LTS（长期稳定支持版）：LTS版本不会有新的功

能、API变更或改进。主要解决崩溃问题，进行回归测试，并处理开发者反馈的相关问题。适用于正在开发以及已有发布的开发者，每年最后一个TECH版本会成为Unity LTS稳定支持版。

Final（最终版）：当前时间的最终版本，可能包含新的功能以及API的变更。一般大的功能跨度都是在年度版本进行更新。

2．版本命名规则

Unity初版是在2005年发布的，开始时用unity3.X、4.X这样的名称进行版本更新及称呼。在unity5.X版本后，即unity2017以后，按照年份进行更新。例如，2022.1为预览版本（Beta），在2021年之前就放出供大家使用，一年后转为正式版2022.3（LTS）。

3．版本选择建议

新手开发者：建议从稳定版（如LTS版本）开始，以确保学习过程的顺利和稳定。

专业开发者：根据项目需求选择合适的版本。如果需要尝试新功能，可以选择TECH或Beta版本；如果项目需要长期稳定运行，则建议选择LTS版本。

版本更新：在更新Unity版本时，建议备份当前项目，并在测试环境中进行充分测试，以确保新版本与项目的兼容性。

本书项目操作选择的软件版本Unity2021.3.41f1c1就是LTS（长期稳定支持版）。

7.1.3　Unity的社区、课堂、资源商店

1．Unity的社区

Unity官网社区是一个Unity开发者的交流平台，提供了丰富的学习资源、技术支持和互动机会。以下是对Unity官方社区的详细介绍。如图7-13所示。

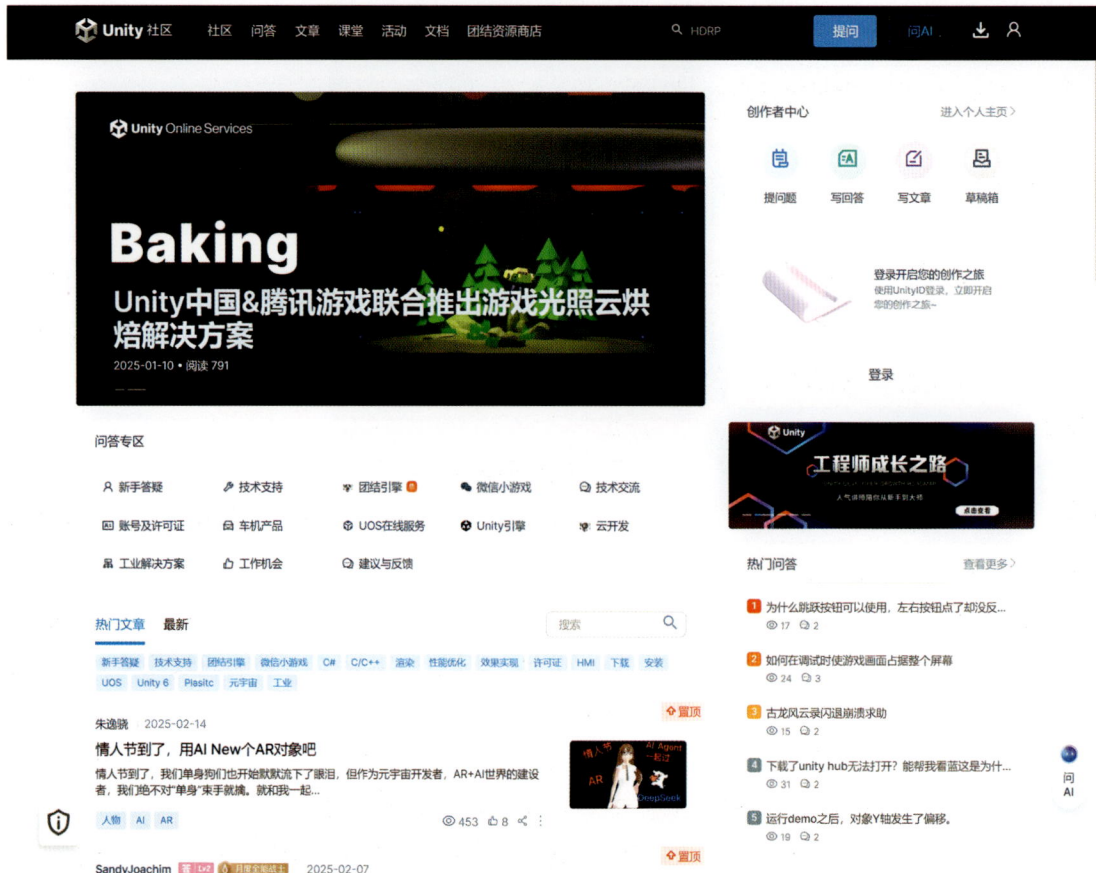

图7-13　Unity官方社区

（1）社区功能。

学习资源：Unity官方社区为新手提供了丰富的学习资源，包括基础操作教程、高级技巧视频等。这些教程不仅有文字说明，还有视频演示，可帮助开发者更容易理解和掌握Unity的使用。

技术支持：社区提供技术支持板块，开发者可以在这里寻求帮助，解决在使用Unity过程中遇到的问题。社区中的其他开发者或专家会提供解答和建议，帮助解决问题。

互动机会：Unity官方社区鼓励开发者之间的互动和交流。开发者可以在社区中提问、回答问题、分享经验、参与讨论等，共同学习和进步。

（2）社区板块。

社区论坛板块是为了方便用户进行学习交流，具体功能如下。

1）新手答疑：专为初学者设立的板块，解答Unity入门过程中遇到的问题。

2）技术支持：针对Unity开发过程中遇到的技术问题进行讨论和解答。

3）工业解决方案：讨论Unity在工业领域的应用和解决方案。

4）车机产品：关注Unity在车载娱乐系统、自动驾驶等领域的应用。

5）工作机会：发布Unity相关的招聘信息和求职信息。

6）Unity技术博客：分享Unity开发技术文章和教程，帮助开发者提升技能。

（3）参与方式。

注册账号并加入社区：开发者需要先在Unity官网上注册一个账号，并加入Unity开发者社区。这样，就可以访问社区的各个板块和参与讨论。

积极参与讨论和交流：在社区中，开发者可以积极参与讨论和交流，分享自己的经验和知识，也可以向其他开发者请教问题。通过与其他开发者的互动和交流，可以更快地掌握Unity引擎的使用技巧和开发经验。

关注官方活动和更新：Unity官方会定期在社区中发布活动通知和更新信息，开发者需要密切关注这些信息以便及时了解Unity的最新动态和参加相关活动。

2. Unity的中文课堂

Unity官网的中文课堂是一个专为开发者设计的在线学习平台，目的是帮助开发者更好地掌握Unity引擎的使用和开发技能。Unity中文课堂提供从入门到进阶的全方位教程，满足不同水平开发者的学习需求。如图7-14所示。

自2024年5月16日起，开发者需要使用UnityID登录中文课堂查看课程内容，如果遇到问题，开发者可以在开发者社区发帖说明情况，寻求帮助。

中文课堂提供了丰富的课程种类，包括但不限于游戏开发、引擎知识、网络编程、版本控制、调试优化等方面的教程。从零基础入门到高级进阶，每个阶段都有相应的课程推荐和学习资源。部分课程还提供了配套的项目文件和工程实例，帮助开发者更好地理解和掌握所学知识。

Unity官网的中文课堂是一个功能丰富、课程高质量的在线学习平台。对于想要学习Unity引擎开发的开发者来说，中文课堂无疑是一个值得推荐的学习资源。

3. Unity的资源商店

Unity官方为了方便开发者进行项目开发，Unity为其提供了一个丰富3D/2D资源和强大支持的平台，里面由Unity官方和开发者上传的免费和商业资源，如图7-15所示。

（1）资源种类。

商店涵盖了从模板、工具包、插件、音频、特效到3D/2D模型等多个方面的资源。具体包括：

3D模型：包括角色模型、建筑模型、小物件模型等，多种艺术风格，既有低模也有高模，可以直接在Unity中使用。

纹理和材质：各种纹理、贴图、天空盒子、材质等，可以美化3D模型和场景。

音频：音乐、音效等，覆盖背景音乐、UI音效、人物语音等。

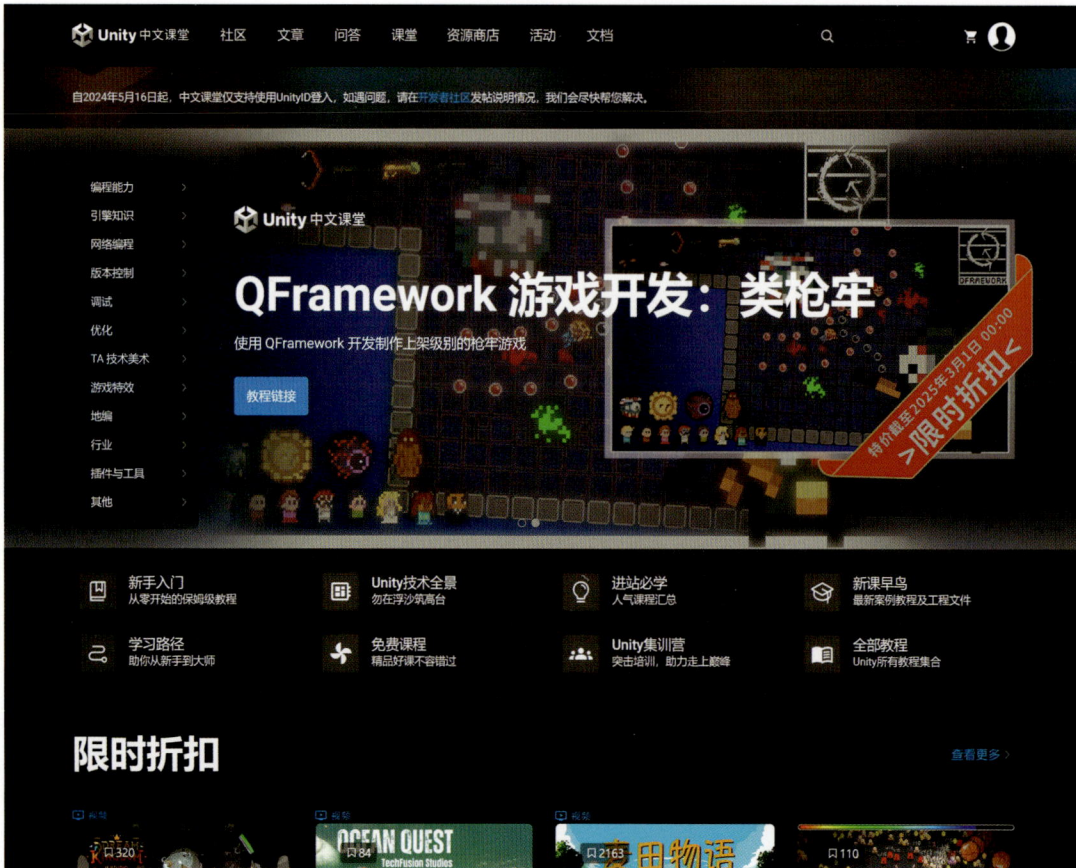

图7-14 Unity中文课堂

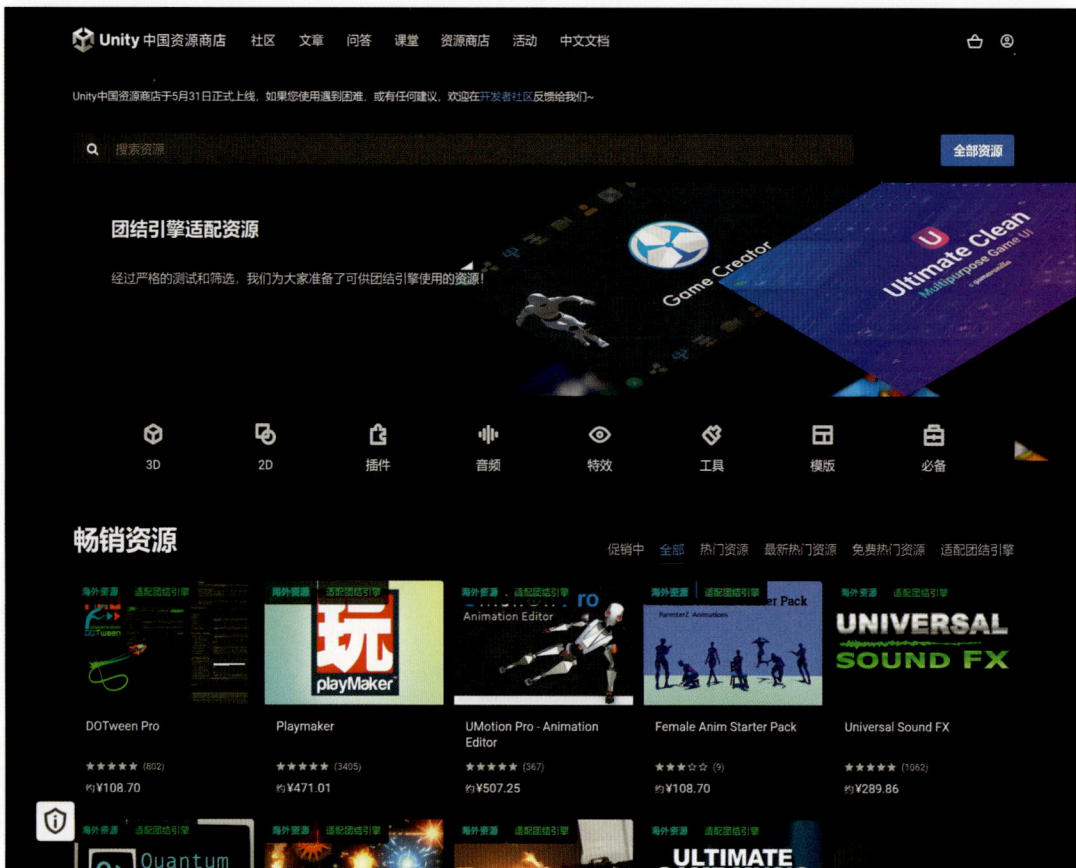

图7-15 Unity资源商店页面

动画：人物动画、卡通动画、其他3D元素的动画等。

脚本和插件：C#脚本、JS脚本、Shader着色器等，还有大量的第三方插件提供各种功能。

项目和环境：完整的游戏项目、环境场景、电子邮件模板等。

编辑器扩展：用于增强Unity编辑器的各种扩展，提供额外的编辑功能。

（2）资源质量和优势。

Unity资源商店中的资源都经过了Unity的严格测试和筛选，确保与Unity引擎的兼容性。这意味着开发者在使用这些资源时，可以大大减少调试难度，提高开发效率。

使用Unity资源商店中的资源可以极大地简化和加速游戏开发过程。开发者无需自行建模和制作资源，可以直接购买和使用高质量的资源。这不仅可以大大减少研发周期，还可以将更多时间放在游戏设计和优化上。同时，通过学习和修改这些资源，开发者还可以熟悉Unity的各个系统，提升自己的开发能力。

（3）资源商店的访问与使用。

开发者除了直接访问Unity资源商店网页版外，也可以在Unity编辑器的"Asset Store"进行访问。点击菜单栏"Window"→"Search"→"Asset Store"打开资源商店，如图7-16所示。在资源商店中，开发者需要先登录自己的账号，然后才能添加资源到Unity中。购买或下载资源后，开发者可以直接在Unity编辑器中导入和使用这些资源。导入资源的操作相对简单，只需在资源商店中选择资源并点击"添加到我的资源"，然后在Unity编辑器中打开包管理器并下载导入即可。

综上所述，Unity的资源商店是一个功能强大、资源丰富、支持全面的平台。它为游戏开发者提供了便捷的资源获取途径、良好的购物体验和丰富的支持资源。无论是初学者还是资深开发者，都可以在这里找到所需的各种资源和解决方案。

7.1.4 创建第一个Unity工程项目

1. 项目创建

（1）在Unity Hub中，点击左上角的"项目"标签，进入创建工程文件界面，点击右上角的"新项目"按

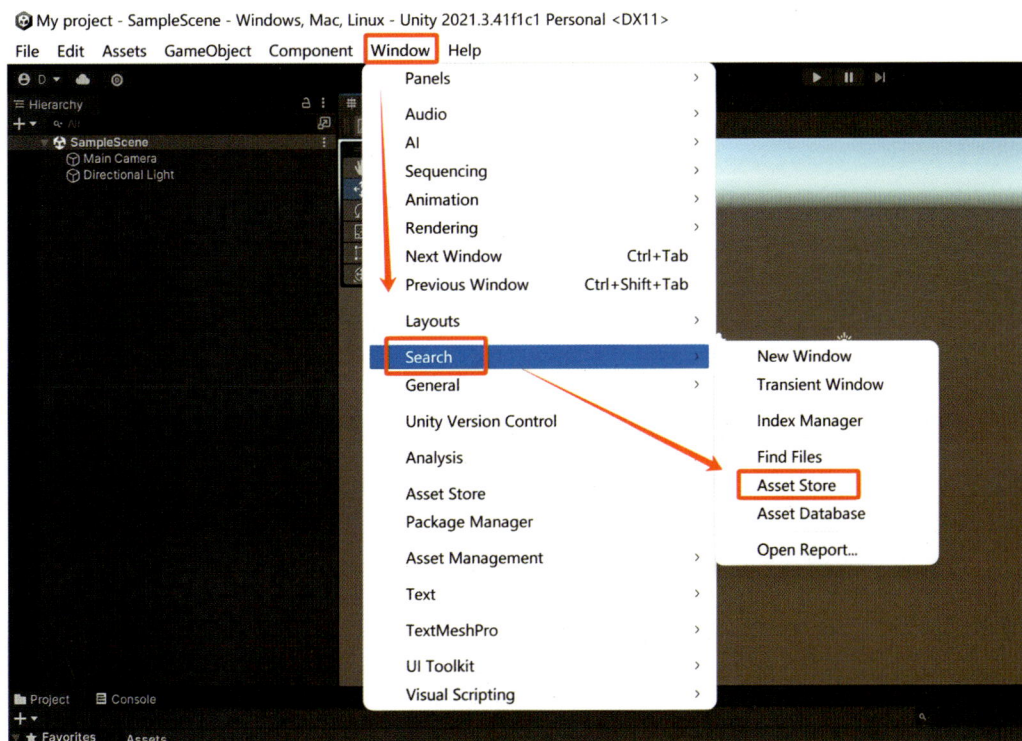

图7-16 在Unity中打开 Asset Store

钮，开始创建工程文件，如图7-17所示。

（2）进入项目属性设置界面，如图7-18所示。选择一个合适的Unity编辑器版本，此处我们选择已安装的版本Unity2021.3.41f1c1。根据需要选择项目模板，此处可以选择2D、3D或其他模板。2D模板适用于二维游戏开发，3D模板适用于三维游戏开发。我们选择3D模板创建第一个工程。

（3）输入项目的名称"MyProject"，创建的Unity工程文件名称均需要使用英文，以避免后续可能出现的

问题。选择一个合适的保存位置，建议将项目文件保存在非系统盘（如D盘）上，以加快打开速度。设置完成后，点击"创建项目"按钮，Unity将会创建项目并打开编辑器。如图7-19所示。

2. 项目资源导入

Unity项目是一个复杂的系统，它由多个关键组成部分和资源构成。在Unity项目中，资源的导入是一个至关重要的环节。项目资源导入有三种不同方式，我们

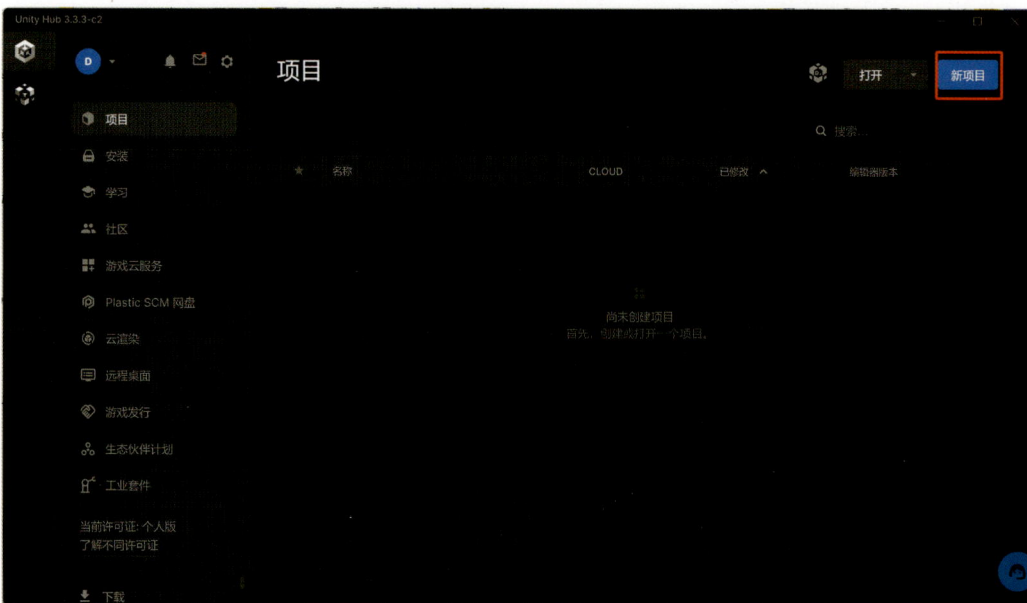

图7-17 创建新项目

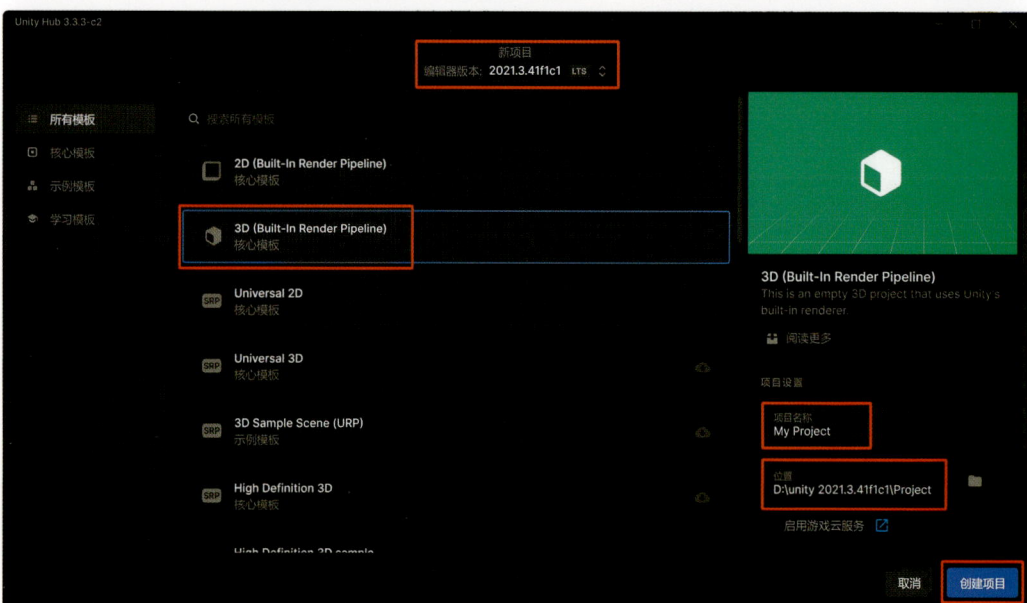

图7-18 创建新项目属性设置界面

可以根据资源状态和存放位置来选择更快捷的资源导入方式。

方法一：直接拖拽。

在文件夹中找到要导入的资源文件（如模型、贴图、音频等）。直接将资源文件拖拽到Unity的Project窗口中。Unity会自动将文件复制到Assets文件夹中，并在Project窗口中显示。如图7-20所示。

方法二：使用菜单导入。

在Unity编辑器的Project窗口中，右键点击想要导入资源的目标文件夹。选择"Import New Asset…"选

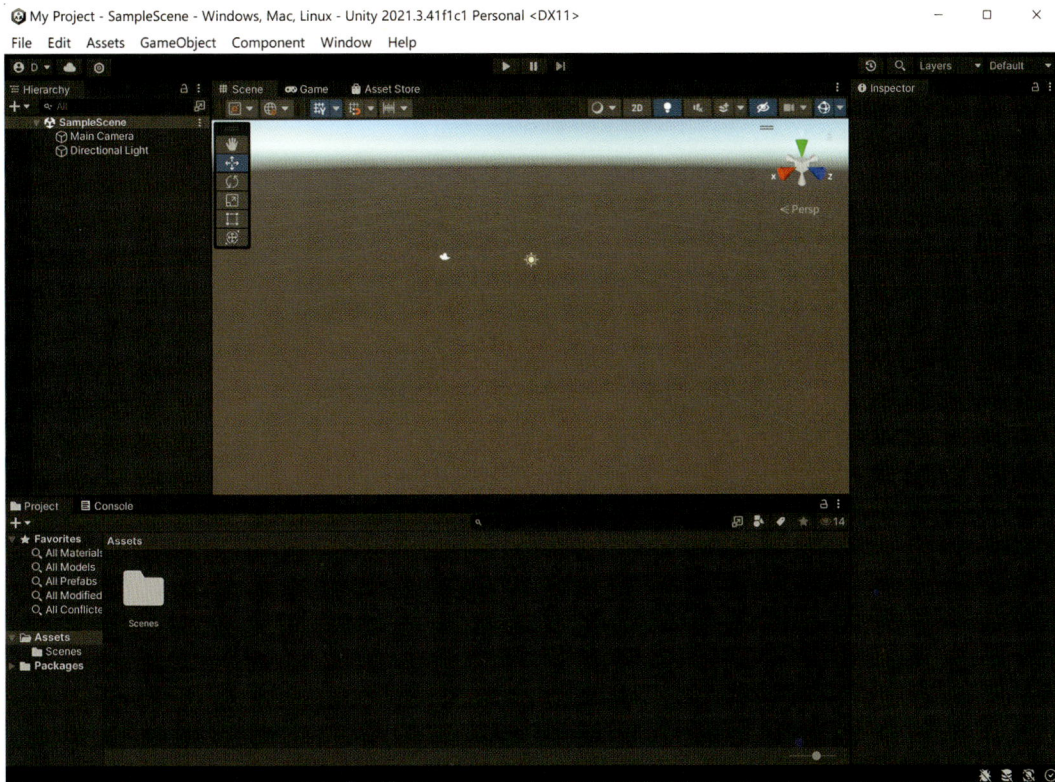

图7-19　Unity新项目编辑器界面

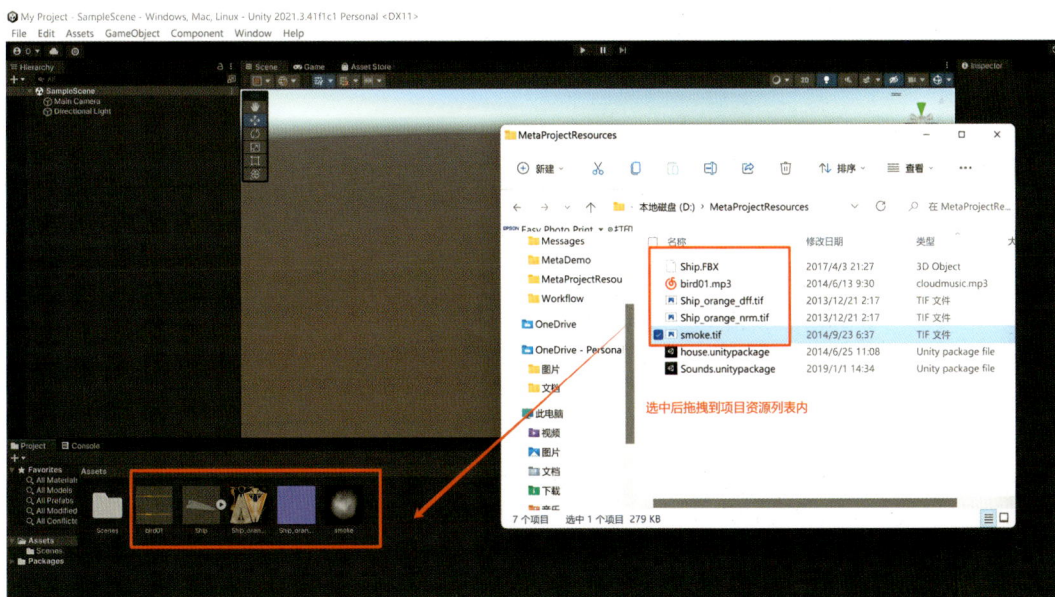

图7-20　拖拽资源文件导入Unity

项，在弹出的文件浏览器中选择要导入的文件，然后点击"Import"按钮。如图7-21、图7-22所示。

方法三：通过资源包Unitypackage导入。

Unity的包管理器允许导入Unity官方和第三方提供的功能包。在Unity编辑器的Project窗口中，右键点击选择"Import Package"选项，选择需要导入的Unitypackage包文件，在弹出的文件浏览器中选择要导入的文件，然后点击"Import"按钮。如图7-23、图7-24所示。

3. 项目保存和输出

Unity项目的输出和保存也是开发过程中的重要环节，这些操作步骤可以确保项目的可持续性和可部署性。项目保存分为场景保存和工程项目保存。操作步骤如下。

（1）场景保存。

场景保存可以通过快捷键"Ctrl+S"或依次点击菜单栏中的"File（文件）"→"Save（保存）"来保存当前正在编辑的场景。如图7-25所示。

建议将场景保存在项目的"Scenes"文件夹下，以便更好地组织和管理。如果场景文件较多，还可以进一步细分文件夹，通过在Unity编辑器的Project窗口中，右键点击选择"Create"→"Folder"选项，创建

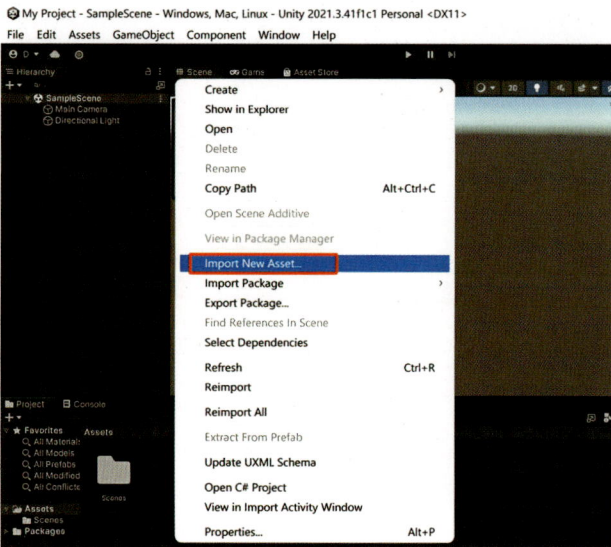

图7-21　使用菜单导入资源

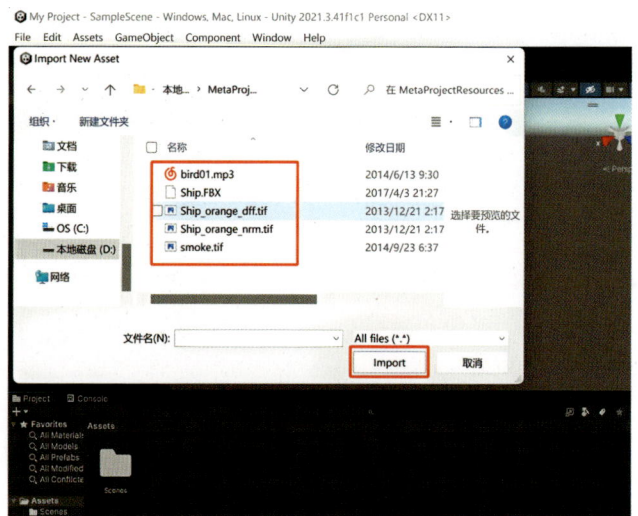

图7-22　使用菜单导入资源

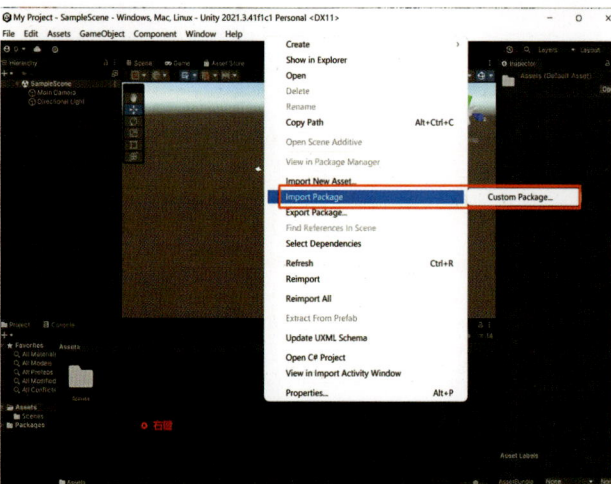

图7-23　使用资源包Unitypackage导入资源

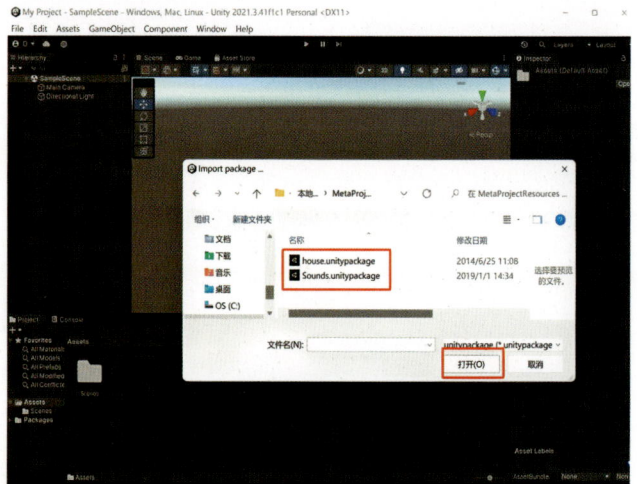

图7-24　使用资源包Unitypackage导入资源

文件夹，如图7-26所示。细分文件夹名称可根据场景属性命名，如"Scenes/Levels"用于存放游戏关卡场景，"Scenes/Menus"用于存放菜单场景等。如图7-27所示。

也可以选择"File（文件）"→"Save Scene As（另存为场景）"来为场景文件指定一个不同的名称或位置。

（2）项目保存。

Unity项目通常以一个包含多个文件和文件夹的目录形式存在。这个目录包含了项目的所有资源、脚本、设置等。要保存整个项目，只需确保该目录及其内容被妥善保存在硬盘上的某个位置。建议项目储存路径能保持英文命名。

项目工程保存通过依次点击菜单栏中的"File"→"Save Project"来保存当前项目文件。如图7-28所示。

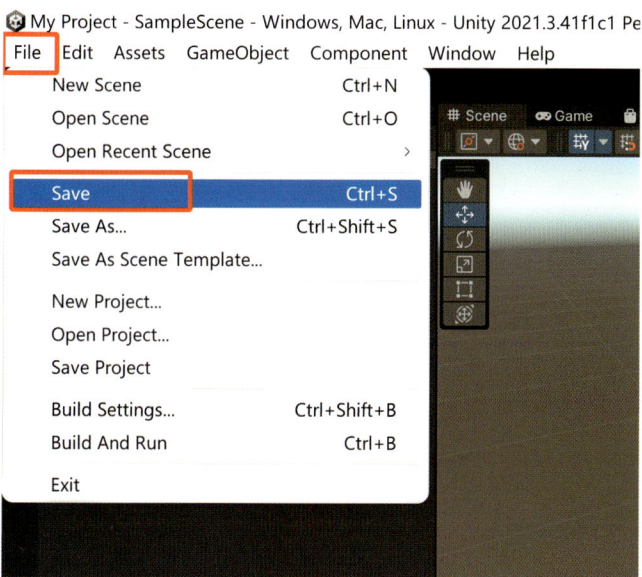

图7-25　通过菜单保存场景文件

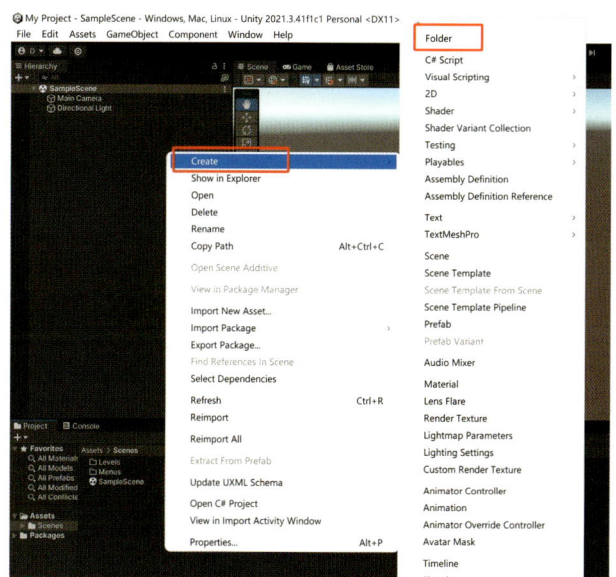

图7-26　项目资源列表创建文件夹

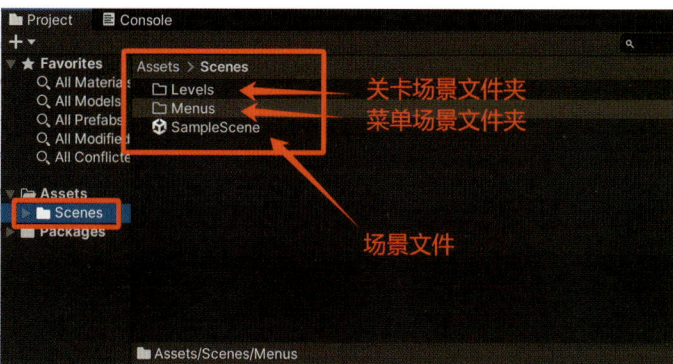

图7-27　场景文件保存路径

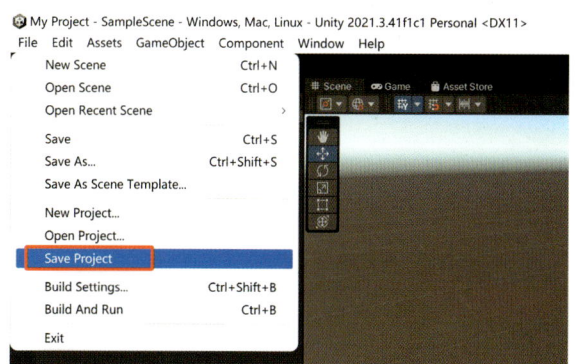

图7-28　项目工程文件储存

项目总结

通过本章节的学习，读者可以初步了解Unity引擎的发展、应用领域、获取方法、社区资源以及创建工程项目的步骤，为初学者提供了软件基础入门指南。

课后作业

注册Unity账号，在电脑上正确安装Unity软件。

中英文对照表（表7-1）

表 7-1　中英文对照表

英文单词	中文释义	英文单词	中文释义
Asset Store	资源商店	Create	新建
File	文件	Folder	文件夹
Import	导入	Import New Asset	导入新资源
Import Package	导入资源包	Levels	关卡
Menus	菜单	Project	项目
Save	保存	Scene	场景
Search	查找	Unitypackage	资源包
Window	窗口		

7.2 通过小游戏走进Unity世界——2D跑酷

7.2.1　项目概述

1. 项目需求分析

2D跑酷项目制作内容包括跑酷场景的搭建、添加碰撞体、控制2D角色、下雪特效的创建和场景发布设置。最终效果如图7-29所示。

2. 项目学习目标和重难点

◆ **学习目标**

通过项目制作实践熟悉Unity2D界面操作，了解项目结构、场景管理、资源导入等基本功能。掌握2D环境搭建和角色的创建方法，以及物理特性、动画控制等关键技术。

◆ **本章重点**

掌握对物理引擎的理解与应用。

掌握如何编辑和管理动画。

◆ **本章难点**

正确实现障碍物生成与碰撞检测，确保游戏逻辑正确。

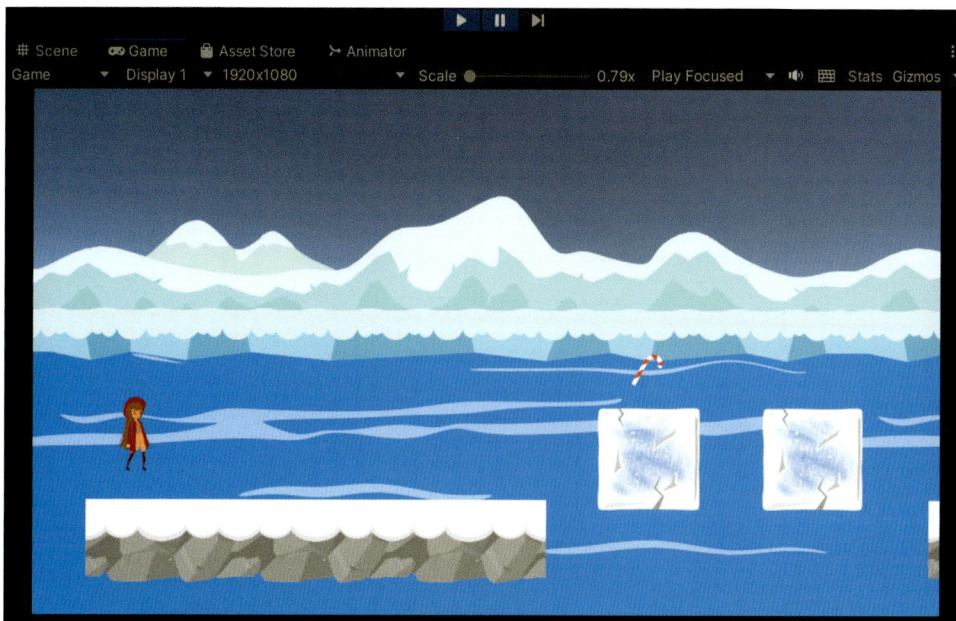

图7-29 跑酷项目效果展示

正确设计并实现角色站立和跑动动作，确保动作流畅自然。

3. 知识点讲解

◆ 知识点一——精灵图片渲染（Sprite Renderer）

跑酷场景搭建，即设置玩家角色、背景、地面和障碍物等。在Unity 2D工程项目中，使用图片作为主要元素进行搭建是非常常见的做法。此处需要使用"Sprite Renderer"组件实现图片的渲染效果。该组件适用于2D游戏中Sprite（精灵图片）并控制器显示方式。它提供了许多有用的功能，比如Sorting Layer（排序层）、Order in Layer（排序顺序）、Color（颜色）、Flipping（翻转）、Sprite Mask（精灵遮罩）等。组件组成如图7-30所示。

Sprite Renderer组件包含多个属性，每个属性都对应着不同的视觉效果调整选项。

Sprite：定义该组件应渲染的精灵纹理。可以从Unity的资源库中选择一个Sprite来赋值。

Color：定义精灵的顶点颜色，用于对精灵的图像进行着色或重新着色。使用拾色器可以设置渲染的精灵纹理的顶点颜色，同时也可以通过调整Alpha通道的值来改变精灵的不透明度。

Flip：允许沿选定的轴翻转精灵纹理。翻转操作不会改变游戏对象的变换位置。

Material：定义用于渲染精灵纹理的材质。材质决定了精灵的外观和渲染方式，包括光泽、纹理、颜色等。

Draw Mode：定义精灵尺寸发生变化时的缩放方式。主要有Simple、Sliced和Tiled三种模式。

Simple：当尺寸发生变化时，整个图像都会缩放。

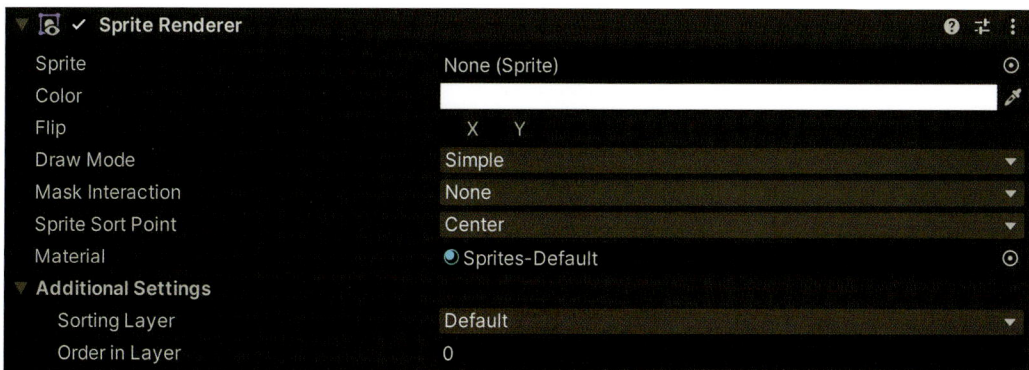

图7-30 SpriteRenderer组件

Sliced：如果精灵为9切片精灵，选择此模式可以保持精灵的边缘在缩放时不变形。

Tiled：默认情况下，此模式会使9切片精灵的中间部分在尺寸发生变化时平铺而不是缩放。

Sorting Layer：设置精灵的排序图层。排序图层用于控制渲染期间的精灵优先级。可以选择现有的排序图层或创建新的排序图层。

Order In Layer：设置精灵在其排序图层中的渲染优先级。编号较低的精灵会首先被渲染，编号较高的精灵会叠加在前者之上。

◆ 知识点二——刚体（Rigidbody）组件

物理引擎对于当前大部分游戏都是必不可少的一部分。在元宇宙逐渐兴起的今天，玩家对游戏的真实感、操作感以及打击感的要求越来越高，国外厂商的3A大作，都是在物理引擎上下了很大的功夫，让虚拟世界中的物体运动符合真实世界的物理定律，使游戏更加贴近现实。

Unity 3D游戏引擎内置了由英伟达（NVIDIA）出品的PhysX物理仿真引擎，具有高效低耗、仿真度极高的特点。物理引擎通过为刚性物体赋予真实的物理属性的方式来计算它们的运动、旋转和碰撞反应。在Unity中开发人员只需要简单的操作便可完成对真实世界中的物体的模拟。本案例中会使用到物理系统中的刚体和碰撞器。

刚体（Rigidbody）是Unity物理学模拟的一个重要概念，它是指一个物体在受力的情况下，他的外形、尺寸、内部组织结构等都不受影响的一种特性。它可以通过真实碰撞来开门，实现各种类型的关节及其他功能。刚体在受物理引擎影响之前，必须明确添加给物体。在本项目中，因为是2D跑酷游戏，因此需要使用2D刚体（Rigidbody 2D）组件，组件组成如图7-31所示。

关键属性讲解

Mass：设置物体的质量，影响物体对力的响应。

Drag：设置物体在空气中的阻力，影响物体的移动速度。

Angular Drag：设置物体的旋转阻力，影响物体的旋转速度。

Gravity Scale：设置物体受到的重力影响程度。

Freeze Position/Rotation：用于冻结物体在某个轴上的位置或旋转变化。

◆ 知识点三——碰撞器（Collider）组件

游戏开发与虚拟现实项目中一定少不了碰撞检测算法。在传统的游戏开发中，碰撞检测即使难点也是重点，但在以Unity为首的高级游戏开发引擎中已经通过实践函数的方式很轻松地解决了这个问题。碰撞器是游戏逻辑中最基本的物理功能，碰撞器用于检测场景中的游戏对象是否互相碰撞，基本功能是使得物体之间不能穿过，还可以用于检测某个对象是否碰到了另外一个对象。在Unity4.3以上版本增加了支持2D游戏开发的2D碰撞器，我们在游戏开发和虚拟显示应用开发的时候要注意区分。

2D碰撞器类型．包括Box Collider 2D（矩形碰撞器）、Circle Collider 2D（圆形碰撞器）、Polygon Collider 2D（多边形碰撞器）等，在本项目中，我们需要使用Box Collider 2D（矩形碰撞器）。如图7-32所示。

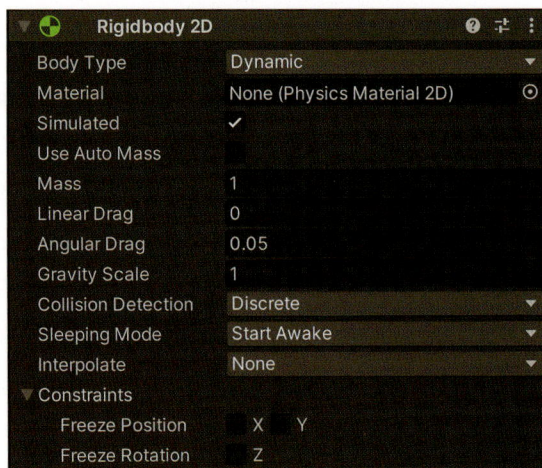

图7-31　Rigidbody2D组件

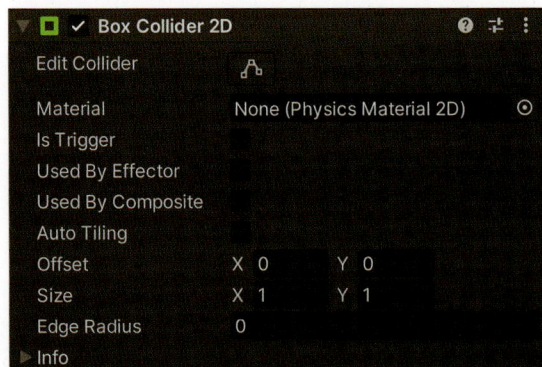

图7-32　Box Collider 2D组件

关键属性讲解

Is Trigger（是否作为触发器）：当勾选此项时，碰撞器将变为触发器，不再产生碰撞效果，但可以触发OnTriggerEnter2D等事件。

Material（物理材质）：为碰撞器指定物理材质，以影响碰撞时的摩擦力、弹力等效果。碰撞体组件

◆ **知识点四——动画控制器（Animator Controller）**

在Unity中，动画控制器（Animator Controller）是管理和控制角色或物体动画状态的关键工具。动画控制器允许开发者创建一个动画状态机，其中包含不同的动画状态和状态之间的过渡。通过定义状态和过渡规则，开发者可以控制角色在不同情况下播放不同的动画，实现平滑的动画过渡和状态切换。

关键属性讲解

Animation States：动画状态是动画控制器中的基本单元，代表一个特定的动画片段。开发者可以将动画片段拖放到动画控制器中创建动画状态。

Transitions：过渡用于定义动画状态之间的切换条件和过渡时间。开发者可以在动画控制器中创建过渡，连接不同的动画状态。过渡可以基于动画参数、时间、事件等条件触发。

Animation Parameters：动画参数是用于控制动画状态机的变量。开发者可以在动画控制器中定义不同类型的动画参数，如布尔型、整数型、浮点型等。通过脚本或其他方式修改动画参数的值，可以触发动画状态的切换和过渡。

创建步骤

创建动画控制器：在项目窗口中，右键点击并选择"Create"→"Animator Controller"，为动画控制器命名并将其保存到项目中。

编辑动画控制器：创建动画控制器后，开发者可以使用Unity的动画窗口（Animation Window）或动画控制器编辑器（Animator Controller Editor）来编辑动画控制器。添加动画状态、定义过渡、编辑动画参数以及调整状态机层次结构等。

关联动画控制器：将动画控制器关联到角色或物体的Animator组件上。在Inspector窗口中，选择角色或物体，然后将动画控制器拖放到Animator组件的"Controller"属性中。

4. 项目创建和资源导入

（1）打开UnityHub新建3D工程文件，项目名称命名为"STIEI_School_Demo_03"，名称也可以自己取，不影响后续步骤。选择保存路径，建议储存在非系统盘，比如D盘。如图7-33所示。

Demo03制作视频

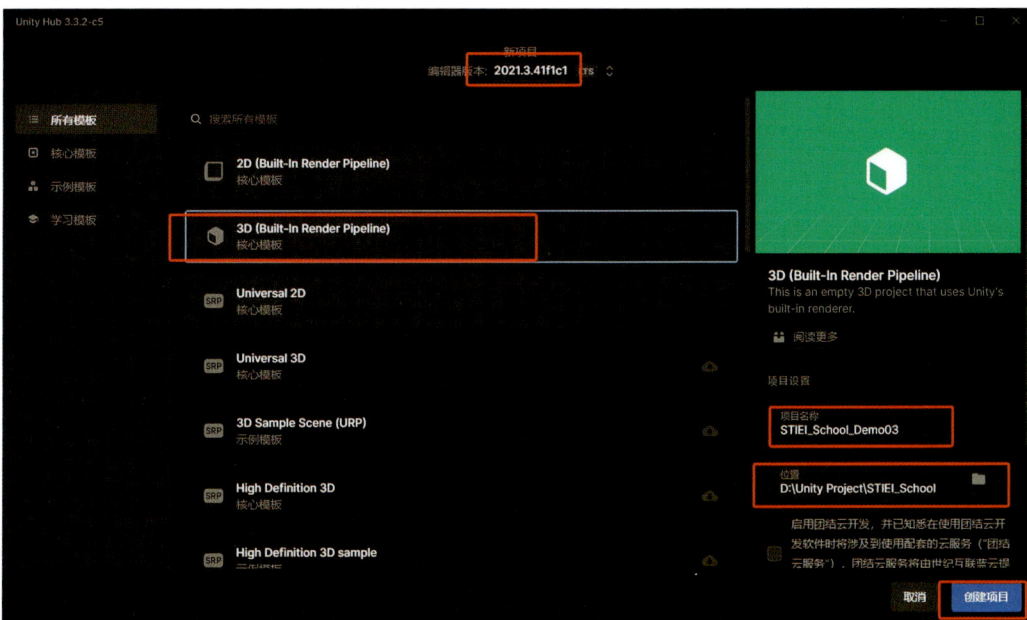

图7-33 新建项目

（2）把准备好的资源拖入到在"Project"项目窗口中的"Assets"文件夹下。如图7-34所示。

（3）在"SampleScene"场景中，切换到2D模式。如图7-35所示。

（4）选中"MainCamera"，把"MainCamera"的

"Projection"模式改为"Orthographic"模式，位置中的z值改为-10（负数）。如图7-36所示。

（5）打开"Game"游戏窗口，把分辨率调为1920×1080。如图7-37所示。

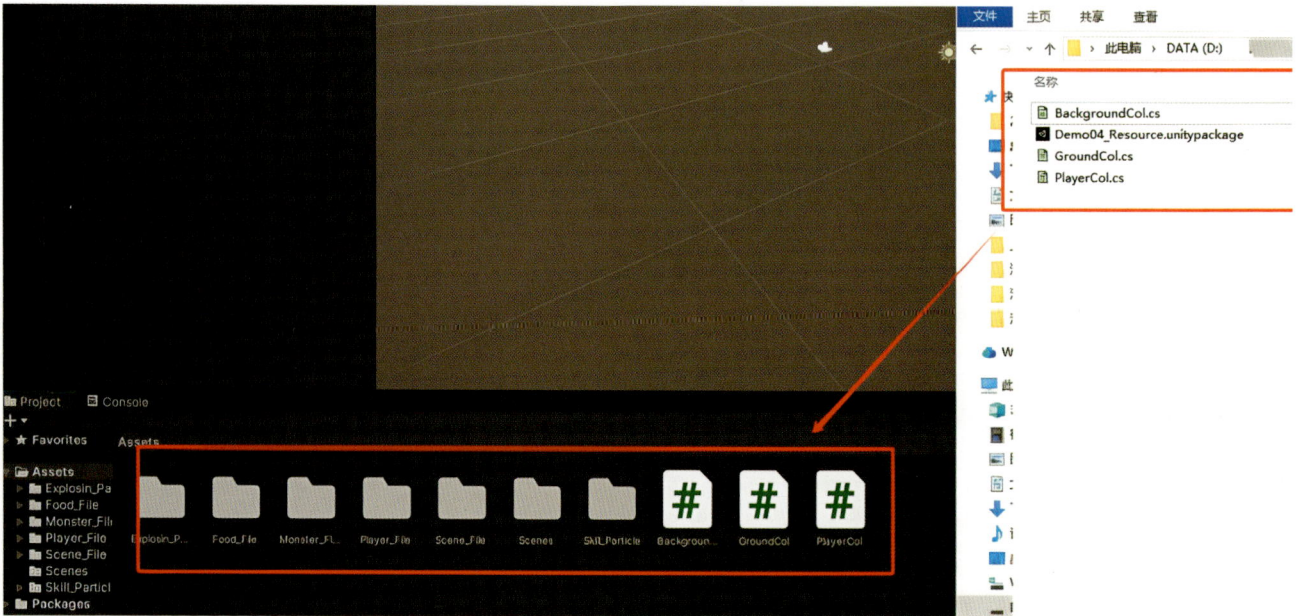

图7-34　资源导入

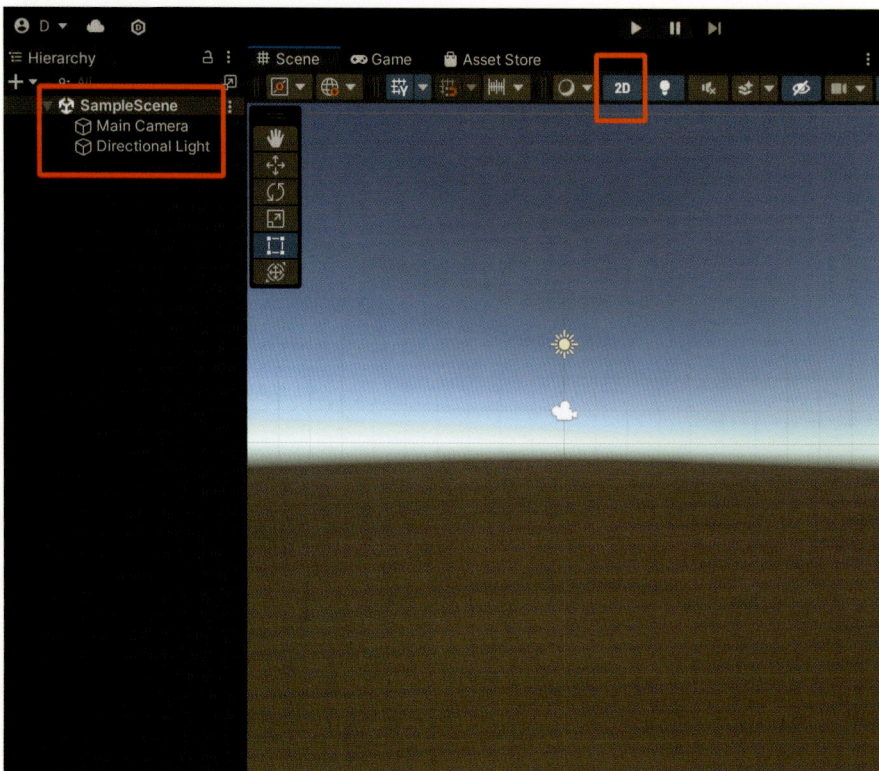

图7-35　设置2D视角

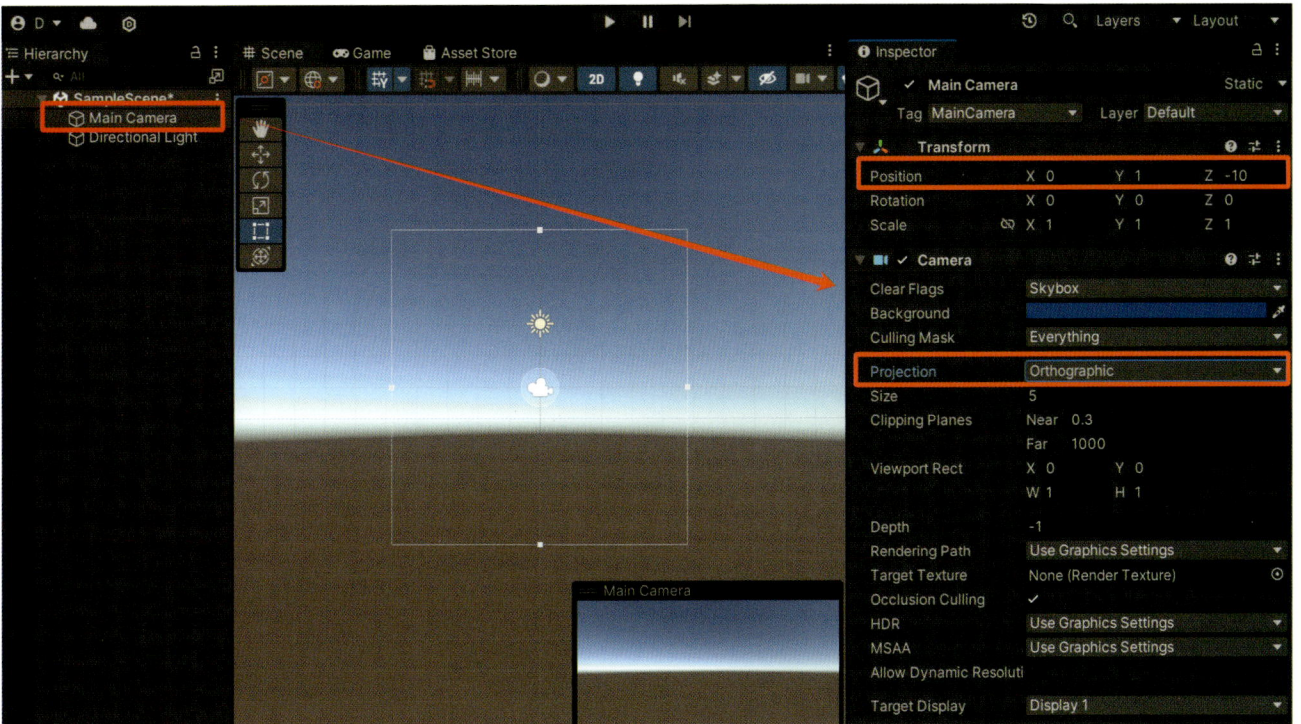

图7-36　设置相机属性

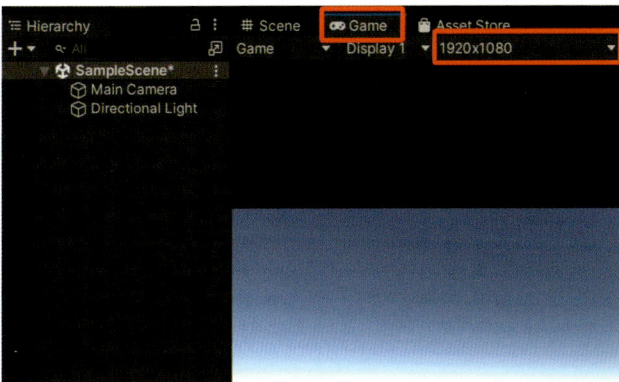

图7-37　设置游戏视窗分辨率

7.2.2　功能实现

1. 跑酷场景搭建

（1）了解以上功能属性，有助于理解项目场景搭建操作步骤。

（2）在本项目中，设置2D场景环境，需要使用精灵图素材进行环境搭建，并对所需呈现的视觉效果素材设置分层。在"Project"项目窗口的"Assets/

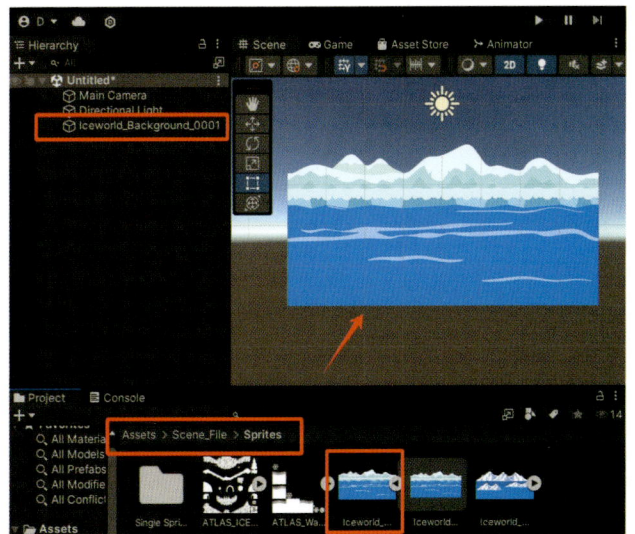

图7-38　在场景中添加冰雪世界背景图

Scene_File/Sprites"文件夹中找到名为"Iceworld_Background_0001"的背景图，即冰雪世界背景图，将该资源文件从列表拖到场景中。如图7-38所示。

（3）把冰雪世界背景图渲染精灵属性的"Order in layer"设置为0，确保背景图的渲染位于最底层，调整合适的位置与大小。如图7-39所示。

（4）复制一个用来填充屏幕，完成环境中冰雪世界背景设置。如图7-40所示。

（5）在"Project"项目窗口资源列表"Assets/Scene_File/Sprites/Single Sprites"中找到名为"Ice_Bot_

M_0001"的地面图，拖拽到场景中。如图7-41所示。

（6）修改地面的位置与大小，把它的"Order in layer"设置为1，并调节它的颜色使它看起来像地面。如图7-42所示。

（7）在"Project"项目窗口资源列表"Assets/Scene_

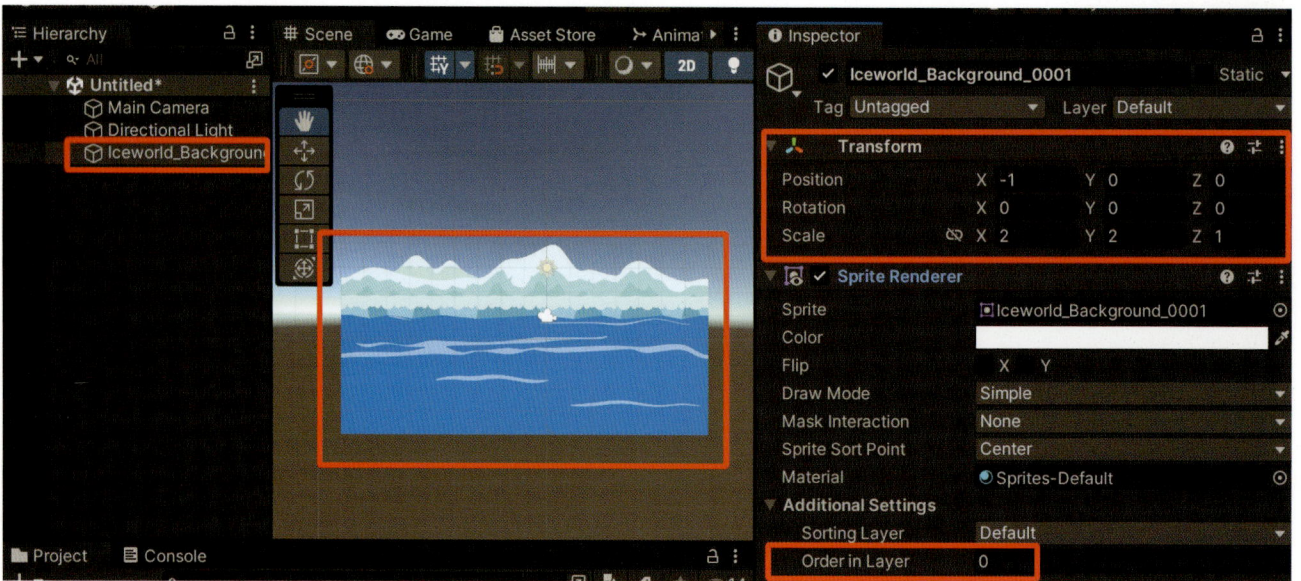

图7-39 设置冰雪世界背景图属性

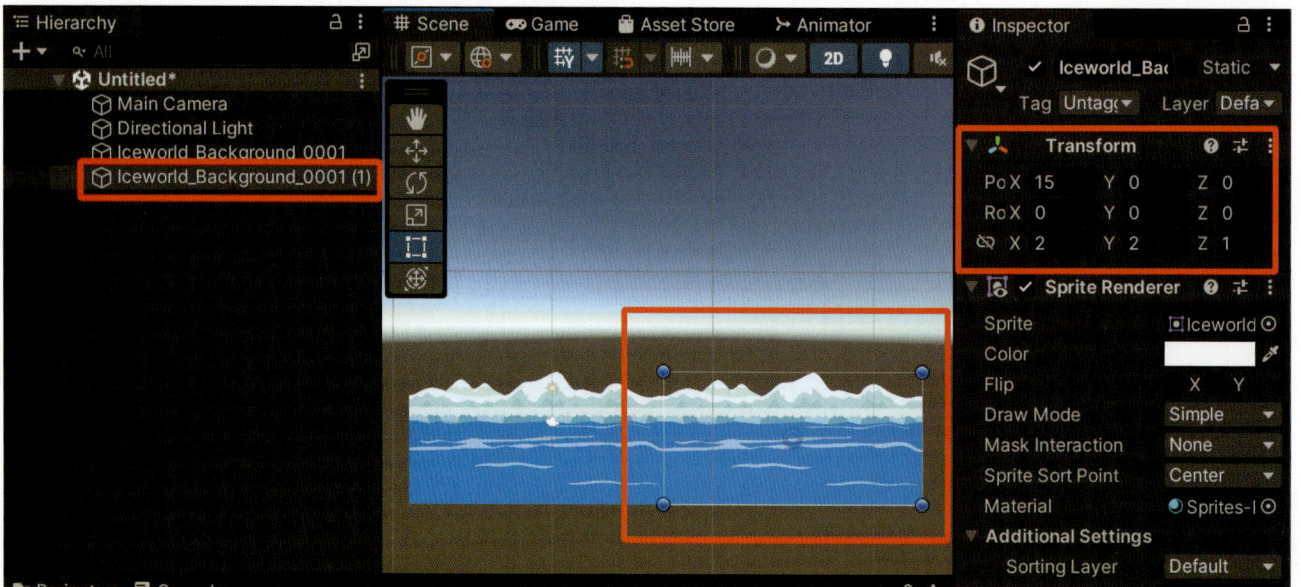

图7-40 复制冰雪世界背景图

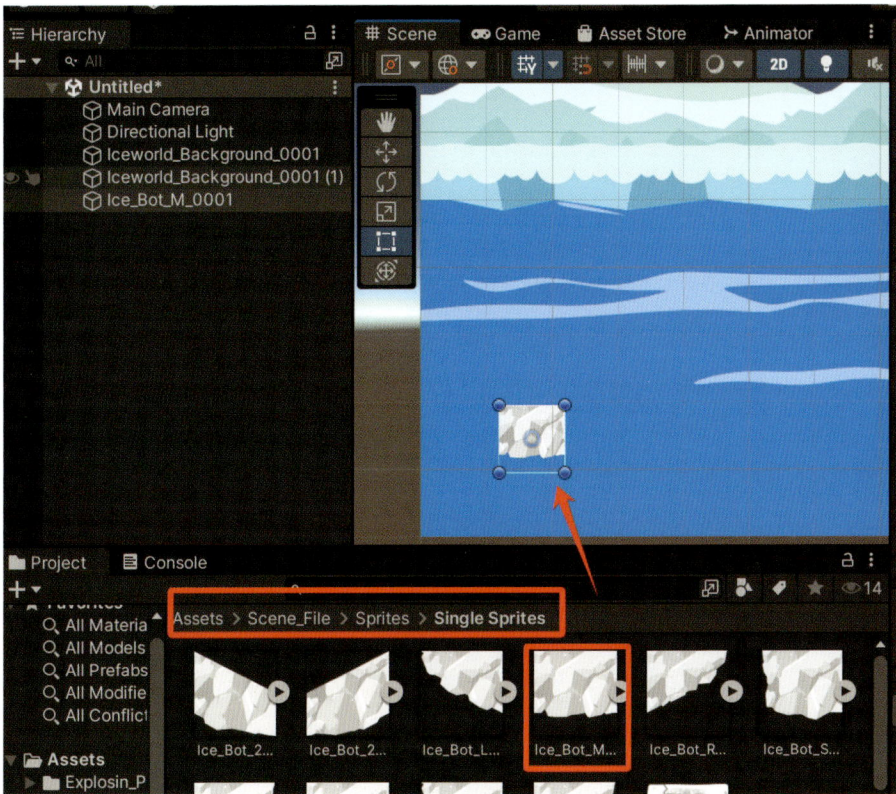

图7-41　在场景中添加地面

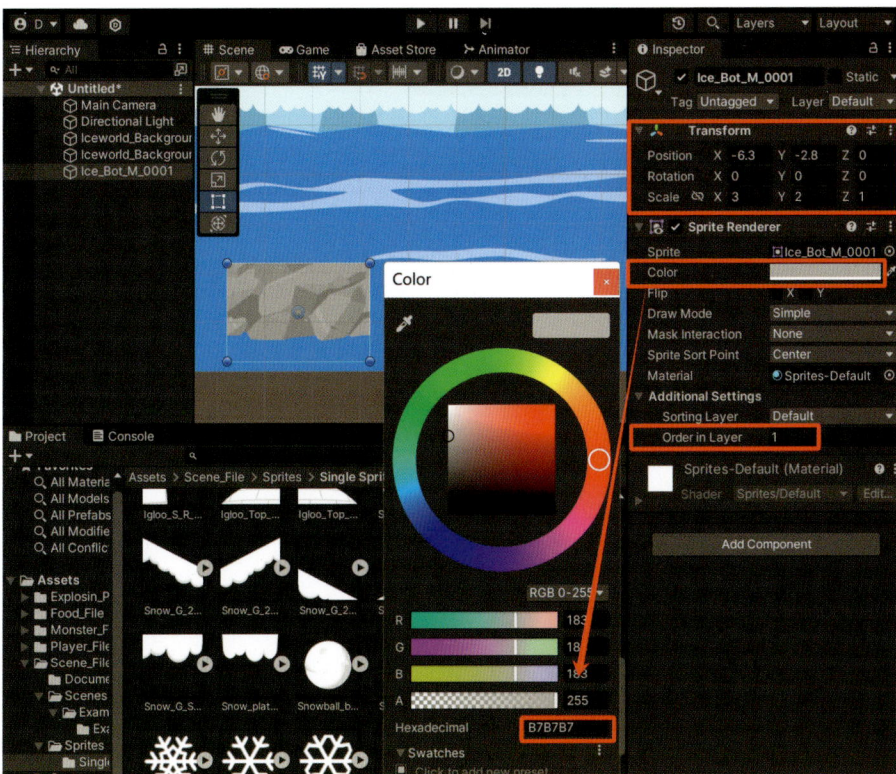

图7-42　设置地面属性

File/Sprites/Single Sprites"中找到名为"Snow_G_M_0001"的雪面图,将其拖到场景中。如图7-43所示。

(8)修改雪面的位置与大小,放到上一步创建的地面图的上面,把它的"Order in layer"设置为2。如图7-44所示。

(9)在"Hierarchy"层级窗口中,把雪面"Snow_G_M_0001"拖到地面"Ice_Bot_M_0001"的下面,并为雪面"Ice_Bot_M_0001"添加一个2D碰撞组件"Box Collider 2D",调整碰撞体的大小,使碰撞体和雪面大小一致。如图7-45所示。

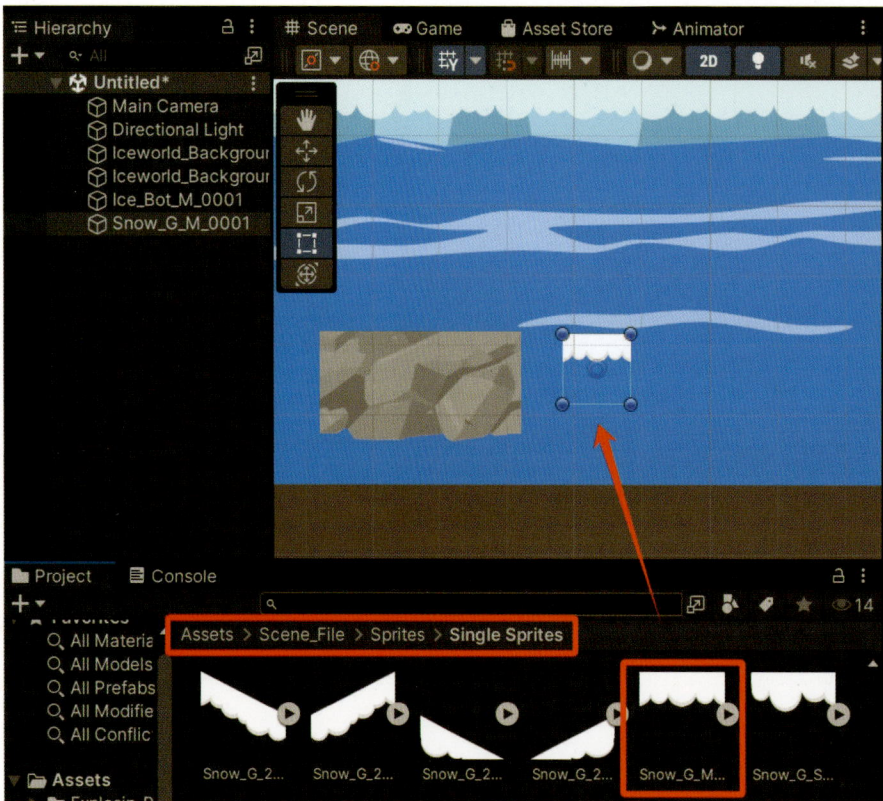

图7-43　在场景中添加雪面

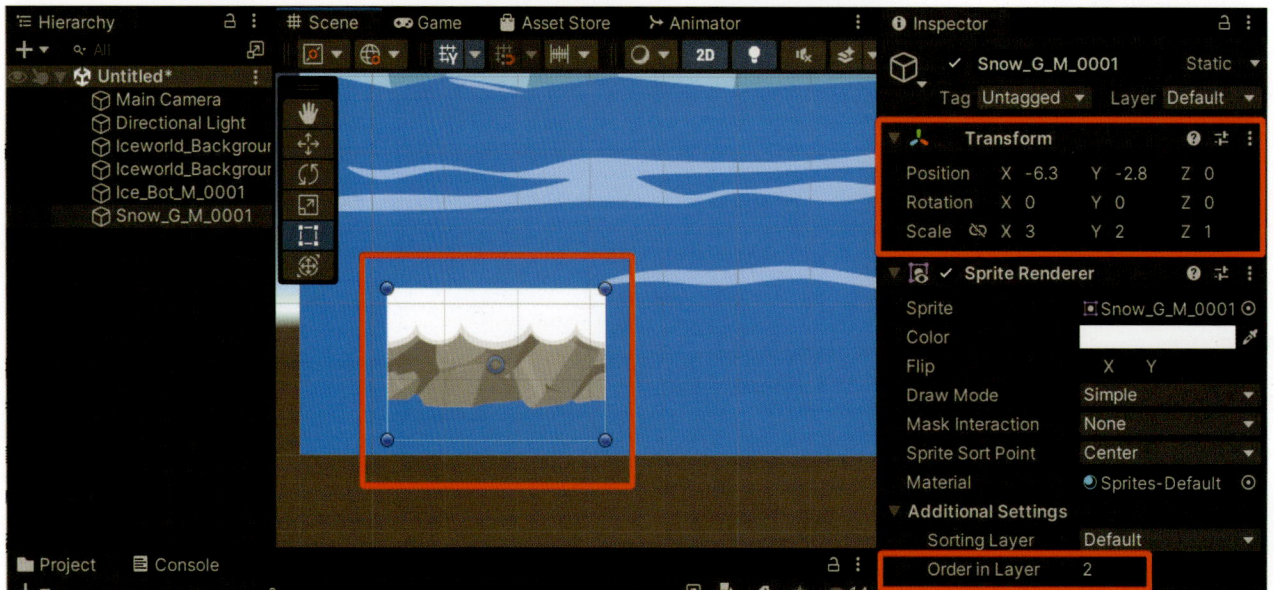

图7-44　设置雪面属性

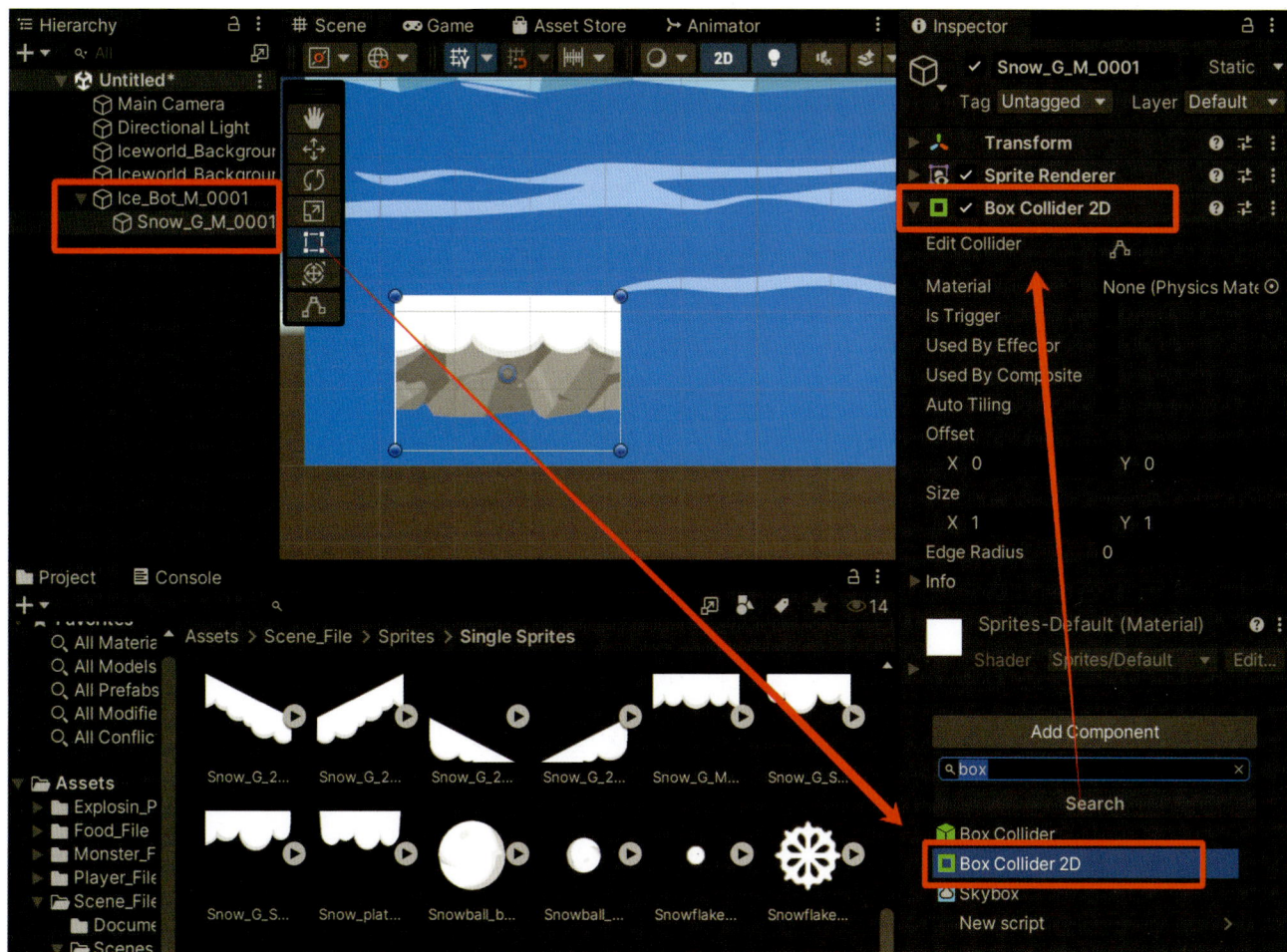

图7-45 设置雪面和地面的关系

（10）选中地面"Ice_Bot_M_0001"，通过多次按下"Ctrl+D"复制几份，并修改复制后的地面位置，保证几块地面连接起来组成一条路。如图7-46所示。

（11）在"Project"项目窗口资源列表"Assets/Scene_File/Sprites/Single Sprites"中找名为"Ice_cube_big_0001"的石头图，拖到场景中。如图7-47所示。

（12）把石头的"Order in layer"设置为1，为其添加2D碰撞组件"Box Collider 2D"，放到合适的位置。如图7-48所示。

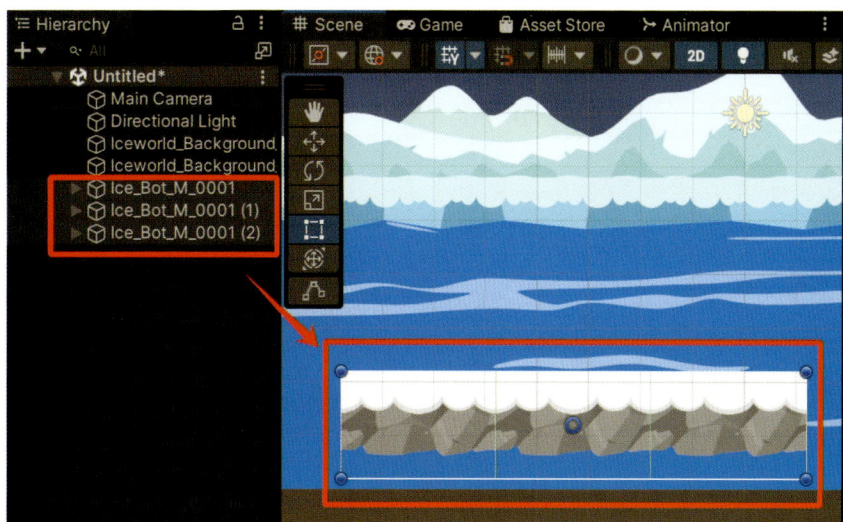

图7-46 复制地面图组成路面

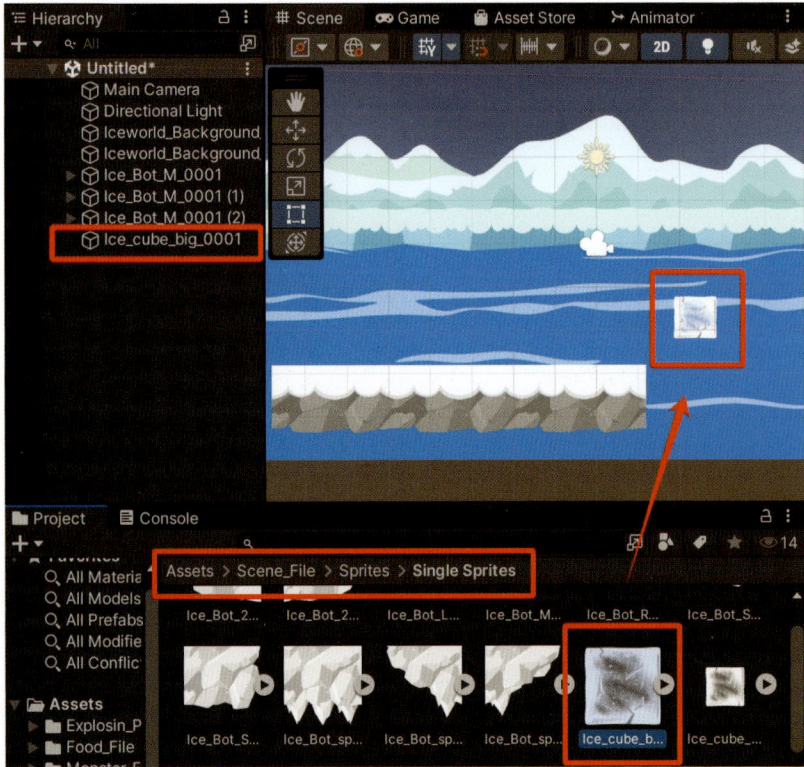

图7-47 在场景中添加石头

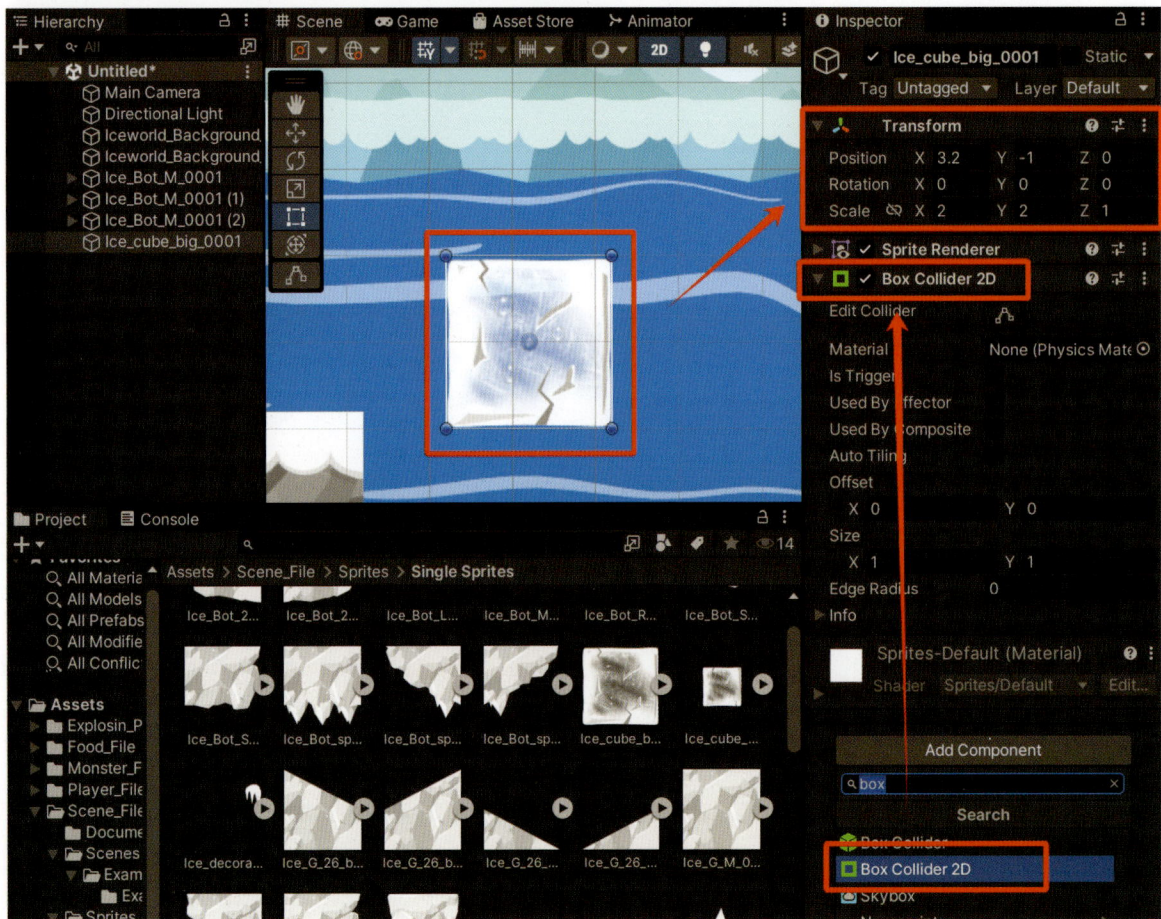

图7-48 设置石头属性

（13）选中石头"Ice_cube_big_0001"，按下Ctrl+D复制一份，放到合适的位置。如图7-49所示。

（14）在"Hierarchy"层级窗口中右键选中"Create Empty"，创建一个空物体，修改名为"Ground"，放到合适的位置（"Transform"组件中的X值与图片保持一致）。如图7-50所示。

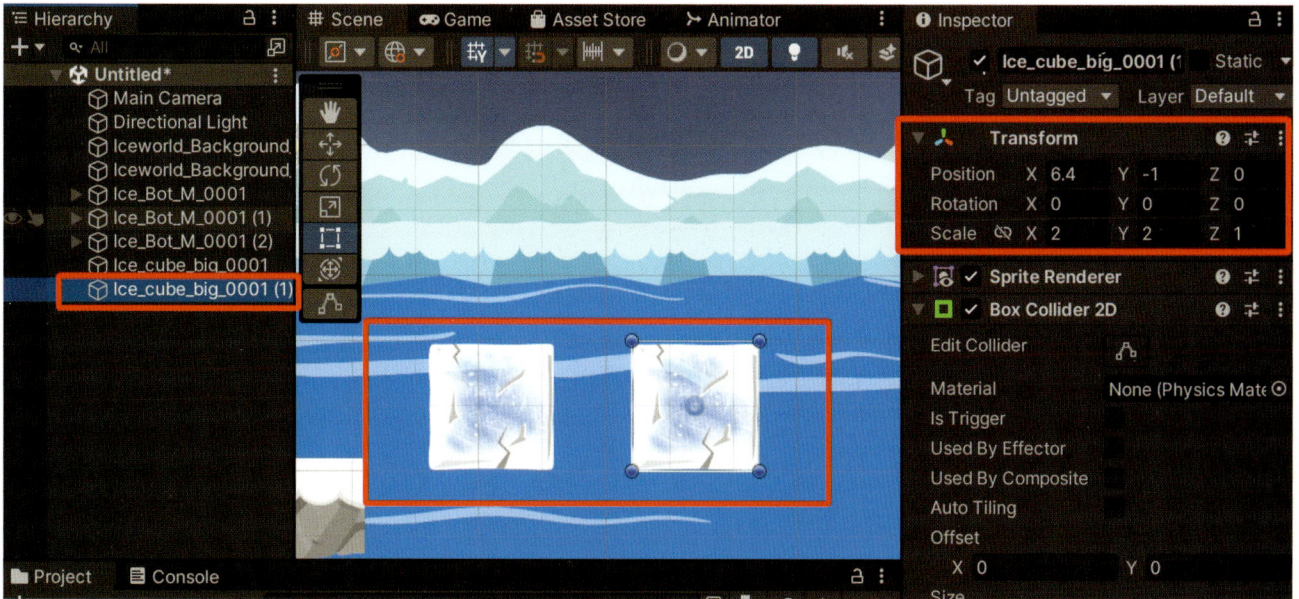

图7-49 复制石头元素

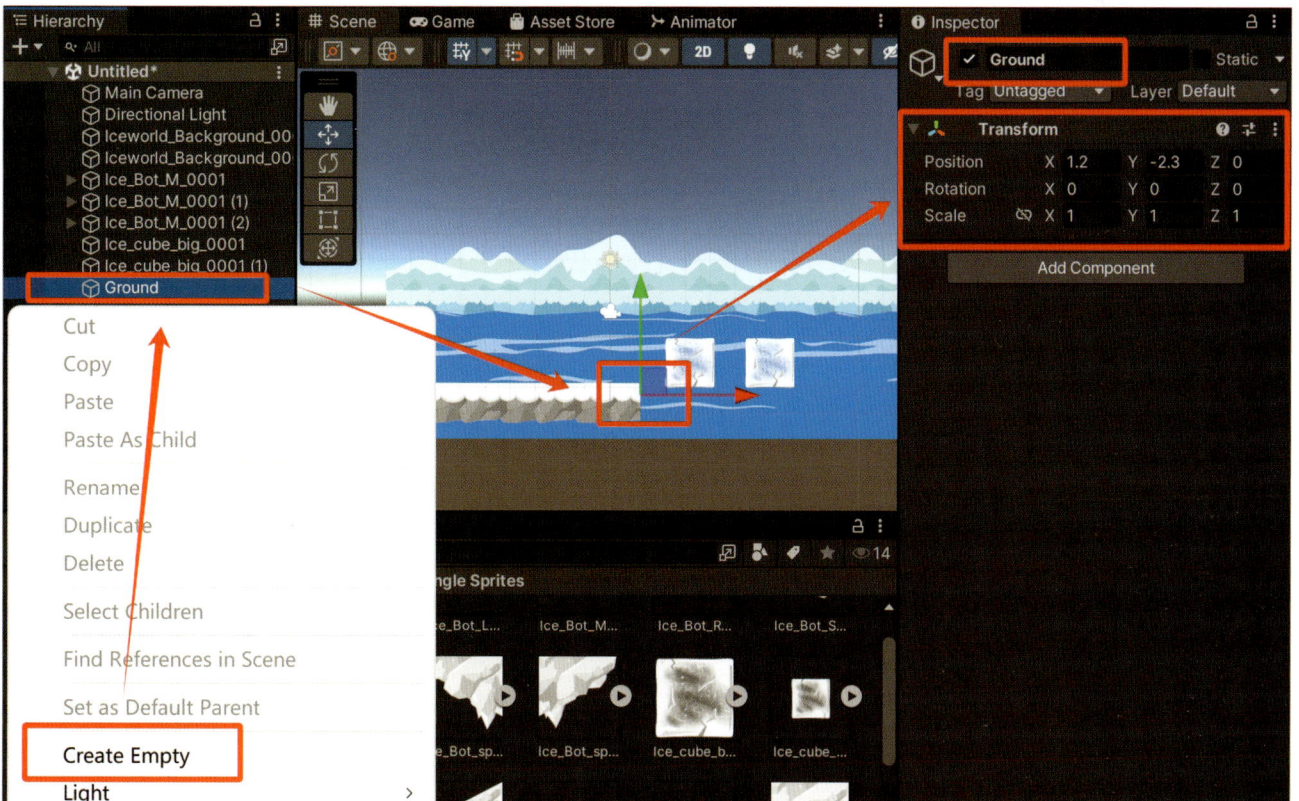

图7-50 创建空物体Ground

（15）把上面创建的所有地面和石头拖到"Ground"下面，当作子物体。如图7-51所示。

2. 角色奔跑与跳跃

（1）在"Project"项目窗口中的"Assets/Player_

File/Idle"文件夹，选中下面的三张图片，拖到场景中，为场景添加角色"idle_1"。如图7-52所示

（2）拖拽角色后，软件会弹出一个窗口，提示创建一个动画片段，这里命名为"Idle_Clip"。如图7-53所示。

（3）创建成功后，资源列表内会自动创建两个

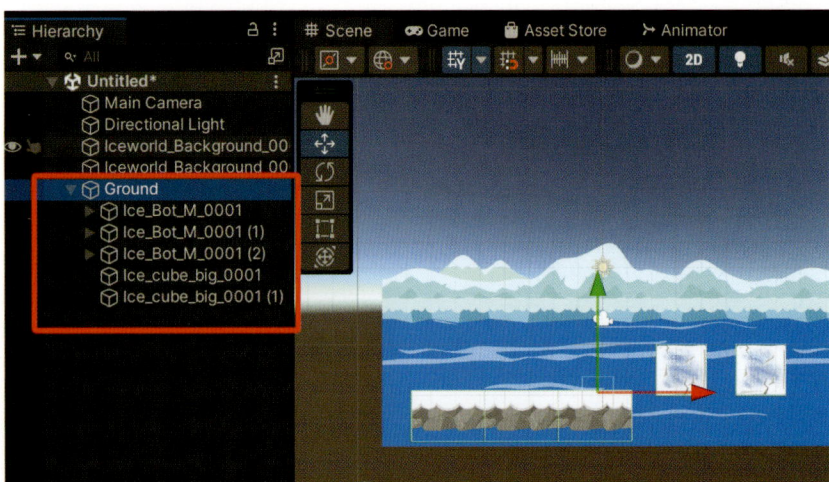

图7-51 为Ground添加子物体

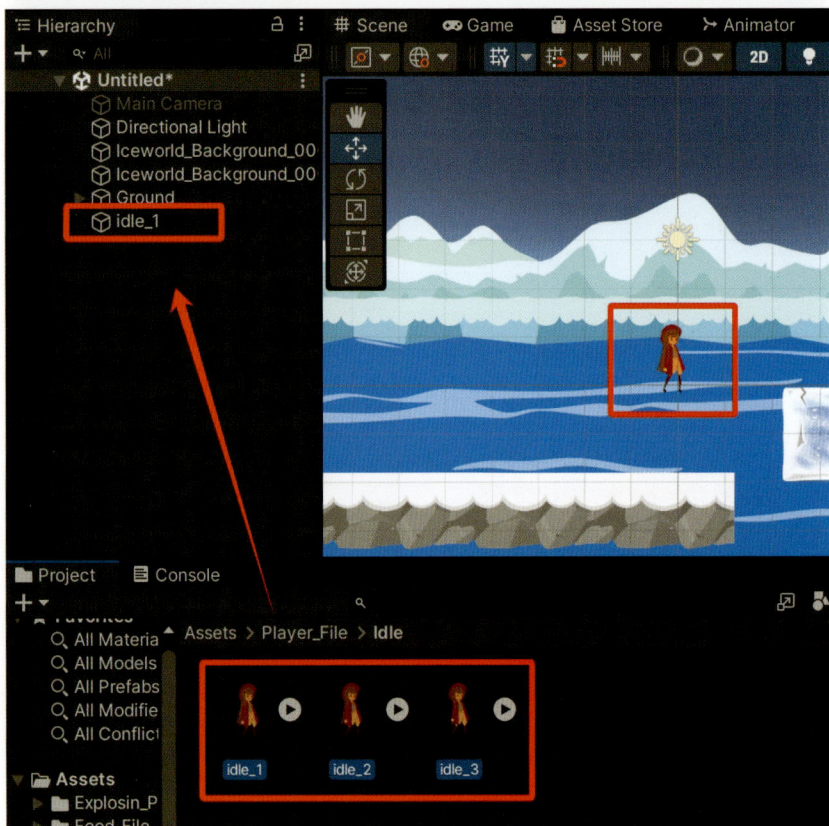

图7-52 添加角色文件Idle

图7-53 为角色动画片段命名

文件，分别为角色文件"idle_1"和动画片段"Idle_Clip"。如图7-54所示。

（4）把角色"idle_1"改名为"Player"，移动到合适的位置，并为它2D碰撞体组件"Box Collider 2D"，调整碰撞体的大小，使碰撞体和角色大小一致。如图7-55所示。

（5）给角色"Player"添加2D刚体组件"Rigidbody

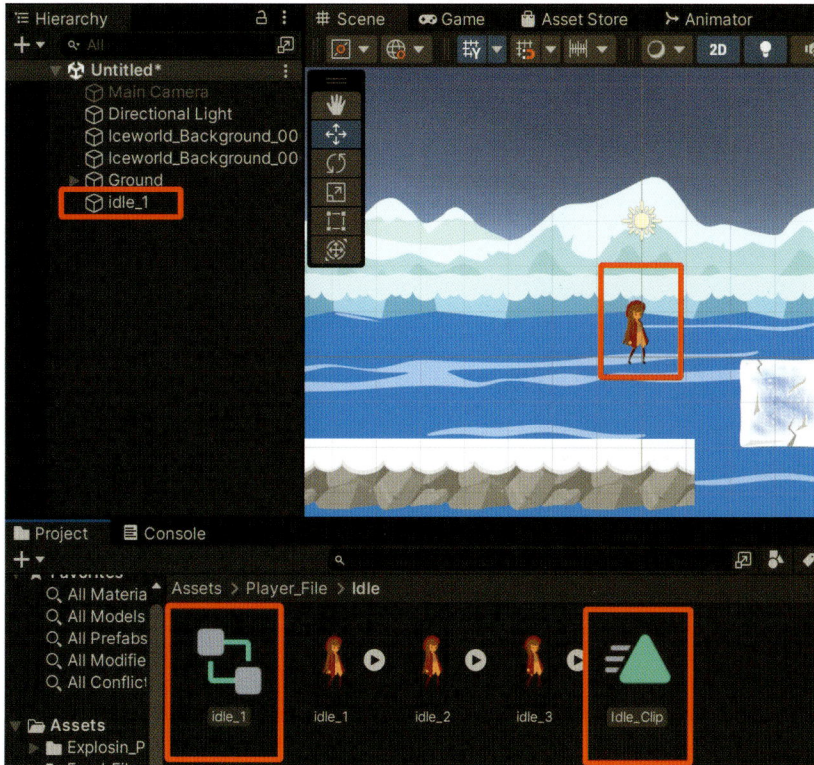

图7-54　为角色创建动画片段

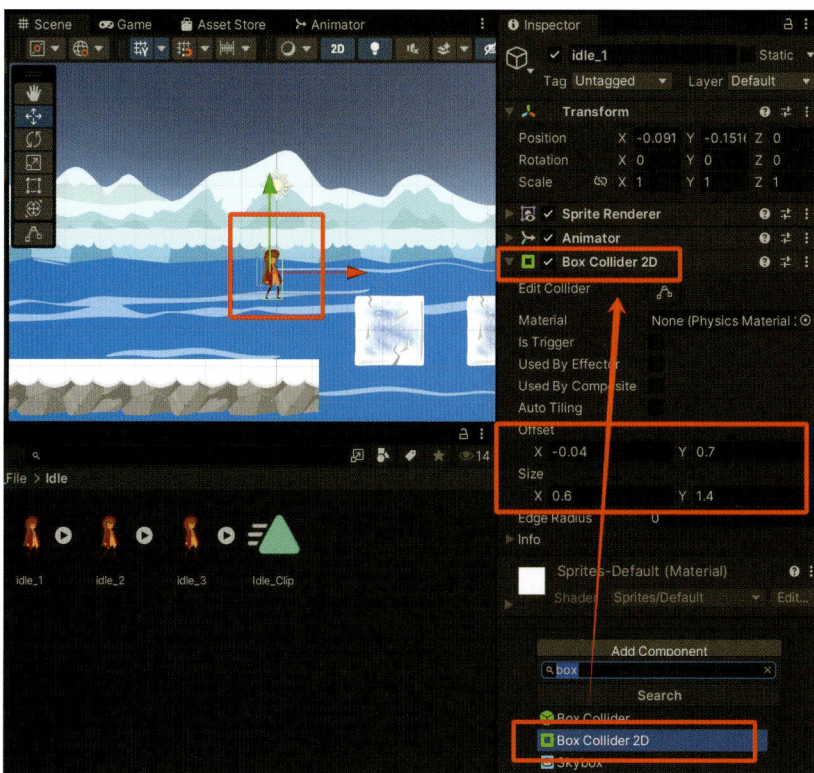

图7-55　为角色Player添加2D碰撞体

2D",把刚体组件中"Constraints"属性的Z勾选上（锁定Z轴）。如图7-56所示。

（6）在"Project"项目窗口资源列表"Assets/

Player_File/Run（eye）"中，选中它下面的7张图片，拖到场景中。如图7-57所示。

（7）拖拽角色后，软件会弹出一个窗口，提示创建

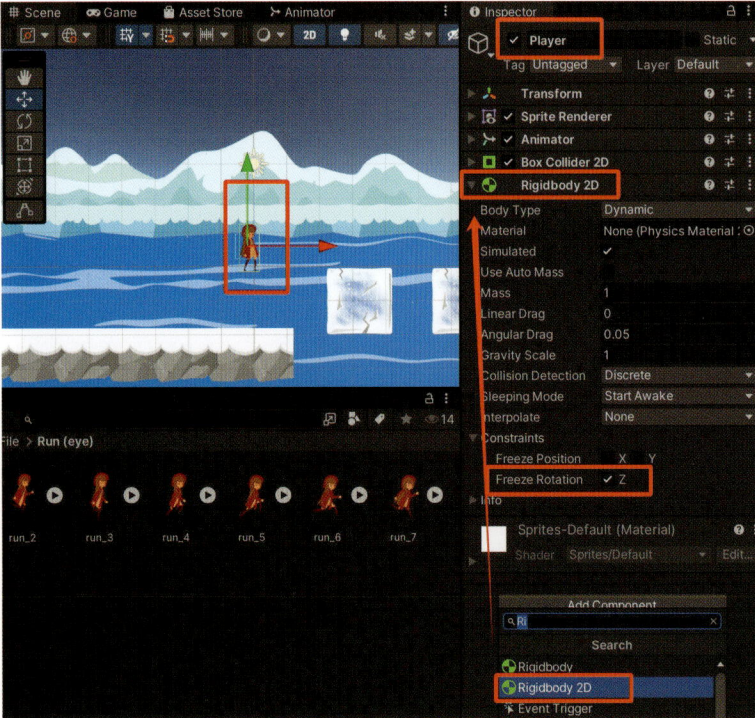

图7-56　为角色Player添加2D碰撞体

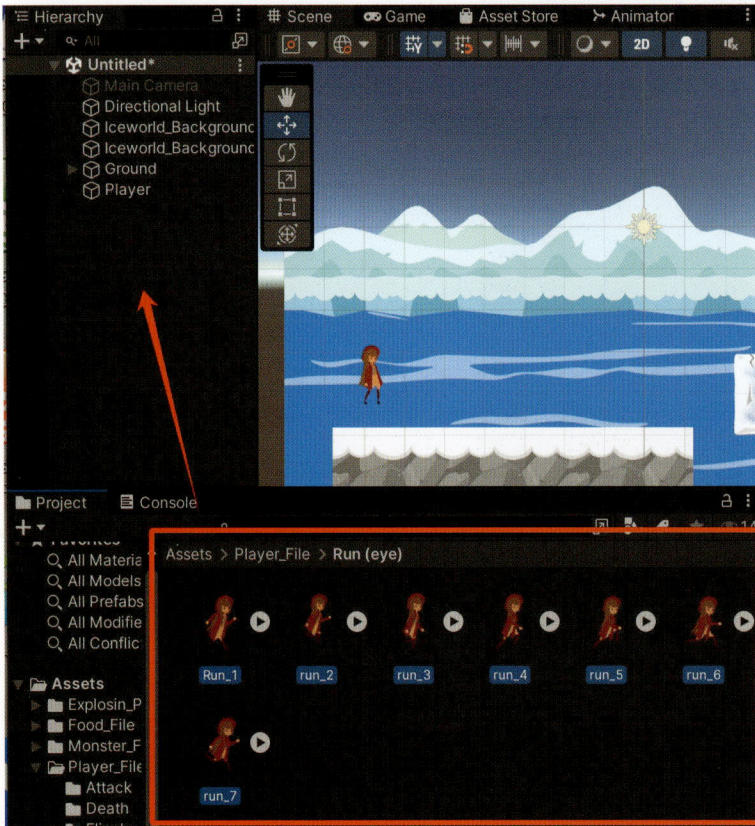

图7-57　添加角色跑步文件Run_1

一个动画片段，这里命名为"Run_Clip"。如图7-58所示。　　如图7-59所示。

（8）在"Hierarchy"层级窗口中删除文件"Run_1"。　　（9）双击动画控制器"idle_1"，打开动画编辑器，

图7-58　为跑步动画片段命名

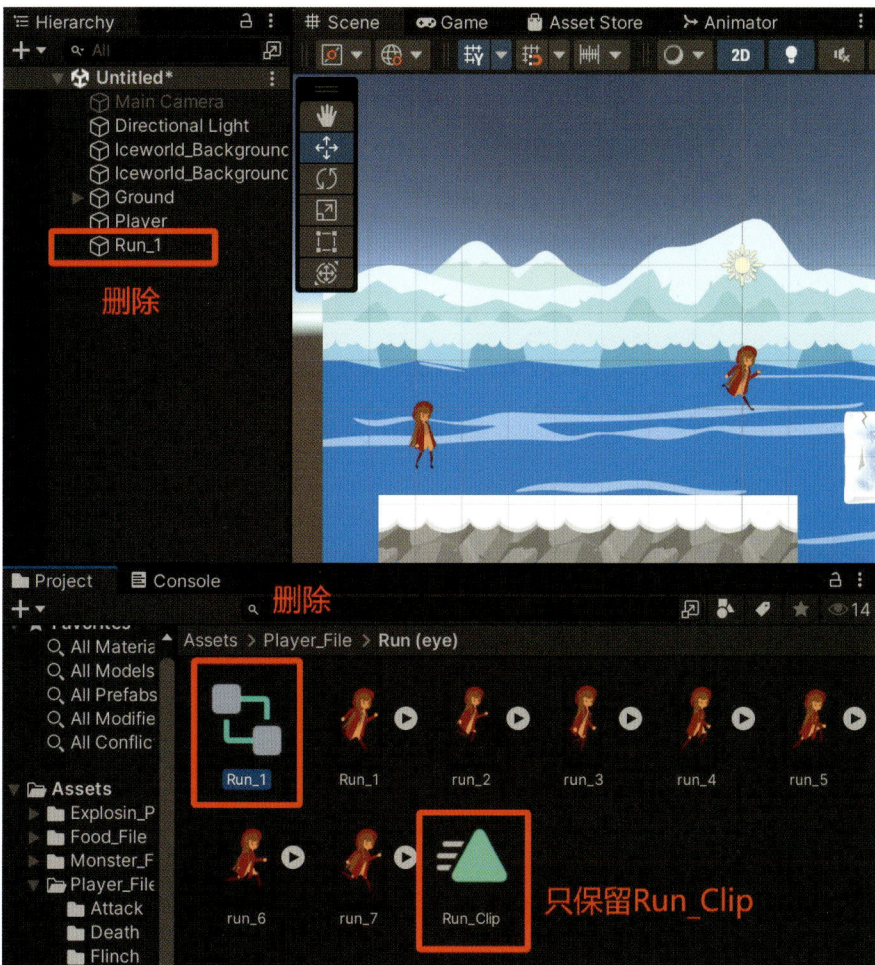

图7-59　删除Run_1文件

编辑动画控制逻辑。如图7-60所示。

（10）在动画控制器"Parameters"中添加整数型变量，命名为"State"。如图7-61所示。

（11）选中"Idle_Clip"后右键，点击"Make Transition"，出现连线后点击"Run_Clip"。选中"Run_Clip"后右键，点击"Make Transition"，出现连线后点

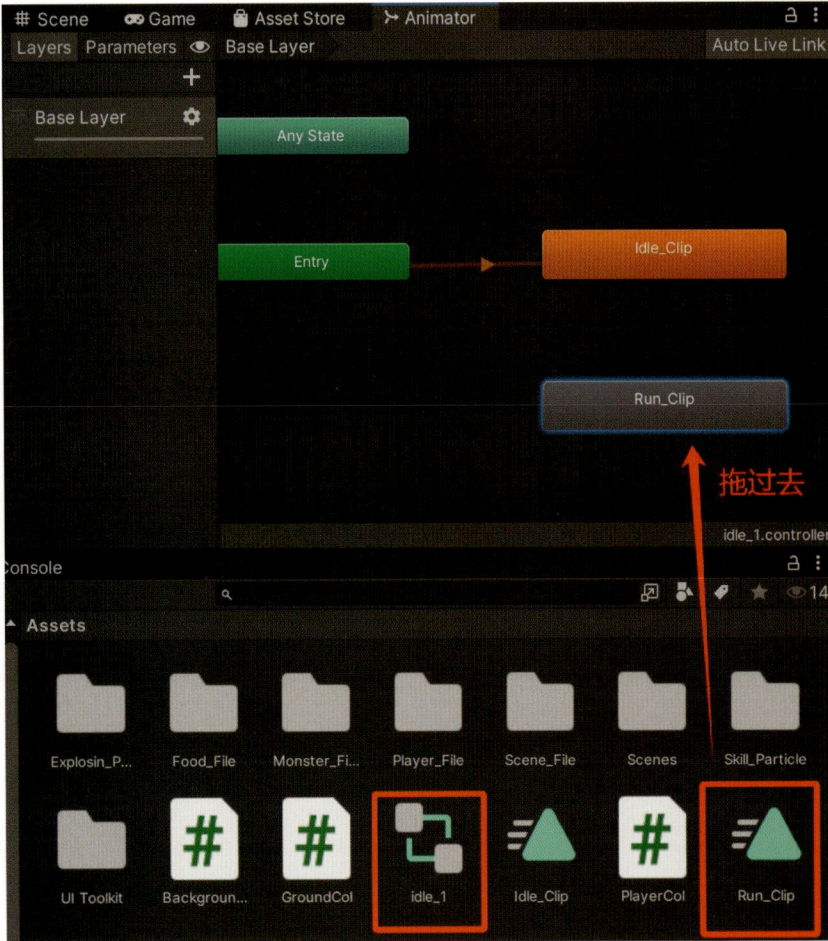

图7-60　在动画控制器内添加动画片段

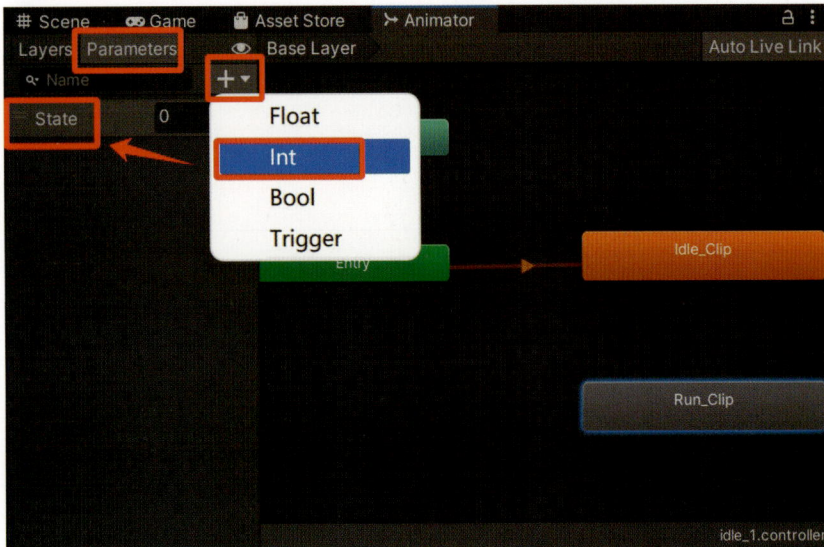

图7-61　添加变量State

击"Idle_Clip"。为角色初始动画状态"Idle_Clip"和跑步动画状态"Run_Clip"创建往返两条连线。如图7-62所示。

（12）初始状态和跑步状态连接后，需要设置切换状态的条件。选中左侧连线，为状态切换条件"Conditions"添加参数"State"，条件选择等于"Equals"，等于数值为1。如图7-63所示。

（13）选中初始右侧连线，为状态切换条件"Conditions"添加参数"State"，条件选择等于"Equals"，等于数值为0。如图7-64所示。

（14）在"Project"窗口资源列表"Assets/Scene_File/Scenes/Example"，找到名为"Pick_Up_Candy_0001"

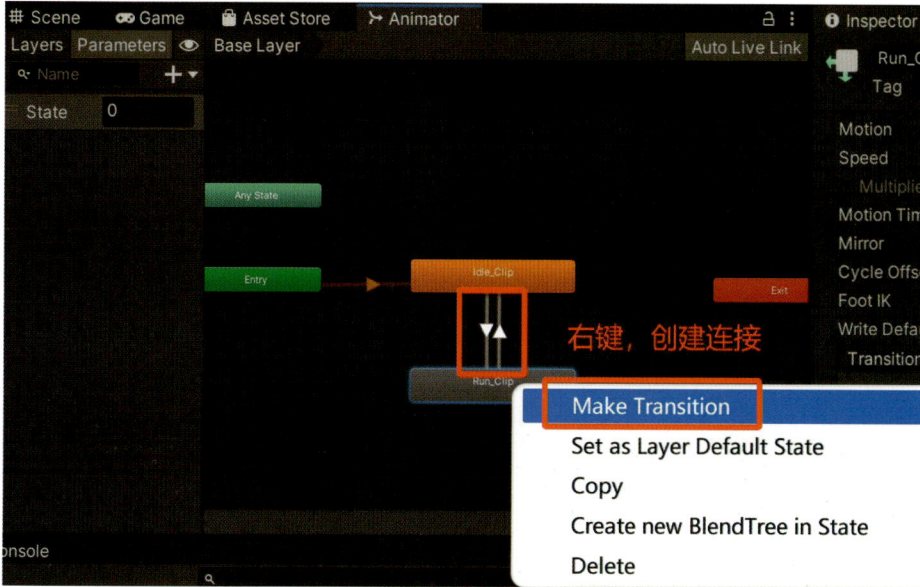

图7-62　为动画状态创建连线

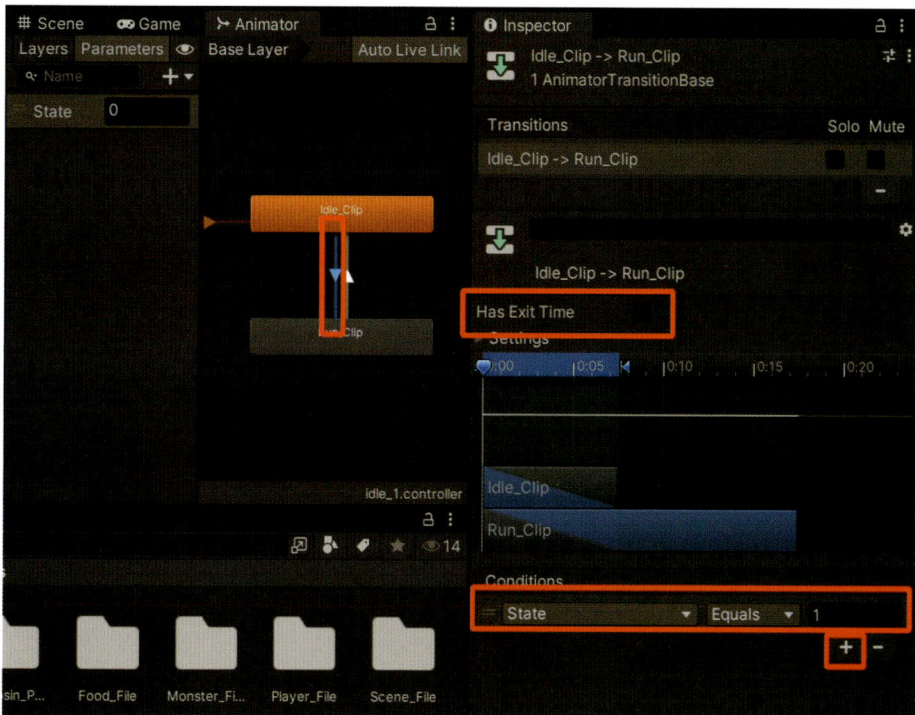

图7-63　为初始动画状态切换添加条件

的图片，拖到场景中，作为道具，名字重命名为"Coin01"，为道具添加2D碰撞体组件"Box Collider 2D"，并勾选Is Trigger。如图7-65所示。

（15）在"Project"项目窗口资源列表中找到"PlayerCol"脚本文件，选中"Hierarchy"中的道具"Player"，通过拖拽把它挂载到Player上。如图7-66所示。

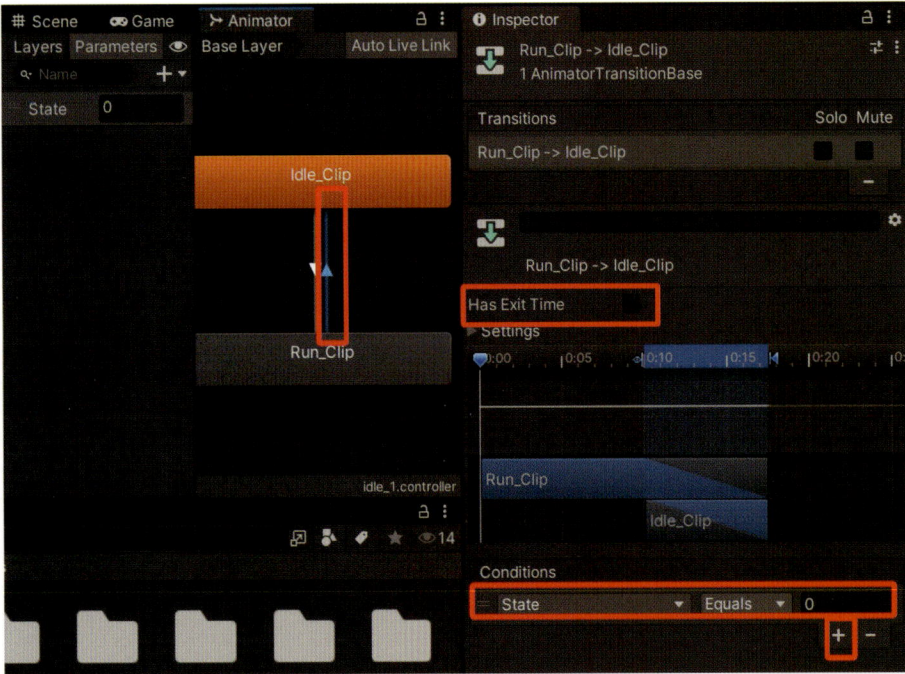

图7-64　为跑步动画状态切换添加条件

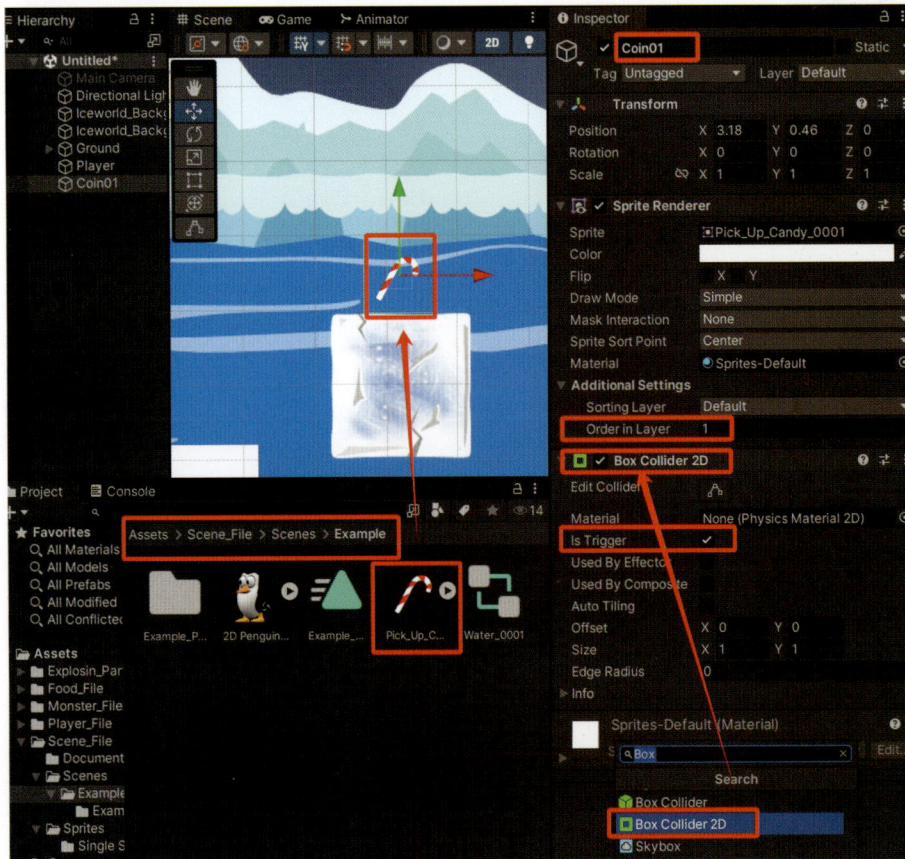

图7-65　添加道具并设置属性

3. 背景和道具属性设置

（1）跑酷过程中，游戏视角需要随着角色移动。在"Project"窗口的"Assets"文件夹下，找到

"BackgroundCol"脚本，把它挂载到背景图和相机身上，即"Main Camera""Iceworld_Background_0001""Iceworld_Background_0001（1）"。如图7-67所示。

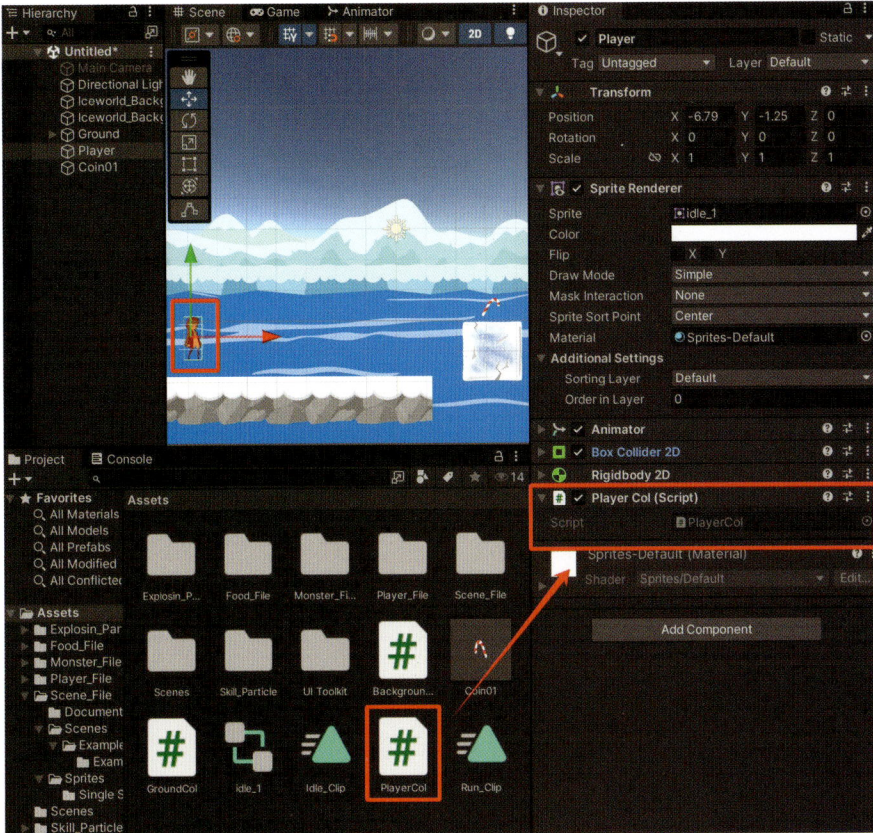

图7-66　为角色添加控制脚本

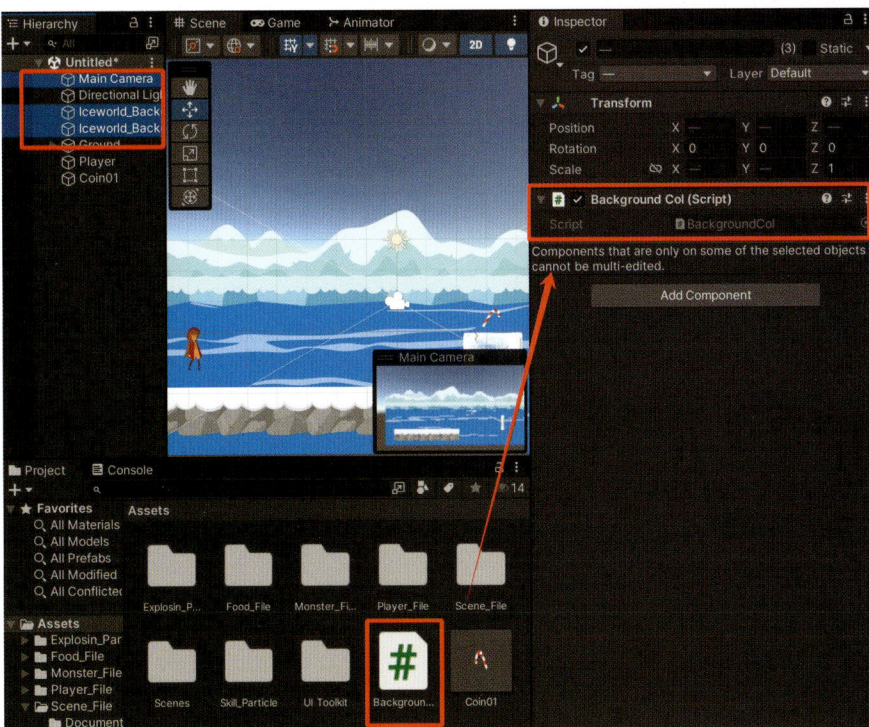

图7-67　添加背景移动脚本

（2）在"Hierarchy"层级窗口中选中地面"Ground"，右键选中"Create Empty"，创建两个空物体作为它的子物体，分别命名为"Point1""Point2"，这两个点作为道具的生成点，选中两点拖拽到合适的位置。如图7-68所示。

（3）在"Hierarchy"层级窗口中选中"Ground"，按Ctrl+D复制一份"Ground（1）"，放到合适的位置，注意"Ground"与"Ground（1）"的"Transform"位置X值之差要接近于16.5，因为脚本中设置了地面长度为16.5。如图7-69所示。

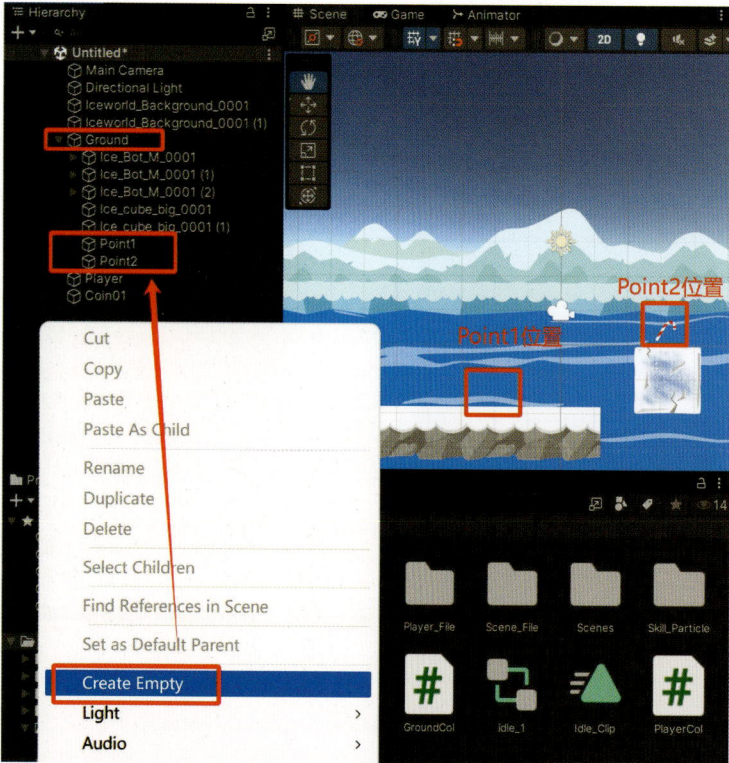

图7-68　添加道具生成点

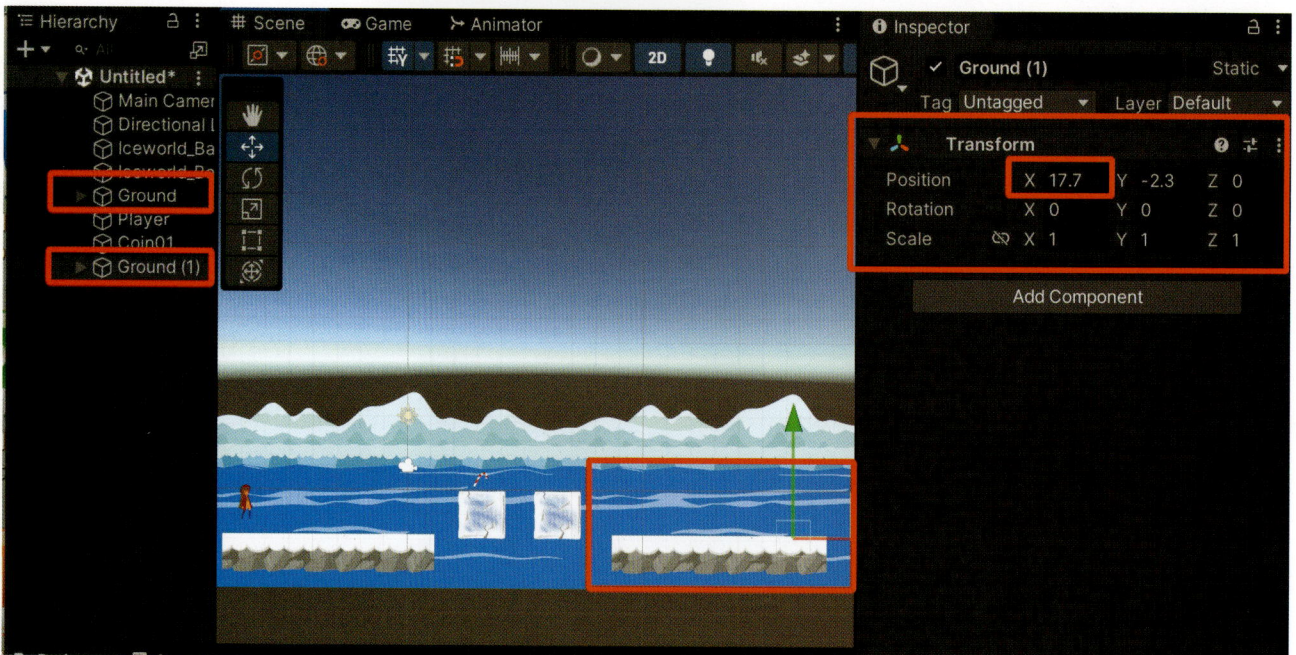

图7-69　添加道具生成点

（4）在"Hierarchy"层级窗口中选中"Coin01"，把它拖到"Project"项目窗口的"Asset"文件夹下，将前面设置好的道具变为预制体，方便后续调用。预制体做好后，删除"Hierarchy"层级窗口的"Coin01"。如图7-70所示。

（5）在"Project"项目窗口的"Assets"文件夹下，找到"GroundCol"脚本，把它挂载到"Ground"身上，并为其赋值。选中"Ground"，将Hierarchy列表中的"Player""Point1""Point2"拖拽到右侧的"GroundCol"脚本中，将"Project"项目窗口"Assets"文件夹下的预制体"Coin01"拖拽到右侧的"Item"中。如图7-71所示。

（6）和上步操作一样，在"Project"项目窗口的"Assets"文件夹下，找到"GroundCol"脚本，把它挂载到"Ground（1）"身上，并为其赋值。如图7-72所示。

4. 创建下雪特效和运行测试

（1）在"Project"项目窗口中的"Assets/Scene_File/Scenes/Example/Example_Prefab"中找到名为"Particle Snowflake_3"的物体，它是一个已经设置好下雪效果的粒子特效，把它拖到场景中，放到如图7-73的位置。

（2）保存场景（Ctrl+S），案例就制作完成了，点击上方播放键，查看游戏效果。如图7-74所示。

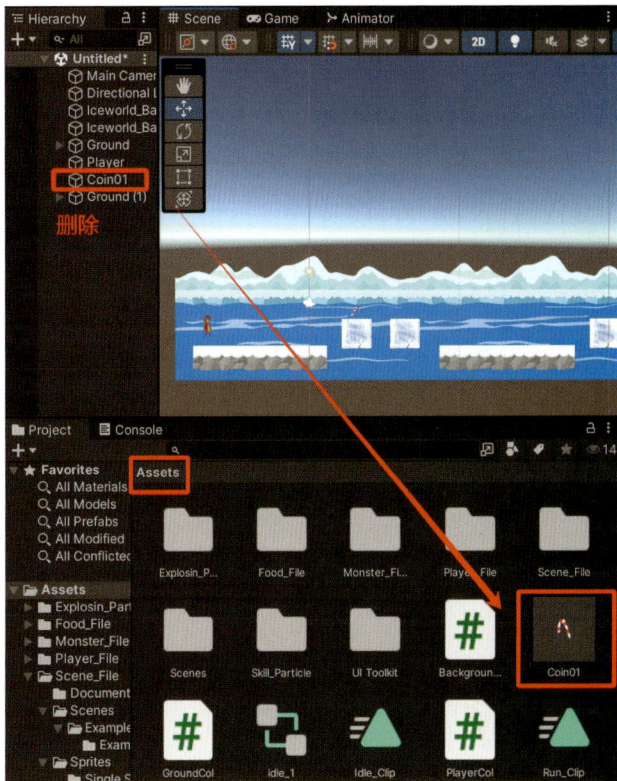

图7-70 添加道具生成点

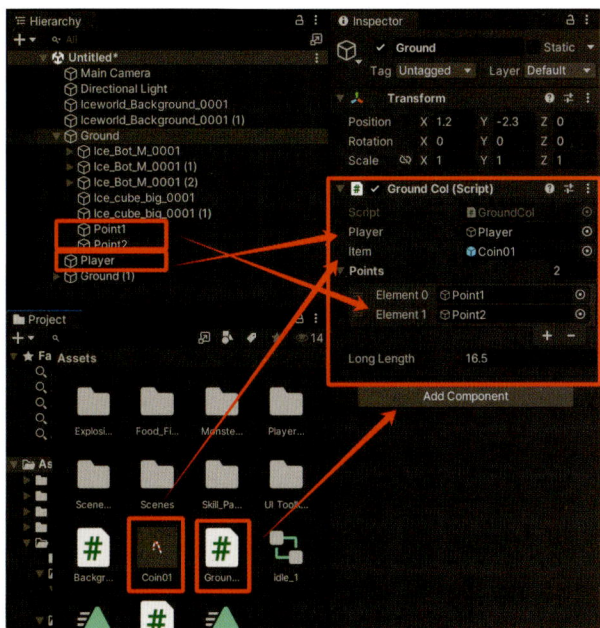

图7-71 为Ground添加控制脚本并赋值

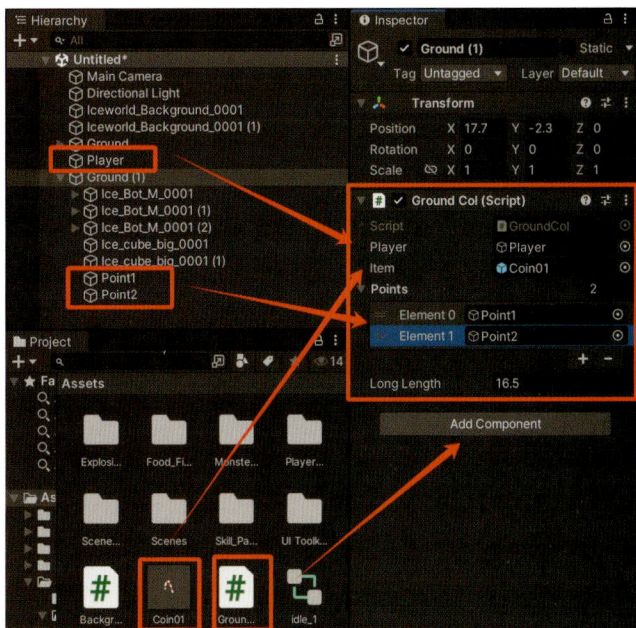

图7-72 为Ground（1）添加控制脚本并赋值

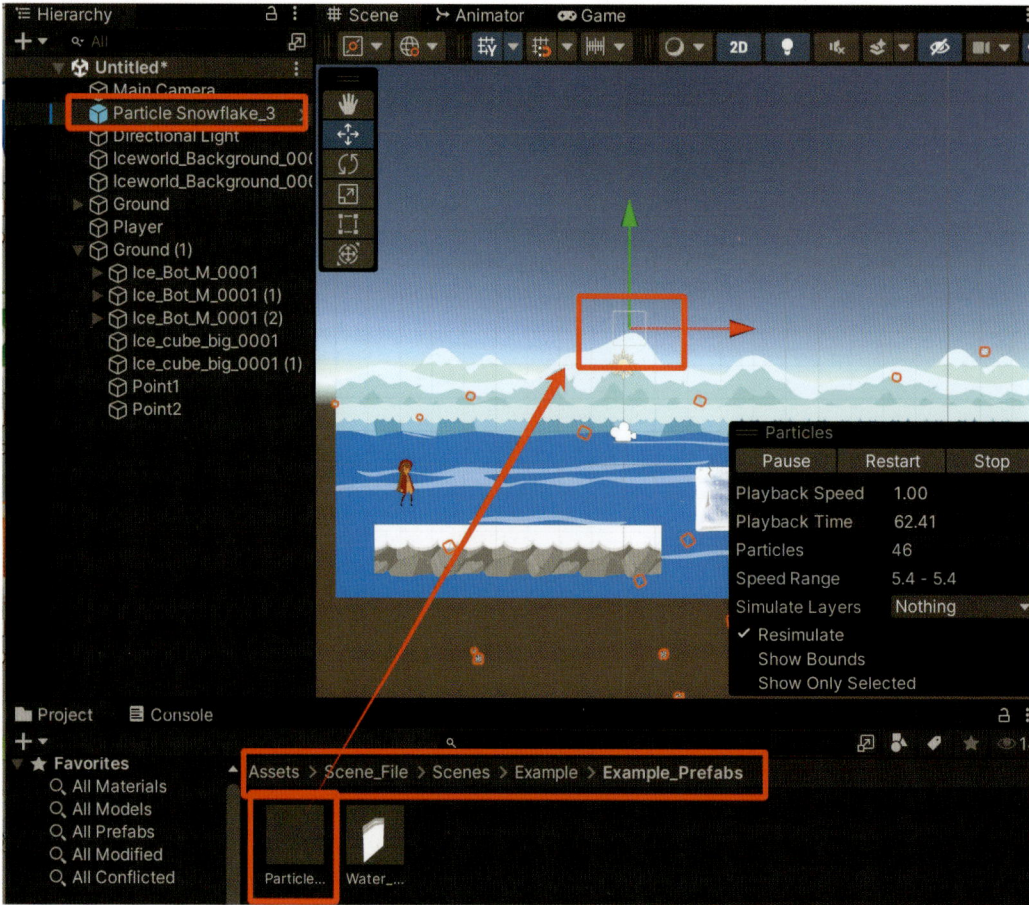

图7-73　添加下雪特效

图7-74　运行效果

项目总结

本项目主要学习2D跑酷游戏的制作，可以帮助读者掌握游戏2D开发的核心技能，包括Unity基础、物理引擎、角色控制、动画系统等等。难点在于物理引擎的使用、角色控制与动画的实现。希望读者通过相关知识点的学习和实践后，独立完成一款2D跑酷游戏的开发制作。

课后作业

（1）在Unity中，2D物理引擎的核心组件包括_____和_____，分别用于模拟物体的物理行为和检测碰撞。

（2）Unity中用于管理角色动画的组件是_____，它可以通过_____来切换不同的动画状态。

（3）在Unity 2D中，为了在游戏场景中创建可互动的障碍物（如可移动的箱子或可破坏的墙壁），你应该使用哪种组件？

    A. BoxCollider2D（设置为非Trigger）   B. SpriteRenderer

    C. Rigidbody2D（设置为Kinematic）   D. Trigger（设置为Collider2D的isTrigger属性为true）

（4）在Unity中，以下哪个组件用于创建2D游戏的地面和墙壁？

    A. Particle System   B. Sprite Renderer   C. Light   D. Audio Source

（5）在Unity中，以下哪种文件格式可以直接作为2D Sprite导入？

    A. .mp3   B. .png   C. .fbx   D. .cs

（6）请描述如何为角色创建一个简单的动画状态机，该状态机包含"站立"和"跳跃"两个状态。

中英文对照表（表7-2）

表 7-2　中英文对照表

英文单词	中文释义	英文单词	中文释义
Angular Drag	旋转阻力	Animator Controller	动画控制器
Animation States	动画状态	Asset	资源
Audio Source	声音资源	Conditions	条件
Collider	碰撞器	Color	颜色
Create Empty	创建空物体	Drag	阻力
Draw Mode	缩放模式	Editor	编辑器
Equals	相等	Flipping	翻转
Freeze Position/Rotation	冻结位置和旋转角度	Inspector	属性
Game	游戏	Gravity	重力
Hierarchy	层级	Layer	图层
Light	灯光	MainCamera	主相机
Mass	质量	Mask	遮罩

英文单词	中文释义	英文单词	中文释义
Material	材质	Order in Layer	排序顺序
Orthographic	正交投影	Parameters	参数
Particle	粒子	Polygon	多边形
Prefab	预制体	Projection	投影
Rigidbody	刚体	Sliced	切片
Simple	简单	Sorting Layer	排序层
Sprite Renderer	精灵图片渲染	Tiled	平铺
Transform	变换	Transitions	过渡
Trigger	触发器		

7.3 场景环境设置——天气变化控制

7.3.1 项目概述

1. 项目需求分析

在本项目中，玩家可以在一个阳光明媚的树林场景中看到不同的天气变化。界面按钮可以灵活控制不同的天气环境进行切换，调节杠杆按钮可以改变太阳的升降。通过亲身实践本项目的开发过程，读者将学习如何利用Unity设置天空环境，创造一个模拟自然光的仿真环境。

2. 项目学习目标和重难点
◆ 学习目标

通过项目制作实践熟悉Unity3D界面操作，了解项目结构、场景管理、资源导入等基本功能。掌握UI界面的设置方法，以及创建天空环境、控制环境切换等关键技术。

◆ 本章重点

掌握如何设置和切换天空状态以模拟不同的天气效果。

掌握如何使用Unity的UI系统（Canvas、Button、Slider等）创建交互界面。

◆ 本章难点

正确设置UI按钮和滑动条与环境系统的控制逻辑绑定。

3. 知识点讲解
◆ 知识点——UI系统

Unity的UI系统是用于创建用户界面（User Interface，UI）的核心工具，而Canvas是UI系统的核心组件之一。Canvas是所有UI元素的容器，负责管理和渲染UI元素（如按钮、文本、图像等）。

（1）Canvas的作用。

UI元素的容器：Canvas是所有UI元素的父对象，UI元素必须放在Canvas下才能正确显示。

渲染管理：Canvas负责将UI元素渲染到屏幕上，并处理它们的层级关系、缩放和布局。

适配不同分辨率：Canvas可以根据屏幕分辨率自动调整UI元素的大小和位置，确保UI在不同设备上显示一致。

（2）Canvas的创建。

在Unity中，右键点击Hierarchy窗口，选择UI > Canvas，即可创建一个Canvas。

创建Canvas时，Unity会自动生成一个EventSystem对象，用于处理UI的交互事件（如点击、拖拽）。

（3）Canvas的渲染模式。

Canvas有三种渲染模式，适用于不同的场景需求：

1）Screen Space - Overlay：UI元素直接渲染在屏幕最上层，覆盖所有3D场景。

适用于不需要与3D场景交互的纯2D UI。

2）Screen Space - Camera：UI元素渲染在指定的摄像机前，可以通过摄像机调整UI的显示效果。

适用于需要与3D场景有一定交互的UI。

3）World Space：UI元素作为3D场景的一部分，可以放置在场景中的任意位置。适用于需要在3D场景中显示的UI（如游戏中的角色姓名、血条、提示框）。

（4）Canvas的组件。

Canvas：管理UI元素的渲染和层级。

Canvas Scaler：控制UI元素的缩放和适配，确保在不同分辨率下显示一致。

（5）Canvas的常用UI元素。

Text：显示文本。

Image：显示图片。

Button：可点击的按钮。

Slider：滑动条，用于调节数值。

Panel：用于分组和布局UI元素的容器。

（6）Canvas的使用场景。

游戏菜单：如开始界面、设置界面。

HUD（Head-Up Display）：如血条、分数、小地图。

交互提示：如对话框、任务提示。

编辑器工具：如自定义编辑器界面。

（7）锚点的设置。

在Unity的UI系统中，锚点（Anchors）是用于控制UI元素相对于父对象或屏幕的定位和缩放行为的重要工具。通过设置锚点，可以确保UI元素在不同屏幕分辨率或父对象大小变化时，能够自动调整其位置和大小，从而实现自适应的布局。

（8）锚点位置和作用。

锚点位置：由四个小三角形组成的锚点图标表示，分别对应UI元素的左上、右上、左下、右下四个角。

锚点作用：决定UI元素如何随着父对象的大小变化而调整位置和大小。

（9）锚点的设置方法。

在Unity编辑器中，选中一个UI元素（如Image、Button等）。

在Inspector面板中，找到Rect Transform组件。

点击Anchor Presets（锚点预设）按钮，可以选择预设的锚点位置，或者手动拖动锚点图标来调整。

7.3.2　项目创建和资源导入

（1）打开UnityHub新建3D工程文件，项目名称命名为"STIEI_School_Demo_04"，名称也可以自己取，不影响后续步骤。选择保存路径，建议储存在非系统盘，比如D盘。如图7-75所示。

Demo04制作
视频

（2）工程文件新建后，进入软件操作界面。打开资源文件夹，将命名为"STIEI_School_Demo_04"的资源包拖入到"Project"项目窗口中的"Assets"文件夹下。如图3-2所示。也可以通过双击资源包"STIEI_School_Demo_04"导入资源。如图7-76所示。

（3）打开"Project"项目窗口中的"Assets/Scene_Assets"文件夹，在导入的资源文件夹内找到名为"Demo Day"的场景文件，选中后按"Ctrl+c""Ctrl+v"复制，重命名复制的场景为"Demo04"，把它拖出此

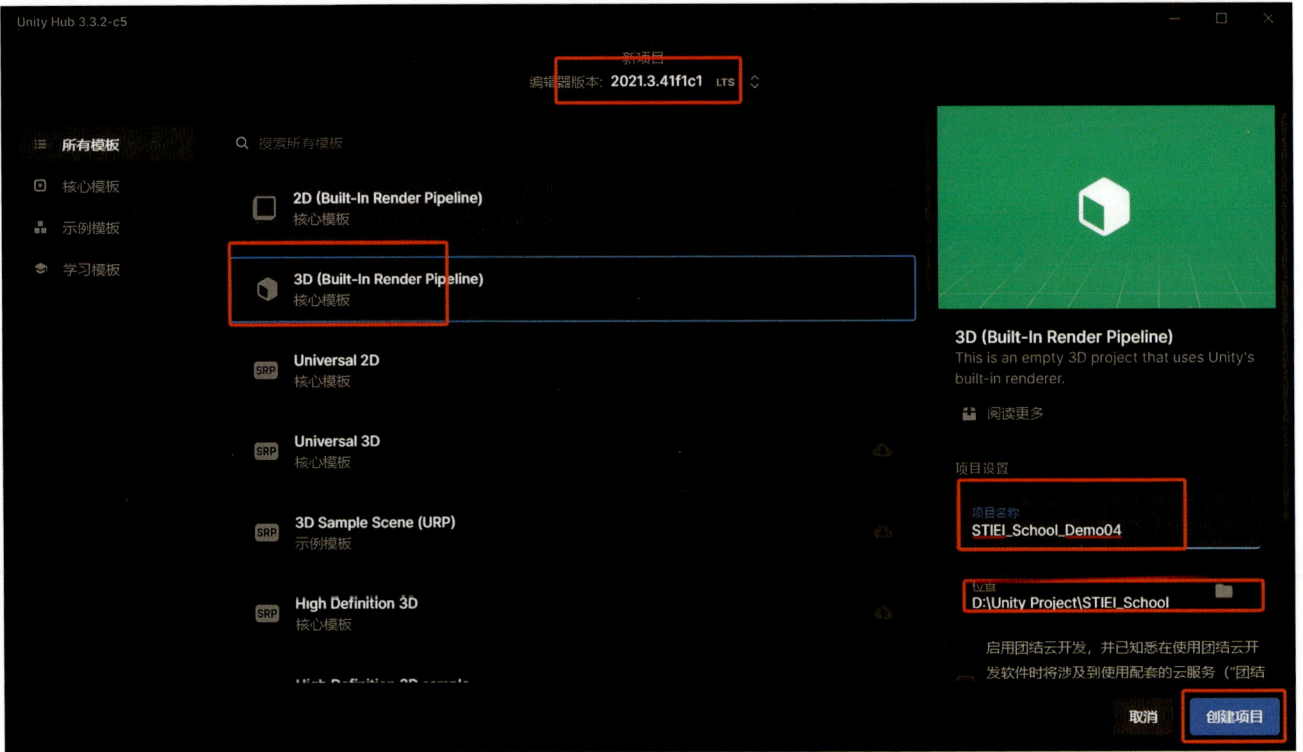

图7-75　新建工程文件

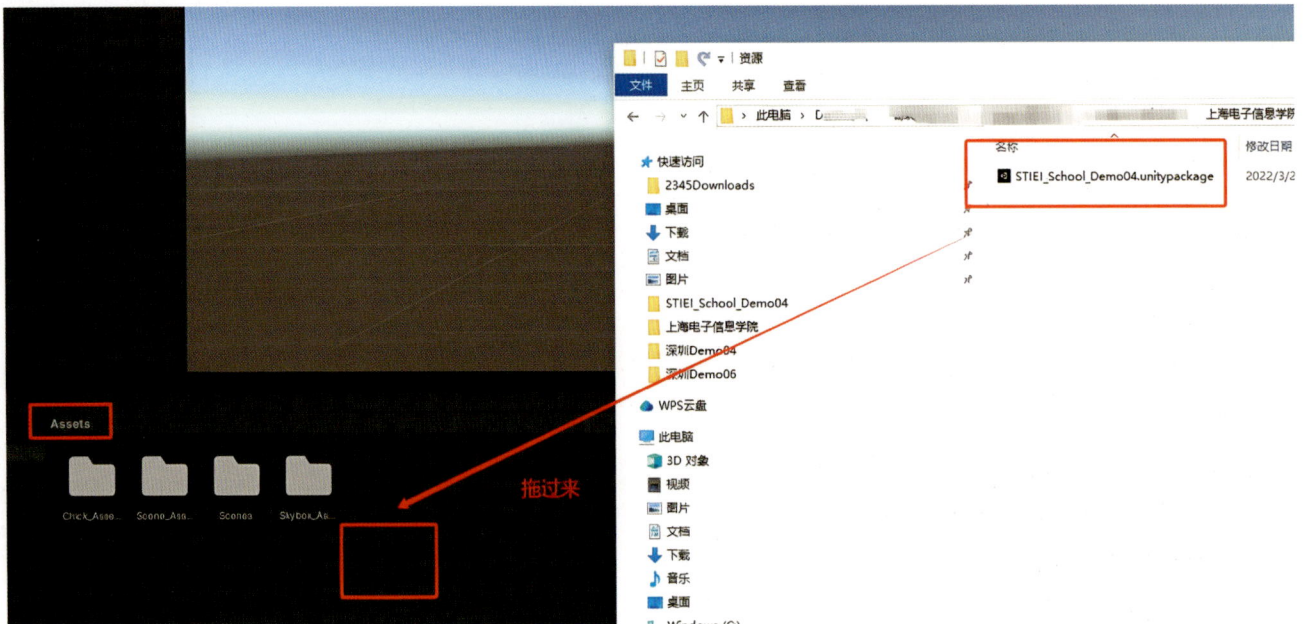

图7-76　导入资源

图7-77　复制场景资源

文件夹，放在"Assets"文件夹下，并双击打开该场景。如图7-77所示。

（4）打开"Game"游戏窗口，把分辨率调为1920×1080。如果列表中没有需要的尺寸，可以通过点击加号添加需要的分辨率。如图7-78所示。

7.3.3　功能实现

1. 制作界面UI

（1）制作UI需要为场景添加显示所有UI的画布。在场景"Demo04"的"Hierarchy"层级窗口中右键鼠标，选择点击弹出窗口中"UI"→"Canvas"，在场景中新建一个画布。如图7-79所示。

（2）设置UI在固定分辨率下的缩放模式。在"Hierarchy"层级窗口中，选中"Canvas"，在右侧的"Inspector"属性窗口内，找到"Canvas Scaler"组件，调整"UI Scale Mode"为"Scale With Screen Size"，并在"Reference Resolution"填上之前设定的游戏视窗分辨率1920×1080。如图7-80所示。

（3）在"Hierarchy"层级窗口中，选中"Canvas"，鼠标右键，在弹出的窗口中选择"UI"→"Legacy"→"Button"并点击，新建一个按钮Button。如图7-81所示。

（4）在"Hierarchy"层级窗口中，选中"Canvas"中"Button"的子物体"Text"，在"Inspector"属性窗口中修改文字显示内容为"Skybox01"，在"Font Size"中将字体大小修改为36。如图7-82所示。

（5）在"Hierarchy"层级窗口中再次选中"Button"，通过在"Inspector"属性窗口中的"Rect Transform"

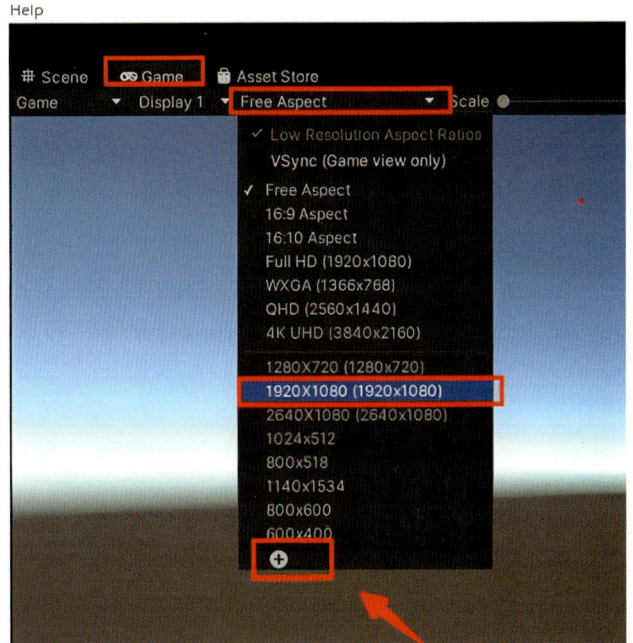

图7-78　游戏视窗修改分辨率

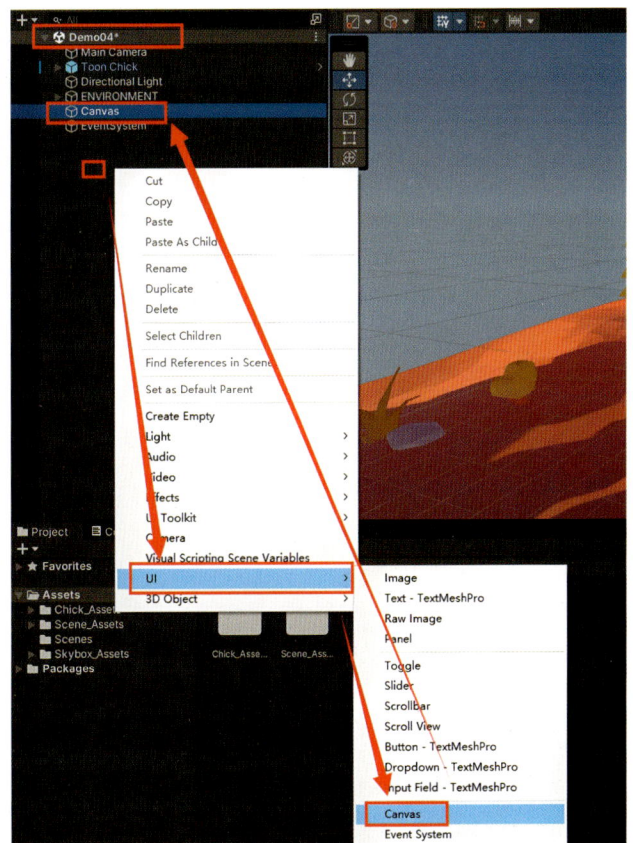

图7-79　复制场景资源

组件调整"Button"大小，使文字有足够大的面积显示出来。如图7-83所示。

（6）选中修改好的"Button"，在"Inspector"属

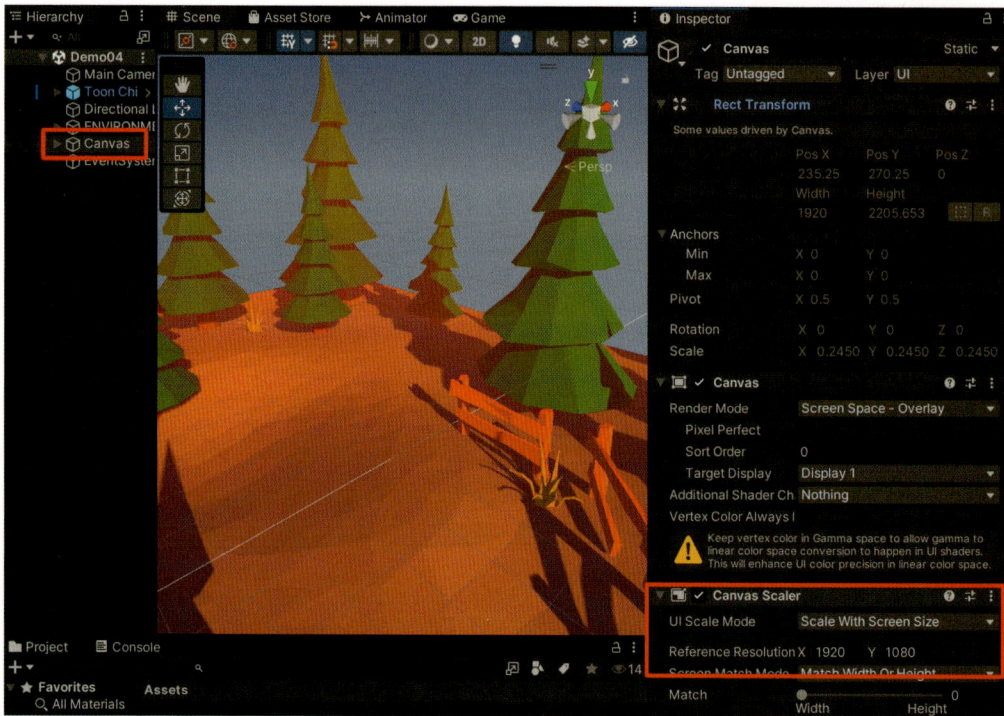

图7-80　设置Canvas的UI
缩放模式

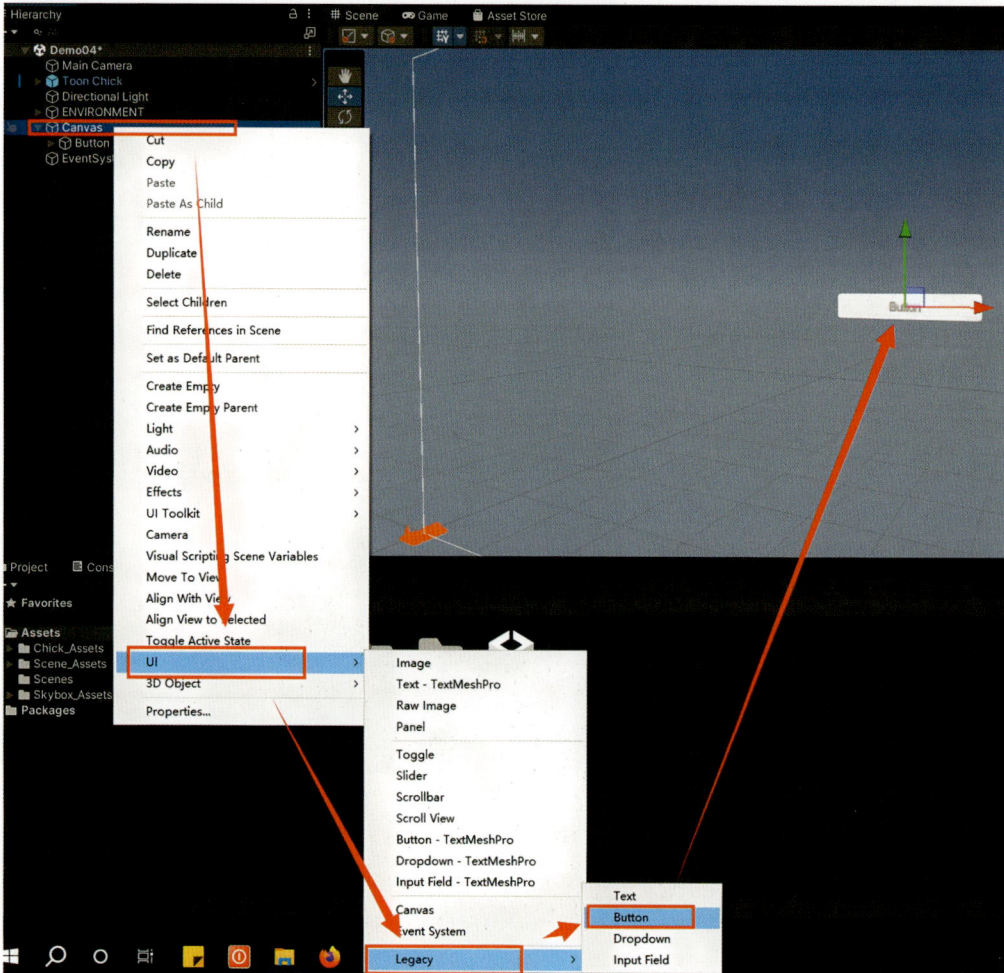

图7-81　添加按钮控件

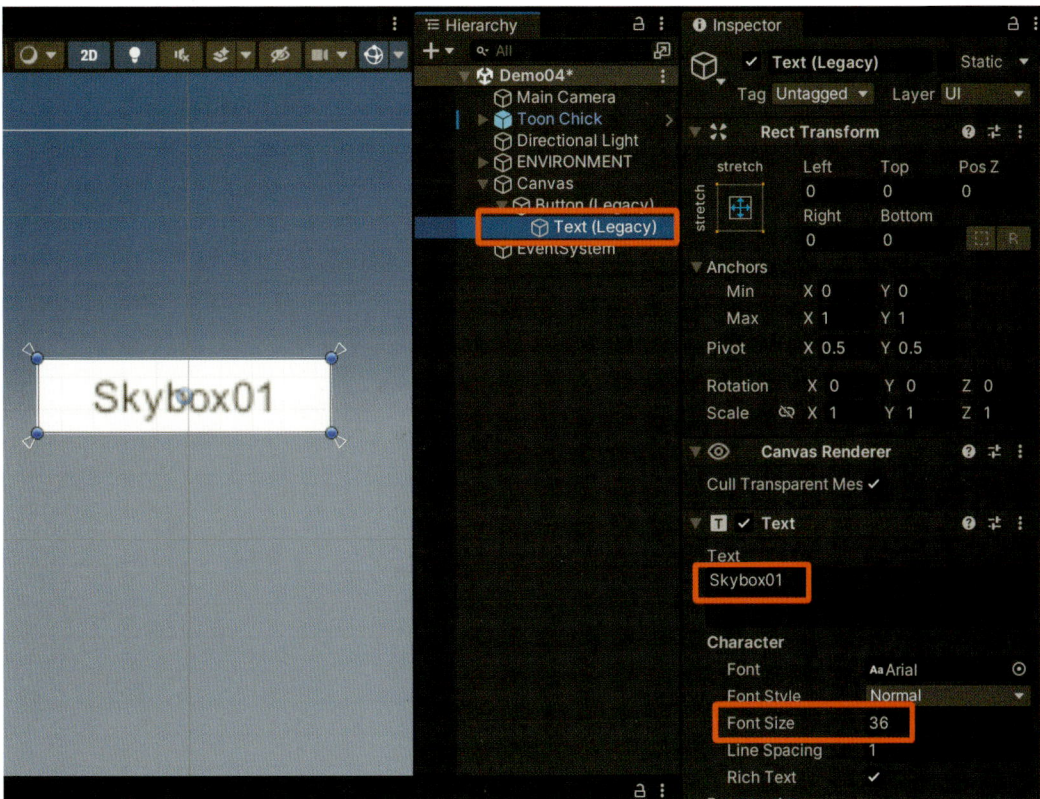

图7-82 设置按钮控件的文字效果

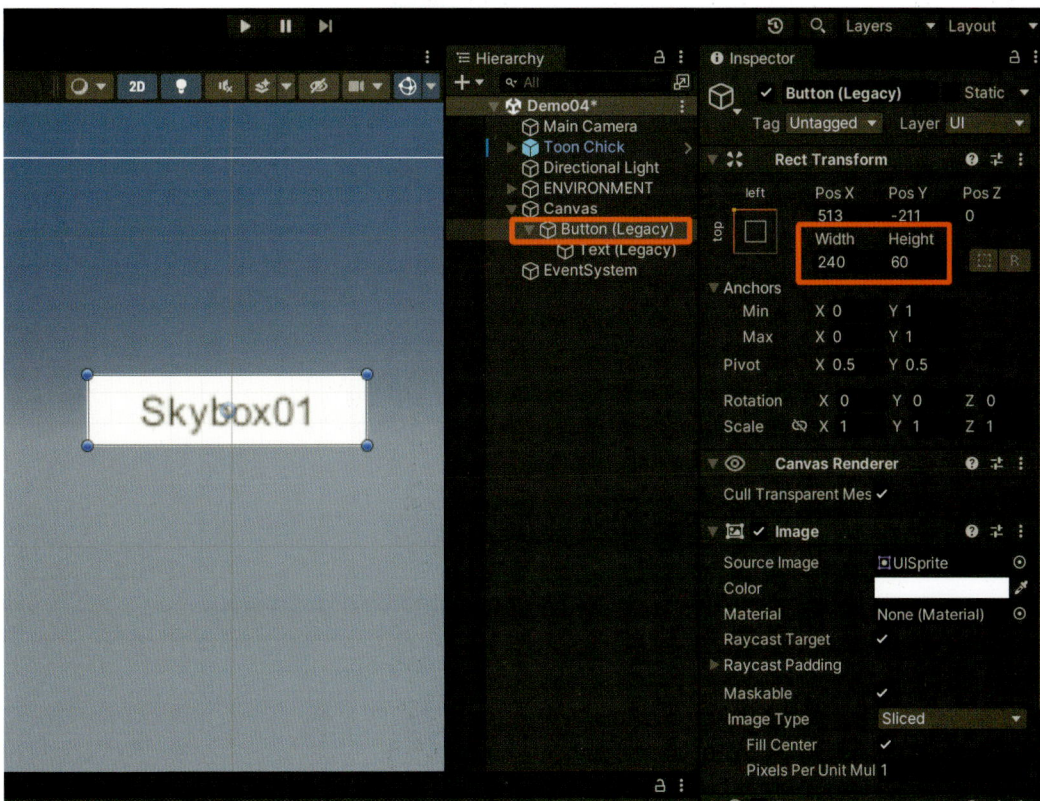

图7-83 修改按钮控件大小

性窗口中，找到"Rect Transform"组件，按住Alt键的同时鼠标点击锚点图，定好锚点。如图7-84所示。

（7）在选中"Button"的情况下，按5次"Ctrl+D"键复制剩余需要添加的按钮。通过右侧的"Inspector"属性窗口"Rect Transform"组件中的"PosX"和"PosY"修改复制好的按钮的位置，6个"Button"的"PosX"数值一致，"PosY"的数值差值保持一致，例如："Button（Legacy）"的"PosX"数值为174，"PosY"

的数值为-64，那么"Button（Legacy）（1）"的"PosX"数值为174，"PosY"的数值为-154，"Button（Legacy）（2）"的"PosX"数值为174，"PosY"的数值为-244……依此类推确保6个按钮均在同一垂直线上，并且互相间隙等距。如图7-85所示。

（8）在"Hierarchy"窗口中，选中"Canvas"后点击鼠标右键，在弹出的窗口中选择点击"UI"→"Slider"，在"Scene"场景窗口新建一个进度条"Slider"。如

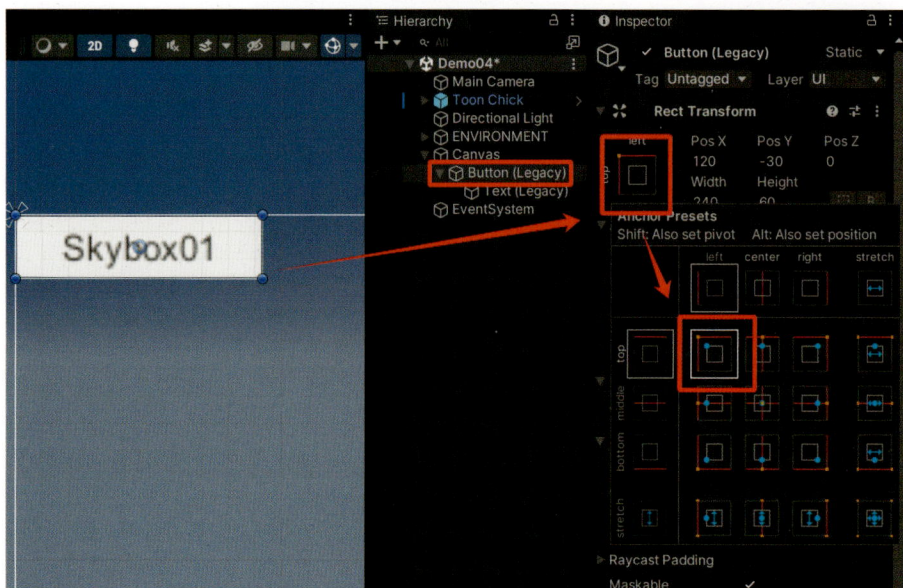

图7-84　设置按钮控件的锚点

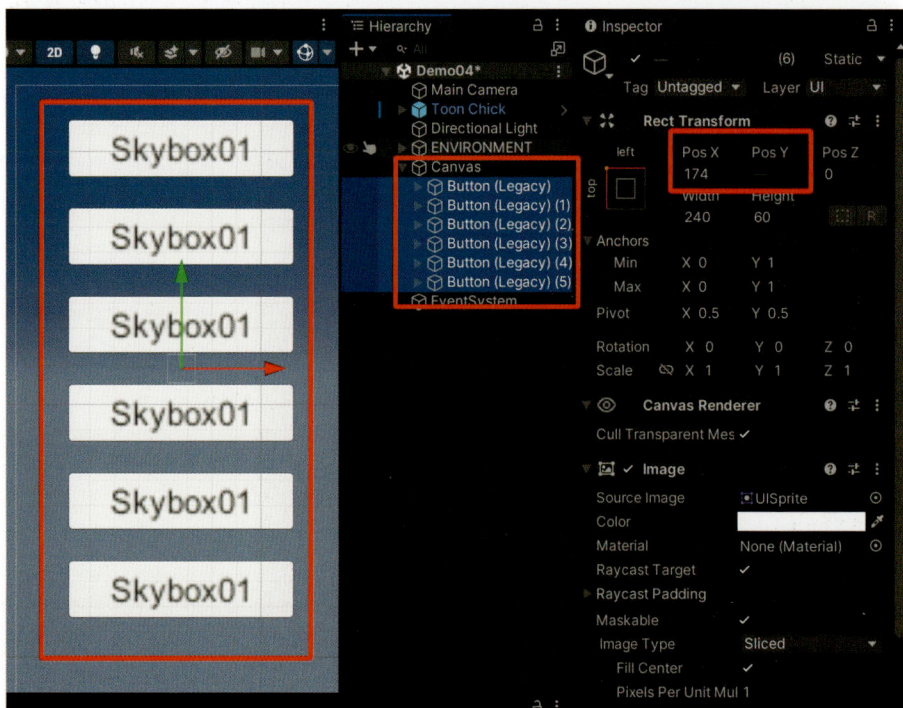

图7-85　复制按钮控件并修改位置

图7-86所示。

（9）选中"Slider"，在"Inspector"属性窗口"Rect Transform"组件中调整它大小（长宽），在"Slider"组件中修改"Max Value"改为360。如图7-87所示。

（10）在"Hierarchy"层级窗口中，选中"Slider"的子物体"Handle"，在"Inspector"属性窗口中修改"Width"为40。如图7-88所示。

（11）选中修改好的"Slider"，在"Inspector"属

性窗口中，找到"Rect Transform"组件，按住Alt键的同时鼠标点击锚点图，定好锚点。如图7-89所示。

（12）在"Hierarchy"层级窗口中选中"Canvas"，点击鼠标右键，在弹出的窗口中选择并点击"UI"→"Legacy"→"Text"，在"Scene"场景窗口新建一个文本"Text"。如图7-90所示。

（13）在"Hierarchy"层级窗口中选中"Text"，在"Inspector"属性窗口中，找到"Rect Transform"组

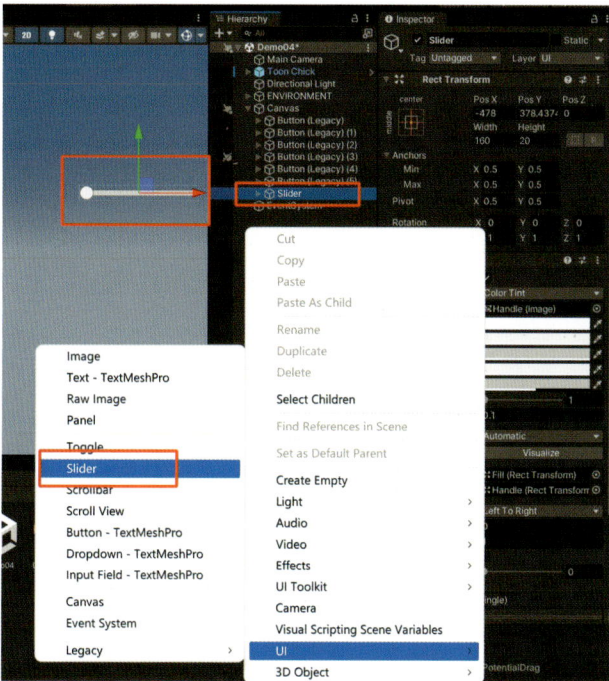

图7-86　新建一个进度条控件

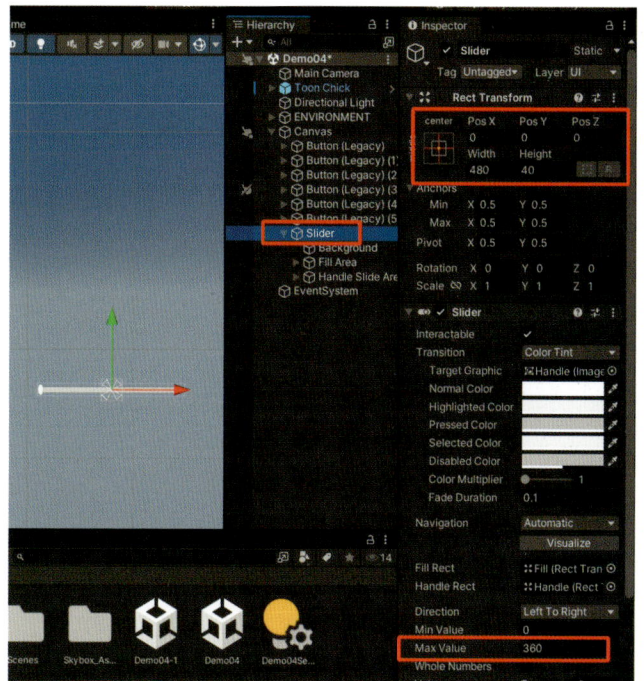

图7-87　修改进度条控件属性

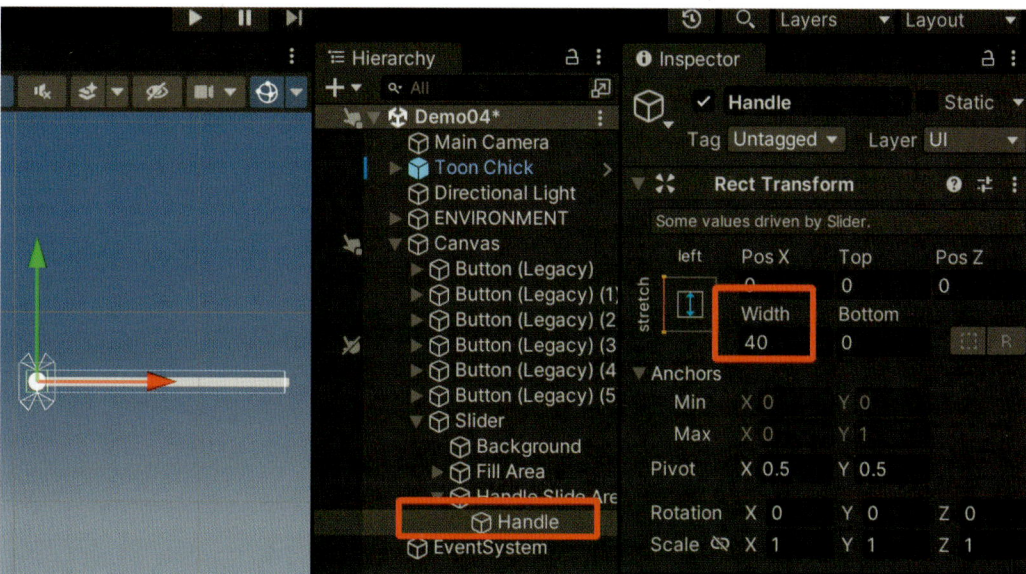

图7-88　修改进度条控件的Handle属性

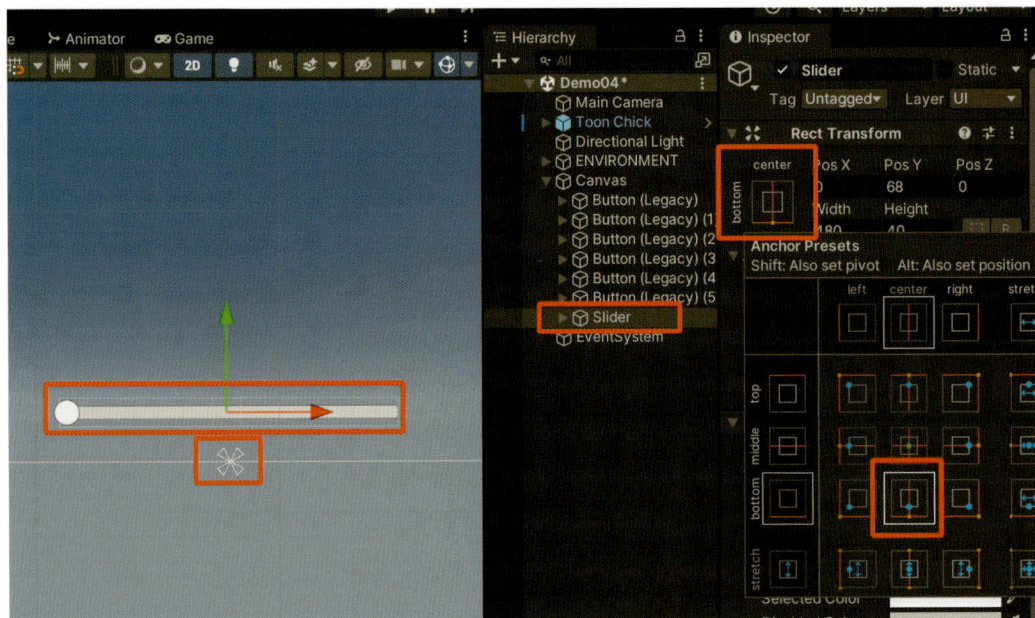

图7-89 设置进度条控件锚点

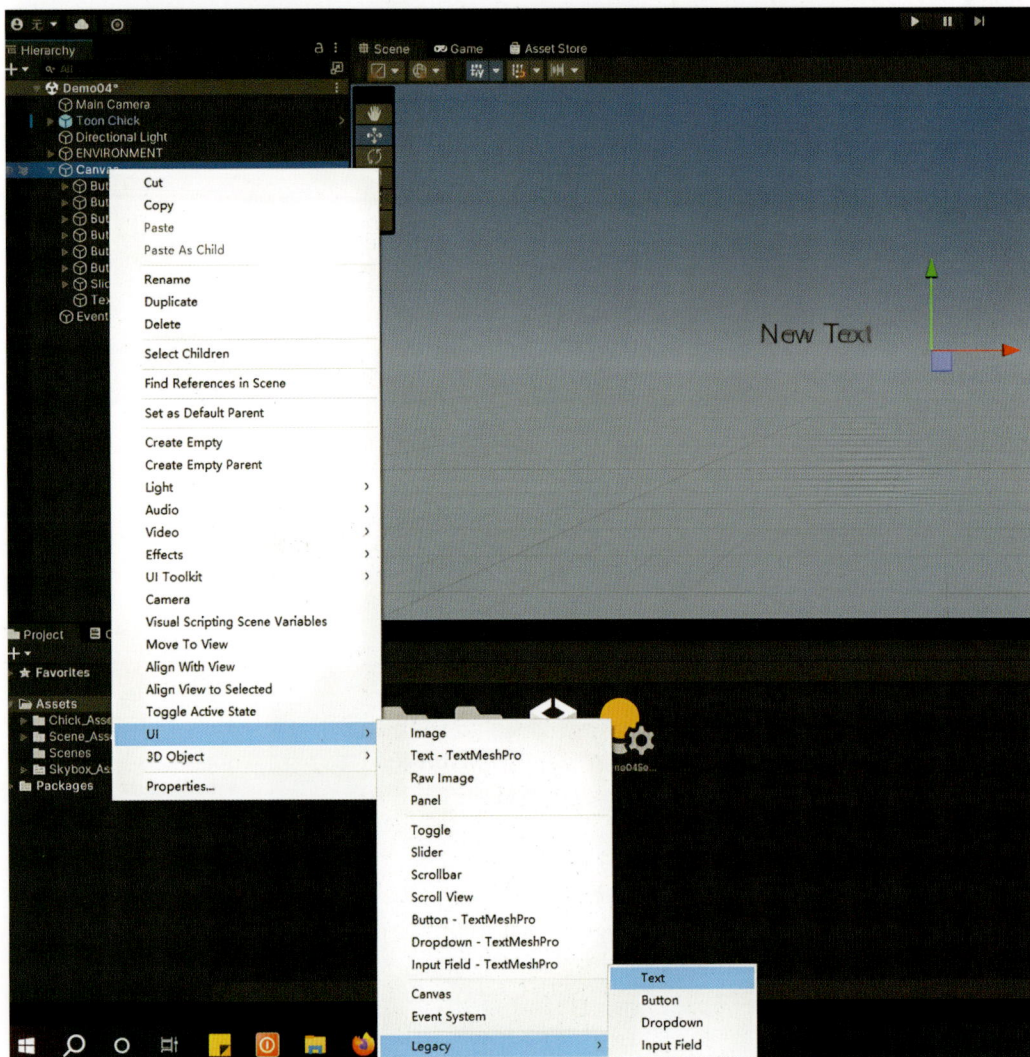

图7-90 新建文本控件

件，调整它的宽度和高度修改大小。在"Text"组件中设置显示内容为"调节太阳的升降"，在"Font Size"中将字体大小修改为36，在"Paragraph"中将文本调整为居中显示，在"Color"中将颜色调整为红色。如

图7-91所示。

（14）在"Hierarchy"层级窗口中选中"Text"，在"Inspector"属性窗口中，按住Alt键的同时鼠标点击锚点图，定好锚点，并调整位置。如图7-92所示。

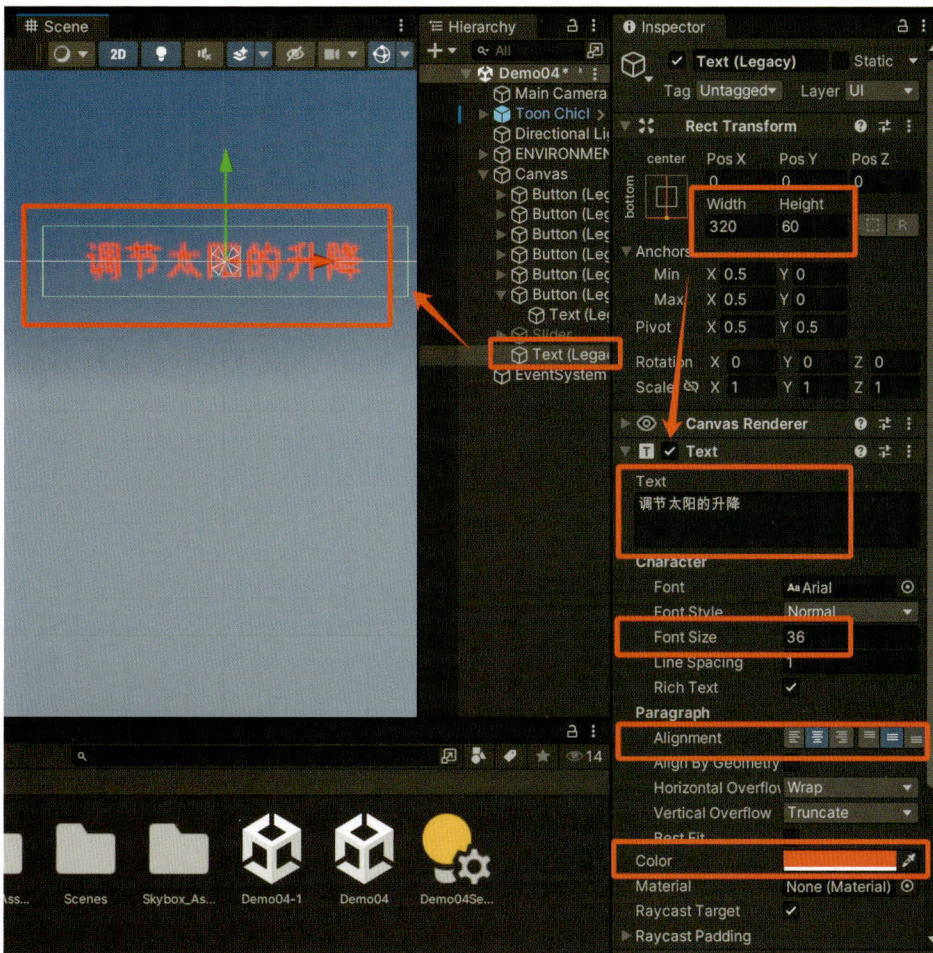

图7-91 设置文本控件显示效果

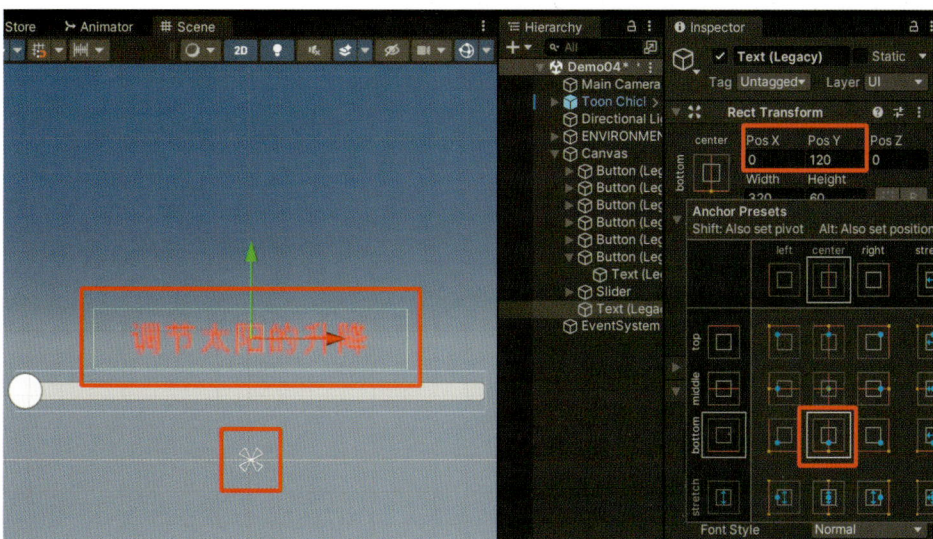

图7-92 设置文本控件的锚点

2. 设置天空环境

（1）打开"Project"项目窗口的"Assets/Scene_Assets"文件夹中找到名为"Script01"的脚本，把它拖拽挂载到"Canvas"上。在选中"Canvas"的状态下，给相应的变量赋值。在"Assets/Skybox_Assets/Materials"文件夹中任选6个天空材质球，拖拽到"Inspector"属性窗口"Script01"的"Sky01"到"Sky06"内。将"Hierarchy"层级窗口中的"Slider""Directional Light""Main Camera"分别也拖拽到"Inspector"项目窗口的"Script01"下。如图7-93所示。

（2）在"Hierarchy"层级窗口中选择"Button（Legacy）（1）"的子级物体"Text（Legacy）"，在"Inspector"属性窗口将文本显示内容修改为"Skybox02"，重复以上操作，分别给创建的6个Button修改下显示的文字内容为"Skybox01、Skybox02、Skybox03、Skybox04、Skybox05、Skybox06"，如图7-94所示。

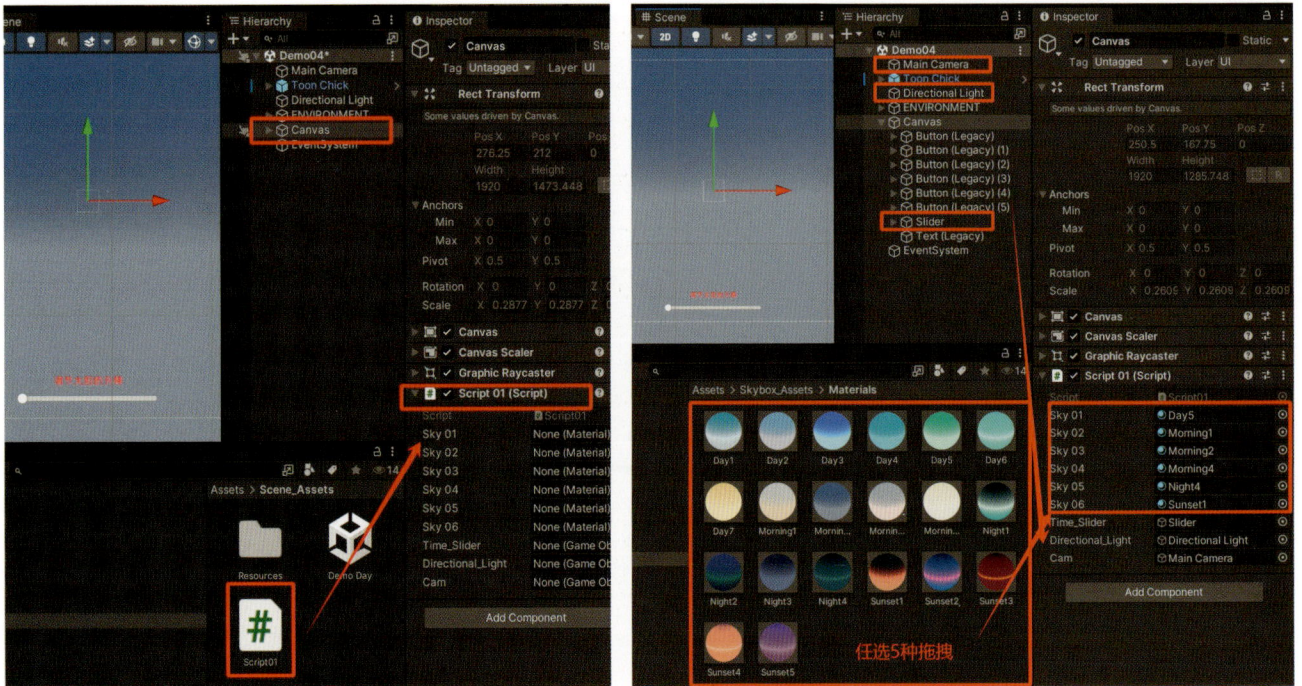

图7-93 添加切换天气和太阳升降的代码

图7-94 设置按钮名称

（3）在"Hierarchy"层级窗口中选择"Button（Legacy）"，在"Inspector"属性窗口的"Button"下"On Click"处点击"+"，创建监听事件。将"Hierarchy"层级窗口中的"Canvas"拖拽到"Inspector"属性窗口中"On Click"内，并在右侧设置"Script01/SkyboxFuction01（）"，

重复以上操作，分别选中每个Button添加相应的监听事件。如图7-95、图7-96所示。

（4）和上述操作相同，"Hierarchy"层级窗口中选择"Slider"，在"Inspector"属性窗口的"Slider"下"On Value Changed（Single）"处点击"+"，创建监

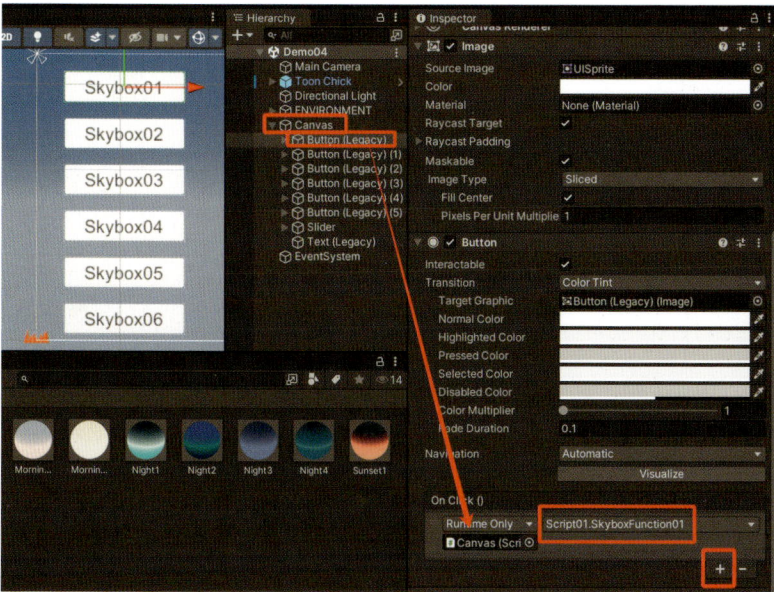

图7-95 给按钮添加侦听事件

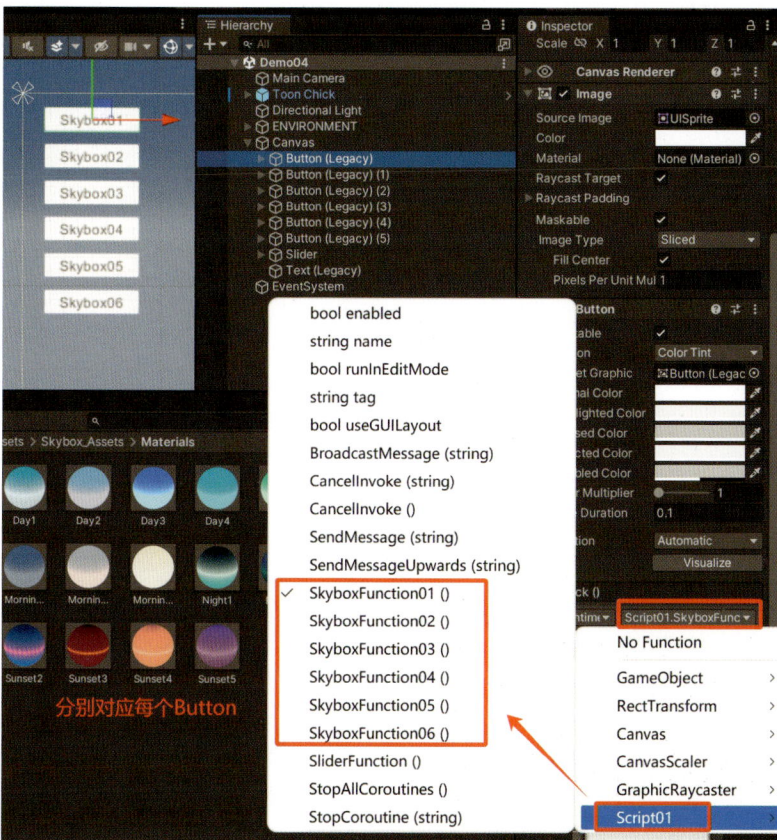

图7-96 按钮侦听设置说明

听事件。将 "Hierarchy" 层级窗口中的 "Canvas" 拖拽到 "Inspector" 属性窗口中，并在右侧设置 "Script01/SliderFuction（）"，给进度条添加相应的监听事件。如图7-97所示。完成这些设置后天空材质切换功能和太阳升降功能就设置完毕了。

（5）在 "Hierarchy" 层级窗口中选择 "Main Camera"，通过移动工具将相机视角调整到合适的位置。如图7-98所示。

（6）到此案例就制作完成了，点击运行按钮可以运行程序查看最终效果。效果如图7-99所示。

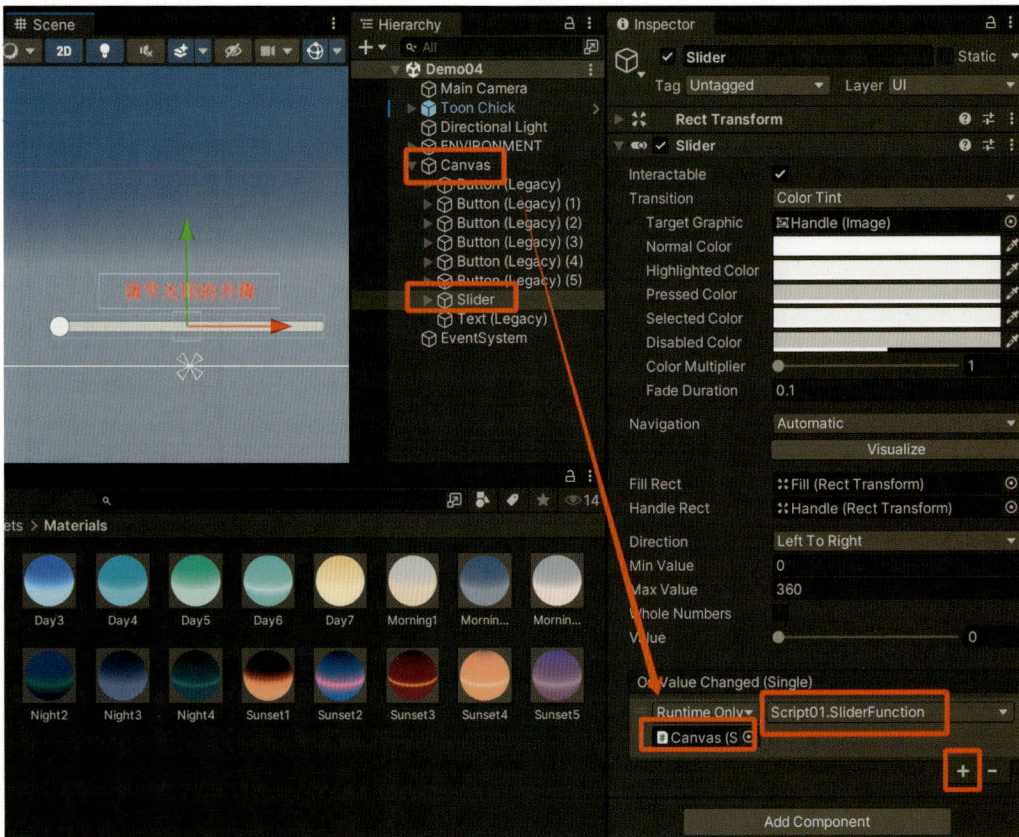

图7-97　给进度条添加侦听事件

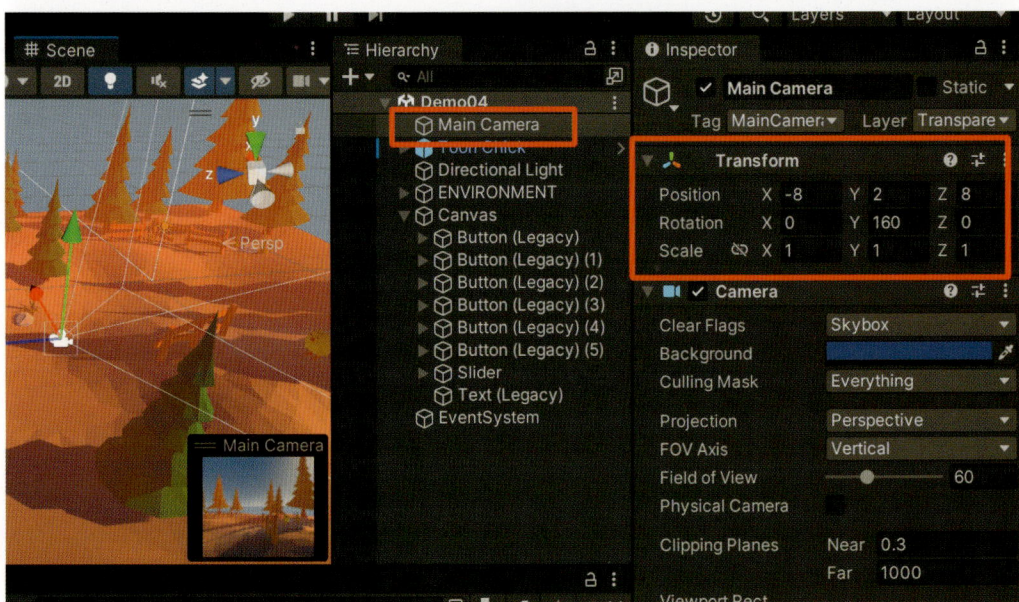

图7-98　调整相机位置

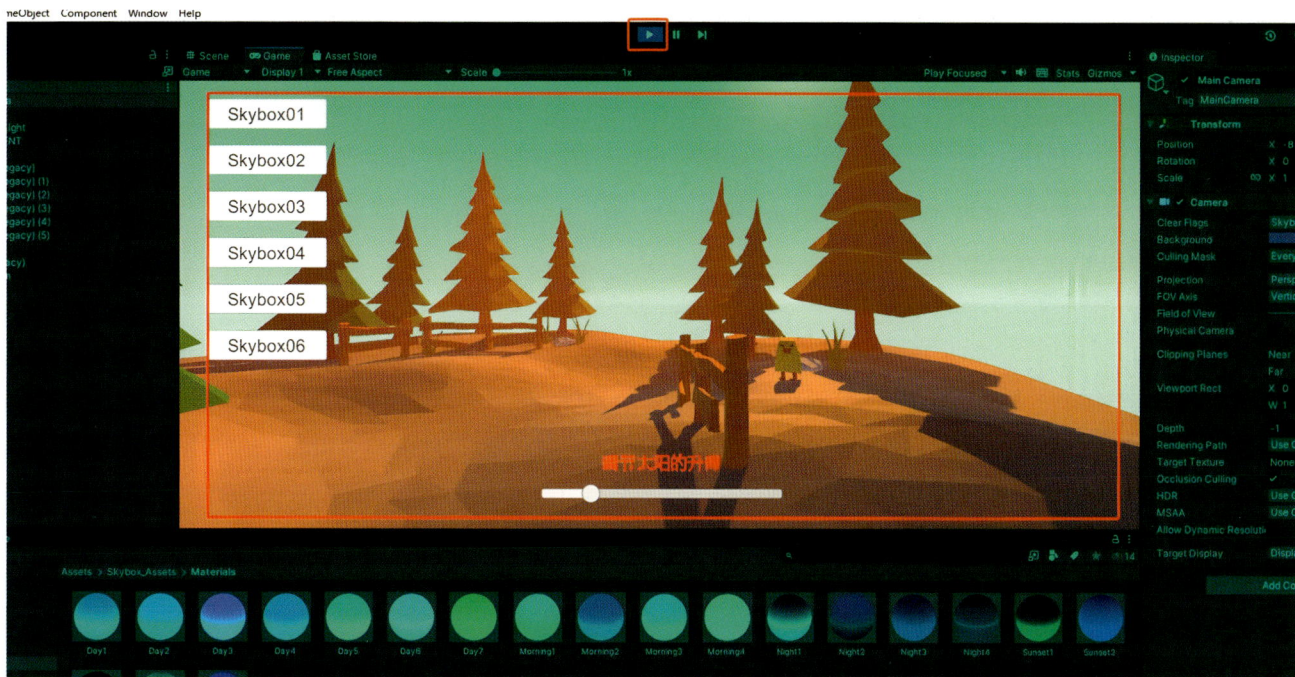

图7-99 最终效果图

项目总结

本项目主要学习天空环境控制，学习实践后不仅可以加深对Unity引擎的理解和应用能力，还可以锻炼对项目的UI设计和属性设置、利用Unity创建互动式自然天气变化模拟。希望读者通过相关知识点学习和实践后，能够在其他项目中独立设计和制作UI界面和天气环境，以丰富项目的交互性和真实感。

课后作业

（1）在天气控制项目中，通常使用_____来模拟太阳光。

（2）在Unity中，_____面板用于显示和管理场景中的所有对象。

（3）在UGUI中，用于显示文本信息的组件是？

    A. Image   B. Button   C. Text   D. Slider

（4）Unity中的哪个面板用于查看和编辑对象的属性？

    A. Project   B. Hierarchy   C. Scene   D. Inspector

（5）设计一个UI界面，包含一个按钮，用于切换天气效果（如晴天、雨天）。

（6）如何利用已经编写好的C#脚本，控制天气系统的逻辑，如切换晴天和雨天。

中英文对照表（表7-3）

表7-3 中英文对照表

英文单词	中文释义	英文单词	中文释义
Anchor Presets	锚点预设	Button	按钮
Canvas	画布	Directional Light	定向光源

续表

英文单词	中文释义	英文单词	中文释义
EventSystem	事件系统	Height	高度
Legacy	遗留功能	Panel	面板
Paragraph	段落	Reference Resolution	引用解析
Screen Space – Overlay	渲染在屏幕最上层	Slider	进度条
User Interface	用户界面	Width	宽度
World Space	场景空间		

7.4 角色控制和镜头跟随——小兵出击

7.4.1 项目概述

1. 项目需求分析

本项目是一款第三人称视角的动作射击游戏。玩家可以通过键盘控制一名士兵在山体边缘的山道上行走，通过鼠标控制角色射击子弹。通过亲身实践本项目的开发过程，读者将学习如何设置角色控制、镜头跟随和射击机制等。

2. 项目学习目标和重难点

◆ 学习目标

通过项目制作实践了解项目结构、场景管理、资源导入等基本功能。掌握角色控制器的创建方法和属性设置，以及相机跟随、设计机制等关键技术。

◆ 本章重点

掌握角色的移动和跳跃等多状态动画的切换方法。
掌握子弹的生成和发射的方法。
掌握相机跟随的方法。

◆ 本章难点

正确实现流畅的角色移动和跳跃控制。

正确设计实现子弹的生成和发射。

3. 知识点讲解

本项目主要使用的是第三人称角色控制器实现角色移动属性设置，通过生成子弹预制体，在脚本中调用预制体来模拟射击效果，最后通过给移动角色添加子物体相机，实现相机跟随。以上知识点在之前的章节均有介绍，本章节不再重复讲解。

7.4.2 项目创建和资源导入

（1）打开UnityHub新建3D工程文件，项目名称命名为"STIEI_School_Demo_06"，名称也可以自己取，不影响后续步骤。选择保存路径，建议储存在非系统盘，比如D盘。如图7-100所示。

Demo06制作视频

（2）把准备好的资源"STIEI_School_Demo_06"拖入到"Project"项目窗口中的"Assets"文件夹下。如图7-101所示。也可以通过双击资源包"STIEI_School_Demo_06"导入资源。

（3）在"Project"项目窗口中的"Assets/Scenes_Assets/wood bridge"文件夹下找到一个名为"demo"的场景文件，按"Ctrl+D"复制一份，命名为"Demo06"，放在"Assets"文件夹下，并双击打开该场景。小兵出

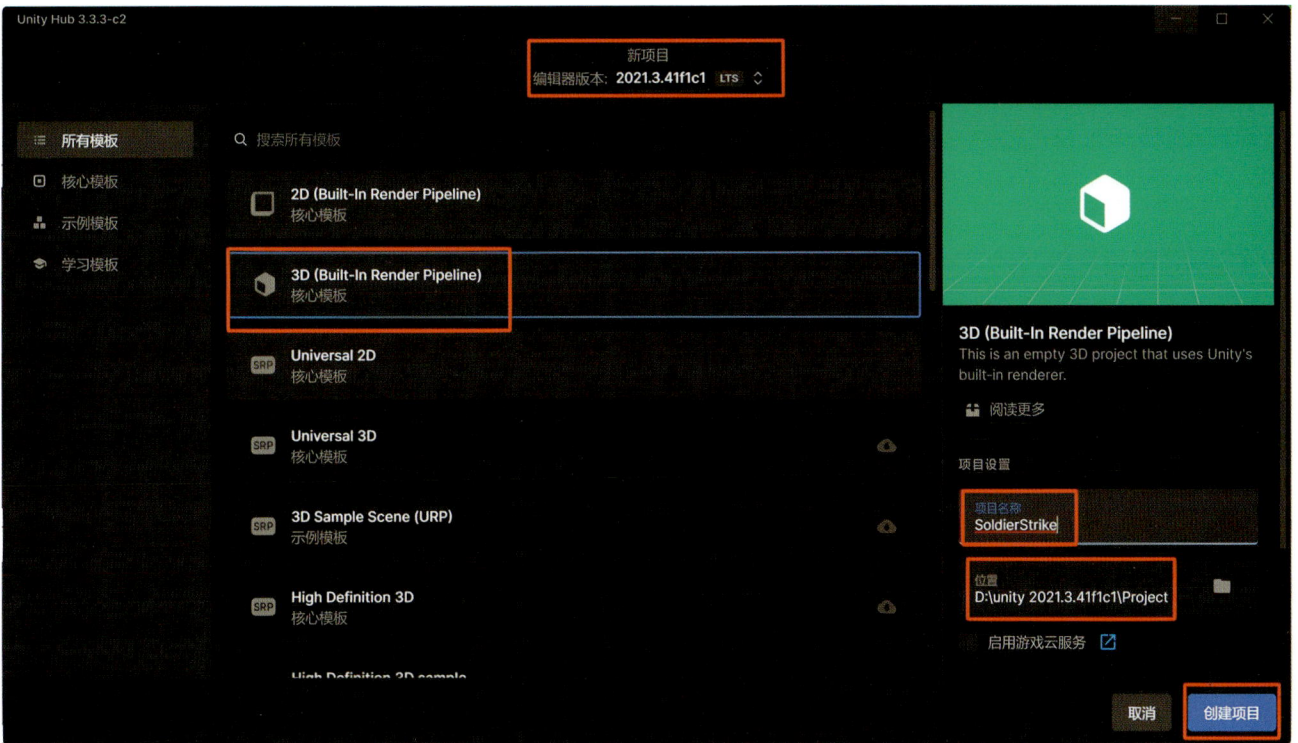

图7-100 新建项目

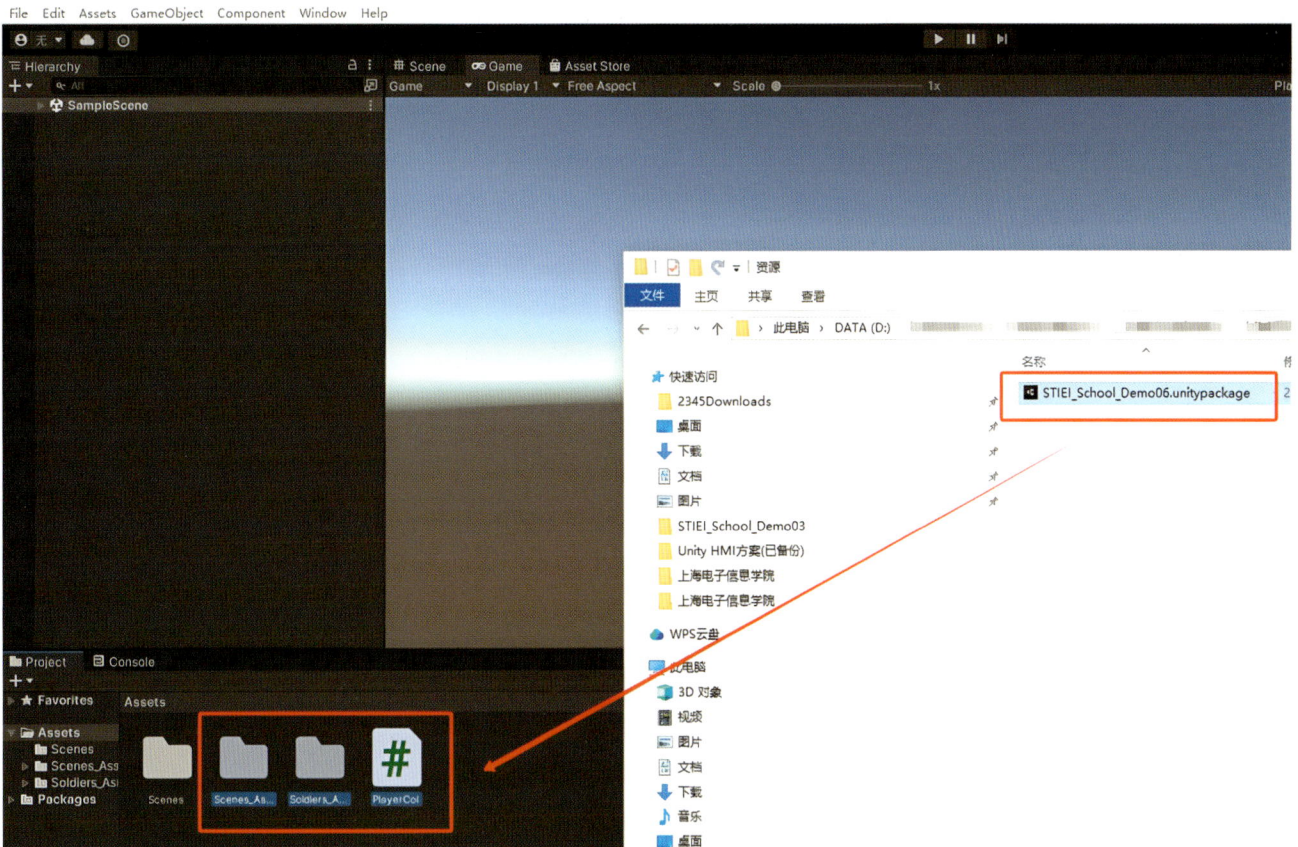

图7-101 导入资源

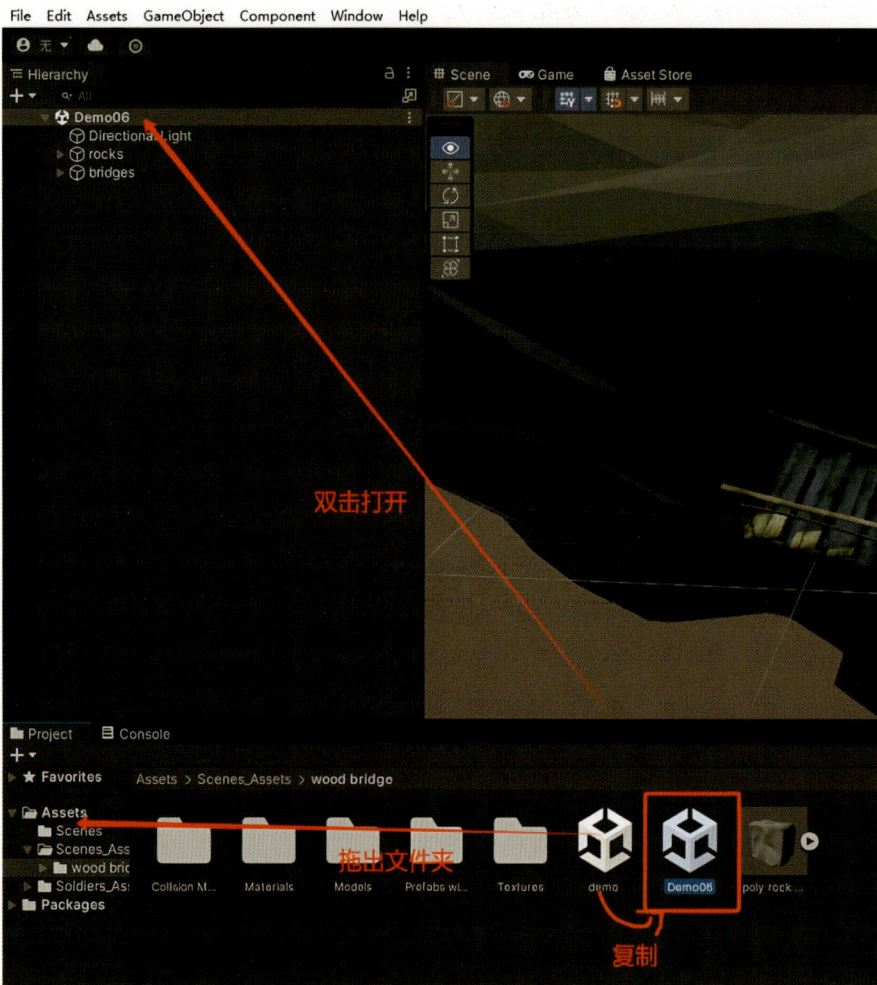

击项目的场景就搭建完成了，如图7-102所示。

7.4.3　功能实现

1. 添加士兵和角色控制

（1）在"Project"项目窗口中的"Assets/Soldiers_Asset/prefab"文件夹下，找到名为"TT_Soldiers_Demo"的士兵预制体，把它拖到"Scene"场景中的合适位置，按快捷键"W"使用位移工具调整位置，按快捷键"E"使用旋转工具旋转合适角度。在"Hierarchy"层级窗口中将"TT_Soldiers_Demo"重命名为"Player"。如图所示。士兵位置和旋转角度的参数也可以在"Inspector"属性窗口的"Transform"组件进行调整。如图7-103所示。

（2）选中"Player"，在"Inspector"属性窗口下方的"Add Component"搜索"Character Controller"点击，为"Player"添加角色控制器。修改"Character Controller"组件下的"Center""Radius""Height"参数数值，调整其大小和位置。如图7-104所示。

（3）在"Hierarchy"层级窗口中选中"Player"，点击右键选择"Create Empty"创建一个空物体作为"Player"的子物体，将其命名为"Point"，作为子弹生成点。如图7-105所示。

（4）在"Hierarchy"层级窗口中选中"Point"，在"Inspector"属性窗口的"Transform"组件中调整它的位置，让它跟枪口位置保持一致（可以在运行下看枪口的位置）。如图7-106所示。

（5）在"Hierarchy"层级窗口中选中"Player"，在"Inspector"属性窗口中找到"Animator"组件，并找到"Controller"这个属性。如图7-107所示。

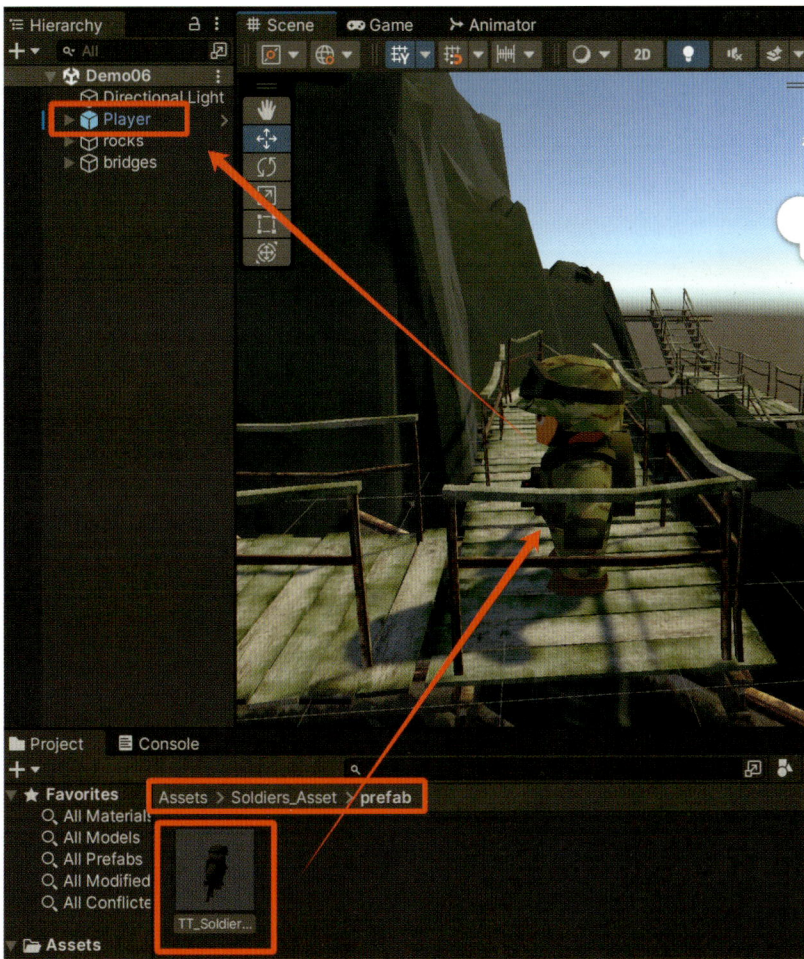

图7-103　添加士兵到场景中

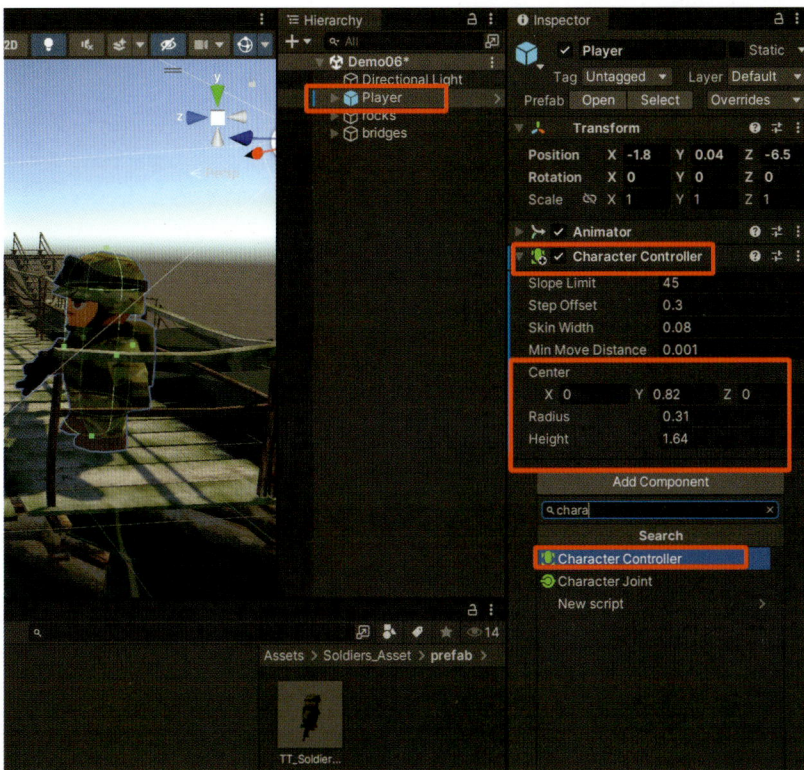

图7-104　为士兵添加角色控制器

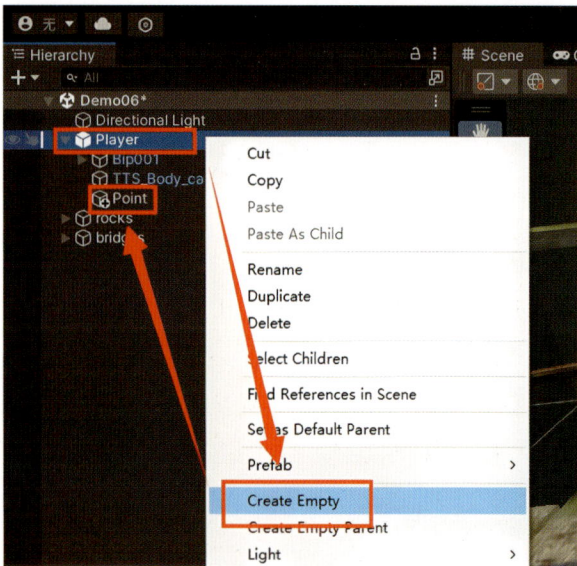

图7-105 为士兵添加子物体

（6）双击这个属性打开动画控制器界面编辑动画控制逻辑。在动画控制器"Parameters"中添加整数型变量，命名为"State"。如图7-108所示。

（7）选择"m_weapon_idle_A"转换到"m_weapon_run"的箭头"Transition"，在"Inspector"属性窗口中的"Conditions"里点"+"选择"State"参数，条件选择"Equals"，数值设置为1。选择"m_weapon_run"转换到"m_weapon_idle_A"的箭头"Transition"，在"Inspector"属性窗口中的"Conditions"里点"+"选择"State"参数，条件选择"Equals"，数值设置为0。选择"m_weapon_idle_A"转换到"m_weapon_shoot"的箭头"Transition"，在"Inspector"属性窗口中的"Conditions"里点"+"选择"State"参数，条件选择"Equals"，

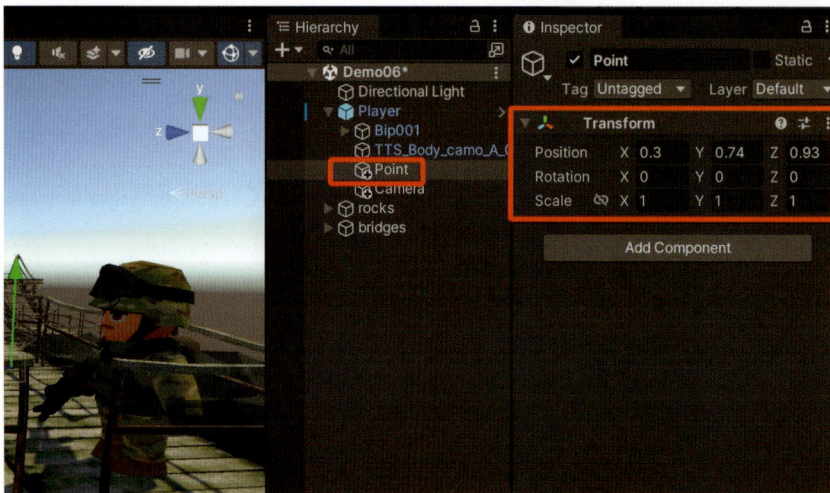

图7-106 设置枪口位置

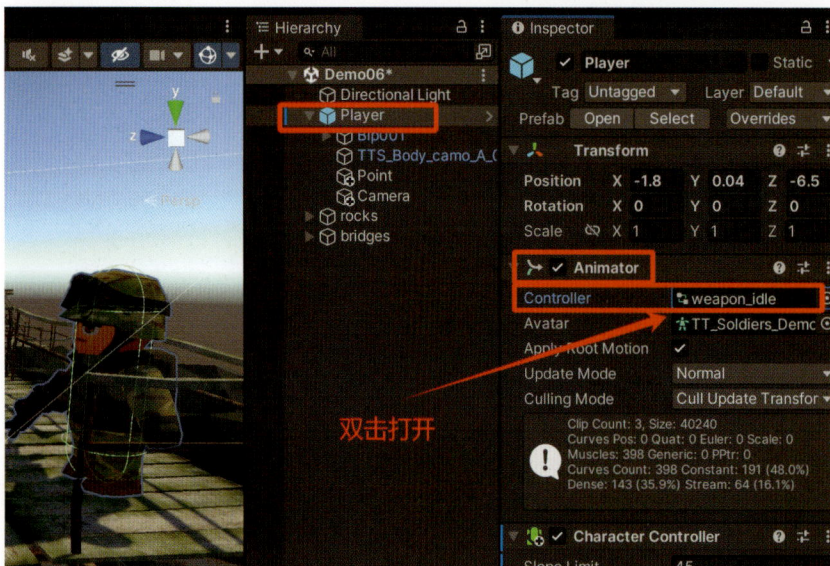

图7-107 选择士兵的角色控制器

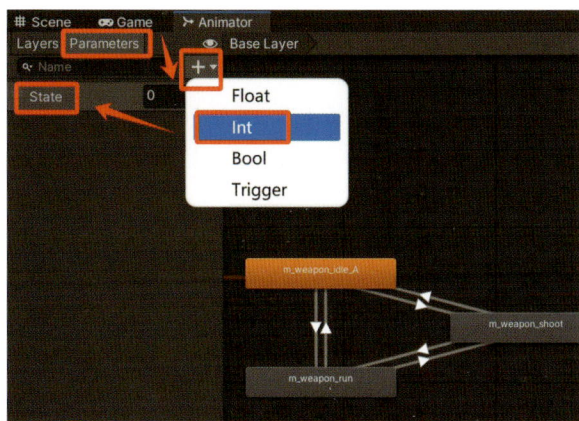

图7-108 在动画控制器内设置参数

数值设置为2。选择"m_weapon_shoot"转换到"m_weapon_idle_A"的箭头"Transition"，在"Inspector"属性窗口中的"Conditions"里点"+"选择"State"参数，条件选择"Equals"，数值设置为0。同样的操作，将"m_weapon_shoot"转换到"m_weapon_run"的转换参数设置为1，将"m_weapon_run"转换到"m_weapon_shoot"的转换参数设置为2。如图7-109所示。

（8）在"m_weapon_shoot"转换到"m_weapon_Idle_A"动画的属性设置中要勾选"Has Exit Time"，设置退出时间。如图7-110所示。

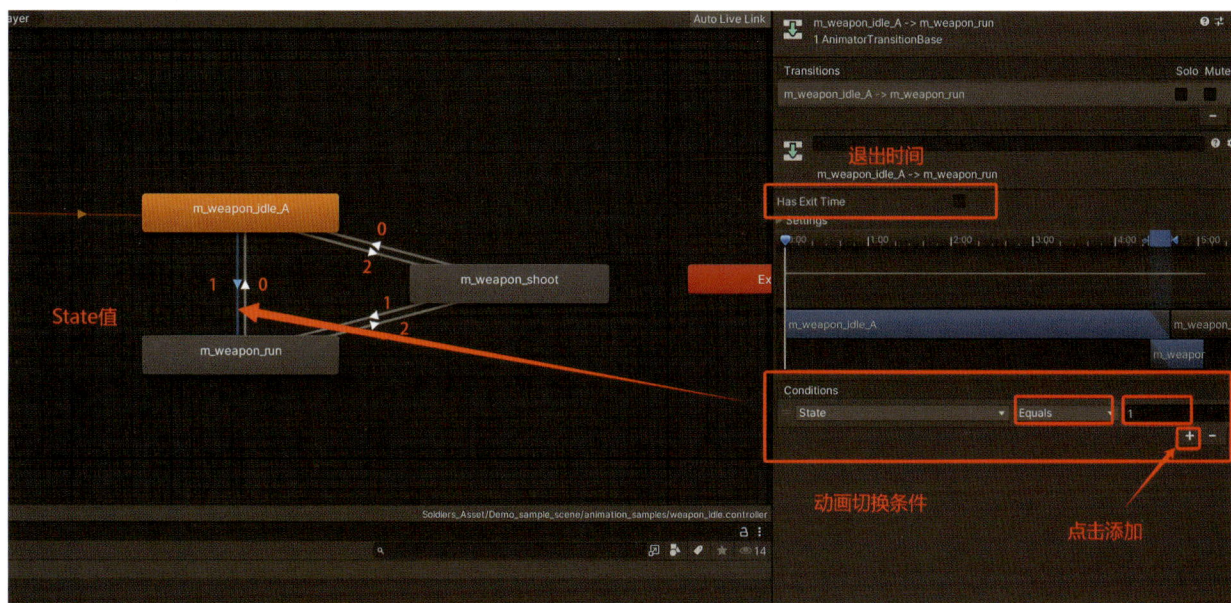

图7-109 在动画控制器内设置转换条件

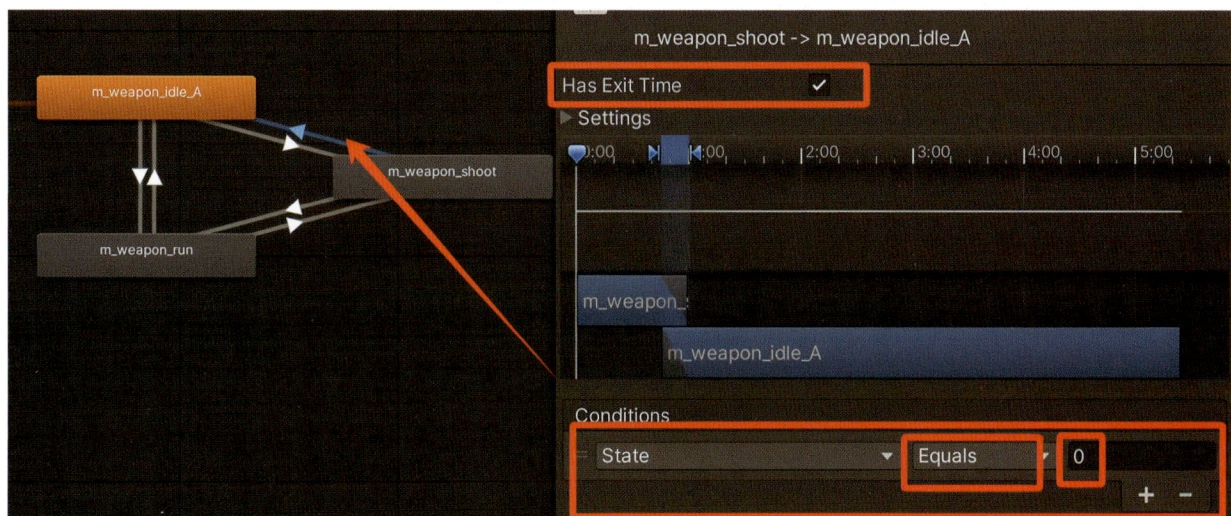

图7-110 在动画控制器内设置设计转到站立的退出时间

（9）"m_weapon_Run"转换到"m_weapon_Idle_A"动画的属性设置中要勾选"Has Exit Time"，设置退出时间。如图7-111所示。

2. 制作子弹和射击

（1）在"Hierarchy"层级窗口中，鼠标右键选择"3D Object/Sphere"新建一个球体，命名为"Bullet"。如图7-112所示。

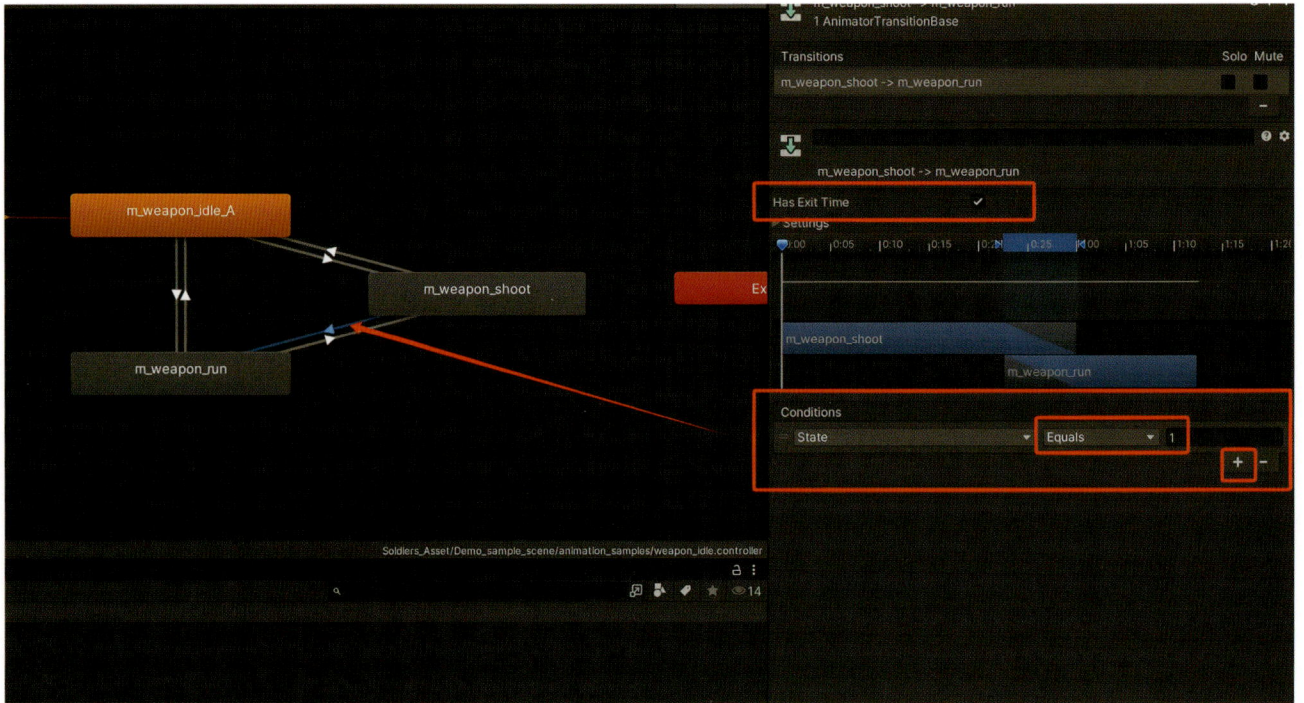

图7-111　在动画控制器内设置射击转到跑步的退出时间

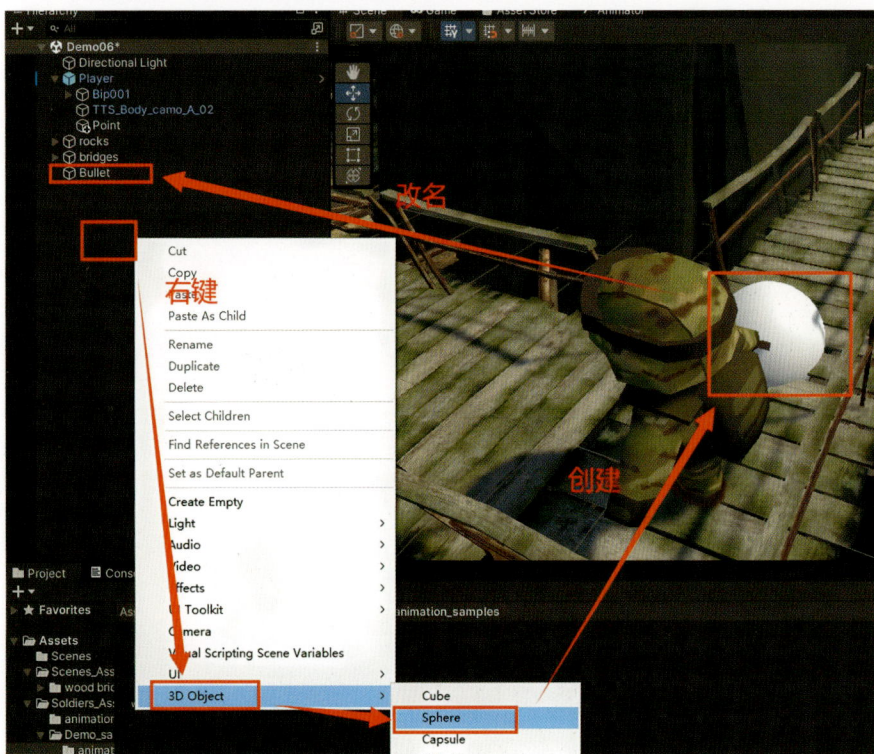

图7-112　新建子弹物体

（2）在"Inspector"属性窗口的"Transform"中调整它的大小，并添加碰撞体组件"Sphere Collider"和刚体组件"Rigidbody"，碰撞体组件中勾选"Is Trigger"属性，刚体组件中"Use Gravity"不用勾选。如图7-113所示。

（3）设置好以上属性后，在"Hierarchy"层级窗口中选中"Bullet"，把它拖到"Project"项目窗口中的"Assets"文件夹下，把子弹变成预制体，并将"Hierarchy"层级窗口中的"Bullet"删除。如图7-114所示。

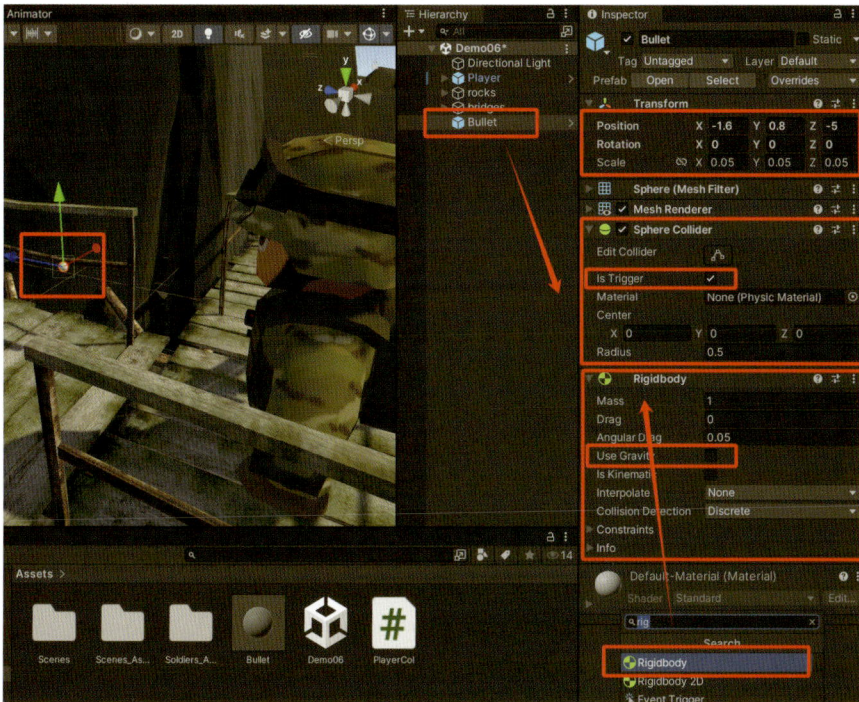

图7-113　设置子弹属性

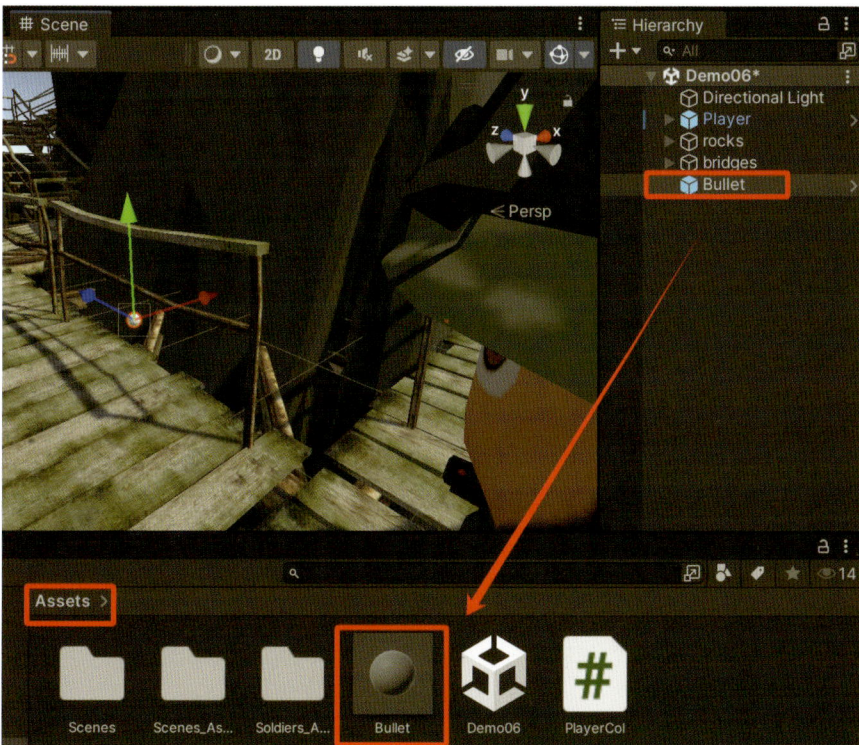

图7-114　设置子弹为预制体

（4）在"Project"项目窗口中找到名为"PlayerCol"的脚本文件，通过拖拽方式挂载到Player身上。将"Hierarchy"层级窗口中的子弹发射位置物体"Point"和"Project"项目窗口中的子弹预制体"Bullet"分别拖拽到右侧"Inspector"属性窗口的脚本组件内。如图7-115所示。

（5）在"Hierarchy"层级窗口中选中"Player"，鼠标右键新建一个"Camera"，设置跟随相机物体。如图7-116所示。

（6）在"Inspector"属性窗口的"Transform"组

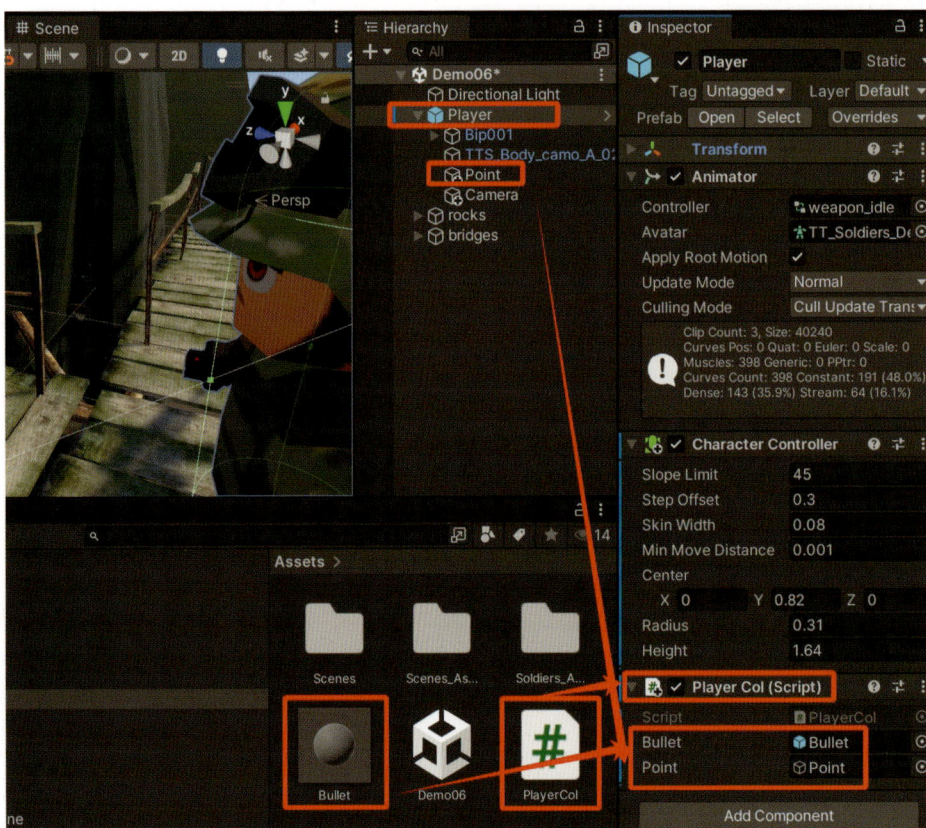

图7-115　挂载脚本设置属性

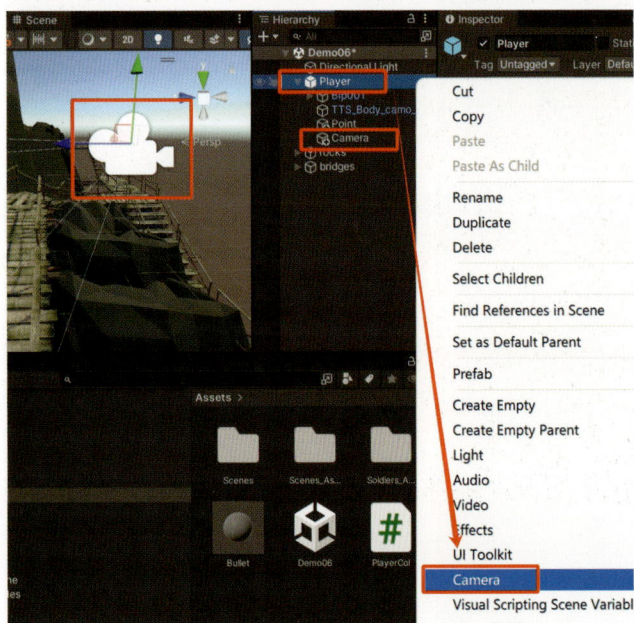

图7-116　添加跟随相机

件内用调整它的位置。如图7-117所示。

（7）按快捷键"Ctrl+S"保存当前场景，到此，案

例制作完成，点击运行即可查看游戏效果。如图7-118所示。

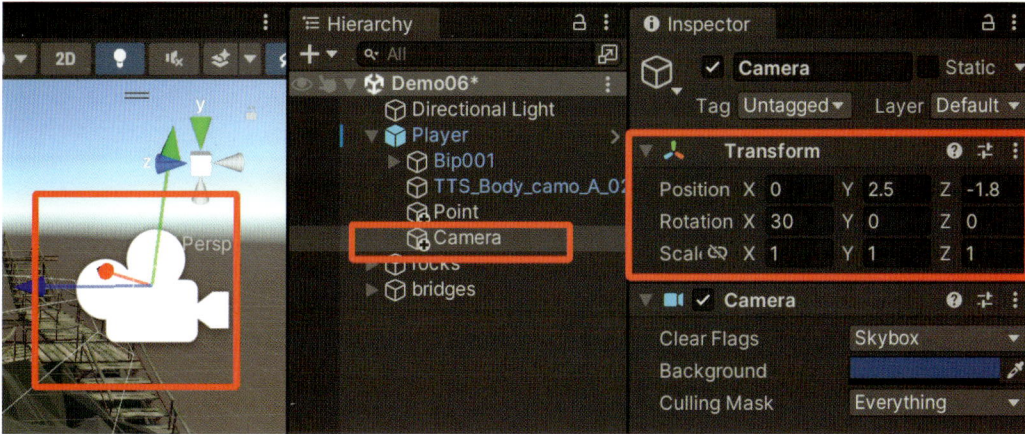

图7-117　调整相机位置

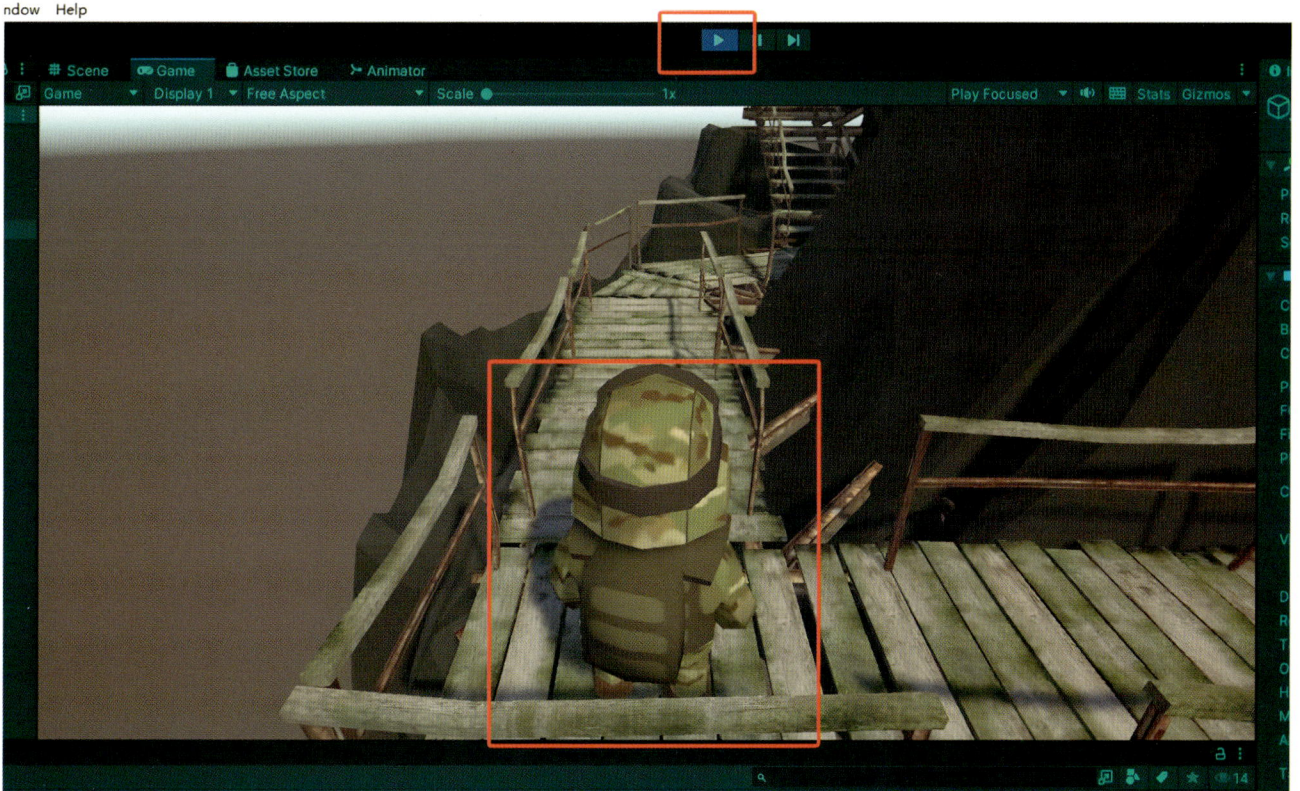

图7-118　运行效果

项目总结

本项目主要学习第三人称动作射击项目制作，帮助读者实现了角色的自然移动属性设置，巩固学习了动画编辑器功能。通过创建子弹和设置其物理属性，制作仿真射击效果。同时，镜头跟随确保了玩家视角始终与角色保持适当的距离和角度，提升了游戏的视觉体验。希望读者通过相关知识点学习和实践，能掌握角色控制的方法，深入了解动作射击游戏的核心机制，为未来的游戏创作奠定坚实基础。

课后作业

（1）在Unity中，实现角色控制通常使用的组件是_____。

（2）Unity中，用于播放动画的组件是_____。

（3）以下哪个组件不是实现角色控制所必需的？

A. Rigidbody B. CharacterController

C. Collider D. Transform

（4）在Unity中，如何创建一个可重用的游戏对象模板？

A. Prefab B. ScriptableObject

C. AssetBundle D. GameObject

（5）当你想让一个动画切换到另一个动画有退出时间时，你应该在Animator Controller中设置什么？

A. Loop Time B. Has Exit Time

C. Transition Duration D. Blend Mode

（6）请描述如何为角色创建一个简单的动画状态机，该状态机包含"站立"和"跳跃"两个状态。

中英文对照表（表7-4）

表 7-4　中英文对照表

英文单词	中文释义	英文单词	中文释义
Add Component	添加组件	Authority	权限
Bold and Italic	加粗斜体	BuildSettings	导出设置
Environment	环境	Font Style	字体风格
Fullscreen Mode	全屏模式	Handle	手柄
Network Animator	同步网络对象动画状态	NetworkManager	网络状态管理
Network Identity	网络物体标识	Network Transform	同步网络位置
Input Field	输入框	KCP Transport	网络传输协议
Perspective	透视		

7.5 多人局域网虚拟漫游——元宇宙畅想小镇

7.5.1　项目概述

1.　项目需求分析

本项目旨在打造一个可供多人同时在局域网内自由探索的虚拟三维小镇。玩家在虚拟小镇中可以自由行走、探索并与环境互动，获得沉浸式的漫游体验。首先，项目设置了PC端口和VR端口两种导出模式以满足不同用户的需求。其次，每位玩家也可以自己设计并实现自己漫游场景的能力，通过保存和分享，使局域网内的其他玩家能够欣赏到彼此的作品。因此项目能实现多人协同漫游功能，确保多位玩家能够在同一虚拟小镇中自由探索，共同享受漫游的乐趣。

2.　项目学习目标和重难点

◆ 学习目标

通过项目制作实践熟悉Unity3D界面操作，了解项目结构、场景管理、资源导入等基本功能。重点掌握如何实现局域网内的多人在线功能的关键技术。

◆ 本章重点

掌握作品的保存和分享功能，以便局域网内的其他玩家可以欣赏到彼此的作品。

掌握PC和VR端口的适配技术，确保游戏在不同设备上都能获得良好的用户体验

◆ 本章难点

正确使用局域网内实现多人在线功能，确保玩家之间的数据同步和实时互动。

3.　知识点讲解

◆ 知识点一——局域网功能组件

Unity的局域网功能主要用于实现局域网内的多人游戏联机，包括玩家之间的连接、数据传输和同步等。包含网络状态管理组件（NetworkManager）、网络物体标识（Network Identity）、同步网络位置（Network Transform）、同步网络对象动画状态（Network Animator）等组件。

网络状态管理组件（NetworkManager）是一个用于管理网络多人游戏状态的组件。它封装了很多有用的功能，使得创建、运行和调试多人游戏尽可能简单。在编辑器的检视面板中，可以配置其所有特性。

网络物体标识（Network Identity）是网络物体的基本组件，必须挂载在游戏对象上。负责分配和管理网络物体的assetID和权限。它提供了ServerOnly和Local Player Authority等选项，用于控制物体在服务器或客户端的存在和权限。

同步网络位置（Network Transform）用于同步网络间物体的Transform数据。支持多种同步模式，如同步刚体组件、角色控制器等。它提供了网络发送速率、同步阈值等配置选项，用于优化同步性能。

同步网络对象动画状态（Network Animator）能够自动将Animator组件的参数（如布尔值、浮点数、触发器等）和动画状态在服务器与客户端之间同步。它适用于角色动作、机关动画、场景交互等需要多客户端动画一致的场景。

◆ 知识点二——网络传输协议组件（KCP Transport）

Unity的KCP Transport是一种高性能的网络传输协议组件，它基于KCP（KCP是一个快速可靠协议，以UDP为基础，为网络游戏设计，能极大降低延迟和减少丢包）协议实现，专为Unity游戏引擎设计。它的主要作用包括：

低延迟：适用于实时性要求高的游戏，如MOBA、FPS或格斗游戏。

高可靠性：在保证数据可靠传输的同时，减少延迟和抖动。

灵活性：开发者可以根据需要调整KCP的参数，以优化网络性能。

7.5.2　项目新建和资源导入

（1）打开UnityHub，新建一个3D工程文件，命名为"STIEI_School_MateDemo"，名称也可以自己取，不

MateDemo_PC
制作视频

影响后续步骤。选择保存路径，建议储存在非系统盘，比如D盘。如图7-119所示。

（2）新建后进入软件操作界面。在资源文件夹找到

命名为"MetaverseCaseResources_PC"的资源包拖入到"Project"项目窗口中的"Assets"文件夹下。如图7-120所示。也可以通过双击资源包"MetaverseCaseResources_

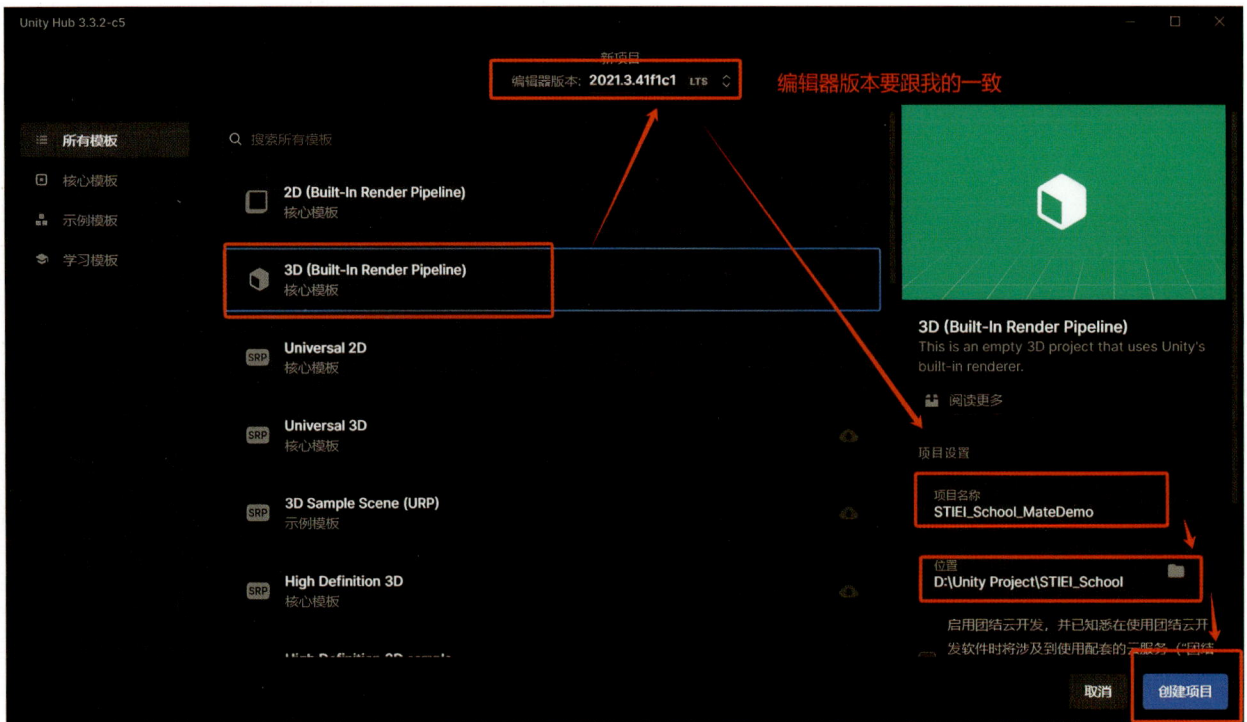

图7-119　新建unity工程文件

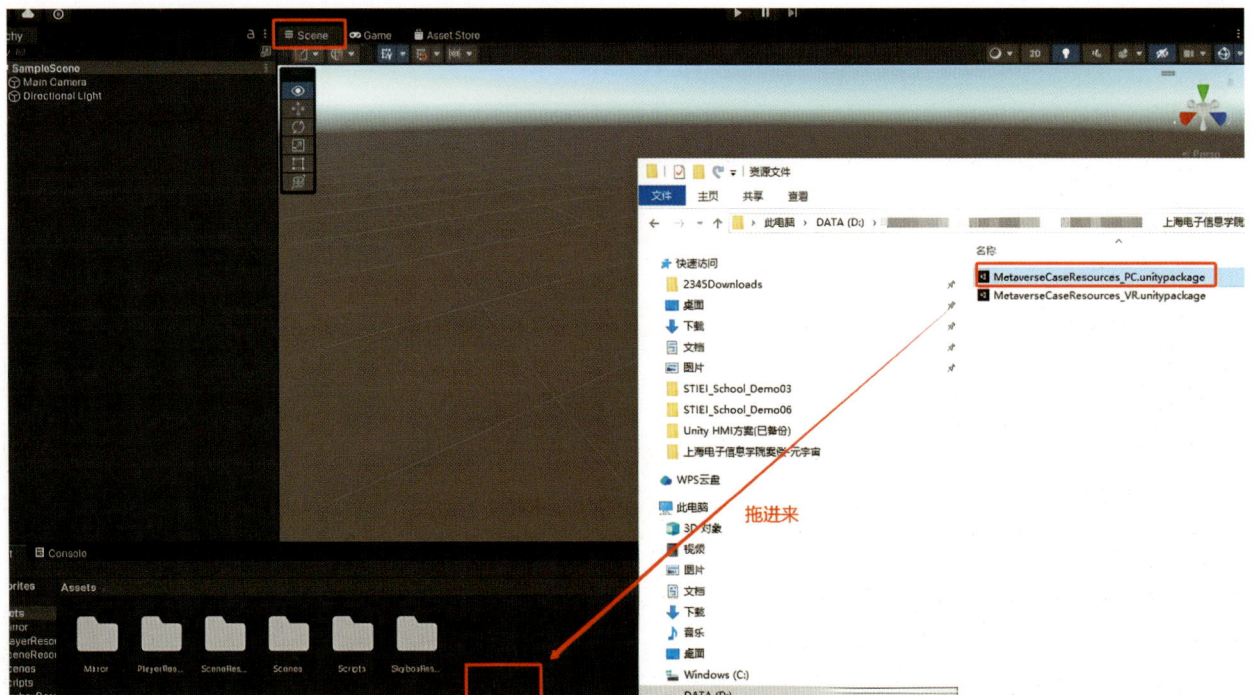

图7-120　导入资源

PC"导入资源。

（3）打开"Game"游戏窗口，把分辨率调为1920×1080。如图7-121所示。

7.5.3 功能实现

1. 制作UI界面

（1）在"Hierarchy"层级窗口中右键鼠标，选择点击弹出窗口中"UI"→"Canvas"，在场景中新建一个画布。如图7-122所示。

（2）设置UI在固定分辨率下的缩放模式。在"Hierarchy"层级窗口中，选中"Canvas"，在右侧的"Inspector"属性窗口内，找到"Canvas Scaler"组件，调整"UI Scale Mode"为"Scale With Screen Size"，并在"Reference Resolution"填上之前设定的游戏视窗分辨率1920×1080。如图7-123所示。

（3）在"Hierarchy"窗口中选中"Canvas"，鼠标右键，在弹出的窗口中选择"UI"→"Image"并点击，新建一个图片，命名为"BgImage"。如图7-124所示。

（4）选中"BgImage"，在"Inspector"属性窗口中，找到"Rect Transform"组件，按住"Alt"同时鼠标点击锚点图，定好锚点。如图7-125所示。

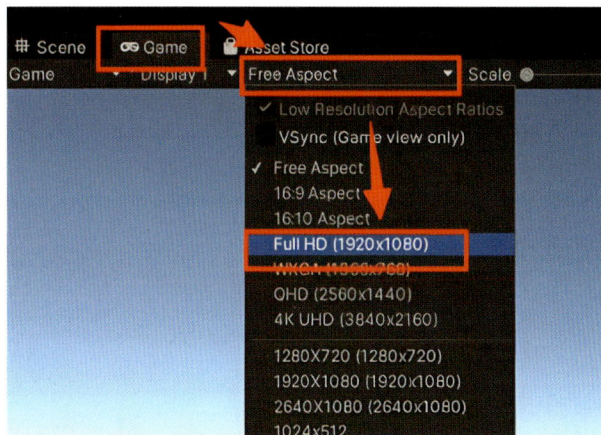
图7-121 切换分辨率

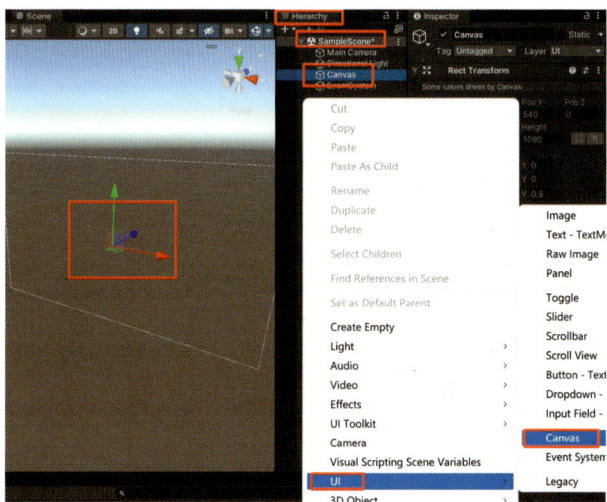
图7-122 新建画布

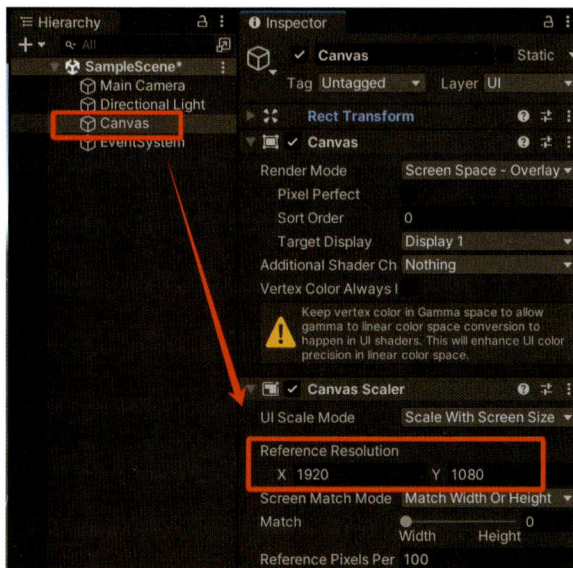
图7-123 设置画布属性

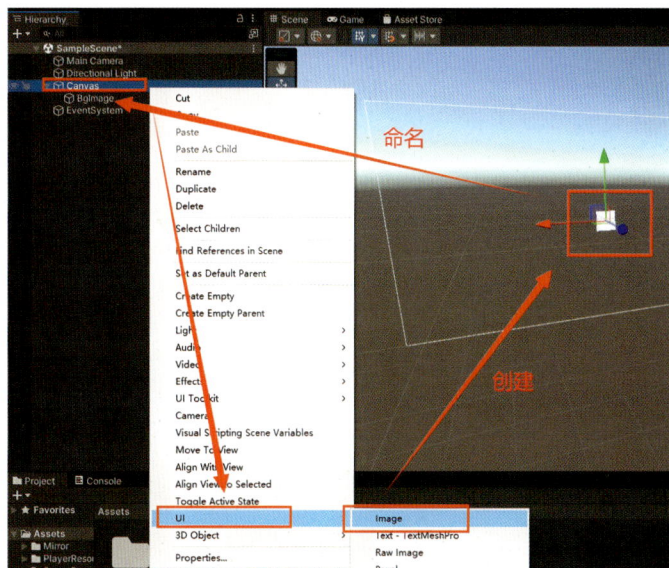
图7-124 创建背景图

（5）在"Inspector"属性窗口中，找到"Image"组件，点击"Color"修改图片颜色。如图7-126所示。

（6）在"Hierarchy"层级窗口中，选中"Canvas"，鼠标右键，在弹出的窗口中选择"UI"→"Legacy"→"Text"并点击，新建一个文本控件。鼠标再次右键，在弹出的窗口中选择"UI"→"Legacy"→"Button"，新建一个按钮控件。在"Hierarchy"层级窗口中，选中"Button"，按2次"Ctrl+D"复制两个按钮。最终画面呈现为1个文本控件和3个按钮控件，如图7-127所示。

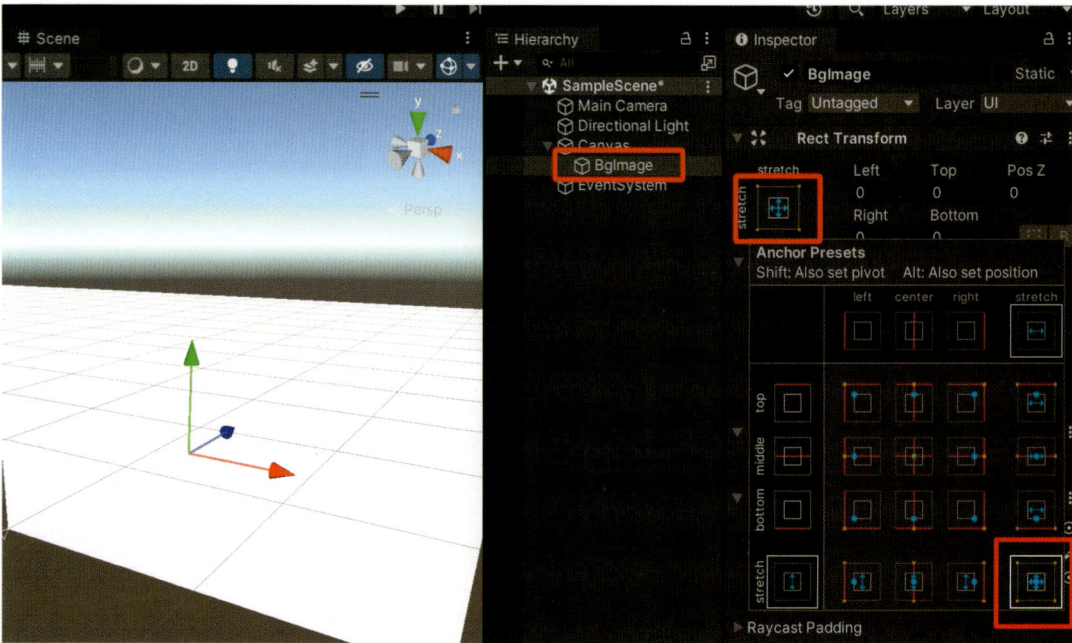

图7-125 设置背景图锚点

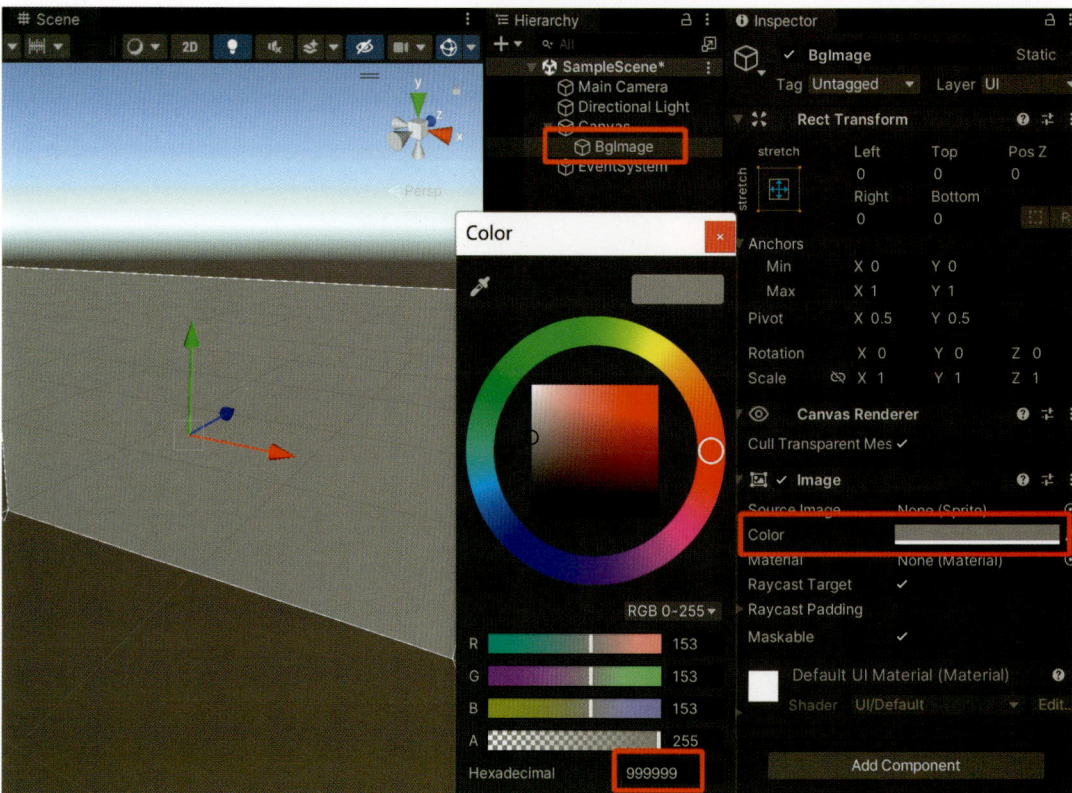

图7-126 修改背景图颜色

（7）在"Hierarchy"层级窗口中，选中"Text（Legacy）"，在右侧"Inspector"属性窗口的"Rect Transform"组件中修改坐标位置和大小，"PosY"参数为320，"Width"参数为1000，"Height"参数为200。在"Text"组件中修改文字显示内容为"元宇宙幻想小镇"，将"Font Style"修改为"Bold and Italic"，"Font Size"修改为100，段落格式居中显示，颜色修改为红色，如图7-128所示。

（8）将新建的3个按钮分别重命名为"StartHostButton""StartServerButton""StartClientButton"。如

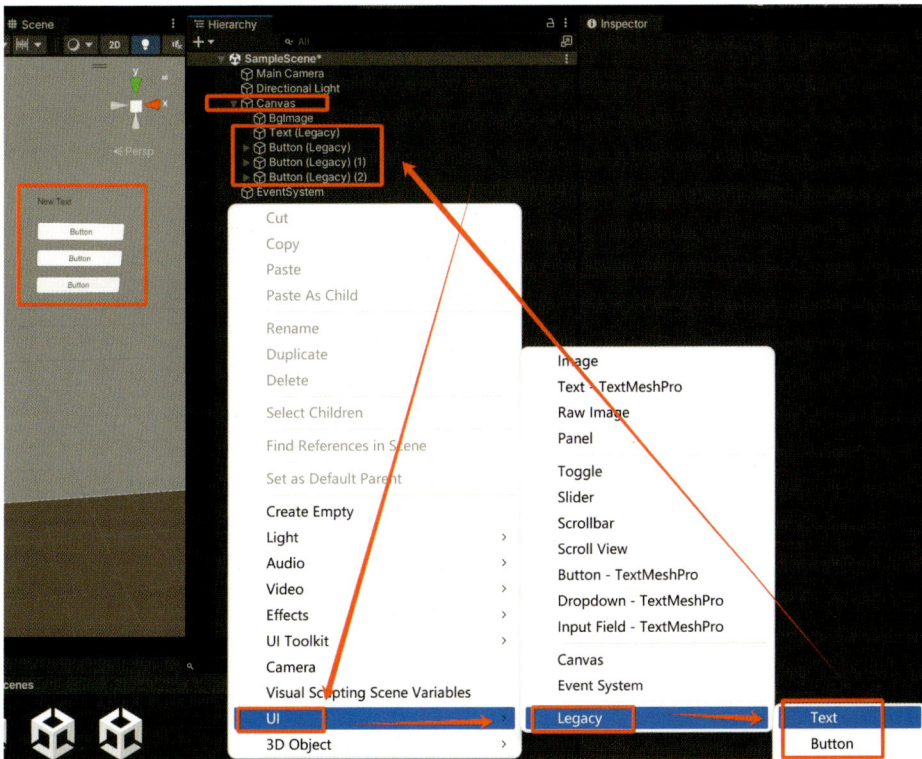

图7-127　新建文本和按钮控件

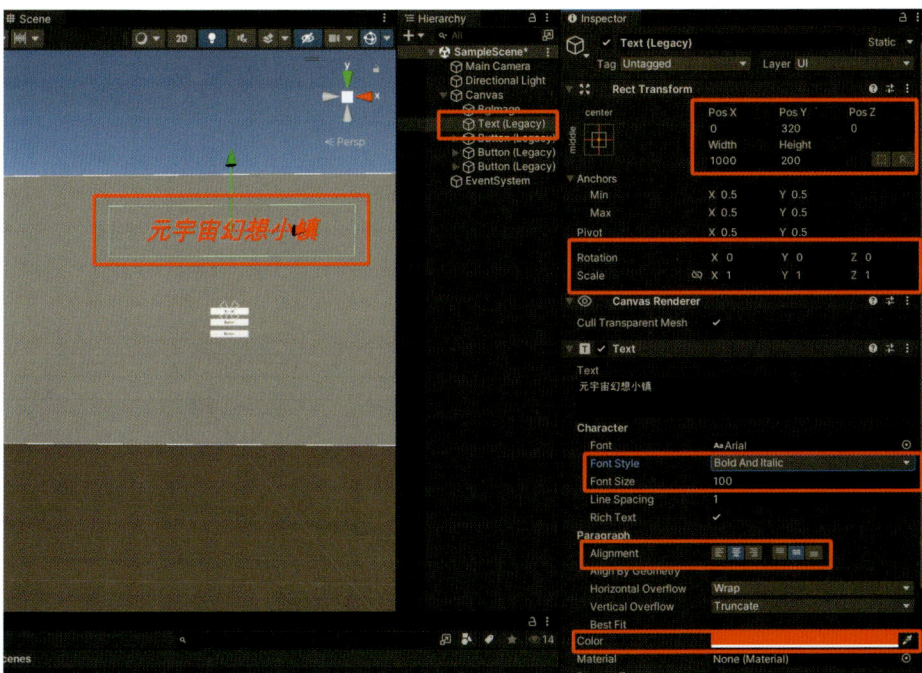

图7-128　修改文本属性

图7-129所示。

（9）在"Hierarchy"层级窗口中选中按钮"StartHostButton"，在右侧"Inspector"属性窗口的"Rect Transform"组件中将"Width"参数设置为320，"Height"参数设置为60。如图7-130所示。

（10）在"Hierarchy"层级窗口中选中按钮的子物体"Text"，在右侧"Inspector"属性窗口中修改文字显示内容为"服务器+客户端"，"Font Size"修改为36，段落格式居中显示，如图7-131所示。

（11）重复以上操作，在"Hierarchy"层级窗口中选中按钮"StartServerButton"，在右侧"Inspector"属性窗口的"Rect Transform"组件中将"Width"参数设置为320，"Height"参数设置为60。在"Hierarchy"层级窗口中选中该按钮的子物体"Text"，在右侧"Inspector"属性窗口中修改文字显示内容为"仅服务器"，"Font Size"修改为36，段落格式居中显示，如图7-132所示。

（12）同样操作，将按钮"StartClientButton"的

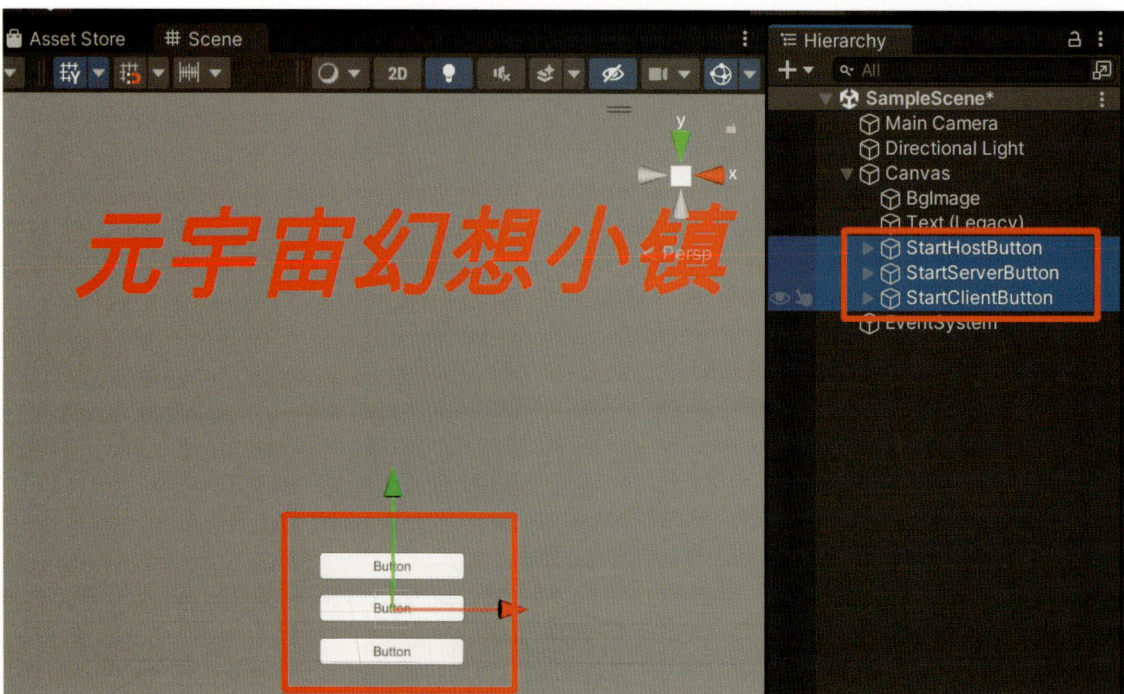

图7-129　修改按钮名称

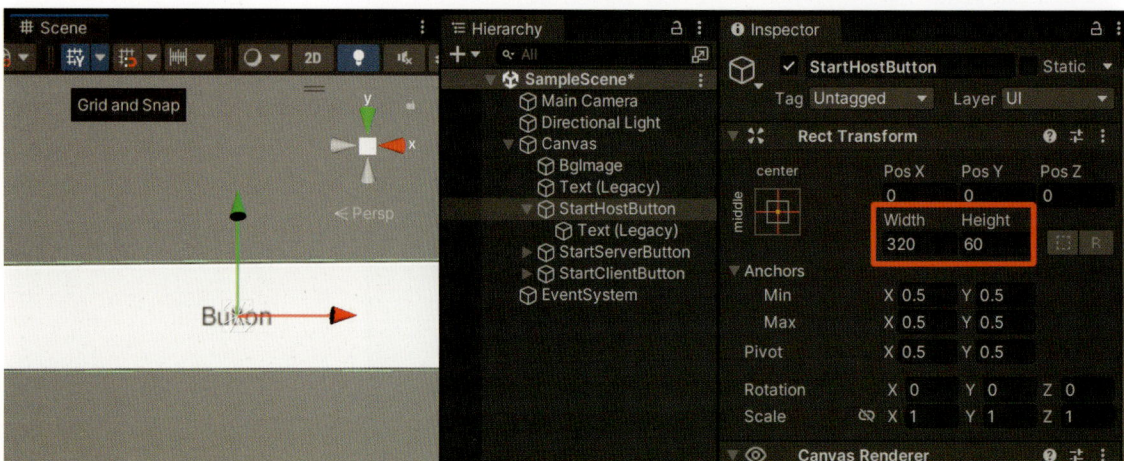

图7-130　修改按钮大小

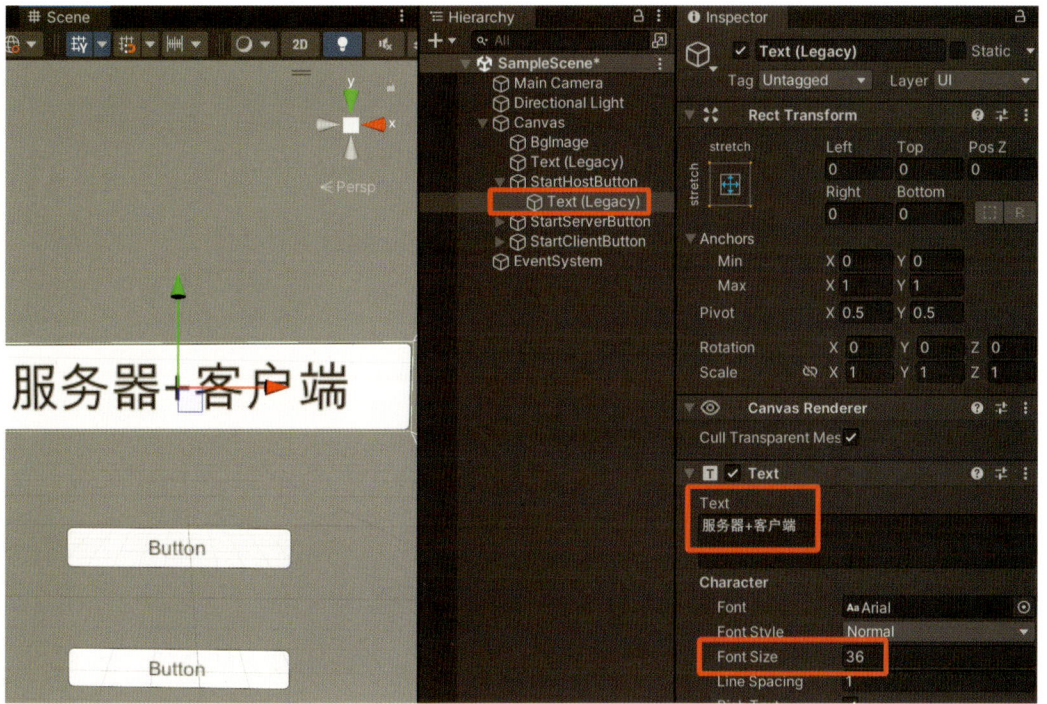

图7-131 修改按钮文字和属性

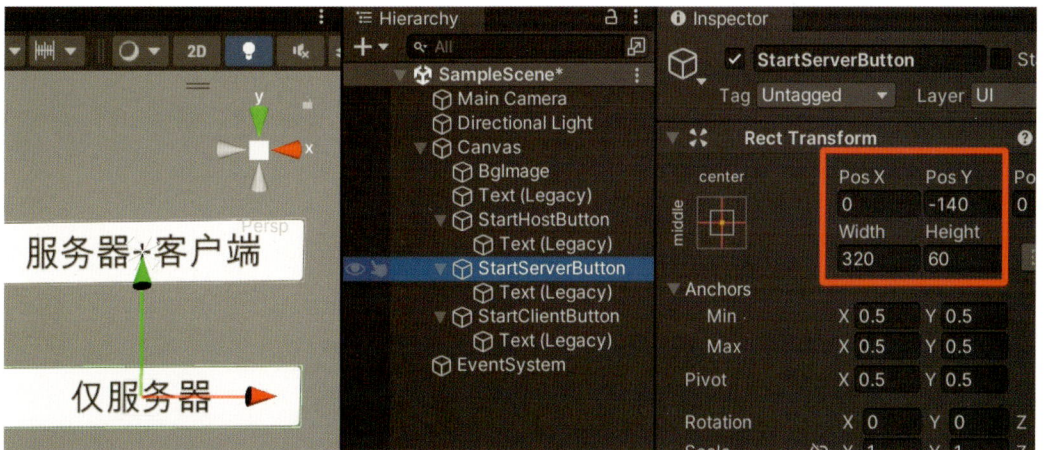

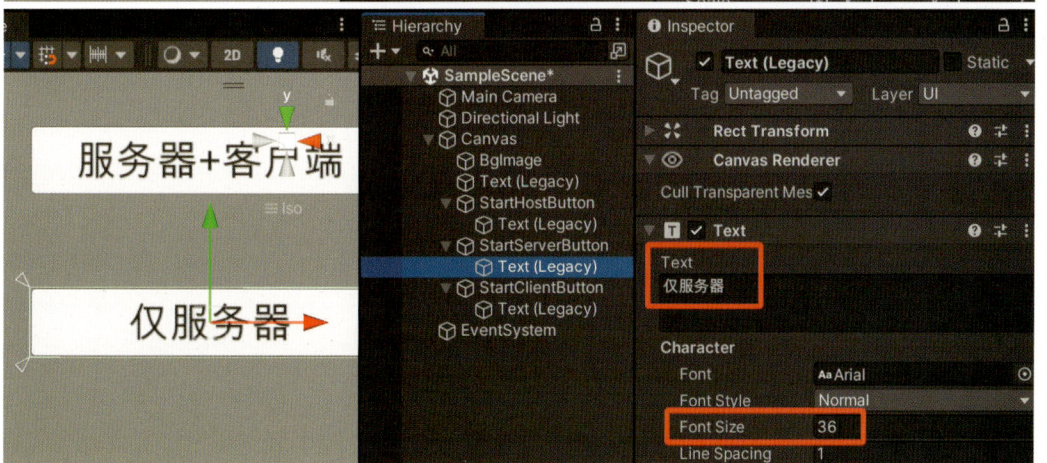

图7-132 修改按钮文字和属性

大小修改为320×60，显示文字设置为"仅客户端"，显示文字大小设置为36。使用移动工具调整一下三个按钮的位置，保持其在同一垂直线上，间距基本一致即可。如图7-133所示。

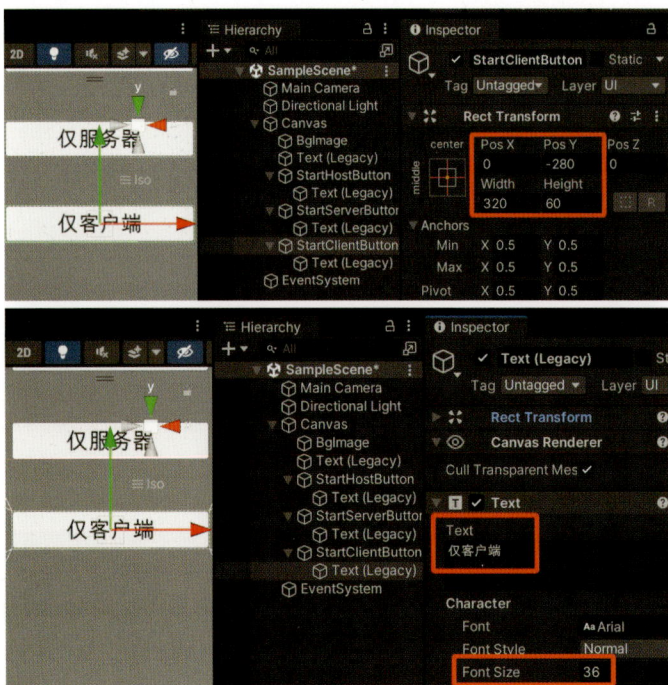

图7-133　修改按钮文字和属性

图7-135　为NetworkUI挂脚本和变量赋值

2. 设置初始场景网络环境

（1）在"Hierarchy"层级窗口中鼠标右键，在弹出的窗口中点击"Create Empty"，新建一个空物体，命名为"NetWorkUI"。如图7-134所示。

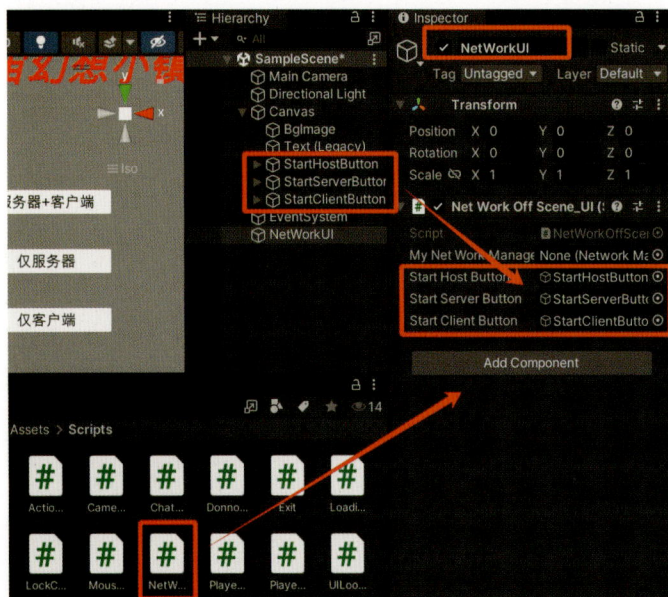

图7-134　新建NetworkUI

（2）在"Hierarchy"层级窗口中选择"NetWorkUI"，在右侧"Inspector"属性窗口的"Transform"组件上右键选择"Reset"，将"NetWorkUI"的位置参数重置为0。在"Project"项目窗口中，打开"Scripts"文件夹，找到名为"NetWorkOffScene_UI"的脚本文件，把它挂载到"NetWorkUI"上，并将上文创建的三个按钮对照脚本组件中的名称拖入，为相关变量赋值。如图7-135所示。

（3）在"Hierarchy"层级窗口中新建第2个空物体，命名为"NetWorkManager"。在右侧"Inspector"属性窗口中为其添加组件网络状态管理组件"Network Manager"和网络传输协议组件"Kcp Transport（Script）"。如图7-136所示。

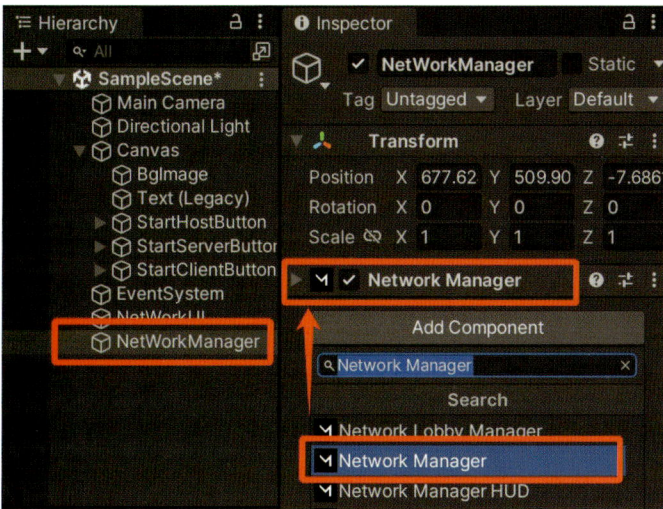

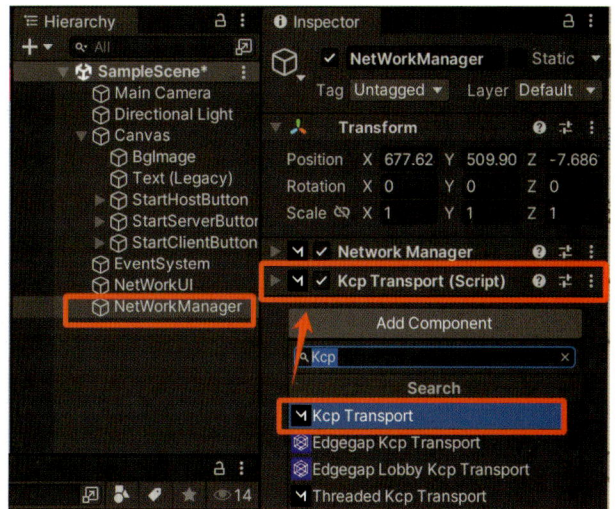

图7-136　新建NetWorkManager并添加网络组件

（4）在"Hierarchy"层级窗口中选择"NetWorkUI"，将新建的"NetWorkManager"拖拽到右侧"Inspector"属性窗口中，为缺失的变量赋值。如图7-137所示。

（5）按"Ctrl+S"保存当前场景，在"Project"项目窗口中打开"Scenes"文件夹，修改"SimpleScene"名字为"OffScene_PC"。出现场景重载提示后点击"Reload"。如图7-138所示。

（6）在"Project"项目窗口中打开"SceneResources/Scenes"文件夹，选中其中的场景文件"Low Poly City Mega Pack Free"，按下"Ctrl+D"复制一份，将复制的场景命名为"OnScene_Pc"，并将其拖拽至"Asset/Scenes"文件夹下。如图7-139所示。

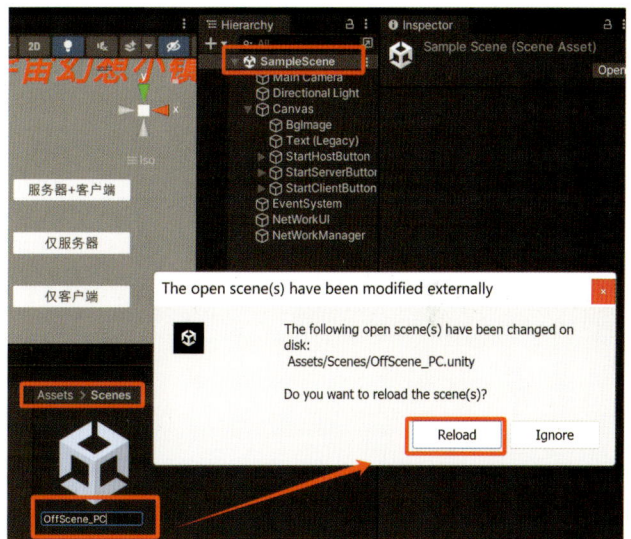

图7-138　为当前场景重命名

图7-137　为NetWorkUI变量赋值

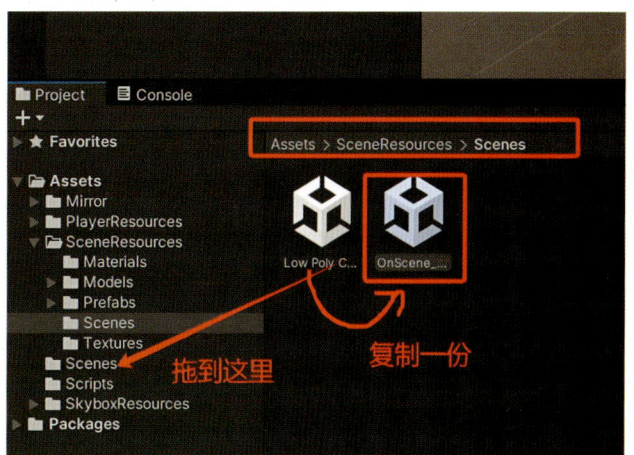

图7-139　复制场景并重命名

（7）在"Hierarchy"层级窗口打开的场景OffScene_PC中，选中"NetWorkManager"，在右侧"Inspector"属性窗口中，找到"Scene Managerment"，将"Project"项目窗口"Assets/Scenes"文件夹中的场景"OffScene_PC"和"OnScene_PC"拖拽到相应位置，完成相关参数赋值，修改完后按"Ctrl+S"保存场景。如图7-140所示。

3. 设置天气环境

（1）到这一步，初始场景"OffScene_PC"属性设置完成。在"Project"项目场景中打开"Asset/Scenes"文件夹，找到之前创建的场景文件"OnScene_Pc"，双击打开。如图7-141所示。

（2）在编辑器的菜单栏中找到"Window/Rendering/Lighting"点击打开"Lighting"窗口。如图7-142所示。

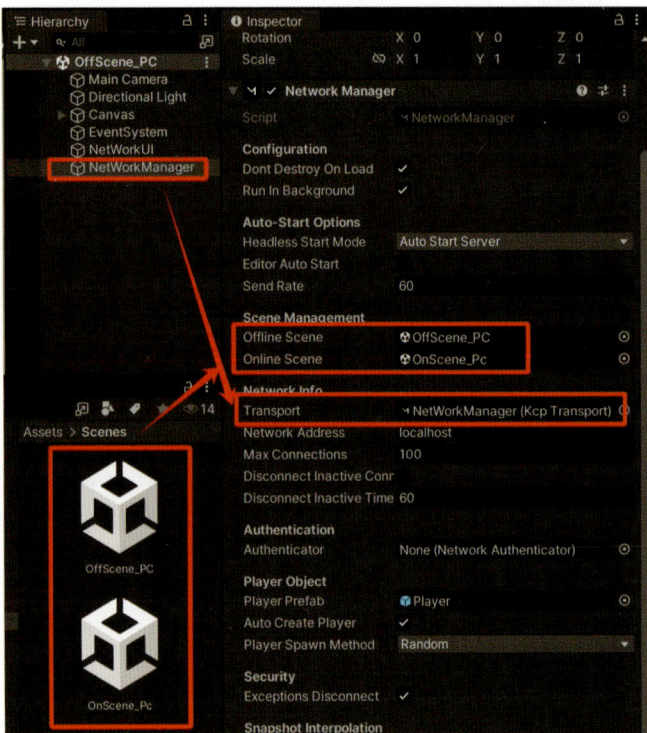

图7-140　为NetWorkManager赋值参数

图7-141　打开场景OnScene_Pc

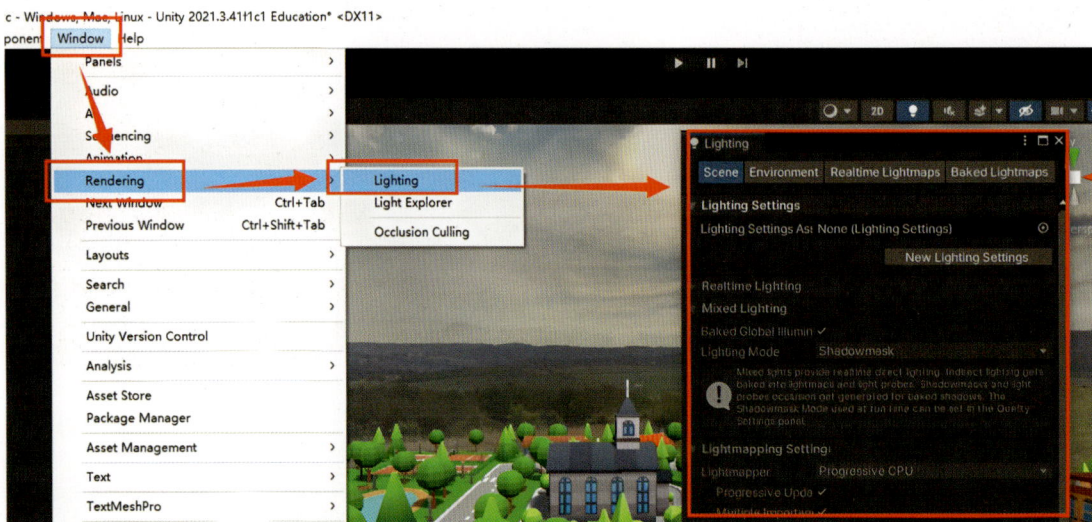

图7-142　打开Lighting窗口

（3）在"Lighting"窗口中切换到"Environment"选项，在"Project"项目窗口中打开"Asset/SkyboxResources/MAT"文件夹，在其中随意一个天空材质文件拖拽到"Skybox Material"窗口中。如图7-143所示。

（4）在"Lighting"窗口的"Environment"选项中，勾选"Fog"，然后关闭Lighting窗口，按"Ctrl+S"保存场景。如图7-144所示。

4. 设置漫游角色

（1）网络环境和天气环境设置好后，开始设置漫游角色。在"Project"项目窗口中打开"Asset/PlayerResources/Prefab"文件夹，找到名为"Cowboy_RIO"的角色预制体文件，拖到场景中，在"Inspector"属性窗口最上方，修改名称为"Player"，此操作也可以在"Hierarchy"层级窗口中双击角色物体来修改名字。如图7-145所示。

（2）在"Hierarchy"层级窗口中选中"Player"，在右侧的"Inspector"属性窗口中为它添加角色控制器组件"CharacterController"，并修改它的大小与位置，具体参数如图7-146所示。

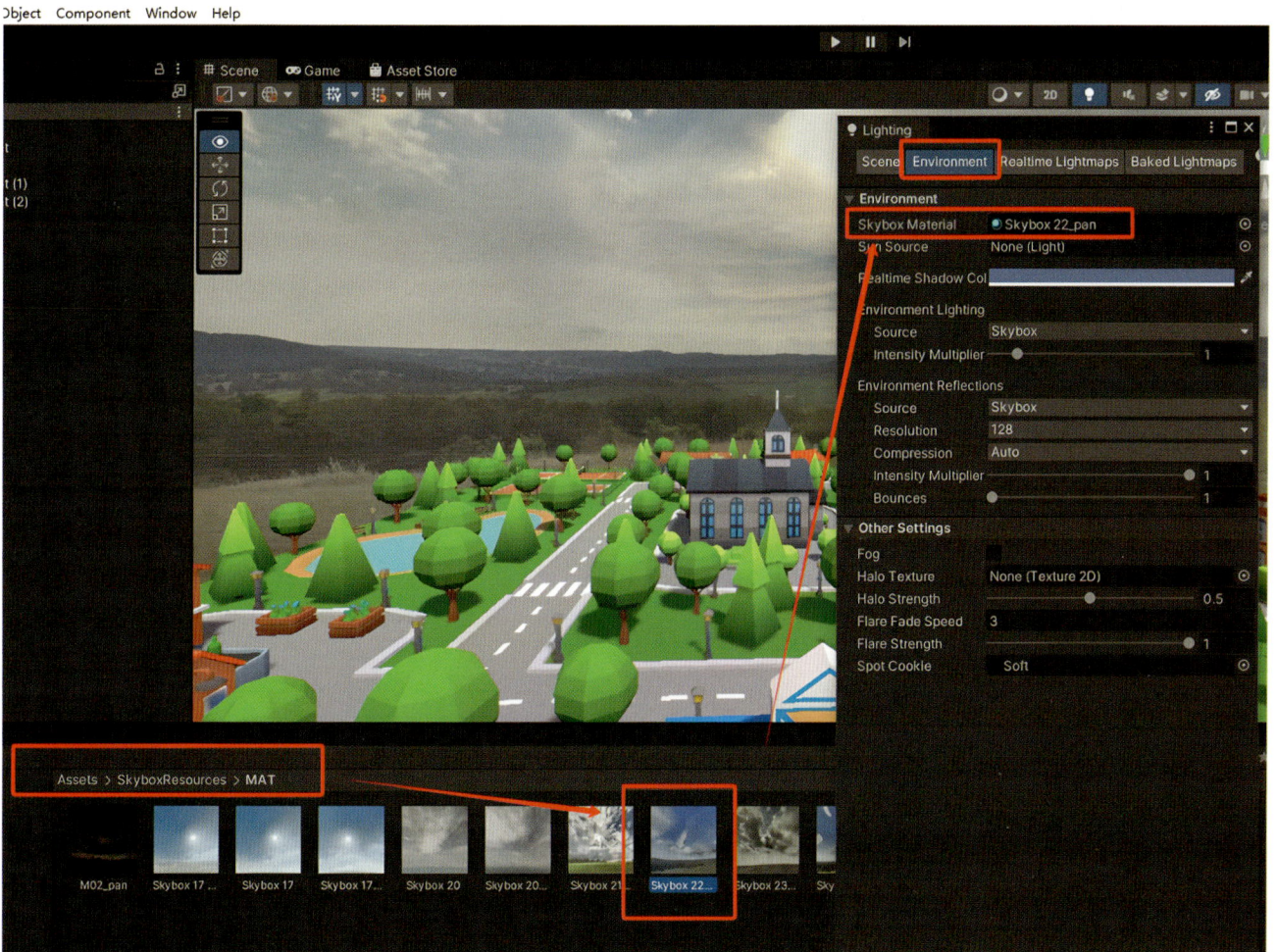

图7-143 设置天空材质

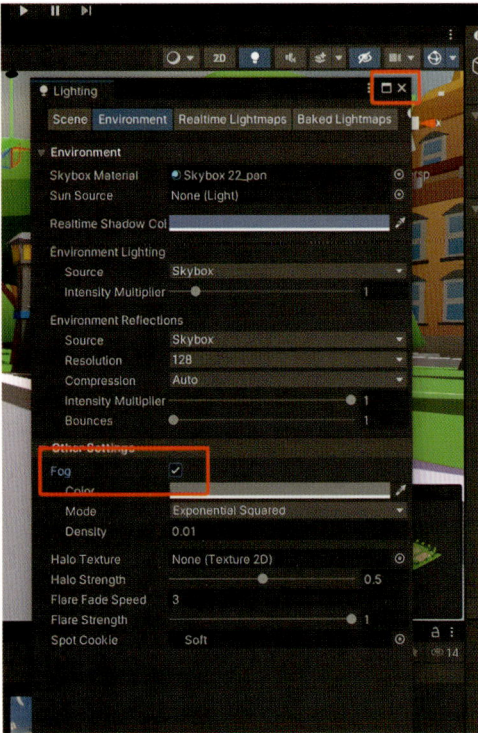

图7-144　设置雾效果

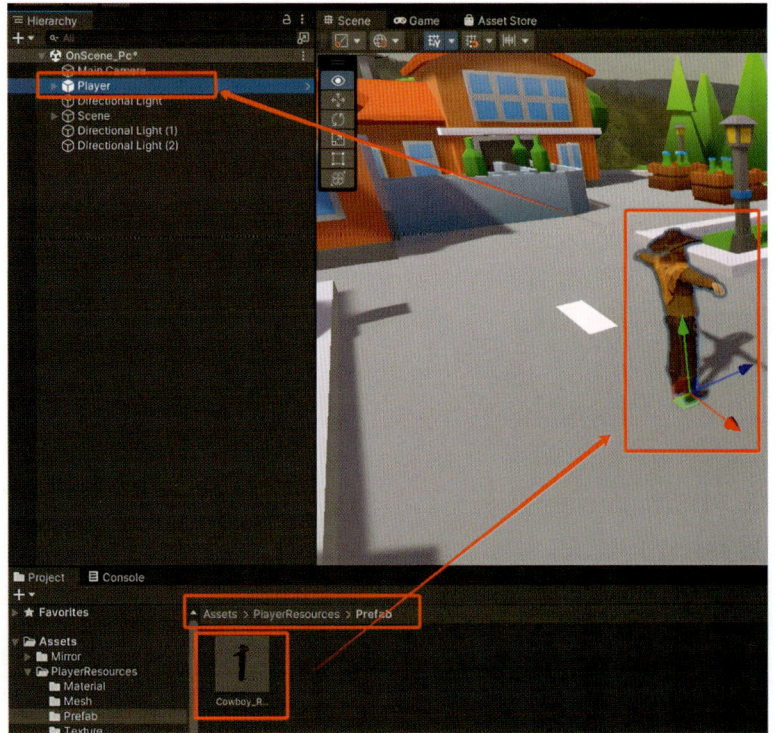

图7-145　添加角色并修改名称

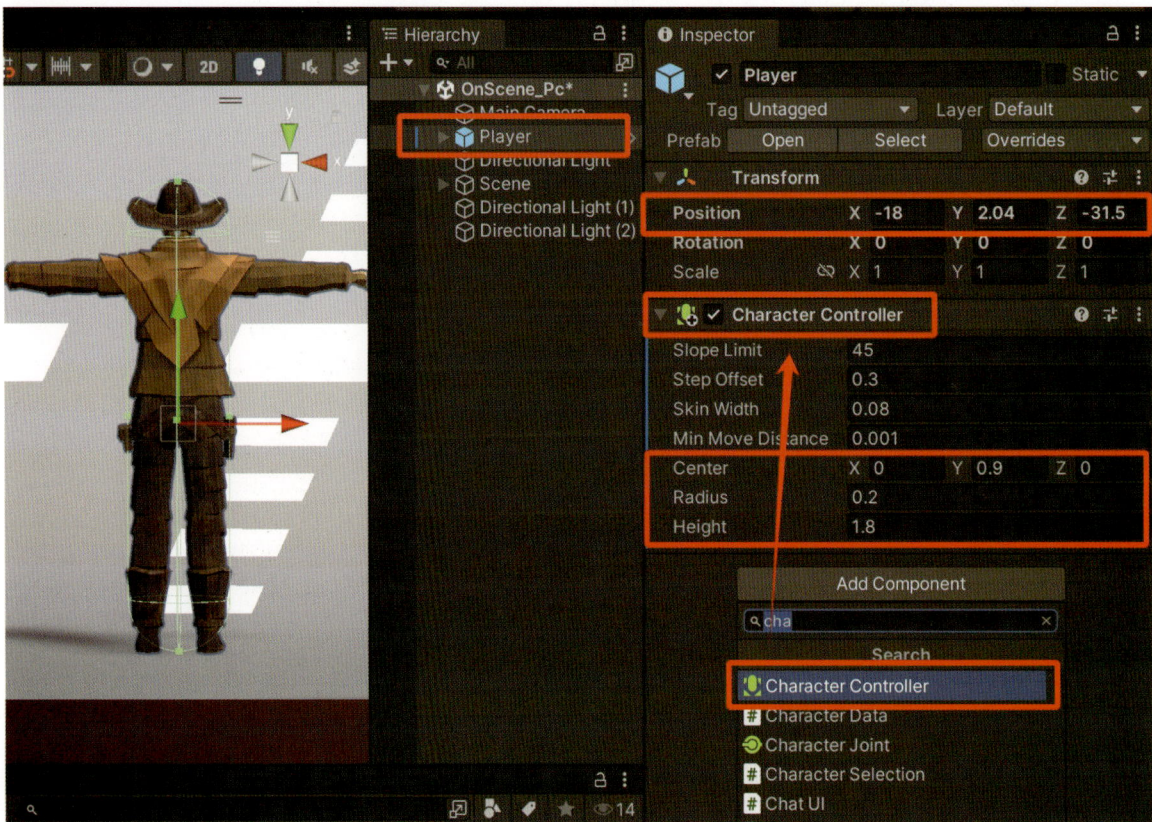

图7-146　添加角色控制器并修改属性

（3）在"Hierarchy"层级窗口选中"Player"，在右侧"Add Component"中搜索和添加网络物体标识组件"Network Identity"、同步网络位置组件"Network Transform（Reliable）"、同步网络对象动画状态组件"Network Animator"。这一步是为角色添加网络属性。如图7-147～图7-149所示。

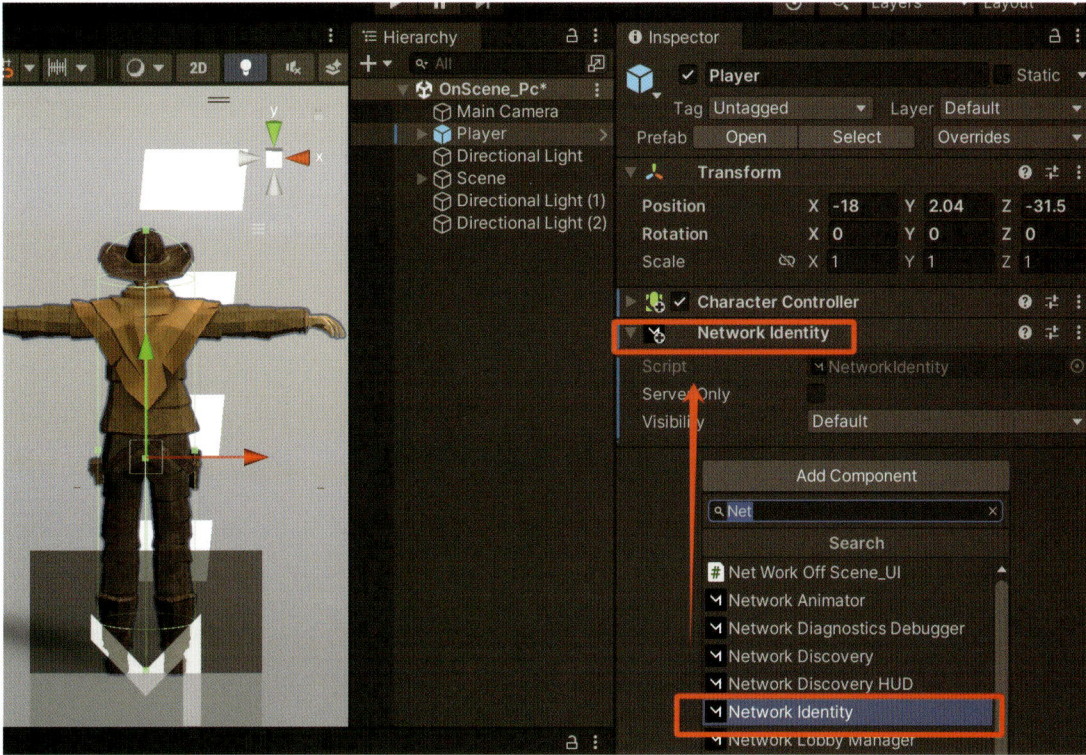

图7-147　添加网络物体标识组

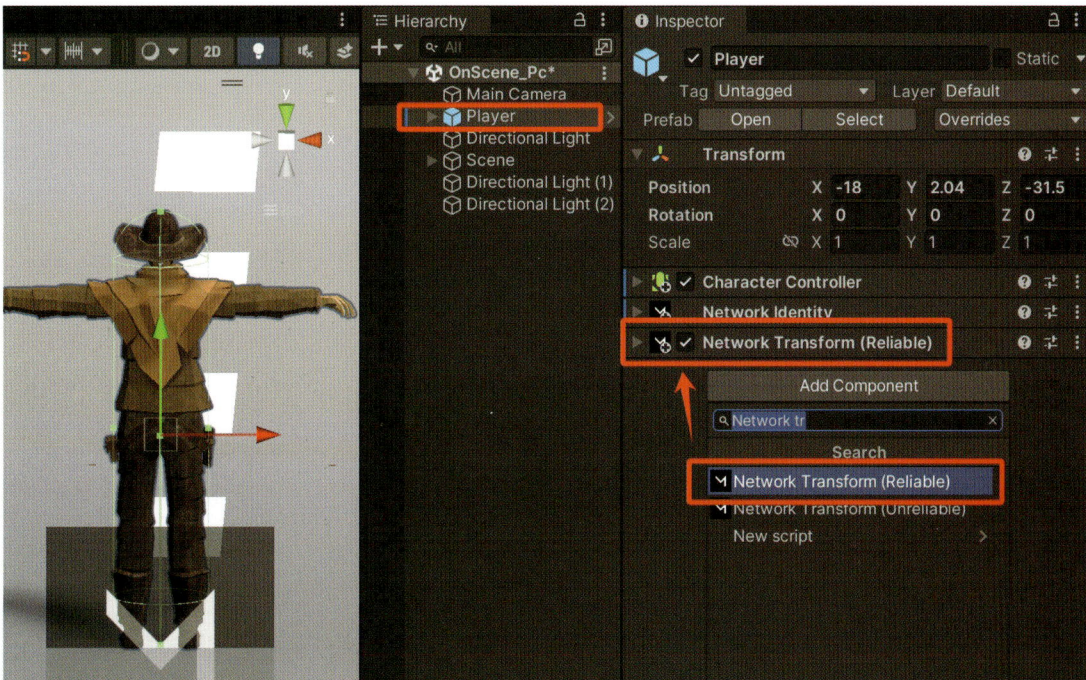

图7-148　添加同步网络位置组件

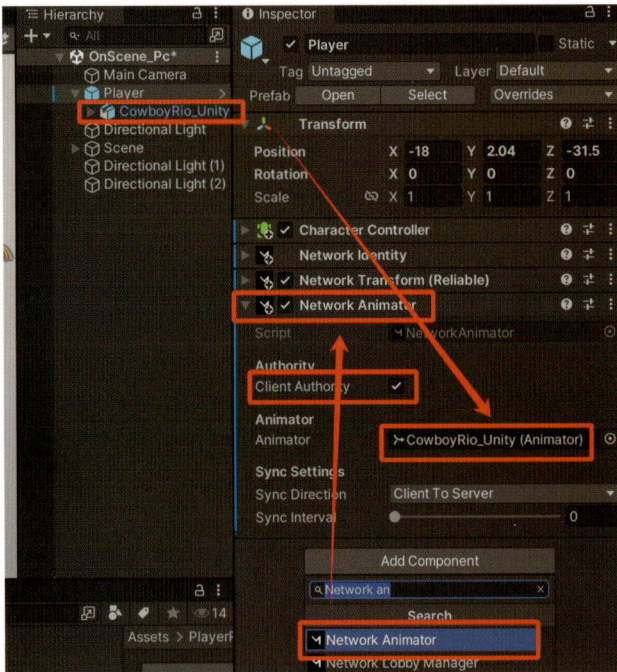

图7-149　添加同步网络对象动画状态组件

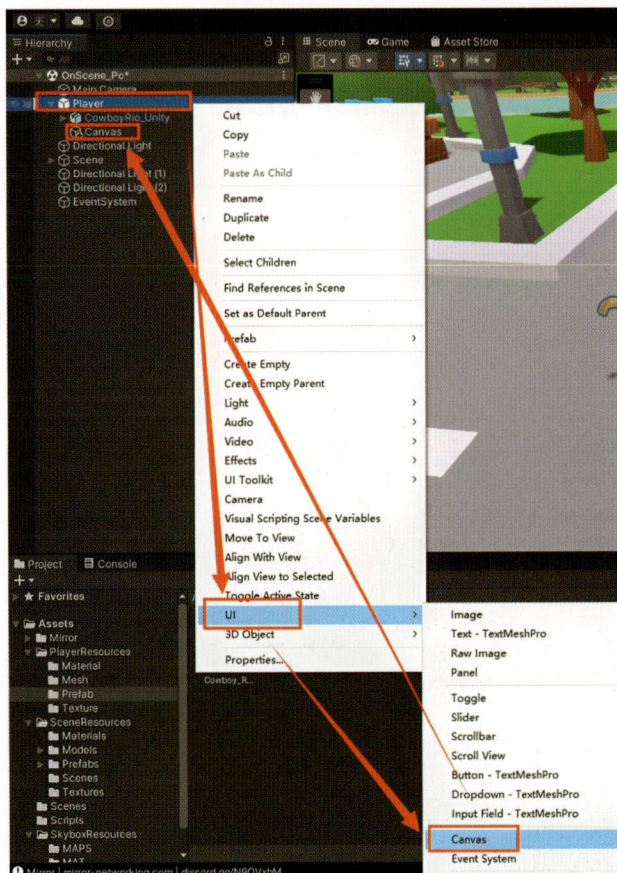

图7-150　添加角色名称文本框画布

（4）为了显示角色名称，需要给"Player"添加一个文本框作为它的子物体，跟随角色一起移动。在"Hierarchy"层级窗口选中"Player"，鼠标右键选择"UI/Canvas"，新建一个画布"Canvas"，如图7-150所示。

（5）选中画布"Canvas"，在右侧的"Inspector"属性窗口中。将画布渲染模式修改为"World Space"，并勾选"Vertex Color Always In Gamma Color Space"选项。在"Rect Transform"组件中，修改画布大小"Scale"的参数均为0.01，位置参数"PosY"为1.9，长宽参数分别为100和15，将"Dynamic Pixels Per Unit"参数设置为5。具体参数和设置如图7-151所示。

（6）在"Hierarchy"层级窗口中，选中刚创建的"Canvas"，鼠标右键选择"UI/Legacy/Text"，新建一个文本"Text"，命名为"NameText"。如图7-152所示。

（7）选中"NameText"，按住"Alt"键的同时在右侧的"Inspector"属性窗口中点击锚点图修改锚点，如图7-153所示。

（8）在"Inspector"属性窗口中修改"NameText"的显示文字为"姓名"，字体大小设置为10，文本居中显示，颜色设置为红色，具体修改如图7-154所示。

（9）打开"Project"项目窗口中的"Assets/Scripts"文件夹，找到名为"PlayerController_Net"的脚本文件，通过拖拽的方式把它挂载到"Player"上，按"Ctrl+S"保存场景。如图7-155所示。

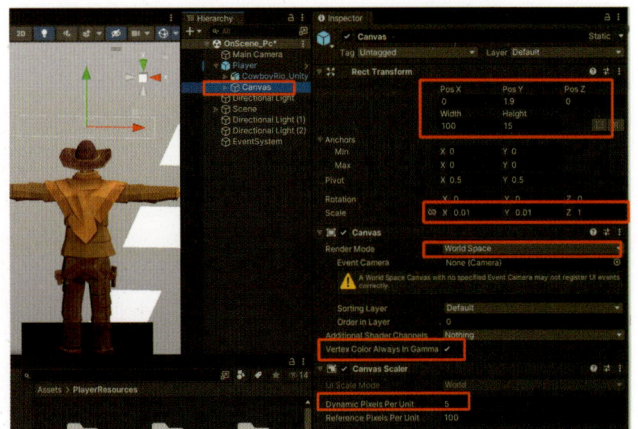

图7-151　设置画布参数

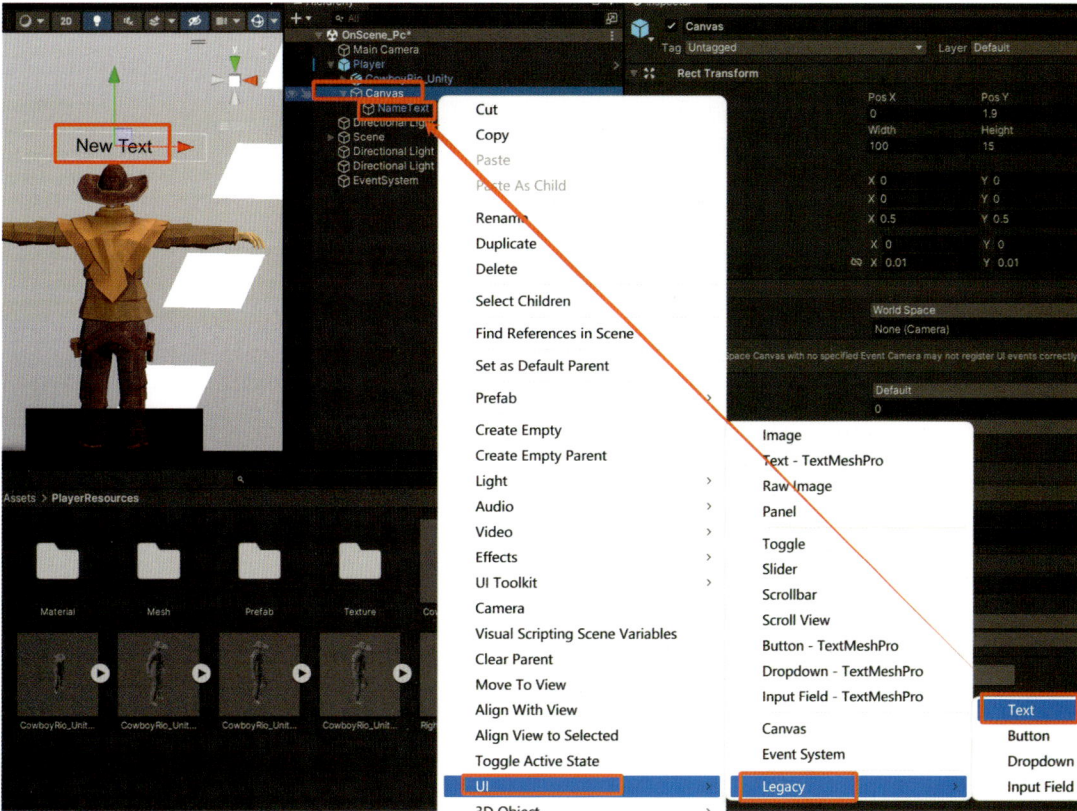

图7-152 新建名称文本框

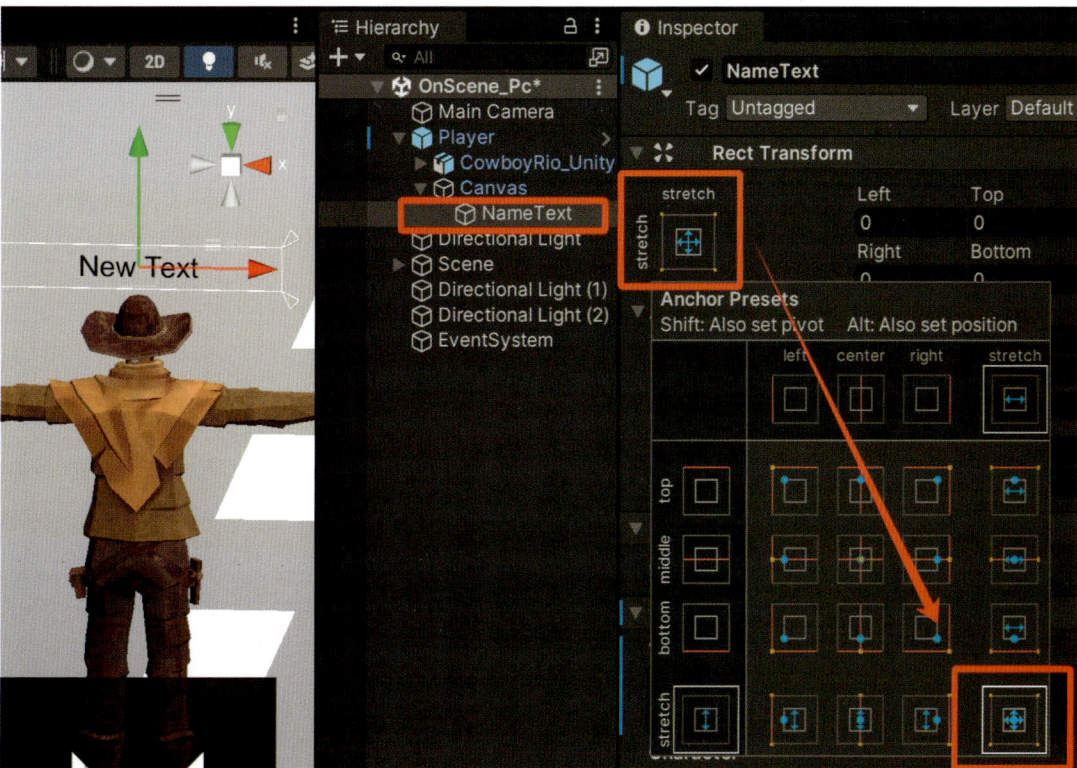

图7-153 修改名字文本框锚点

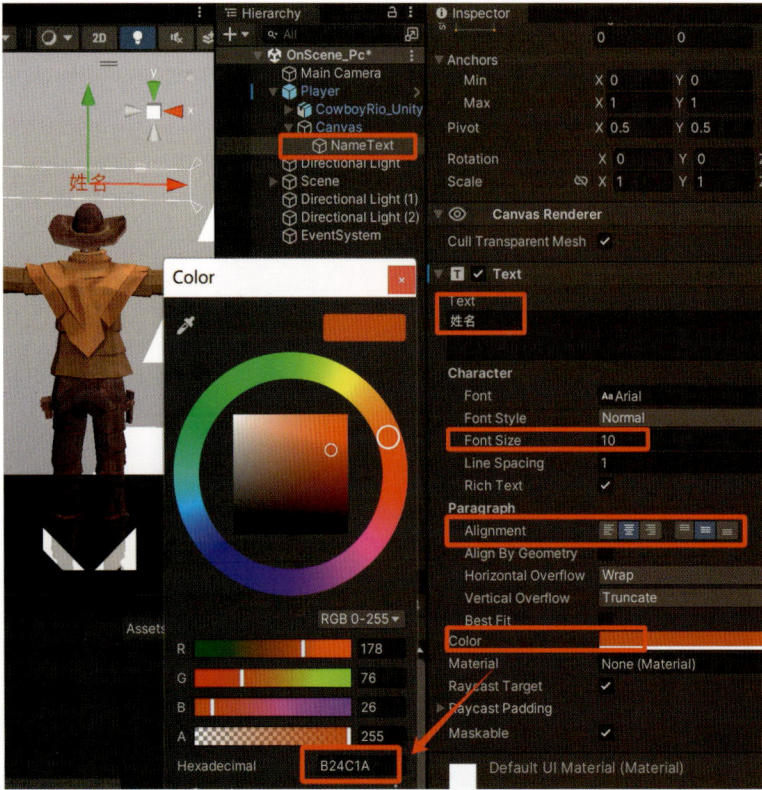

图7-154　修改名字文本框属性

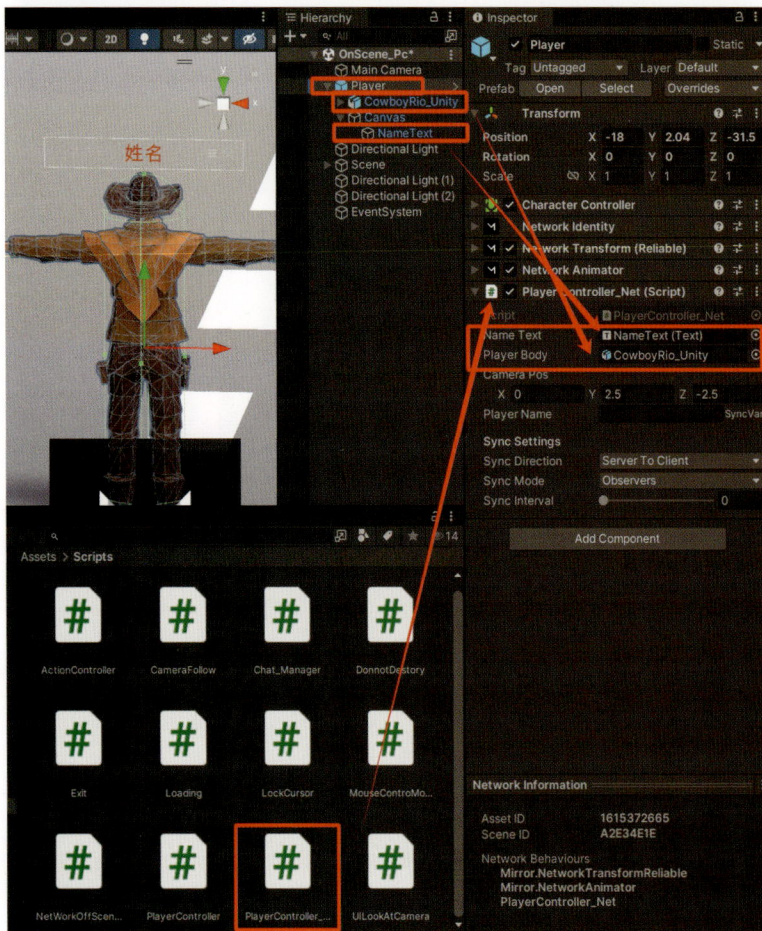

图7-155　给角色挂载脚本

（10）在"Project"项目窗口的"Assets"文件夹下，鼠标右键选择"Create/AnimatorController"，新建一个动画控制器，命名为"PlayerAnimatorController"。如

图7-156所示。

（11）双击"PlayerAnimatorController"，打开动画编辑界面，如图7-157所示。

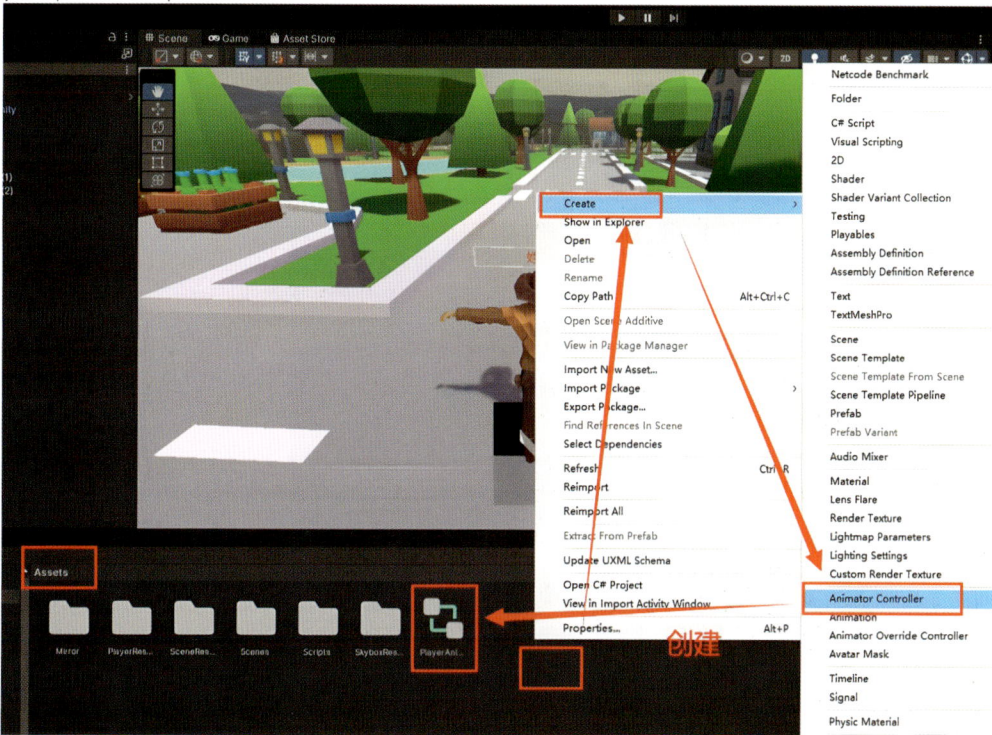

图7-156 新建角色控制器

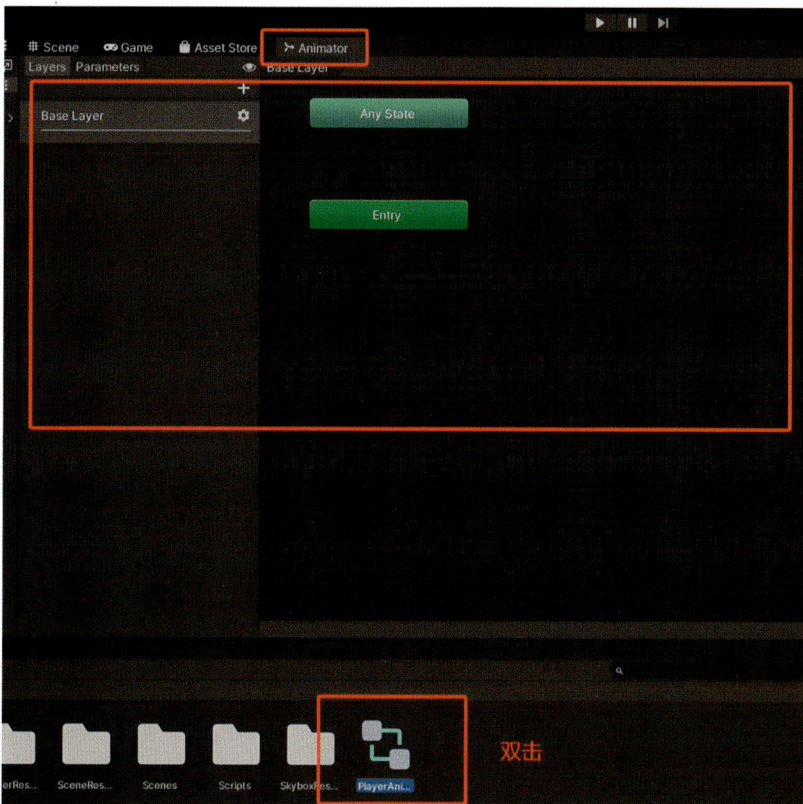

图7-157 打开动画编辑器

（12）在"Project"项目窗口中，打开"Asset/PlayerResources"文件夹，找到名为"CowboyRio_Unity@Offensive Idle""CowboyRio_Unity@Walking"、"CowboyRio_Unity@Breakdance Freeze Var 2"这3个动画文件，依次拖进动画编辑窗口中。如图7-158所示。

（13）在编辑动画窗口中，通过选中动画片段，右键点击"Make Transition"把动画之间创建转换连线。

如图7-159～图7-162所示。

（14）在编辑动画窗口中，切换到"Parameters"窗口，点击"+"新建整数型"int"变量，命名变量为"State"。如图7-163所示。

（15）新建第二个变量，这个变量是"Trigger"变量，命名为"Action01"。如图7-164所示。

（16）接下来要为每个动画转换连线添加转换条

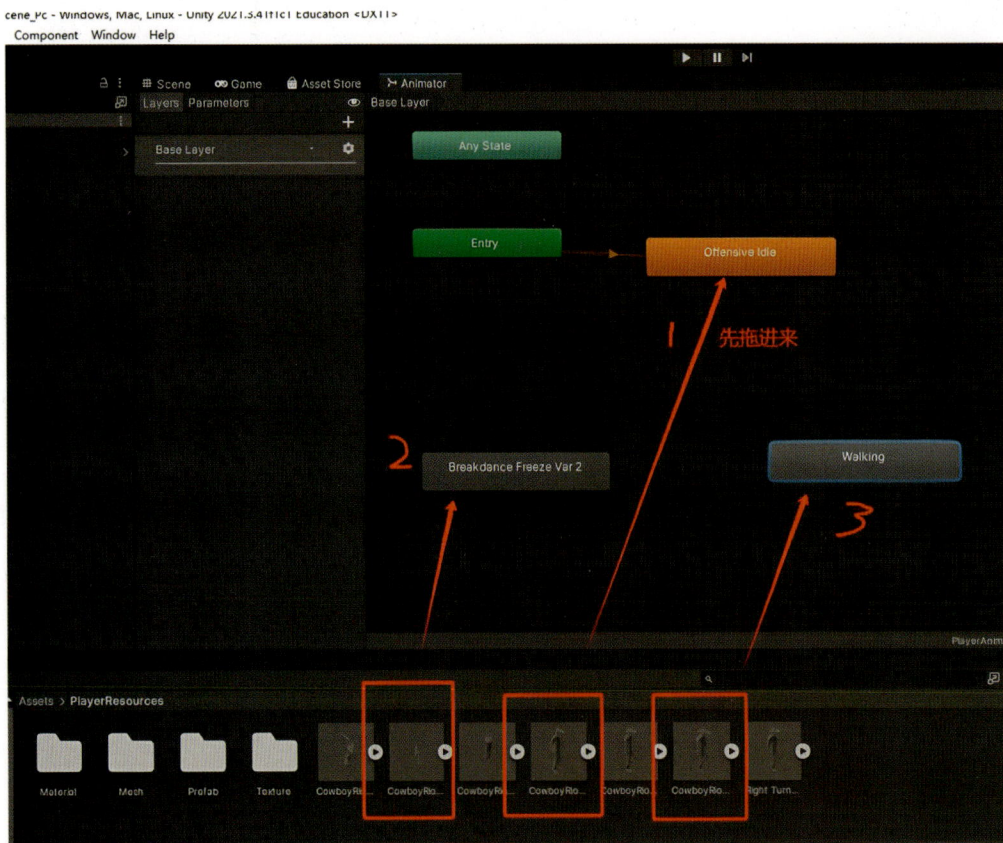

图7-158 添加动画片段

图7-159 创建动画转换线

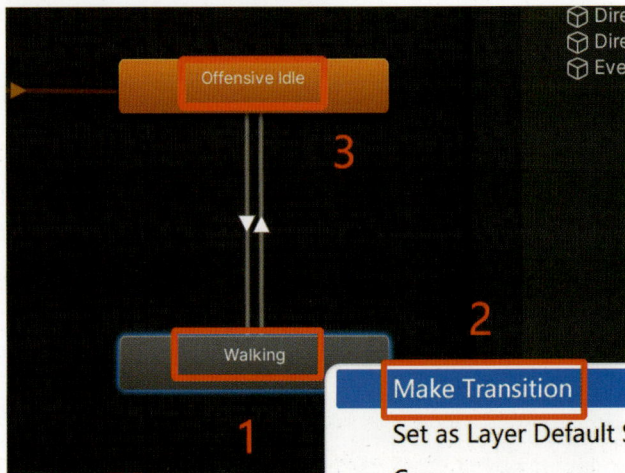

图7-160 创建动画转换线

件。首先选中"Offensive Idle"到"Breakdance Freeze Var 2"的转换连线，在右侧的"Inspector"属性窗口中取消勾选"Has Exit Time"，在"Conditions"中添加条件参数"Action01"。如图7-165所示。

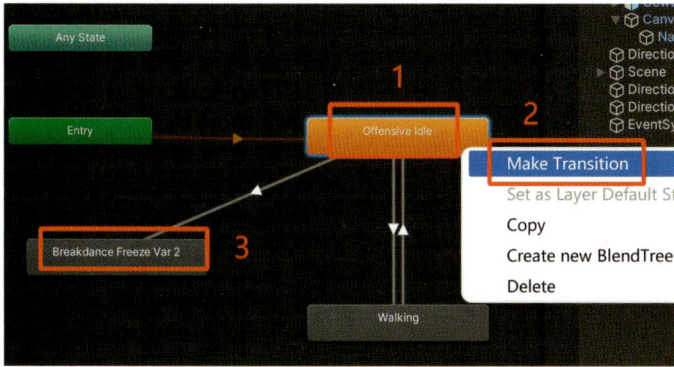

图7-161　创建动画转换线

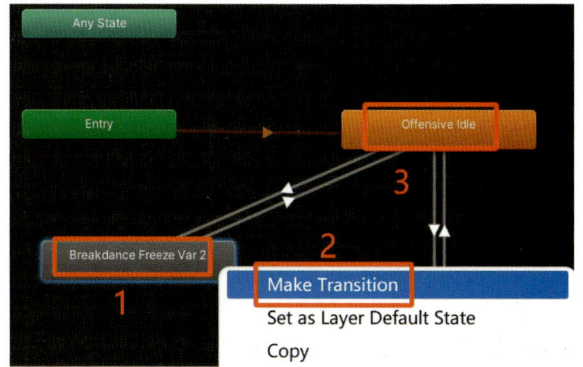

图7-162　创建动画转换线

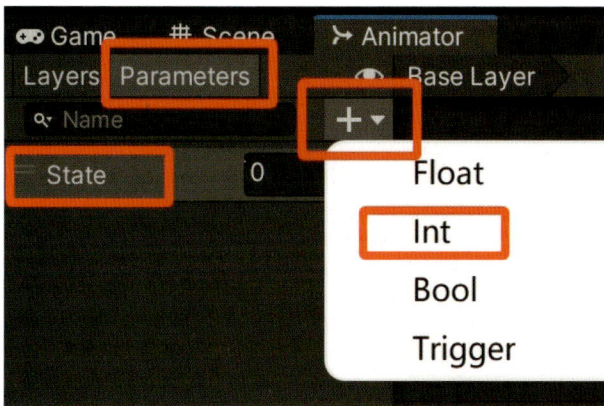

图7-163　创建条件参数

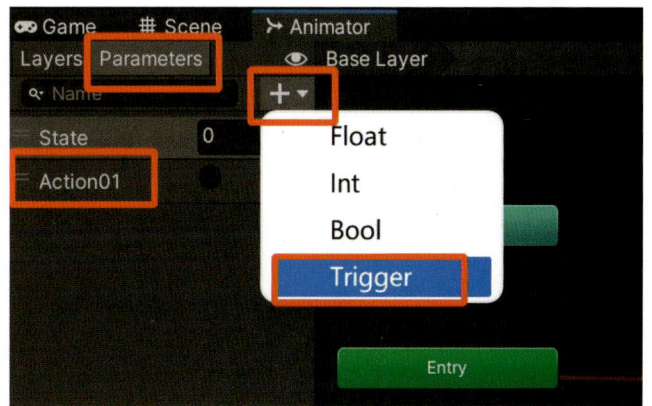

图7-164　创建条件参数

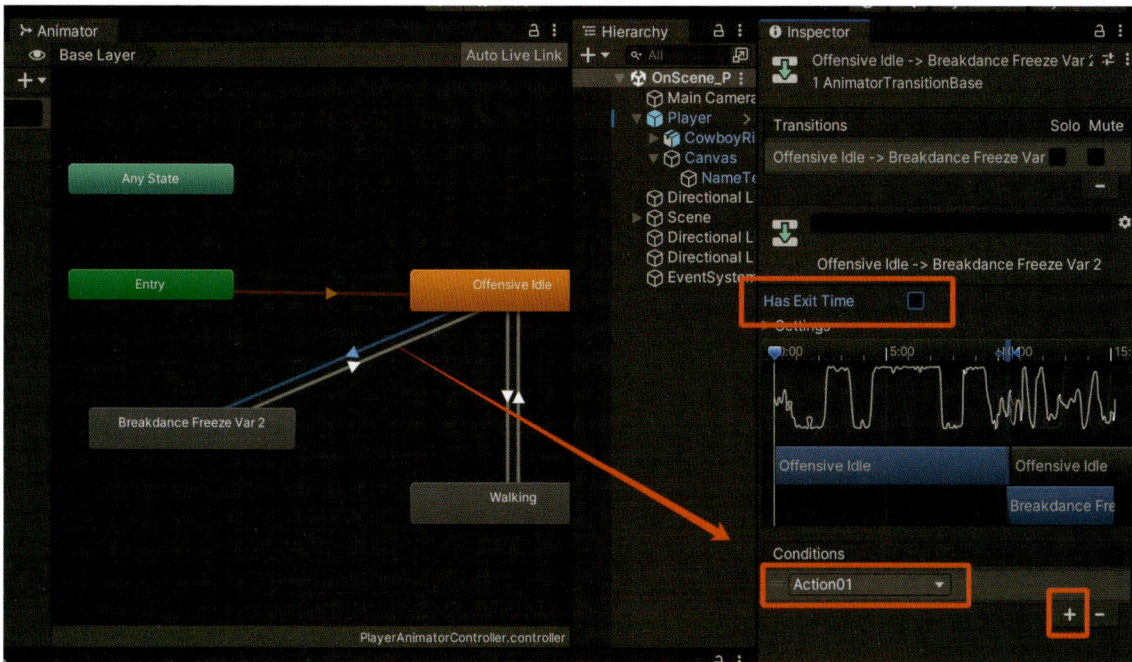

图7-165　设置动画转换条件

（17）选中"Offensive Idle"到"Walking"的转换连线，在右侧的"Inspector"属性窗口中取消勾选"Has Exit Time"，在"Conditions"中添加条件参数"State"，选择条件满足方式为等价"Equals"，参数设置为1。如图7-166所示。

（18）选中"Walking"到"Offensive Idle"的转换连线，在右侧的"Inspector"属性窗口中取消勾选"Has Exit Time"，在"Conditions"中添加条件参数"State"，选择条件满足方式为等价"Equals"，参数设置为0。如图7-167所示。

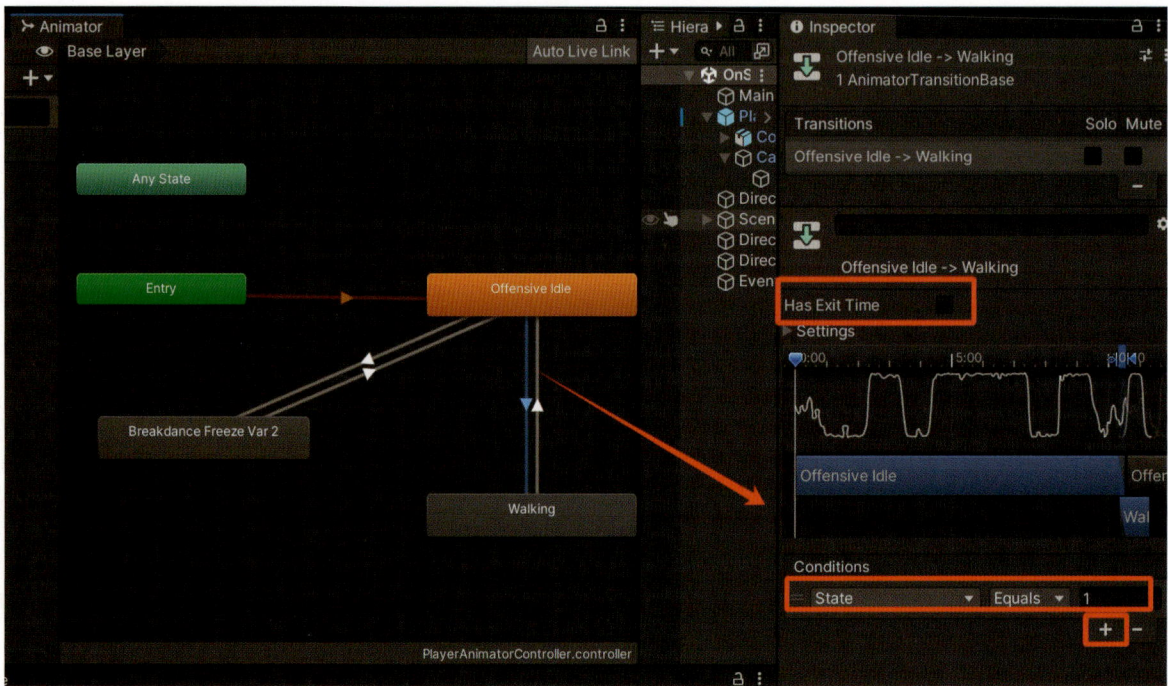

图7-166　设置动画转换条件

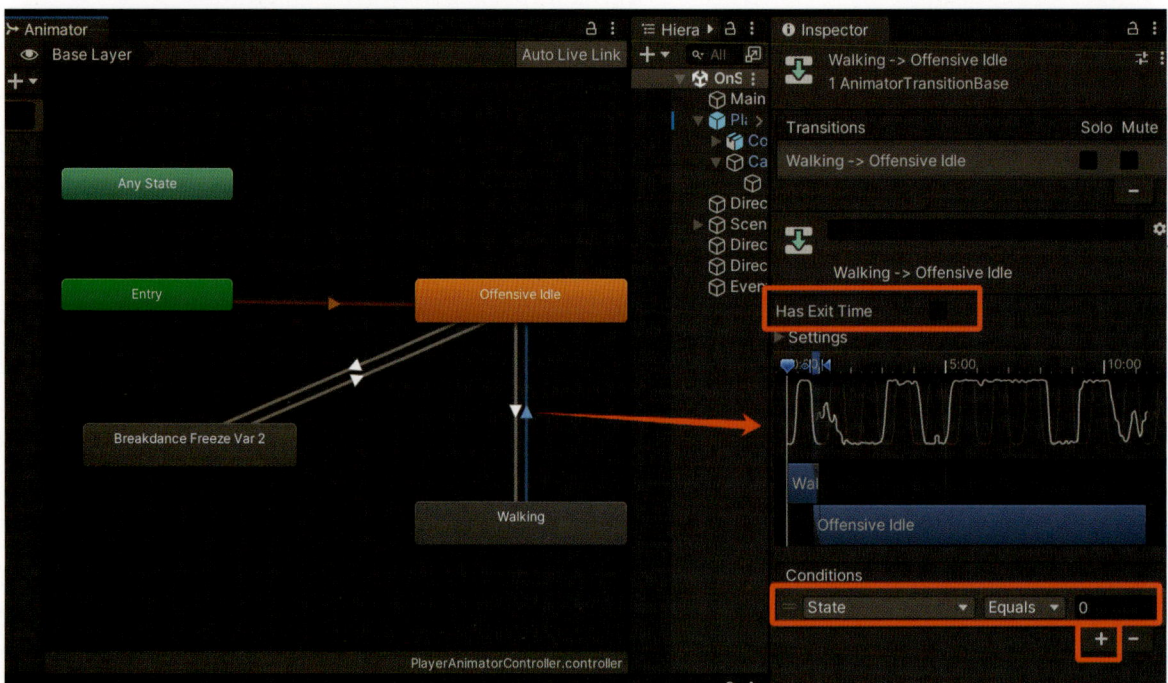

图7-167　设置动画转换条件

（19）设置完成后切换回"Scene"场景窗口，在"Hierarchy"层级窗口选中"Player"的子物体"CowboyRio_Unity"，在右侧的"Inspector"属性窗口，把创建和设置好的动画控制器"PlayerAnimatorController"拖到Animator组件中。如图7-168所示。

（20）在"Hierarchy"层级窗口选中"CowboyRio_Unity"，在右侧"Inspector"属性窗口为它添加同步网络位置组件"Network Transform（Reliable）"。如图7-169所示。

（21）在"Hierarchy"层级窗口选中"Player"，把

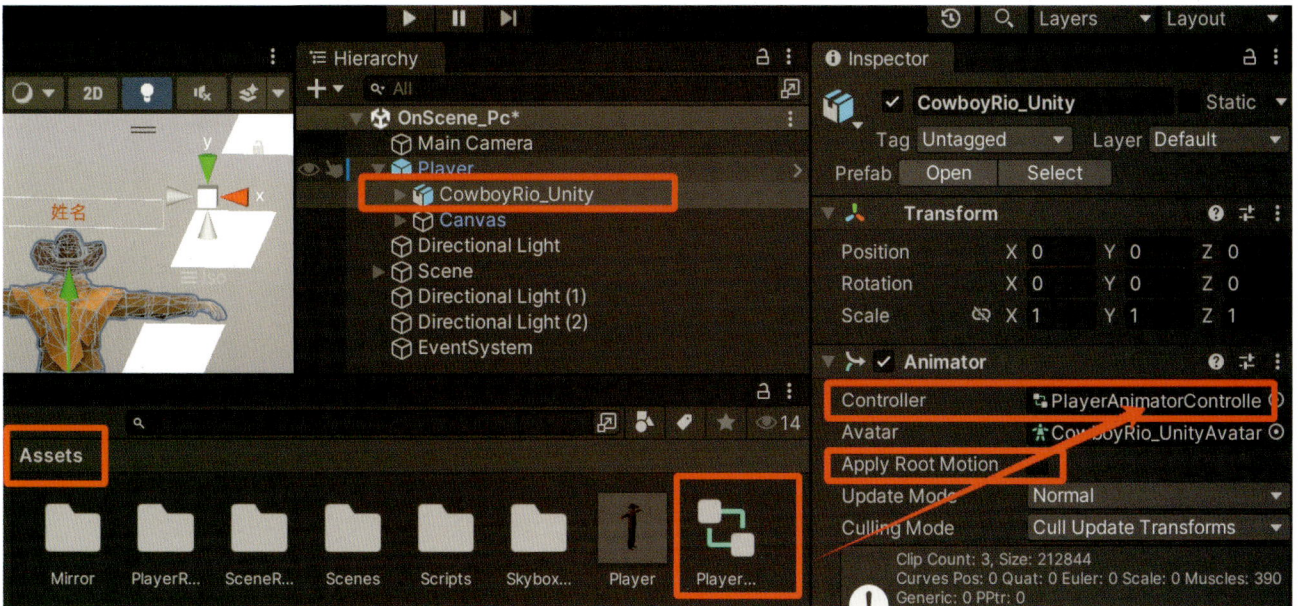

图7-168　为角色Player添加角色控制器

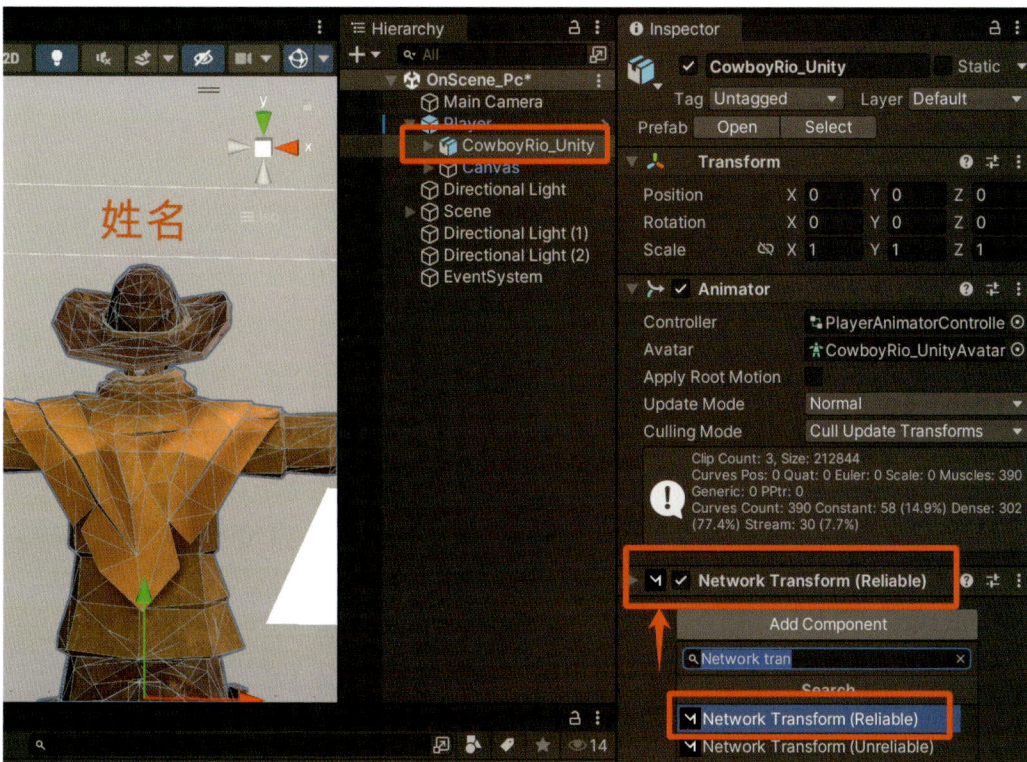

图7-169　为角色添加同步网络位置组件

它拖到"Project"项目窗口中的"Assets"文件夹下，将它创建为预制体。如图7-170所示。

（22）在"Hierarchy"层级窗口选中"Main Camera"，在右侧的"Inspector"属性窗口，将"Projection"修改"Perspective"。在"Transform"组件中它的旋转角度与位置。具体数值如图7-171所示。

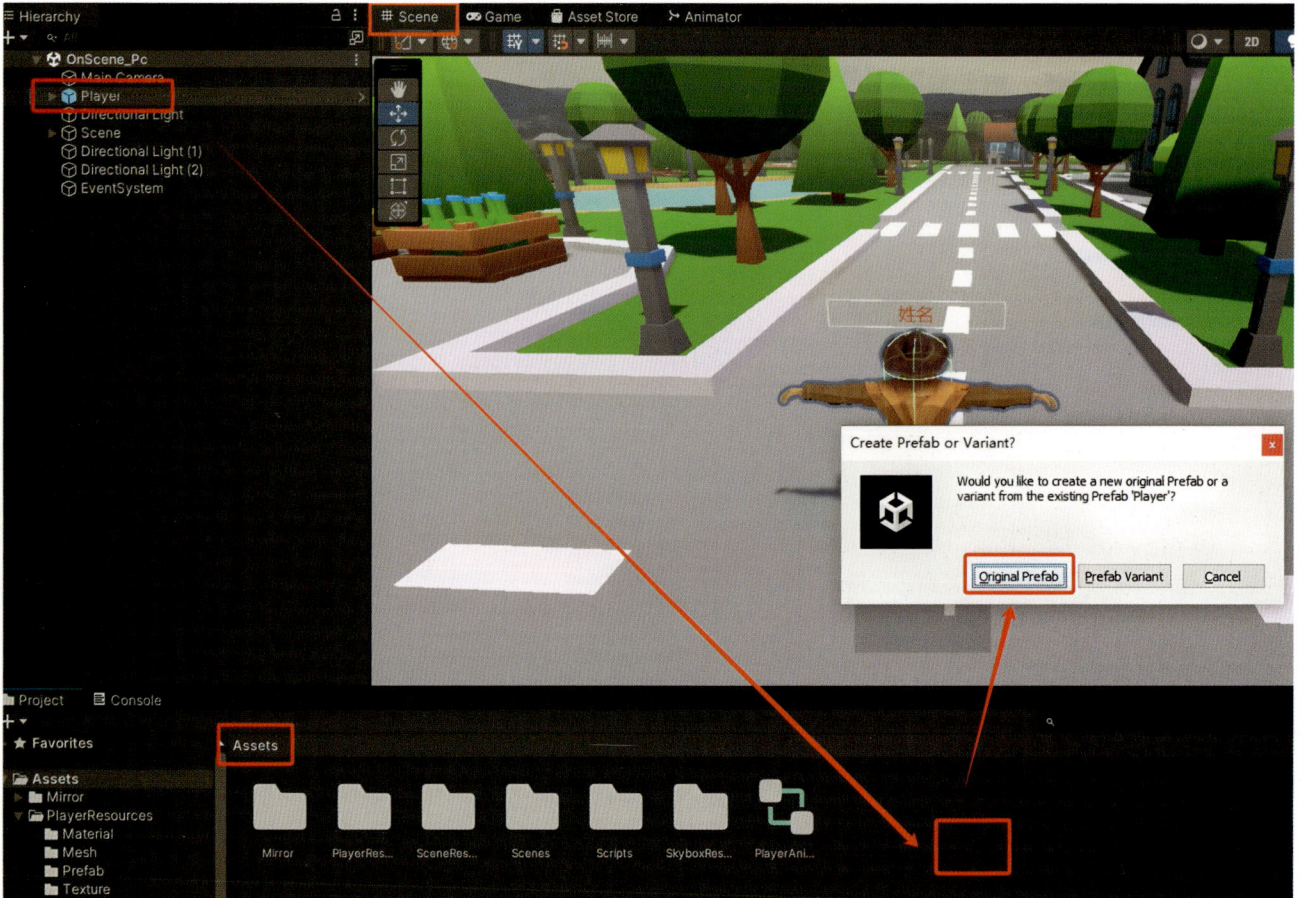

图7-170　将角色设置为预制体

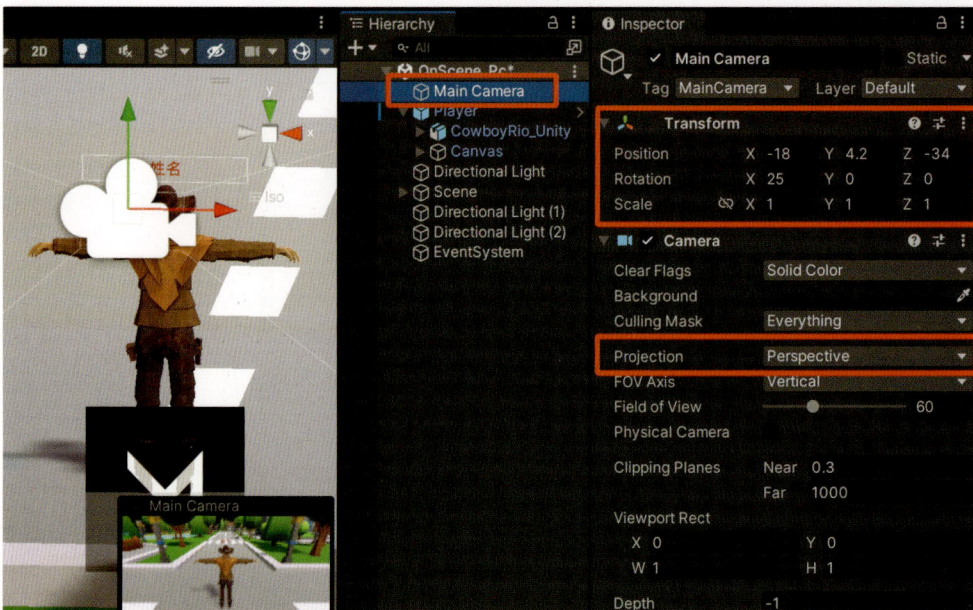

图7-171　设置相机位置参数

（23）因为角色是运行游戏后通过代码调用预制体生成，因此需要在"Hierarchy"层级窗口选中"Player"并删除它，按"Ctrl+S"保存当前场景。如图7-172所示。

（24）在"Hierarchy"层级窗口鼠标右键，选择"Create Empty"新建一个空物体，命名为"Point01"，

如图7-173所示。

（25）选中"Point01"，在右侧的"Inspector"属性窗口为其添加组件"Network Start Position"。如图7-174所示。

（26）在"Hierarchy"层级窗口选中"Point01"，按"Ctrl+D"复制一份，命名为"Point02"。在右侧

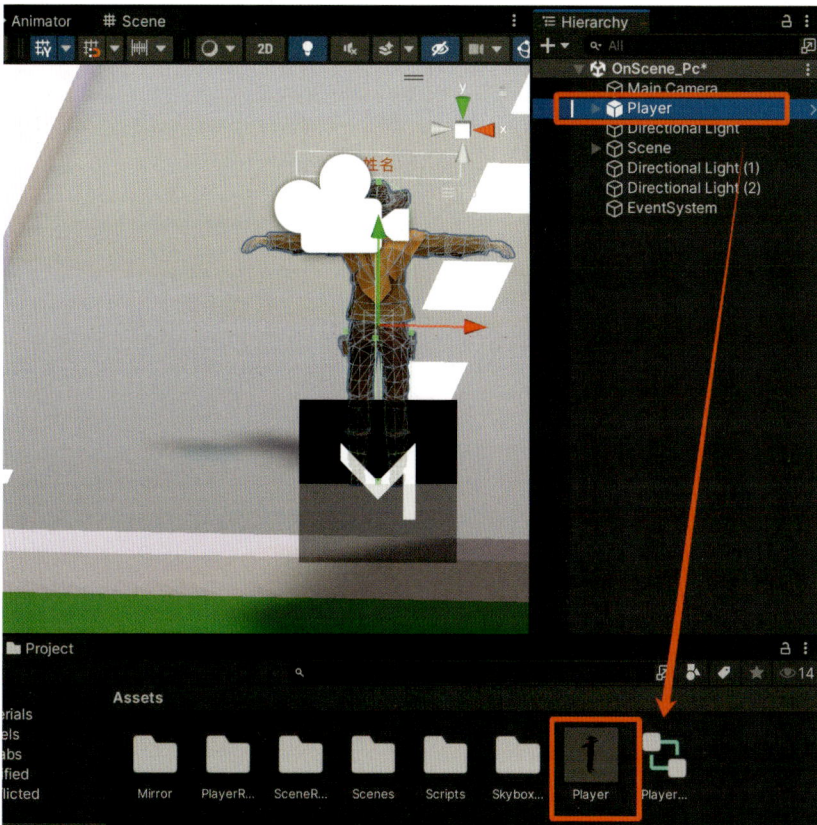

图7-172　删除场景中的角色

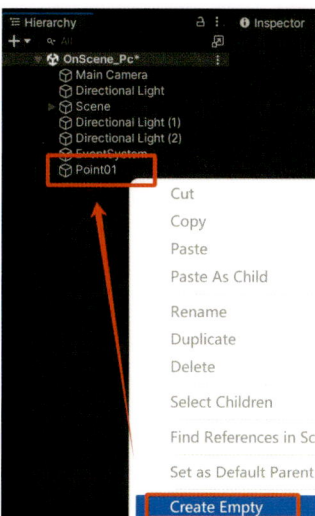

图7-173　创建角色生成点

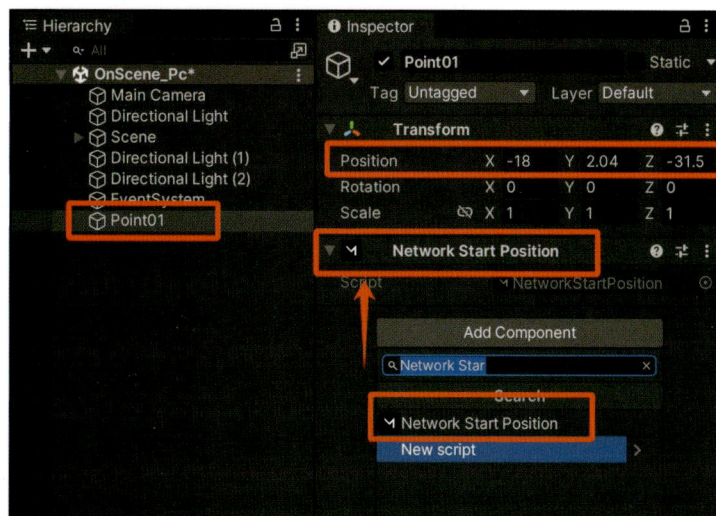

图7-174　为角色生成点添加网络属性

"Inspector"属性窗口修改它的位置参数，具体参数如图7-175所示，修改完成后按"Ctrl+S"保存场景。

（27）在"Hierarchy"层级窗口空白处鼠标右键，选择"UI/Canvas"，新建一个画布"Canvas"，将"Canvas"的"UI Scale Model"设置为"Scale With Screen Size"，填上之前设定的分辨率1920×1080。如图7-176所示。

（28）在"Hierarchy"层级窗口选中"Canvas"，鼠标右键选中"UI/Legacy/Button"，新建一个按钮。如图7-177所示。

（29）在"Hierarchy"层级窗口选中"Button

（Legacy）"，按住Alt键的同时在右侧"Inspector"属性窗口点击锚点图设定锚点。如图7-178所示。

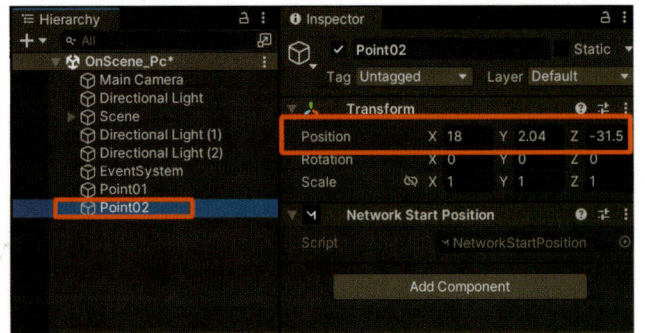

图7-175　创建第2个角色生成点并修改其位置

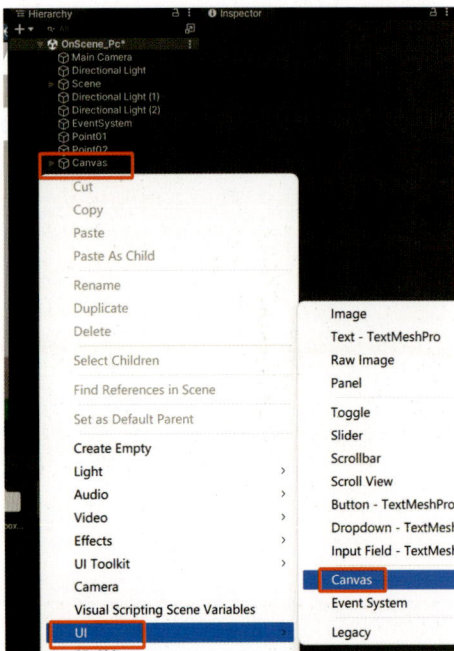

图7-176　创建新画布并设置属性

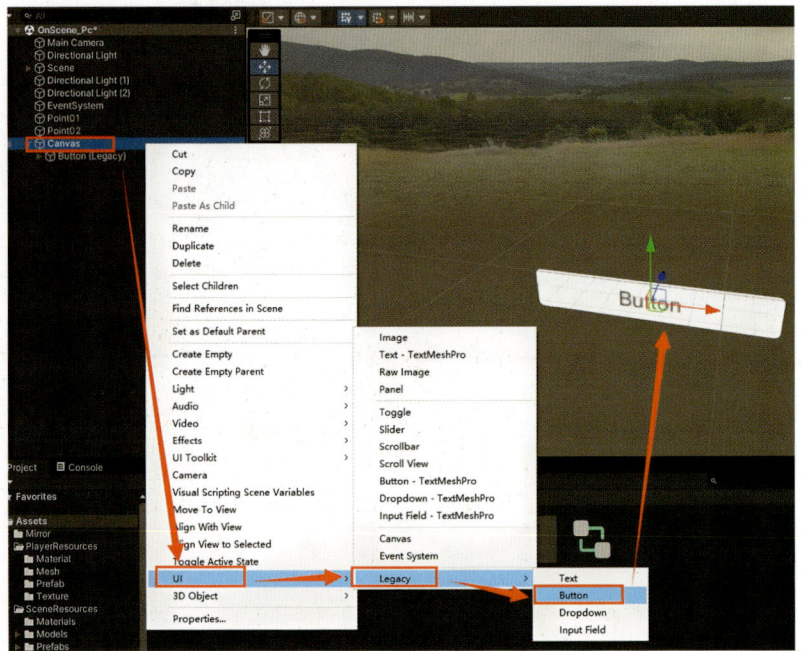

图7-177　新建按钮

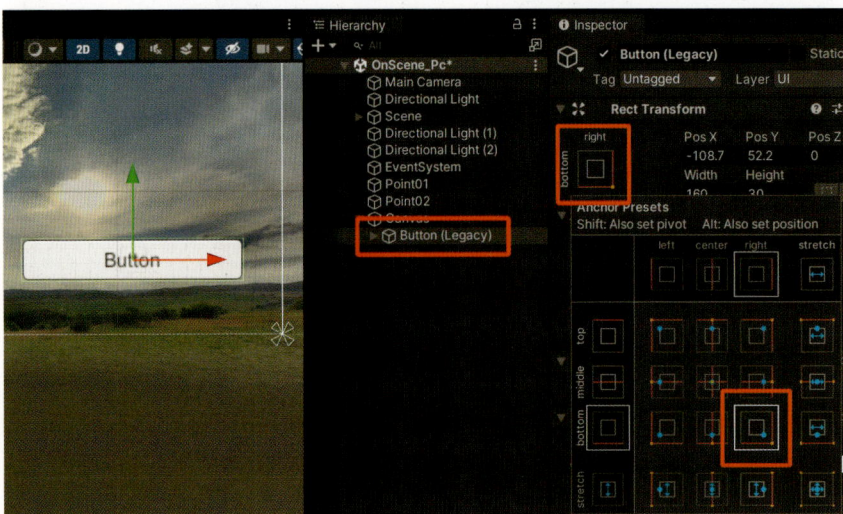

图7-178　修改按钮的锚点

（30）在"Hierarchy"层级窗口选中"Button（Legacy）"的子物体"Text（Legacy）"，在右侧"Inspector"属性窗口修改它的显示内容为"聊天"，修改字体大小为36。

如图7-179所示。

（31）修改"Text（Legacy）"的大小、位置信息参数。如图7-180所示。

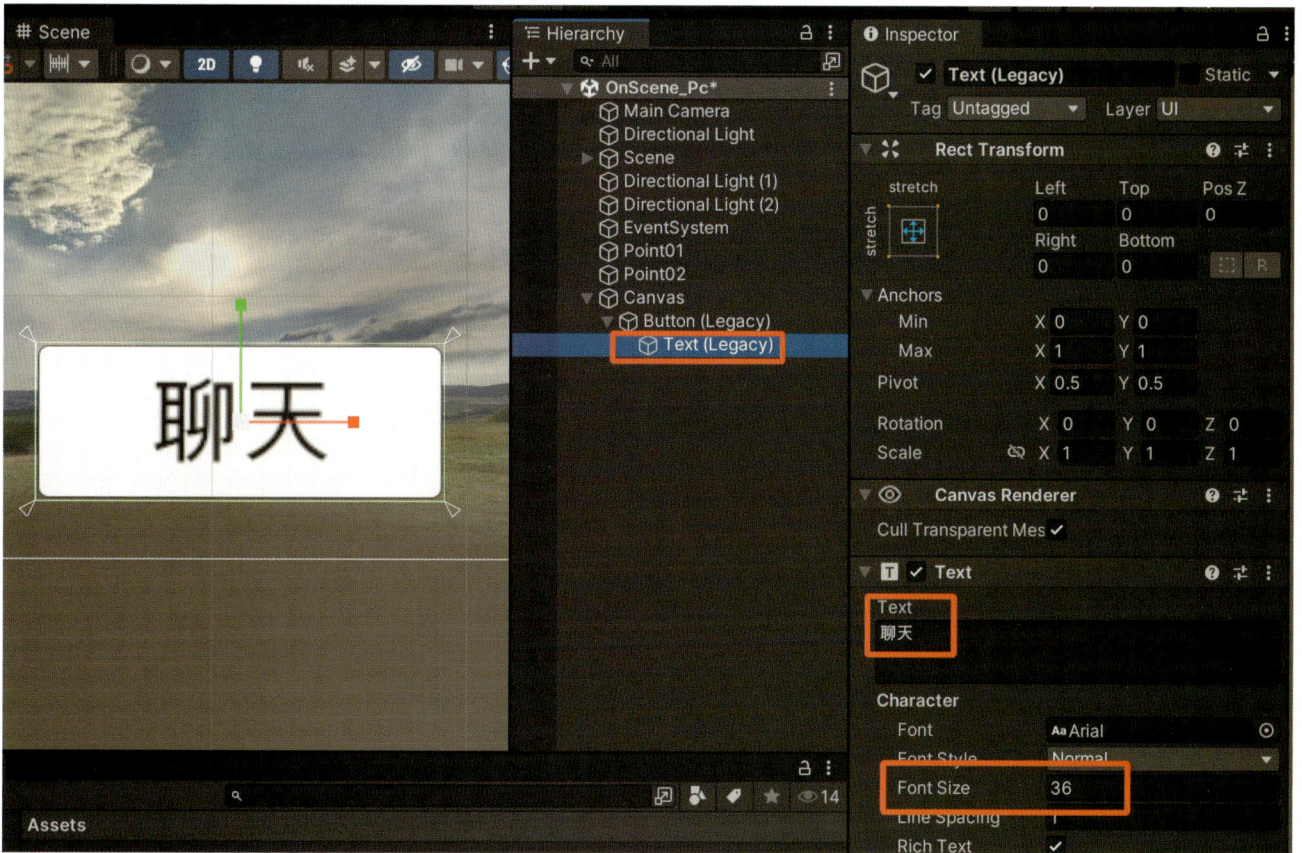

图7-179 修改文本框显示文字

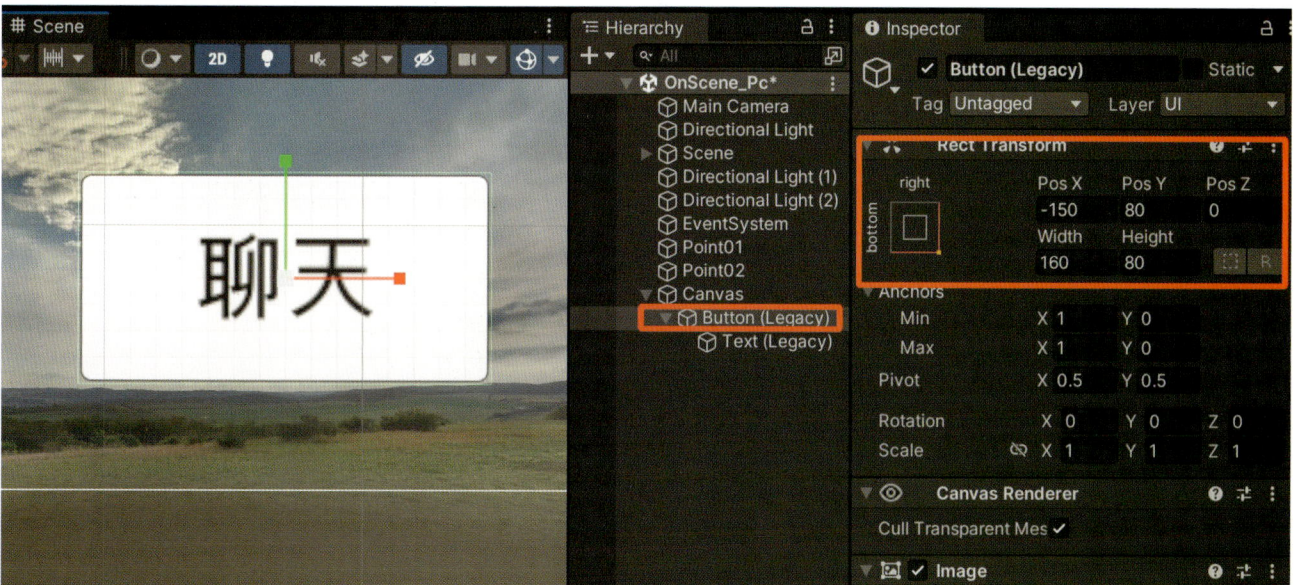

图7-180 修改文本框大小和位置

（32）将刚刚创建的按钮命名为"ChatButton"。再次在"Hierarchy"层级窗口选中"Canvas"，鼠标右键选中"UI/Panel"，新建一个面板，命名为"ChatPanel"。如图7-181所示。

（33）在"Hierarchy"层级窗口选中"ChatPanel"，按住Alt键的同时在右侧"Inspector"属性窗口点击锚点图设定锚点。如图7-182所示。

（34）在"Hierarchy"层级窗口选中"ChatPanel"，

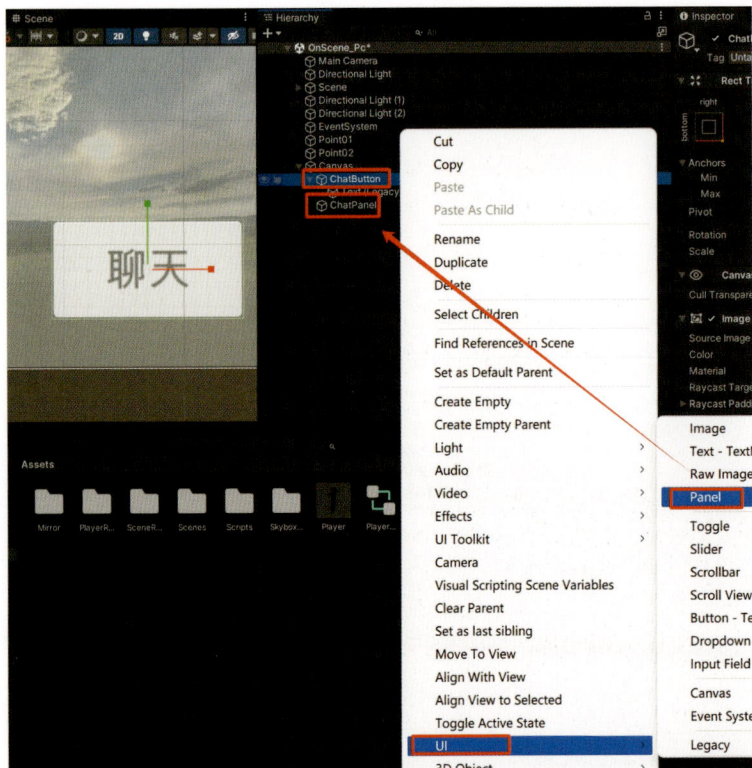

图7-181　新建面板

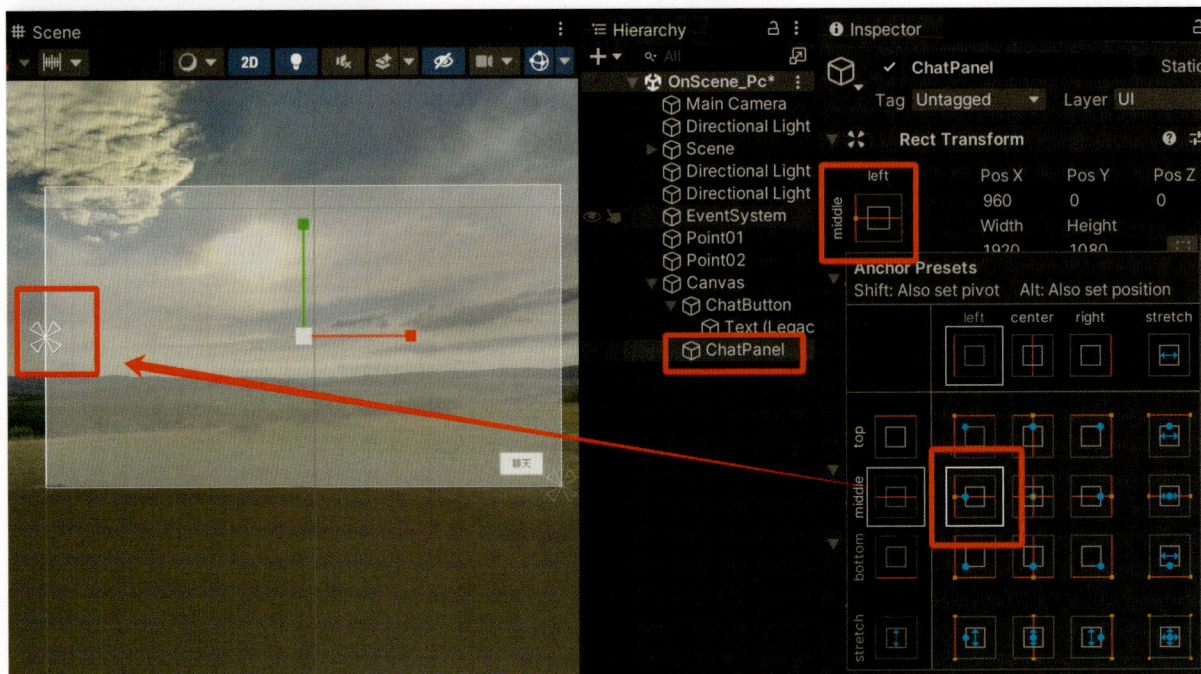

图7-182　设置面板锚点

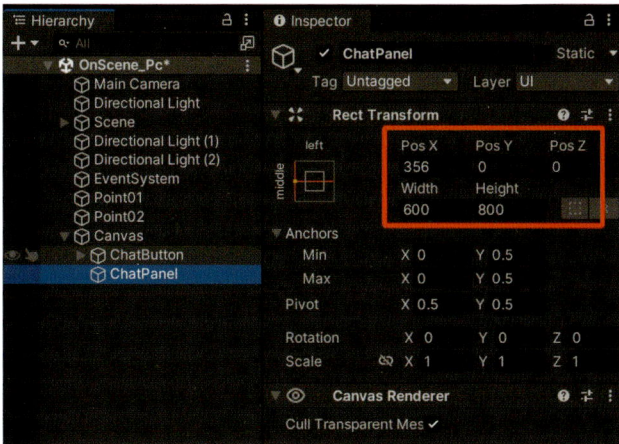

图7-183 修改面板参数

在右侧"Inspector"属性窗口中将"Image"组件中"Color"里的透明度调整为1，在"Rect Transform"组

件中修改它的大小与位置，具体参数如图7-183所示。

（35）在"Hierarchy"层级窗口选中"ChatPanel"，鼠标右键选择"U/Legacy/Text"，新建一个文本控件，命名为"TitleText"。如图7-184所示。

（36）在"Hierarchy"层级窗口选中"TitleText"，在"Inspector"属性窗口修改它的显示内容为"聊天界面"，在"Rect Transform"组件中修改它的大小和位置。具体参数如图7-185所示。

（37）在"Hierarchy"层级窗口选中"ChatPanel"，鼠标右键选择"UI/Legacy/Text"，新建文本框控件，按"Ctrl+D"复制7个文本框，为8个问板框修改显示内容为聊天，修改字体大小为36，修改文本框位置，8个文本位置信息只有"Pos Y"值不一样，"Pos X"和"Pos Z"参数一致。具体参数设置如图7-186所示。

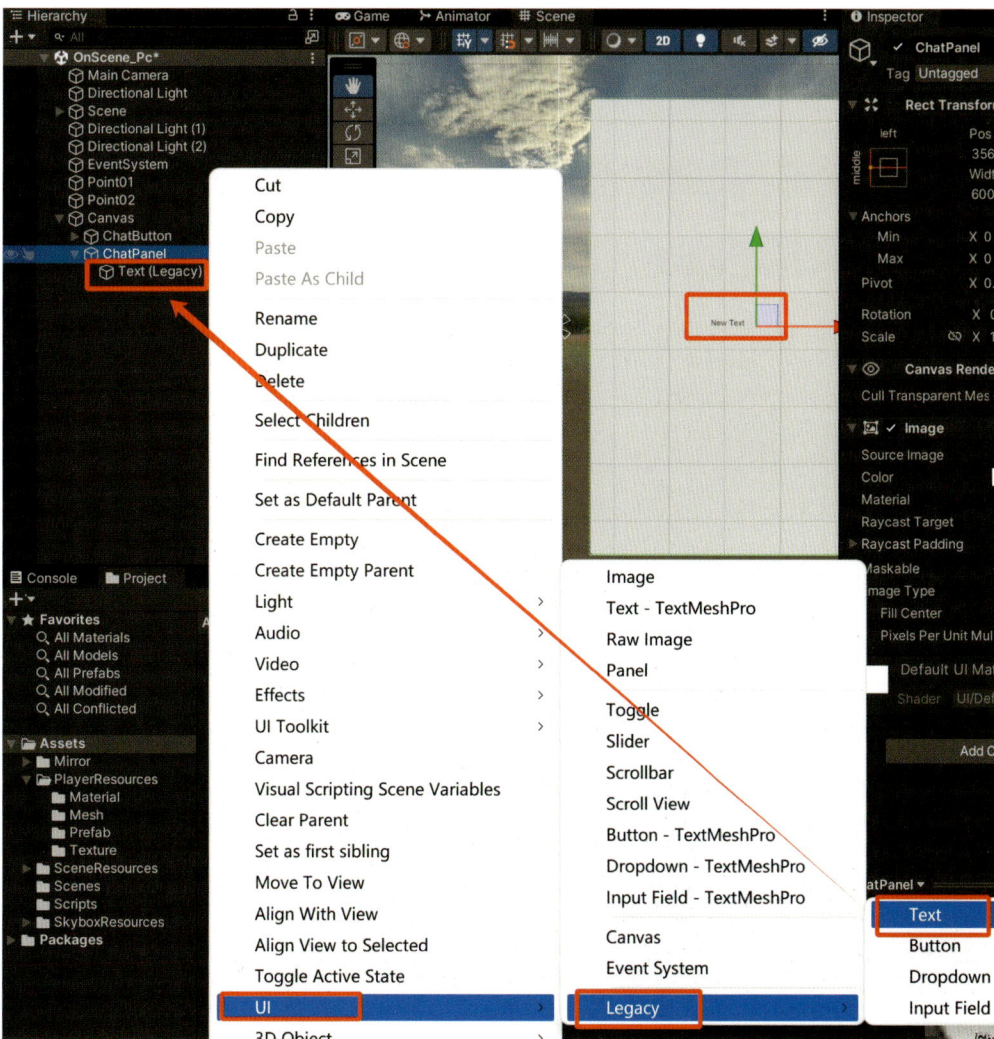

图7-184 新建文本框

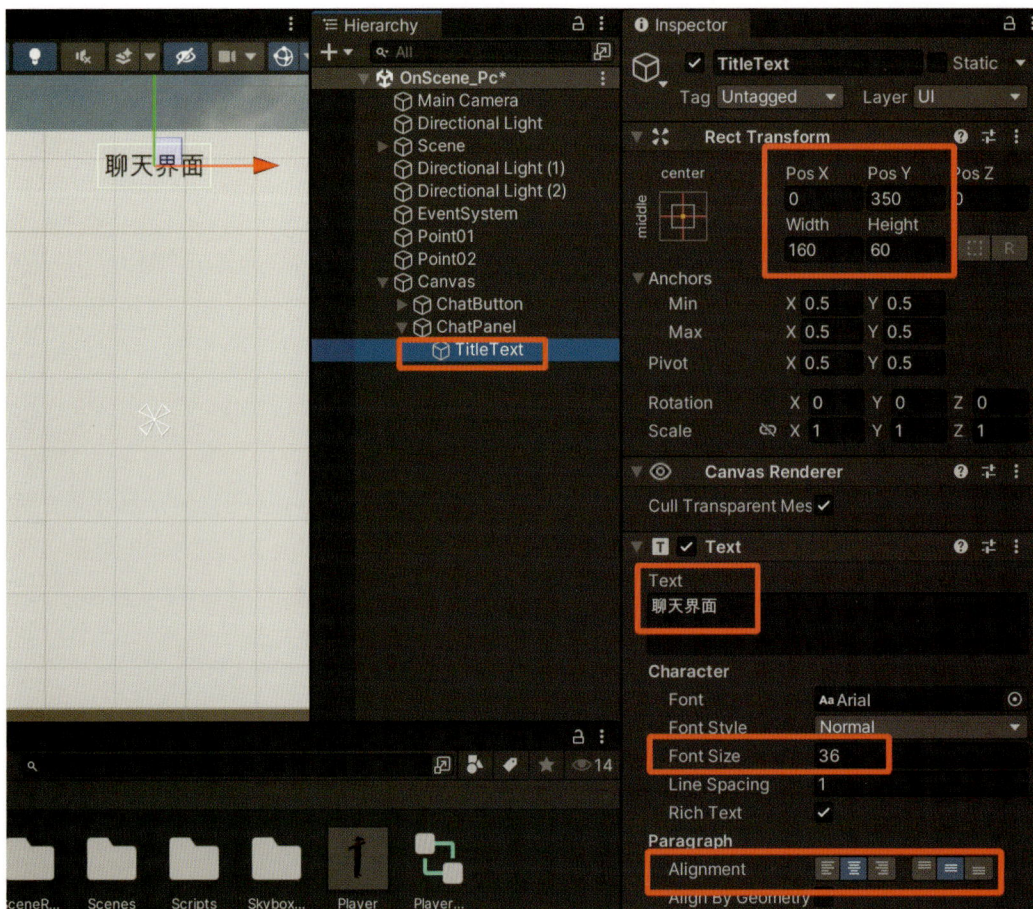

图7-185 修改文本框属性

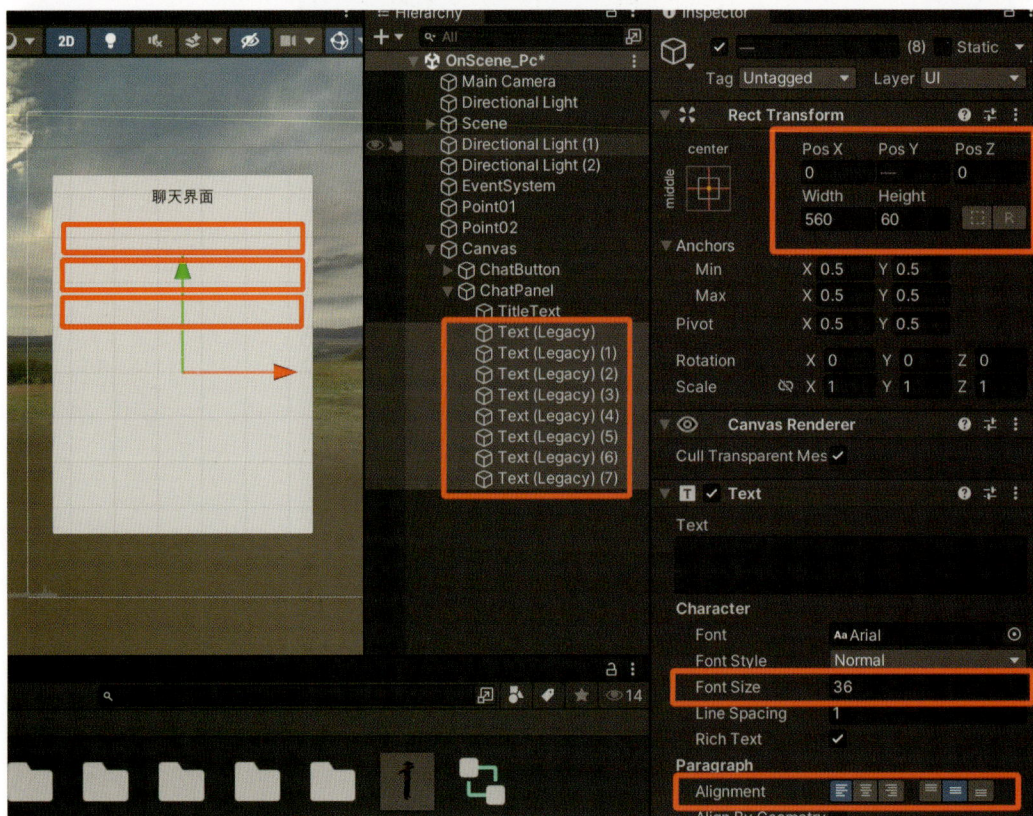

图7-186 新建文本框并
设置参数

（38）在"Hierarchy"层级窗口选中"ChatPanel"，鼠标右键选择"UI/Legacy/Input Field"，新建一个输入框控件。如图7-187所示。

（39）在"Hierarchy"层级窗口选中"Input Field"，在右侧的"Inspector"属性窗口修改它的位置和大小。具体参数如图7-188所示。

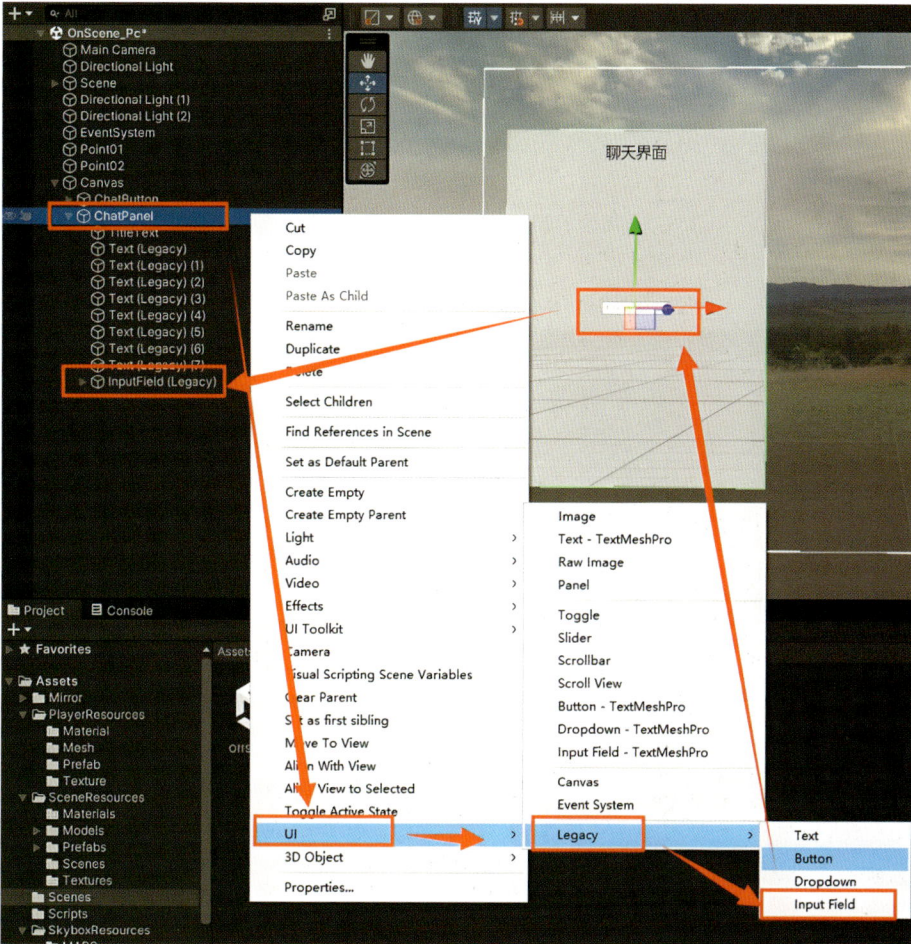

图7-187　新建输入框控件

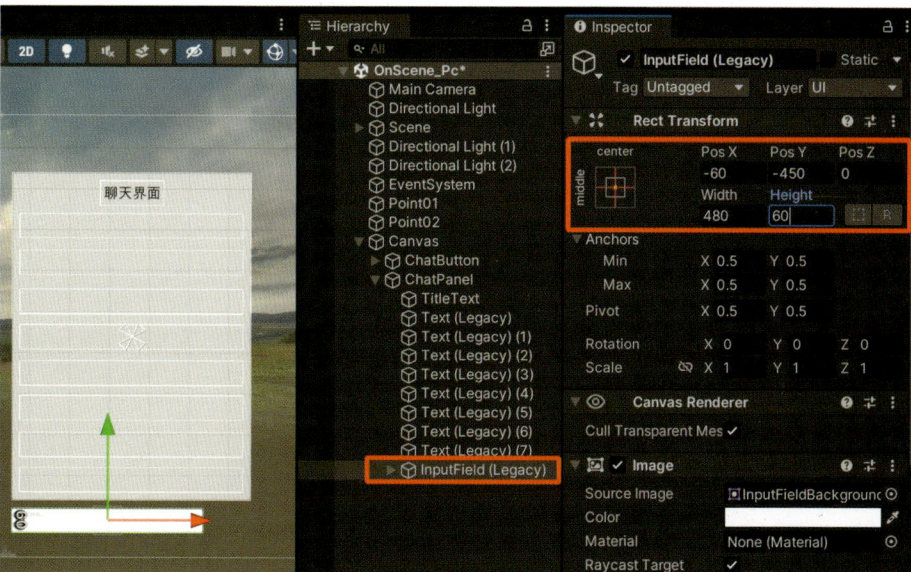

图7-188　修改输入框大小

（40）在"Hierarchy"层级窗口选中"Input Field"的子物体"Placeholder"，在右侧的"Inspector"属性窗口修改它的显示内容为"Enter text..."，设置字体大小为36，透明度为1。如图7-189所示。

（41）在"Hierarchy"层级窗口选中"Input Field"的子物体"Text（Legacy）"，在右侧的"Inspector"属性窗口设置字体大小为36，如图7-190所示。

（42）在"Hierarchy"层级窗口选中"ChatPanel"，鼠标右键选择"UI/Legacy/Button"，新建一个按钮，命名为"SendButton"。如图7-191所示。

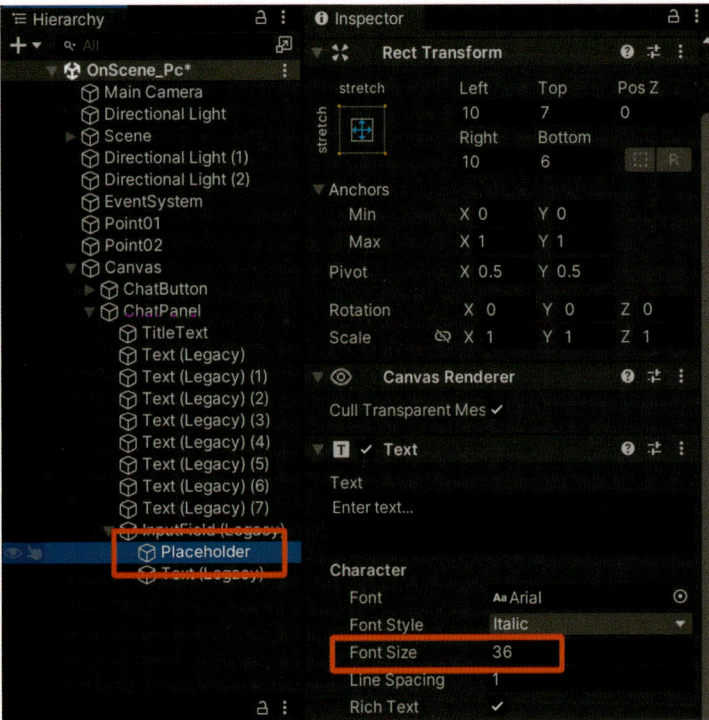

图7-189　修改输入框显示条参数

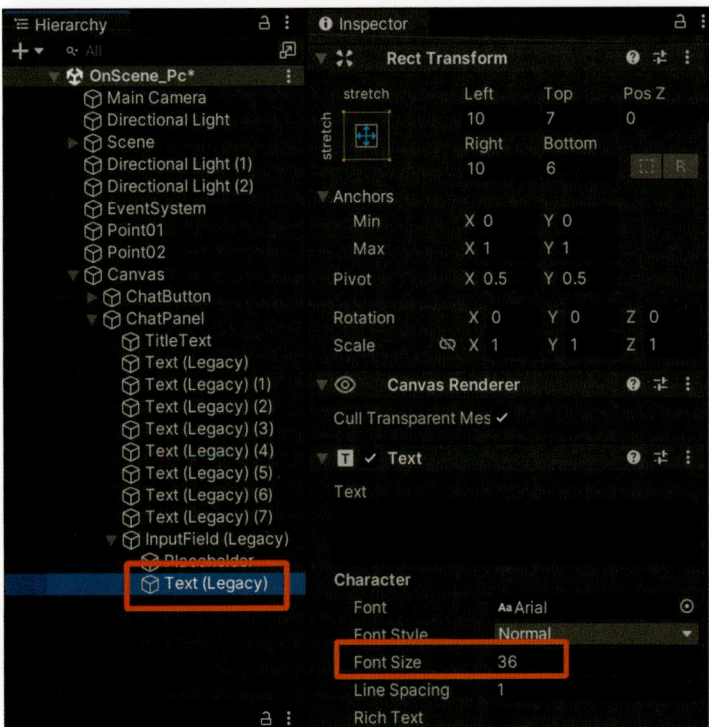

图7-190　修改输入框参数

（43）在"Hierarchy"层级窗口选中"SendButton"，在右侧的"Inspector"属性窗口修改它的位置和大小。具体参数如图7-192所示。

（44）在"Hierarchy"层级窗口选中"SendButton"的子物体"Text（Legacy）"，在右侧的"Inspector"

属性窗口设置显示文字为"发送"，字体大小为36。如图7-193所示。

（45）在"Hierarchy"层级窗口选中"ChatPanel"，取消勾选右侧"Inspector"属性窗口中文件名字左侧的选项框，把它隐藏起来。如图7-194所示。

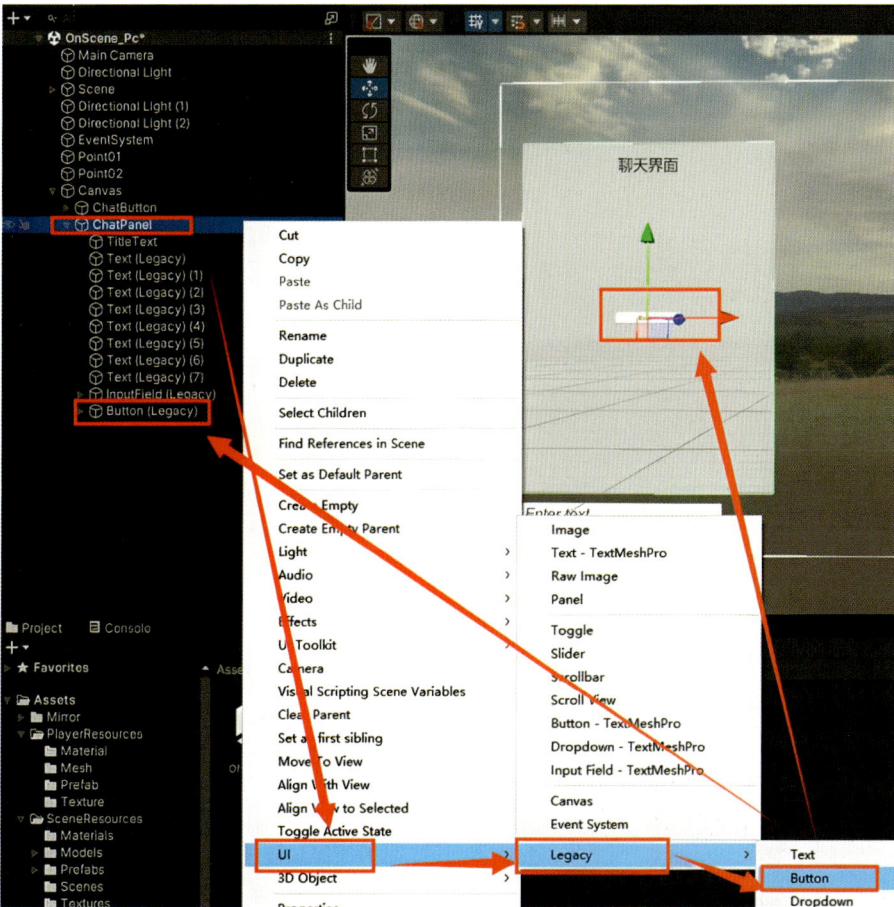

图7-191 新建按钮控件

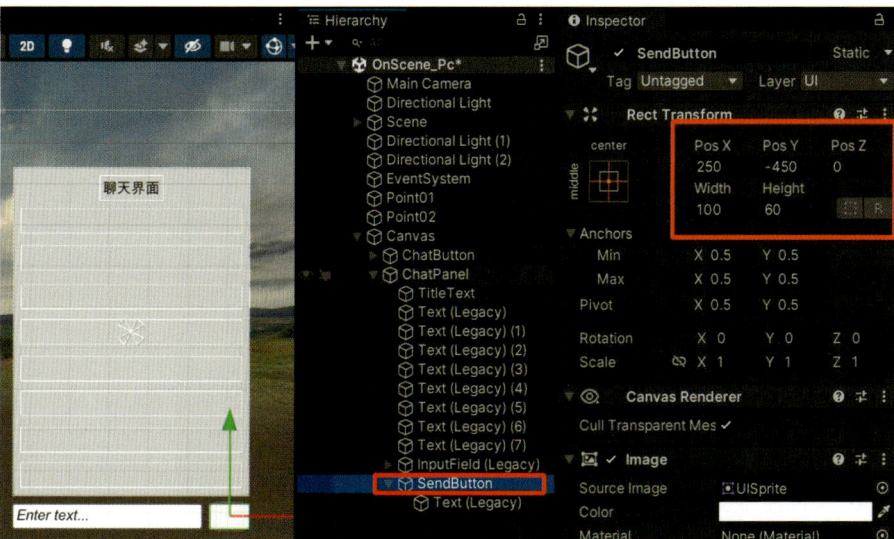

图7-192 修改按钮的大小

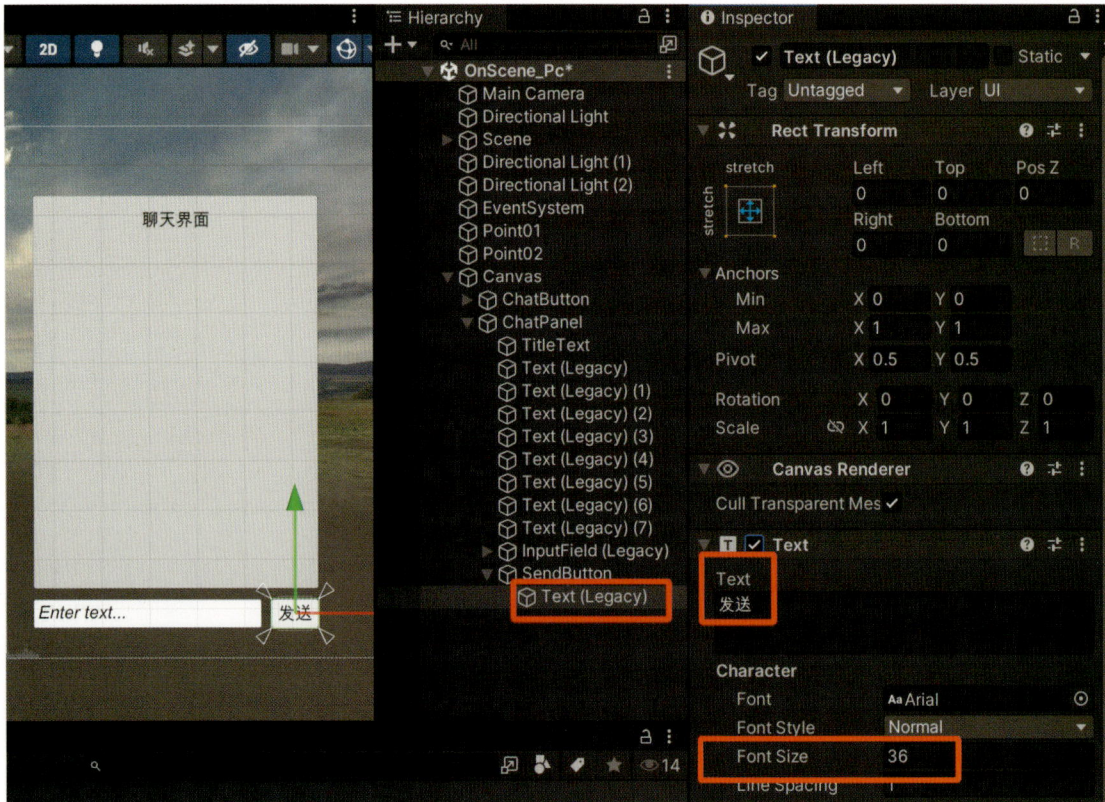

图7-193　修改按钮的文字属性

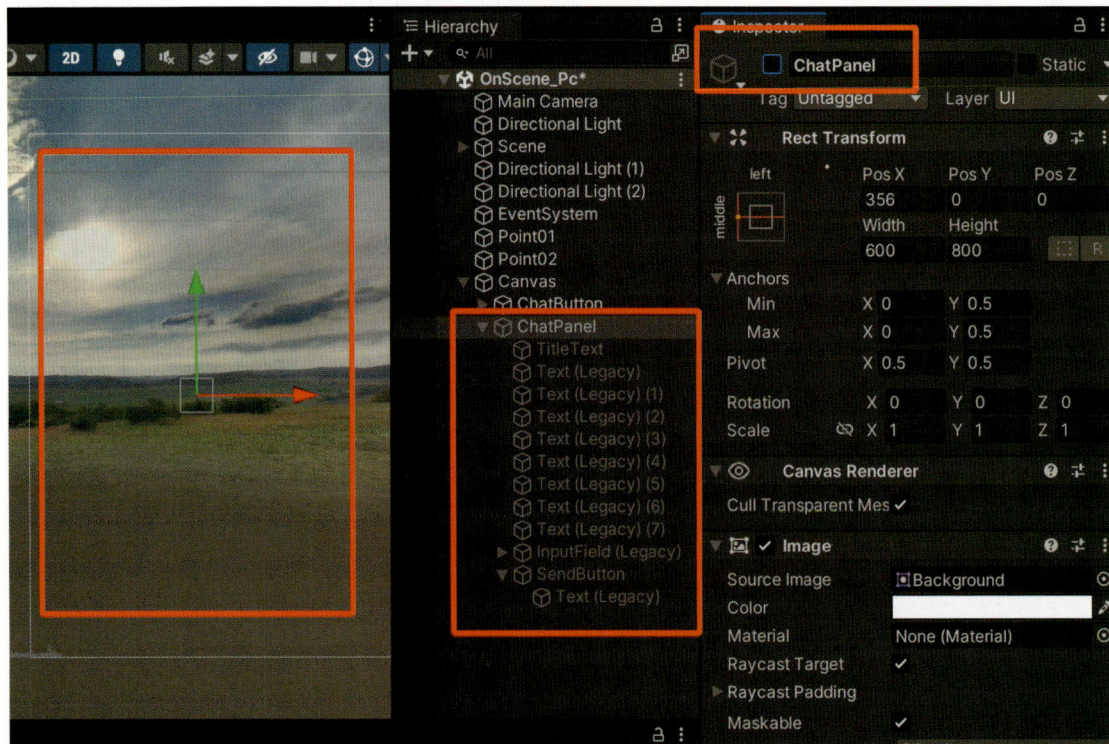

图7-194　隐藏聊天面板

（46）在"Hierarchy"层级窗口选中"Canvas"，鼠标右键选择"UI/Panel"，新建一个界面，命名为"LoadingPanel"。如图7-195所示。

（47）在"Hierarchy"层级窗口选中"LoadingPanel"，把它的透明度修改为1。如图7-196所示。

（48）在"Hierarchy"层级窗口选中"LoadingPanel"，鼠标右键选择"UI/Legacy/Text"，新建一个文本控件。如图7-197所示。

（49）在"Hierarchy"层级窗口选中"LoadingPanel"的子物体"Text（Legacy）"，在右侧的"Inspector"属性窗口设置显示文字为"正在加载，请稍后…"，将"Font Style"修改为"Bold and Italic"，"Font Size"修改为50，段落格式居中显示。如图7-198所示。

（50）在"Hierarchy"层级窗口选中"LoadingPanel"，鼠标右键选择"UI/Slider"，新建一个进度条。如图7-199所示。

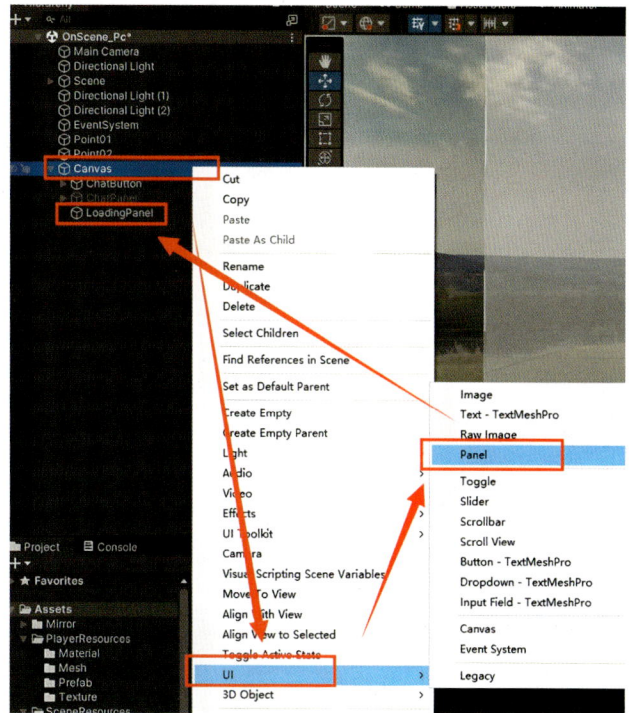

图7-195　新建面板

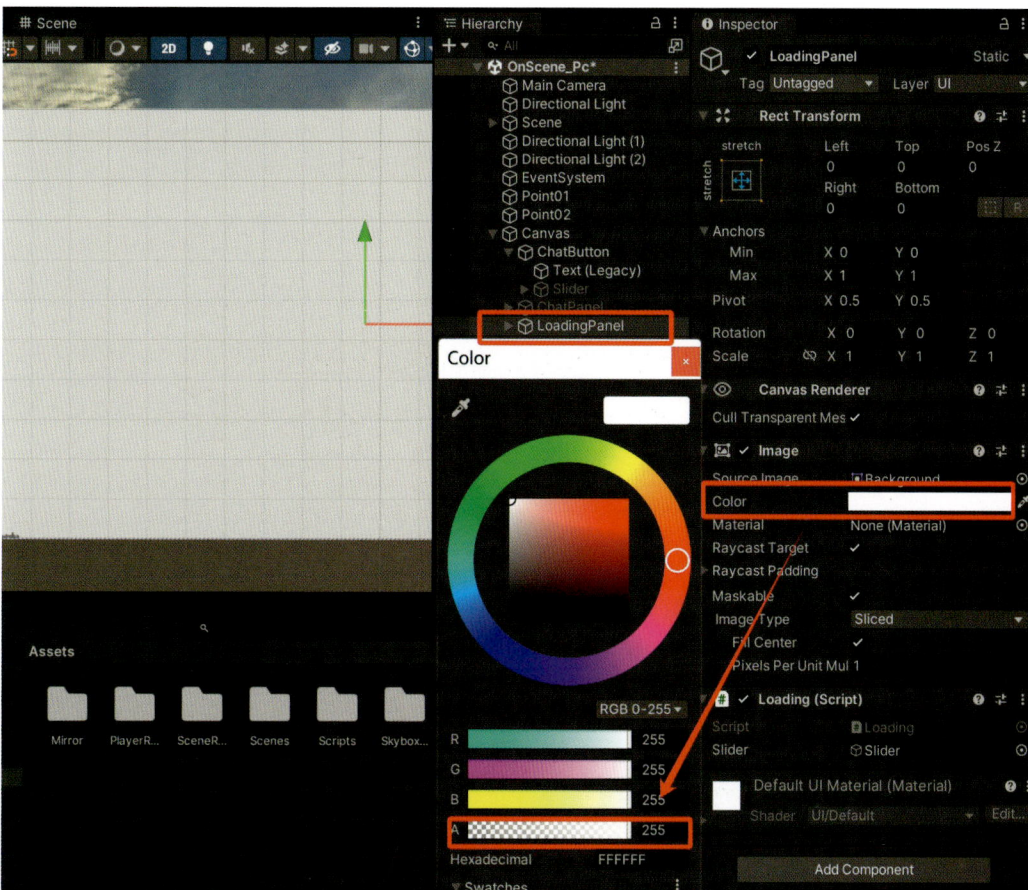

图7-196　修改面板属性

186

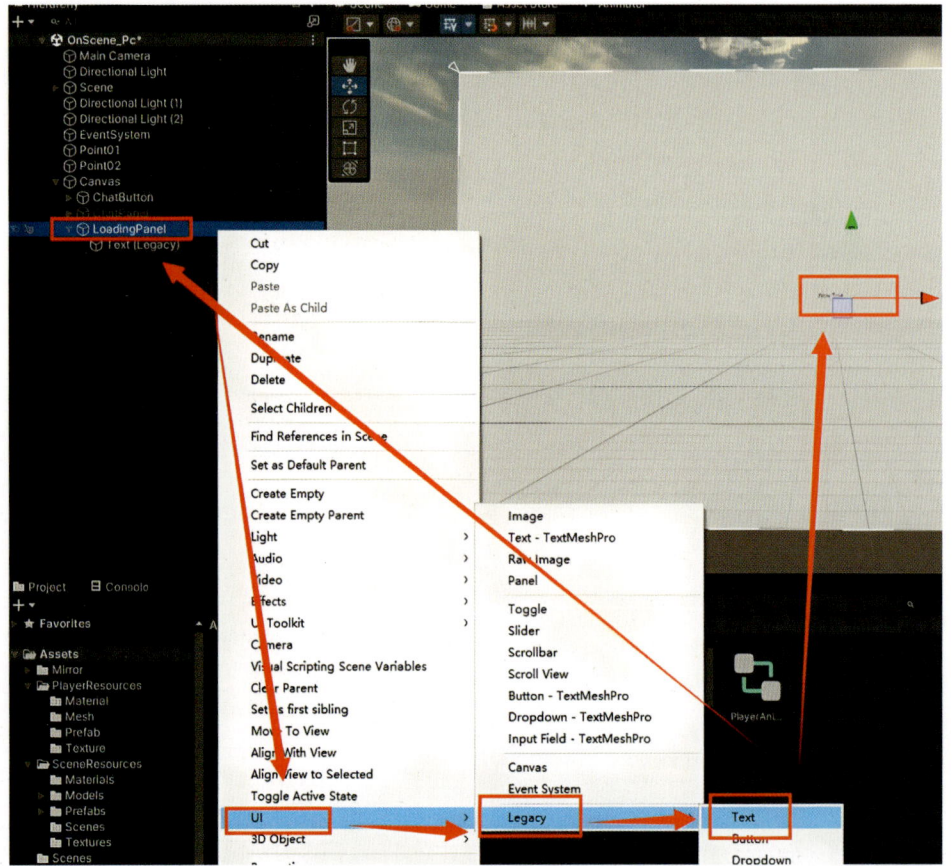

图7-197　新建文本框控件

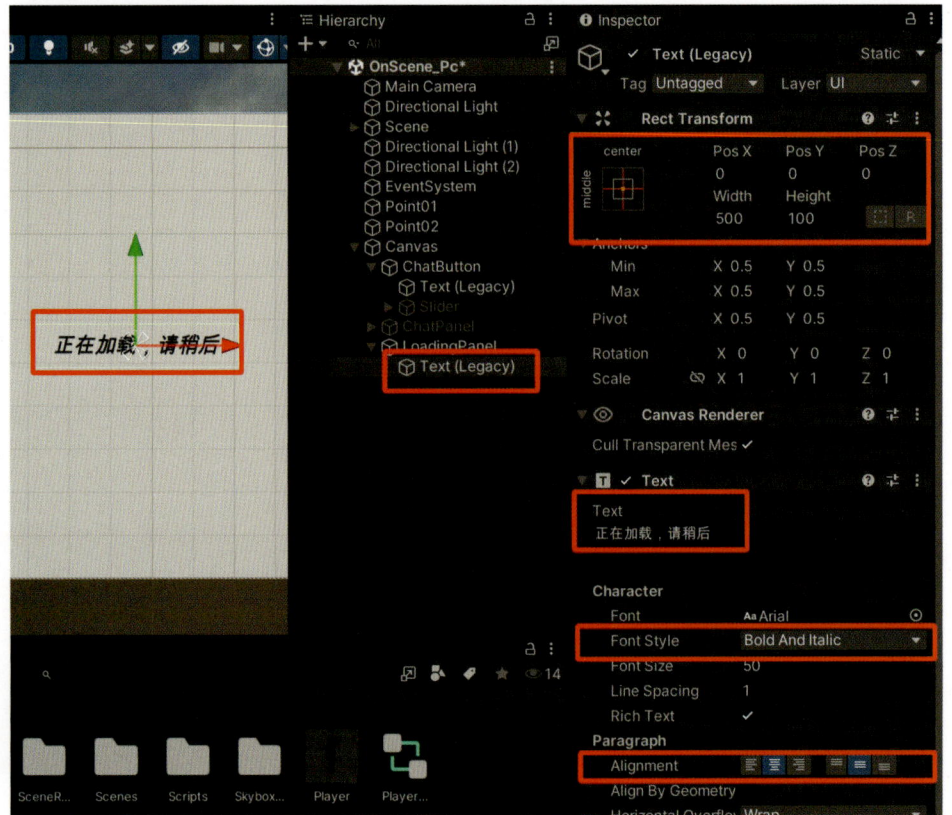

图7-198　设置文本框属性

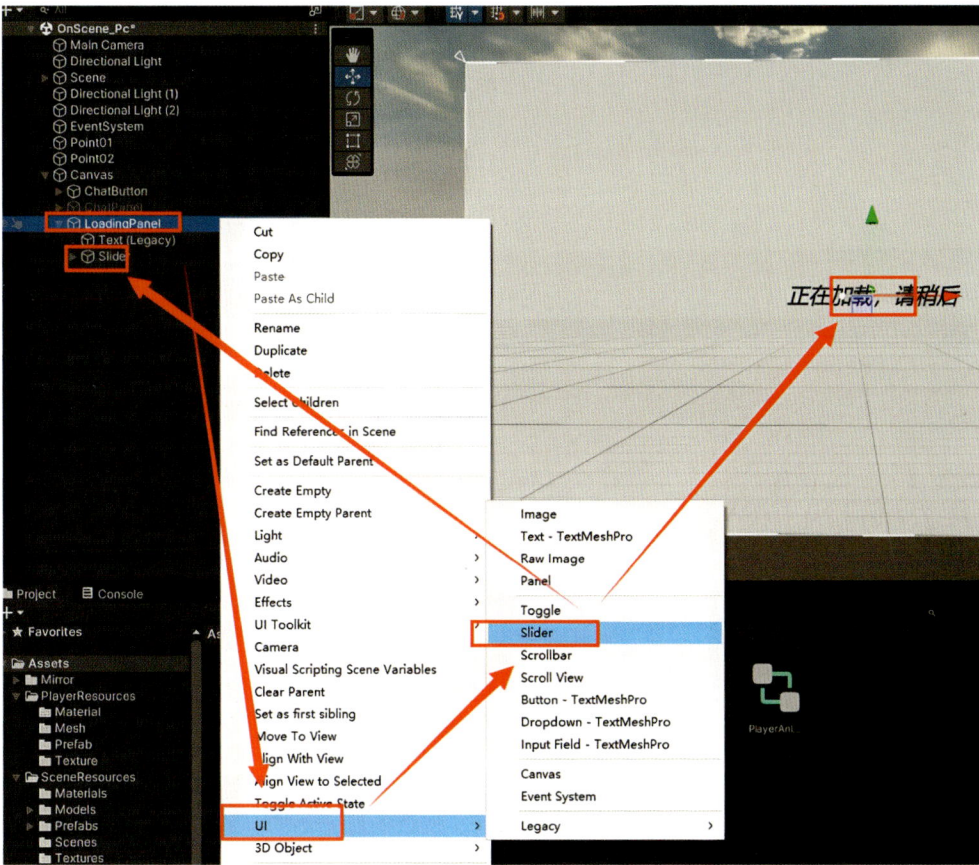

图7-199 新建进度条控件

（51）在"Hierarchy"层级窗口选中"Slider"，在右侧的"Inspector"属性窗口修改它的位置和大小。具体参数如图7-200所示。

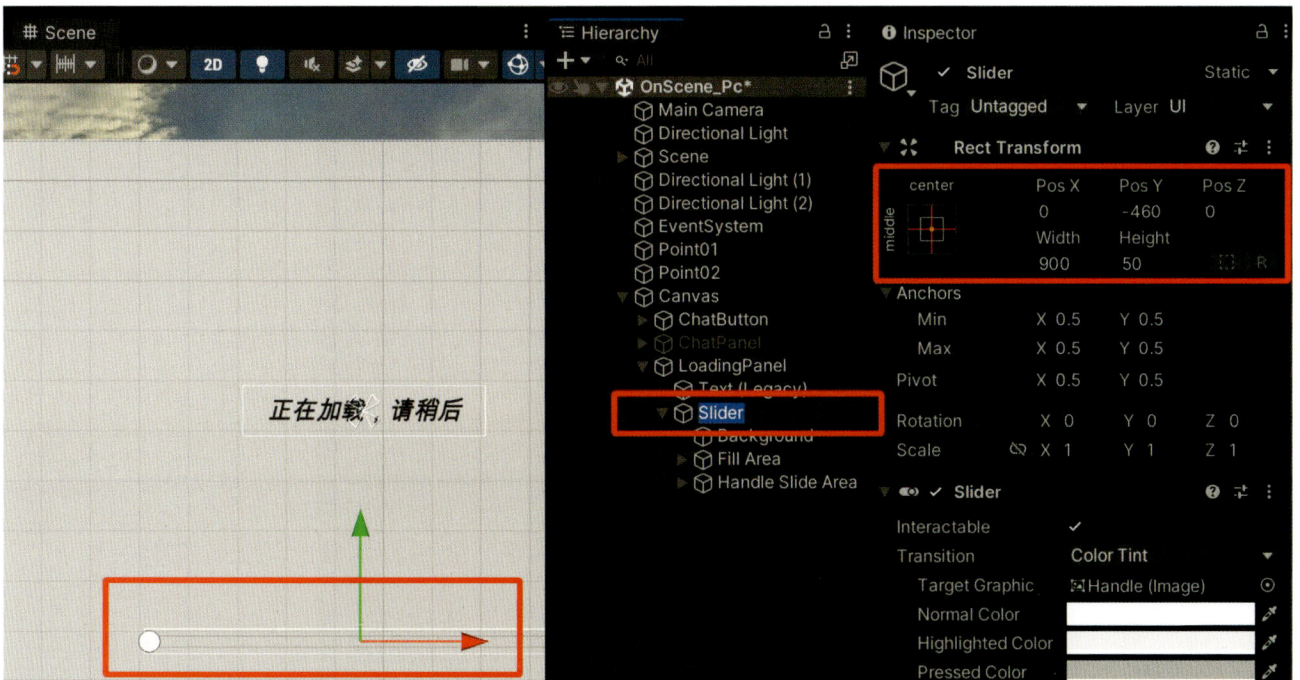

图7-200 修改进度条的位置和大小

（52）在"Hierarchy"层级窗口选中"Slider"的子物体"Handle"，在右侧的"Inspector"属性窗口修改它的宽度"Width"为50。具体参数如图7-201所示。

（53）在"Hierarchy"层级窗口选中"Slider"的子物体"Background"，在右侧的"Inspector"属性窗口修改颜色为红色。具体参数如图7-202所示。

（54）在"Hierarchy"层级窗口选中"Slider"的子物体"Fill"，在右侧的"Inspector"属性窗口修改颜色

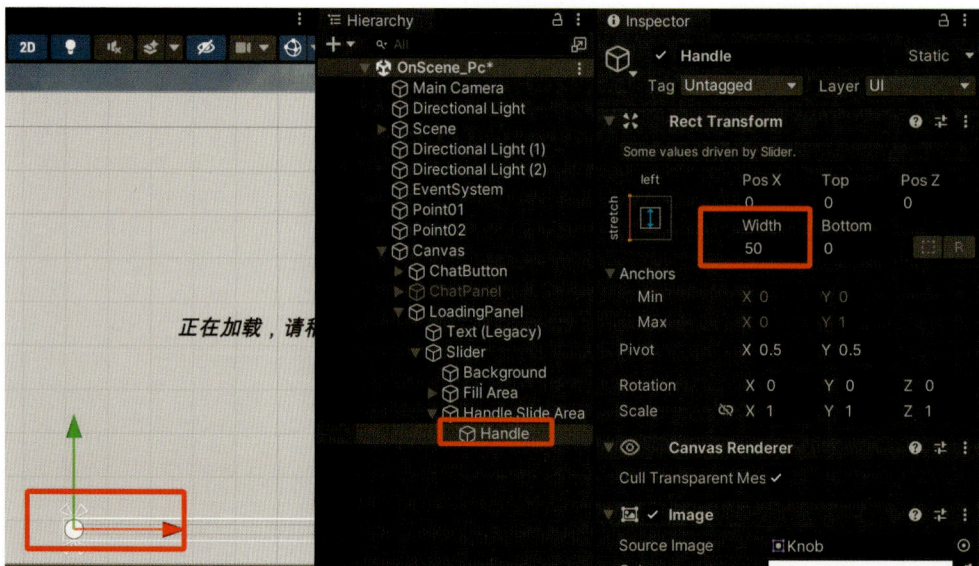

图7-201　修改进度条滑块大小

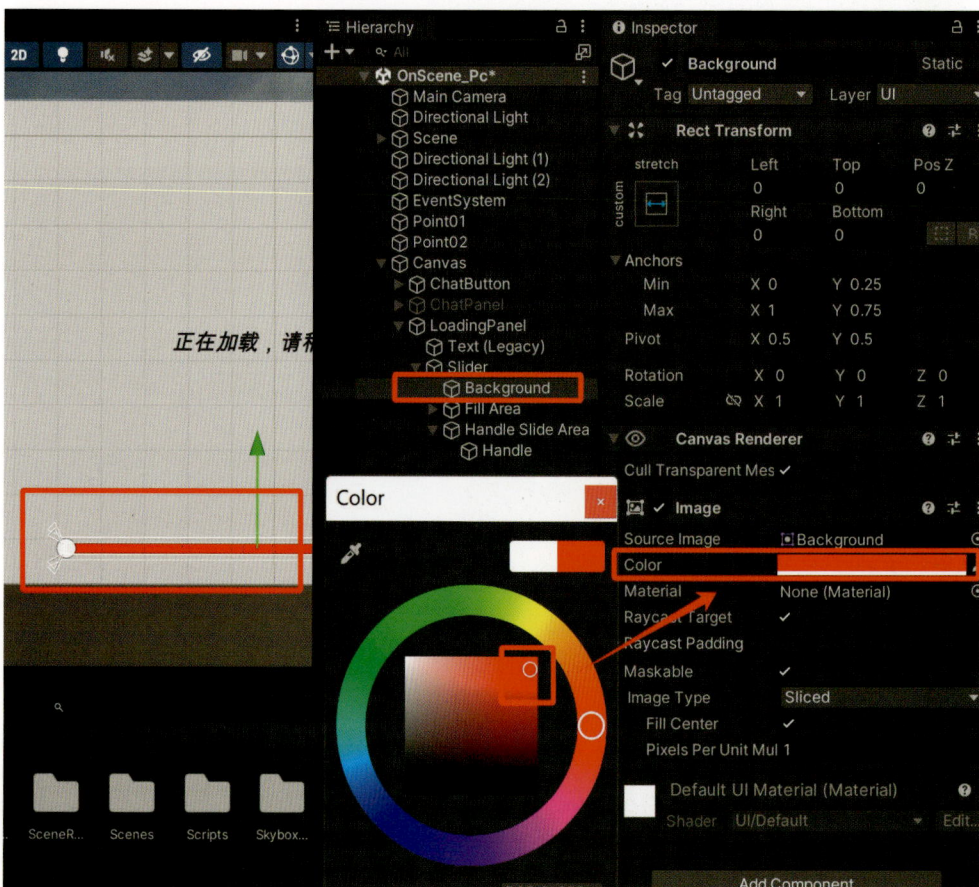

图7-202　修改进度条背景色

为绿色。具体参数如图7-203所示。

（55）在"Project"项目窗口中，在"Asset/Scripts"文件夹找到名为"Chat_Manager"的脚本文件，拖拽挂载到"Canvas"上，将"Hierarchy"层级窗口"ChatPanel"

内的文本、按钮和进度条控件拖拽赋值到右侧"Inspector"属性窗口对应的参数内。具体操作如图7-204所示。

（56）为"Canvas"添加网络物体标识组件"Network

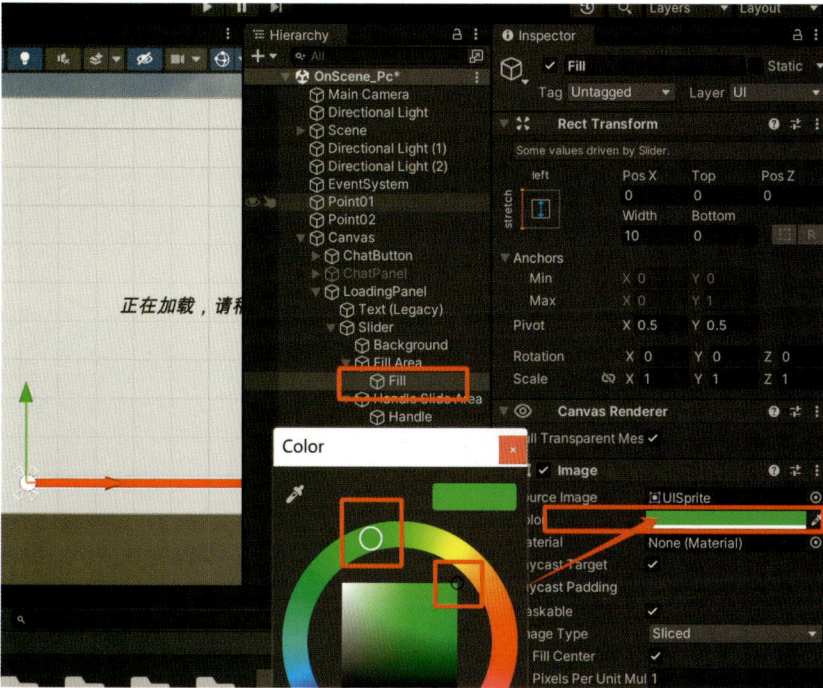

图7-203 修改进度条填充色

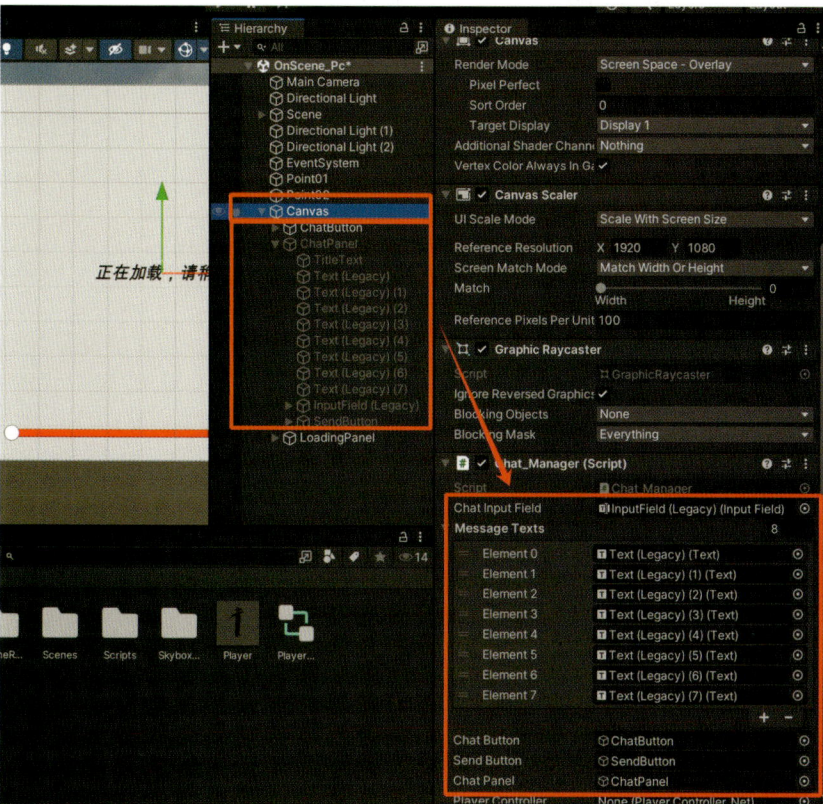

图7-204 添加聊天管理脚本

Identity"。如图7-205所示。

（57）在"Hierarchy"层级窗口选中"Canvas"，在"Project"项目窗口"Asset/Scripts"文件夹找到名

为"Loading"的脚本文件，挂载到LoadingPanel上，将"Slider"拖拽到右侧"Loading"脚本组件的参数内。如图7-206所示。

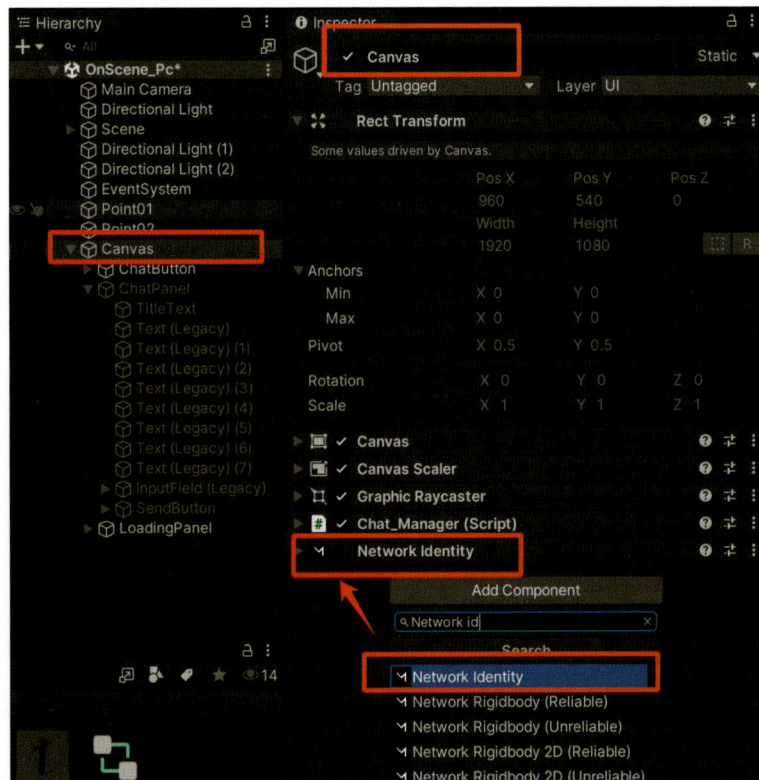

图7-205　添加网络物体标识组件

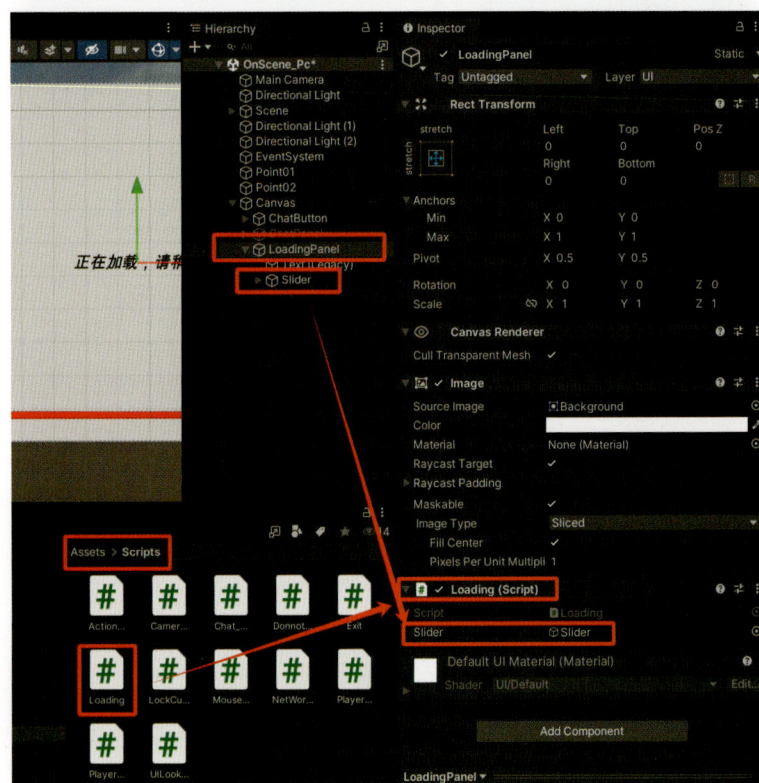

图7-206　挂载加载页面代码

（58）按"Ctrl+S"保存场景"OnScene_Pc"。在"Project"项目窗口中，打开"Asset/Scenes"文件夹，找到"OffScene_PC"场景文件，双击打开。如图7-207所示。

（59）在"Hierarchy"层级窗口，选中"NetWork Manager"，点击"Inspector"属性窗口右上角的锁定按钮。从"Project"项目窗口"Assets"文件夹内找到"Player"预制体，拖拽到右侧的"Inspector"属性窗口，为"PlayerPrefab"赋值。具体操作如图7-208所示。

5. PC端口输出和运行测试

（1）在菜单栏中打开"File/BuildSettings"选项，打开导出设置编辑窗口，把"Project"项目窗口"Assets/Scenes"文件夹内两个场景文件拖到此界面中，要注意顺序"OffScene_PC"在

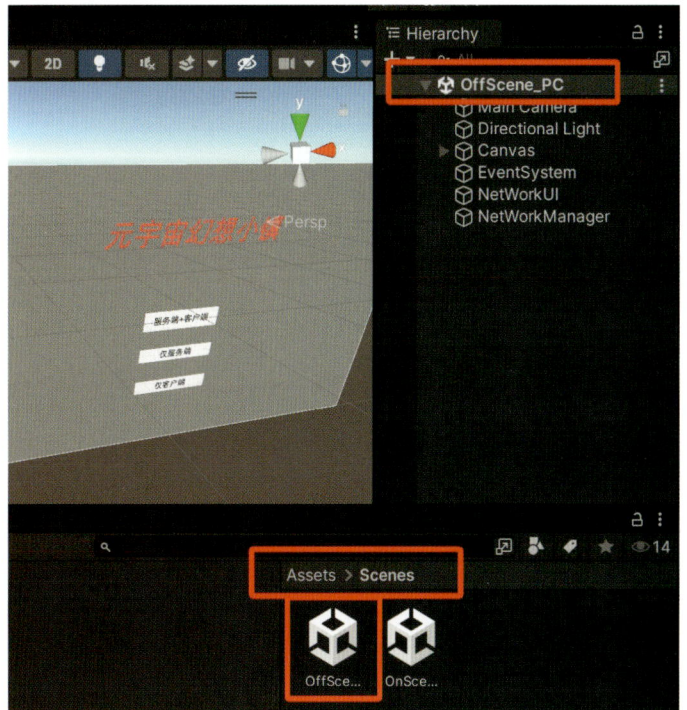

图7-207 打开OffScene_PC场景

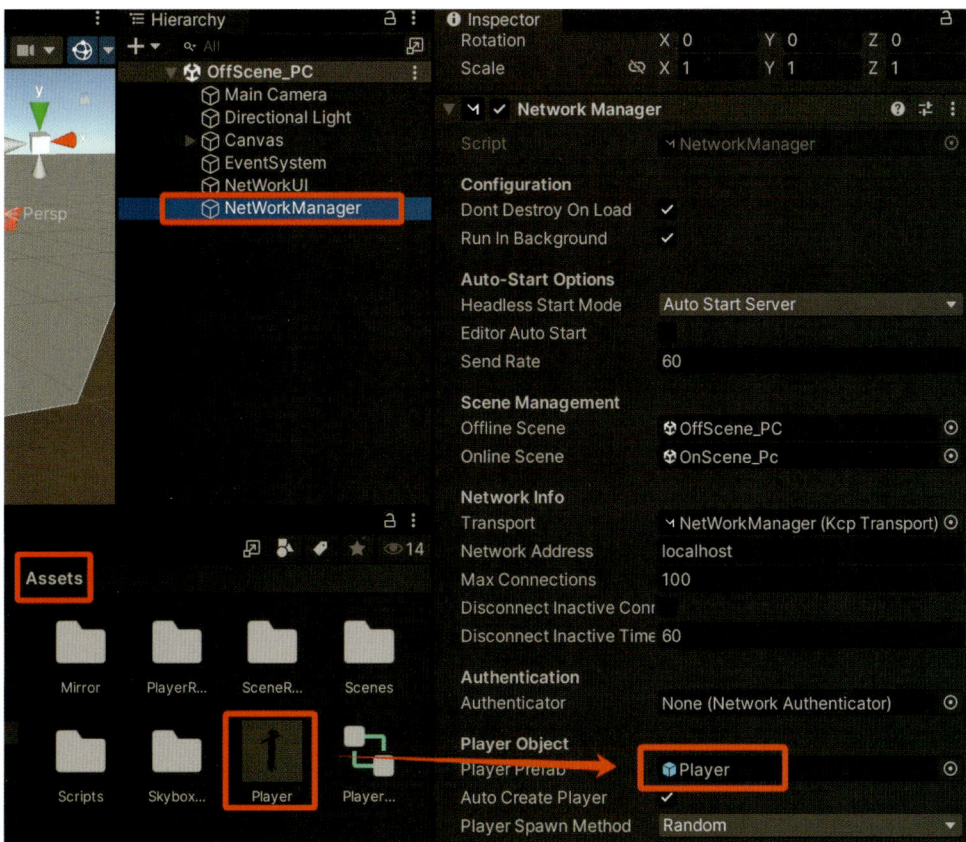

图7-208 为NetWorkManager赋值

前。如图7-209所示。

（2）在"BuildSettings"界面中，点击"PlayerSettings"按钮，打开"Project Settings"窗口，找到"Fullscreen

Mode"设置为"Windowed"，参数设置为1920×1080，设置完关闭即可。如图7-210所示。

（3）修改完成后，在"BuildSettings"界面中点击

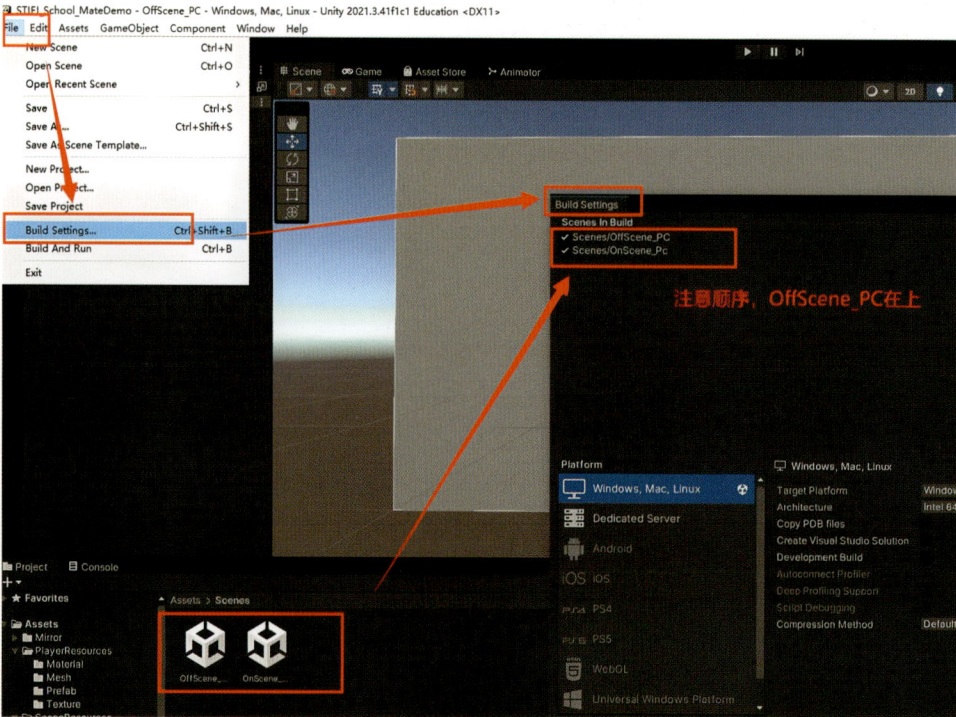

图7-209　设置导出属性

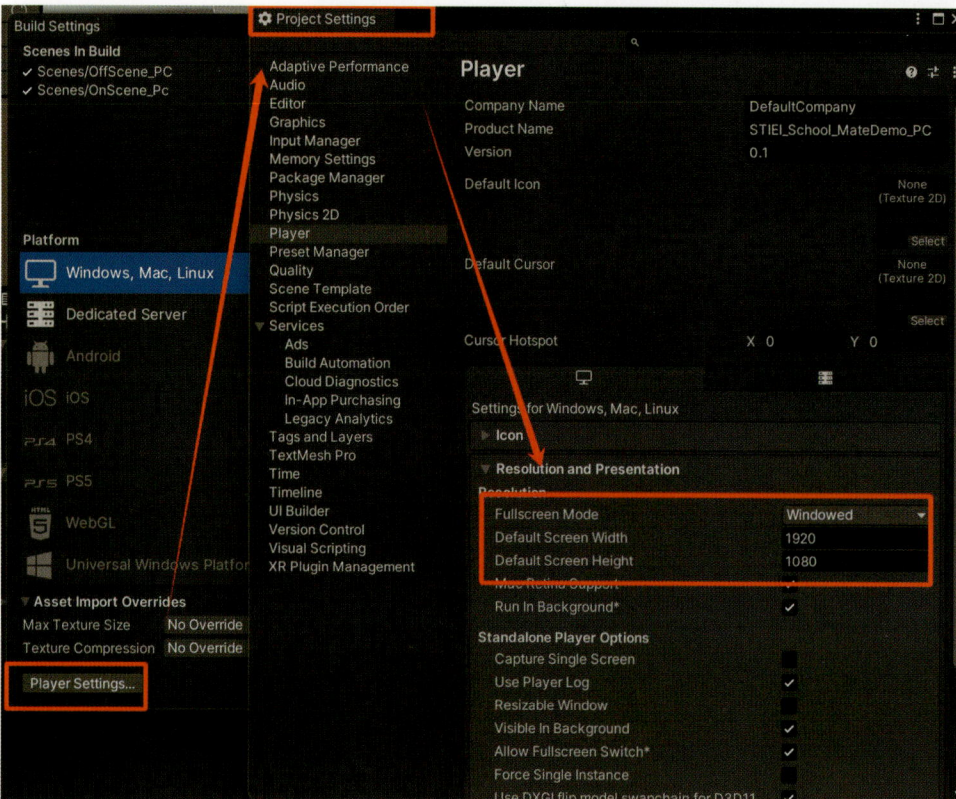

图7-210　设置项目输出全屏模式

"Build"按钮，选择一个文件夹存放，即可完成发布。如图7-211所示。

（4）到此，元宇宙幻想小镇的PC端项目内容就制作完成了。运行效果如图7-212所示。

（5）运行发布的程序后，第一次进入程序需要选择"服务器+客户端"进入元宇宙小镇，生成第一个玩家。如果想

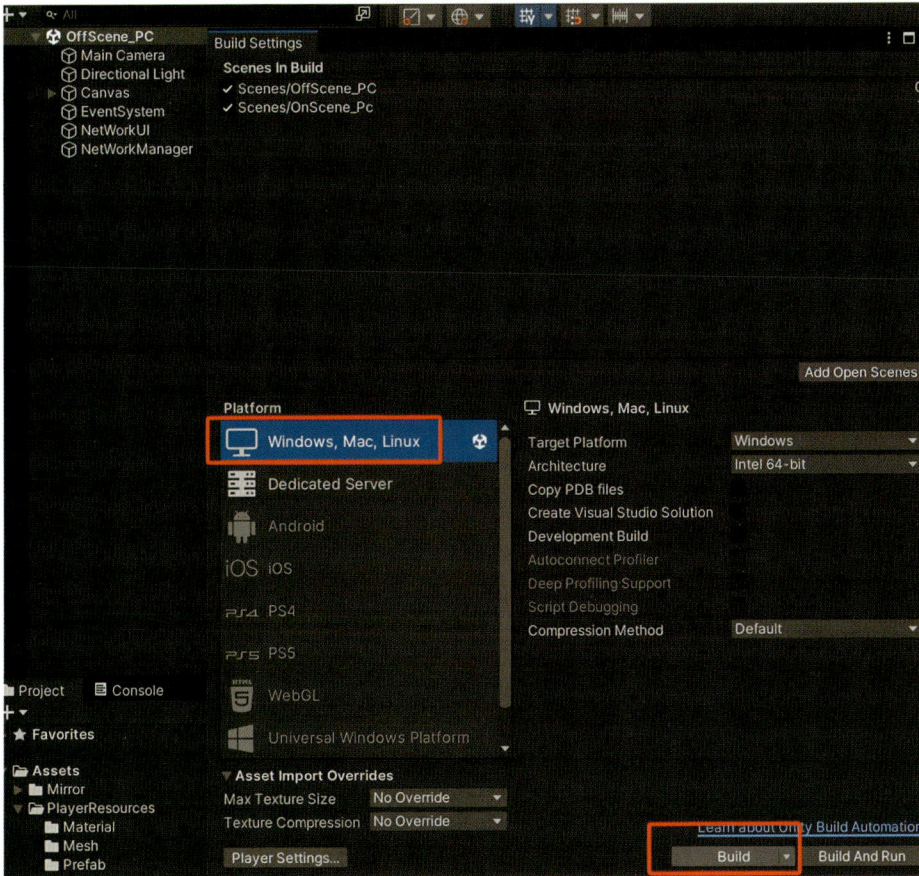

图7-211 发布项目

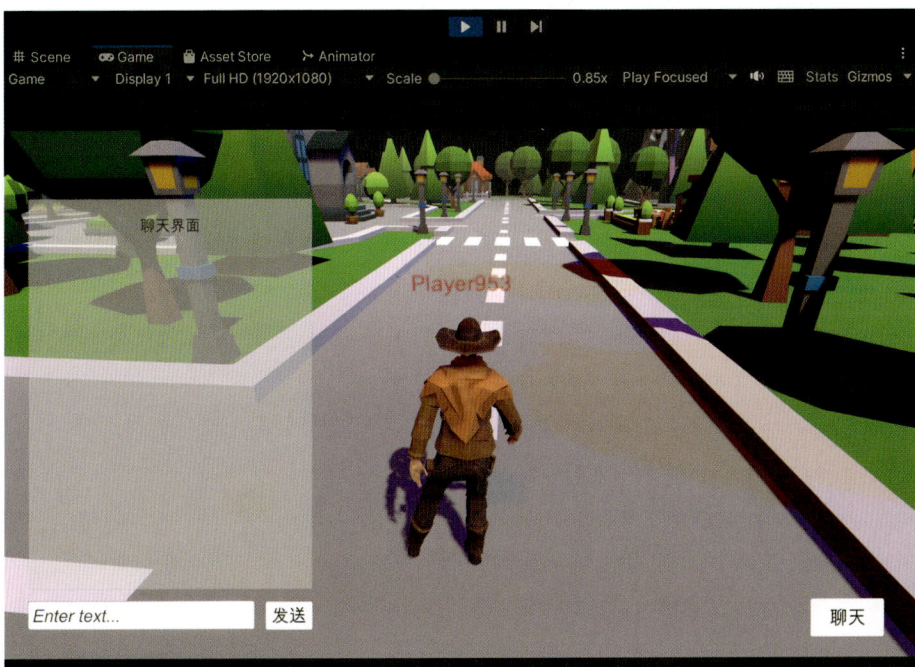

图7-212 软件运行效果

操作第二位玩家一起进入元宇宙小镇，可以在不关掉程序的基础上，第二次运行该程序文件，选择"仅客户端"进入元宇宙小镇。此时在第一个打开的程序内会生成第二个玩家，这个玩家就是第二个运行的程序里生成的玩家。两个程序内的玩家可以互相聊天。运行效果如图7-213所示。

（6）PC端的程序目前只能在一台电脑上运行实现多人协同漫游功能，如果想要实现在不同电脑打开实现相同功能，需要在程序内容更改一下网络地址。打开场景"OfffScene_PC"，在"Hierarchy"层级窗口选中"NetWorkManager"，在右侧的"Inspector"属性窗口中找到"Network Manager"组件，将"Network Address"的"Localhost"修改为自己的电脑IP地址。IP地址可以在网络设置里查看，如图7-214所示。

6. VR端口项目制作

VR端是在PC端的基础上进行修改的。VR端是基于HTC VIVE设备进行制作的，同时电脑上必须安装SteamVR软件。

MateDemo_VR
制作视频

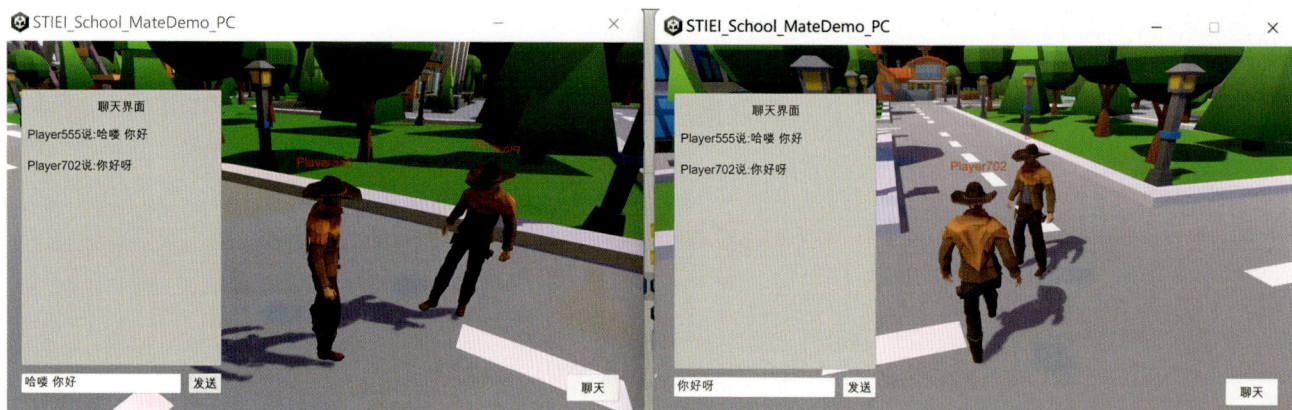

图7-213　PC端运行效果

网络和 Internet ＞ 高级网络设置 ＞ 查看其他属性

WLAN 属性	
IP 分配：	自动(DHCP)
DNS 服务器分配：	自动(DHCP)
SSID：	HUAWEI Mate 30-5G
协议：	Wi-Fi 5 (802.11ac)
安全类型：	WPA2-个人
制造商：	Intel Corporation
描述：	Intel(R) Wireless-AC 9260 160MHz
驱动程序版本：	23.60.1.2
网络频带：	5 GHz
网络通道：	48
链接速度(接收/传输)：	65/520 (Mbps)
IPv6 地址：	240e:b8f:1c36:2500:799c:4ba6:d97c:14e0
本地链接 IPv6 地址：	fe80::5811:5bf1:c3d4:9873%3
IPv6 DNS 服务器：	240e:58:c000:1600:180:168:255:118 (未加密) 240e:58:c000:1000:116:228:111:18 (未加密)
IPv4 地址：	192.168.71.32
IPv4 DNS 服务器：	116.228.111.118 (未加密) 180.168.255.18 (未加密)
物理地址(MAC)：	BC-54-2F-82-1E-BE

图7-214　电脑IP地址查询

（1）打开之前制作好的PC端项目文件，在"Project"项目窗口的"Assets"文件夹下用鼠标框选所有文件，鼠标右键在弹出的窗口中，选择"Export Package..."，导出一个UnityPackage包，命名为"MatePC"。如

图7-215～图7-217所示。

（2）打开UnityHub新建一个工程，命名为"MateDemo_VR"。如图7-218所示。

（3）把第一步导出的"MatePC.unitypackage"包

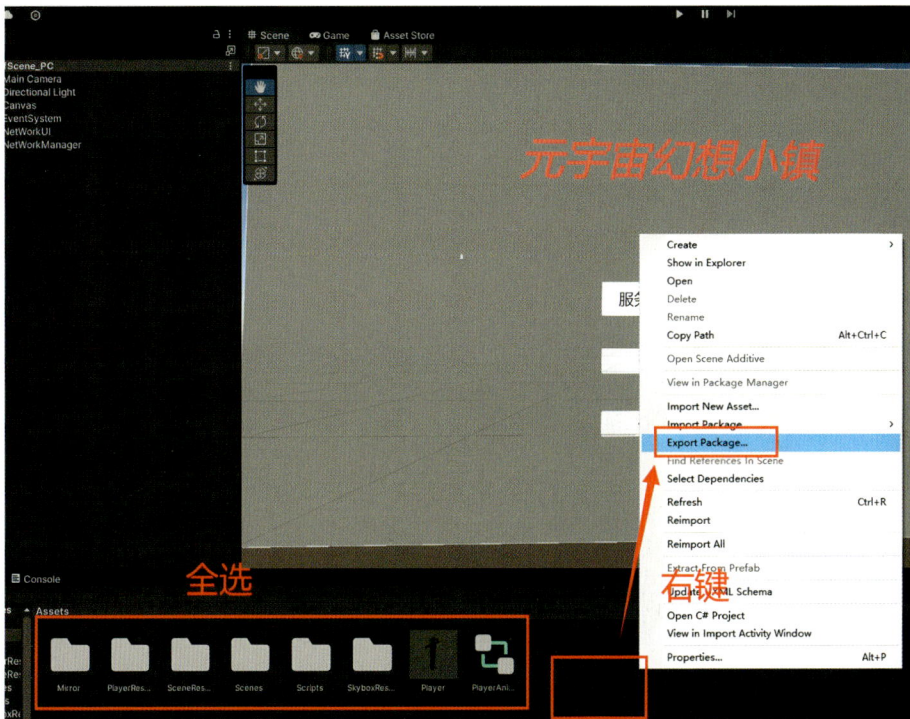

图7-215　导出PC资源包

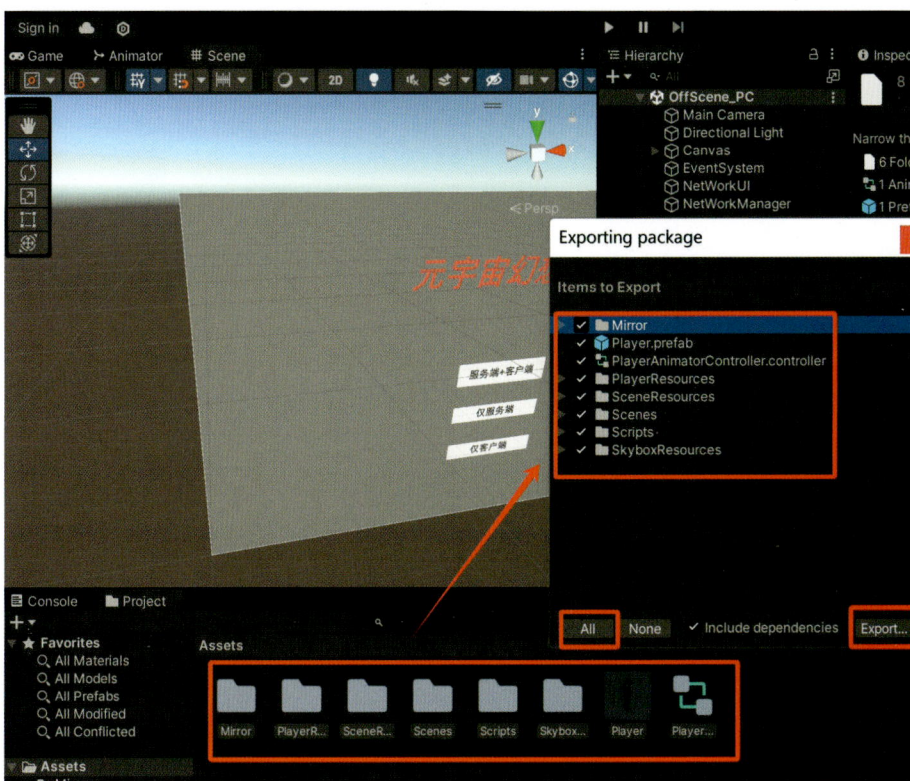

图7-216　导出PC资源包

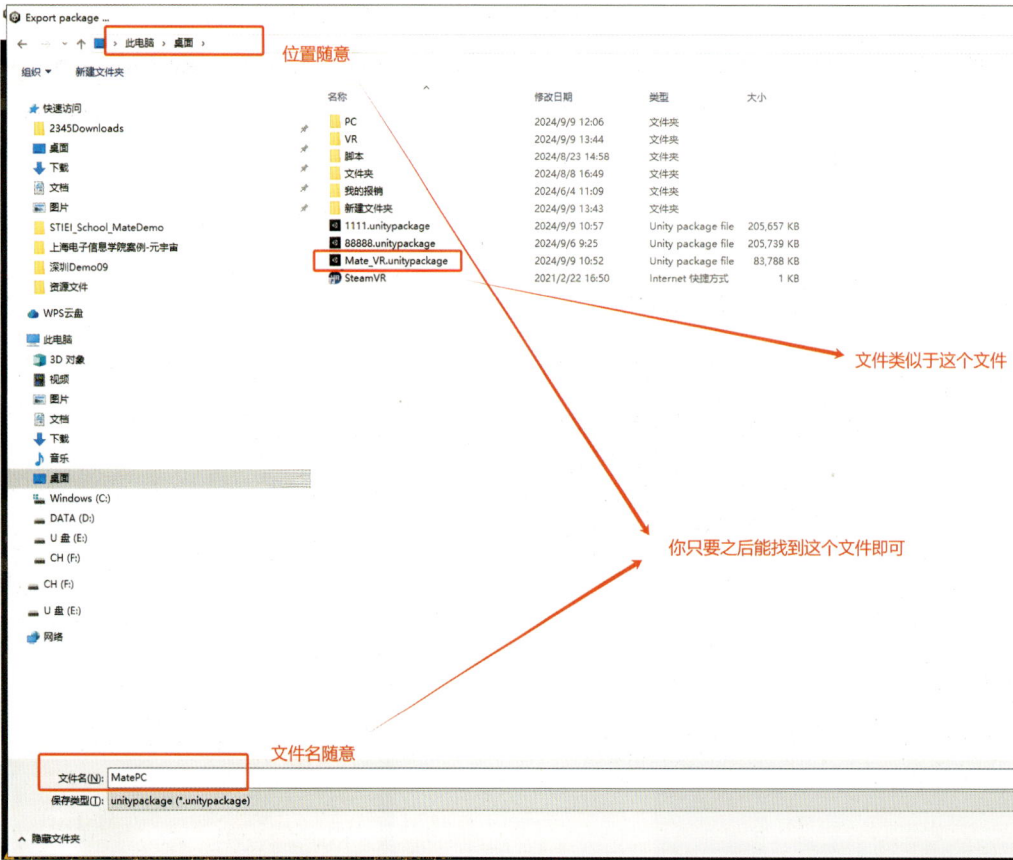

图7-217　导出PC资源包

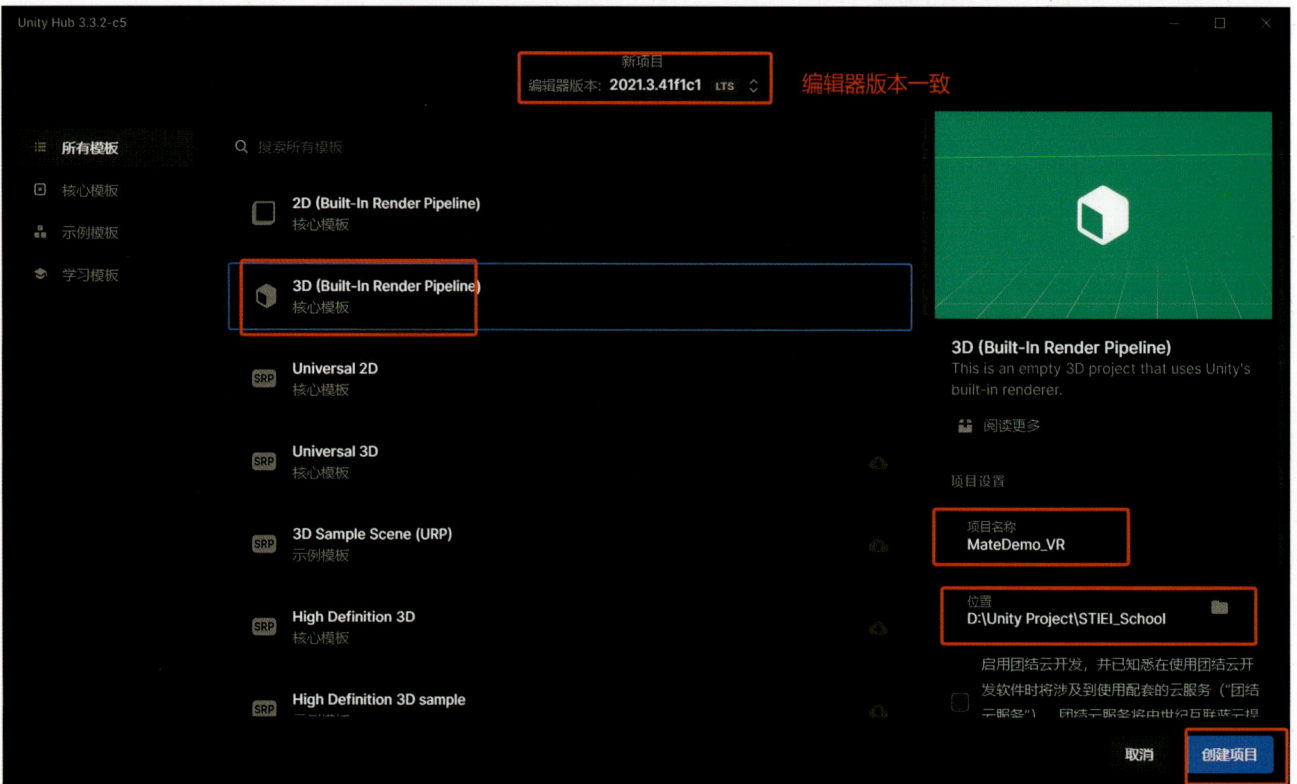

图7-218　新建工程文件

导入到工程中。如图7-219所示。

（4）在"Project"项目窗口中，打开"Assets/Scenes"文件夹，修改"OffScene_PC""OnScene_Pc"的名字为"OffScene_VR""OnScene_VR"，并双击打开"OffScene_VR"场景文件，删除创建项目自带的场

景文件"SampleScene"。如图7-220所示。

（5）在资源文件夹内找到名为"SteamVR Plugin"的资源包，导入到项目工程的"Assets"文件夹中。导入后根据提示点击默认选项。如图7-221～图7-224所示。

（6）把项目工程关闭后重开一下。在菜单栏中选择

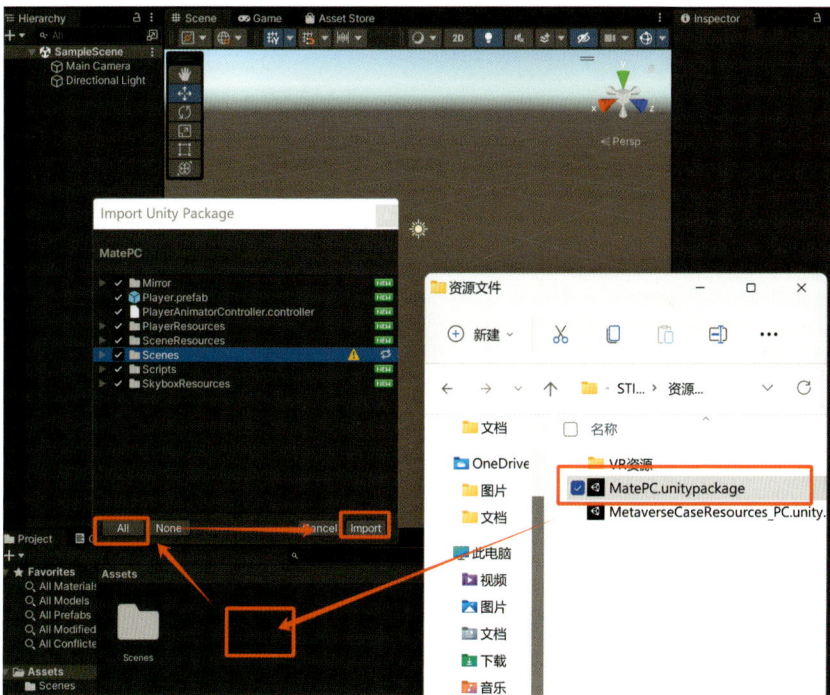

图7-219　新建工程文件

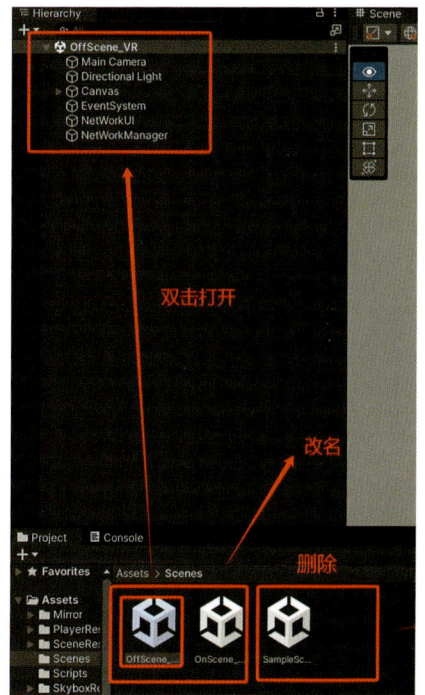

图7-220　修改场景名称

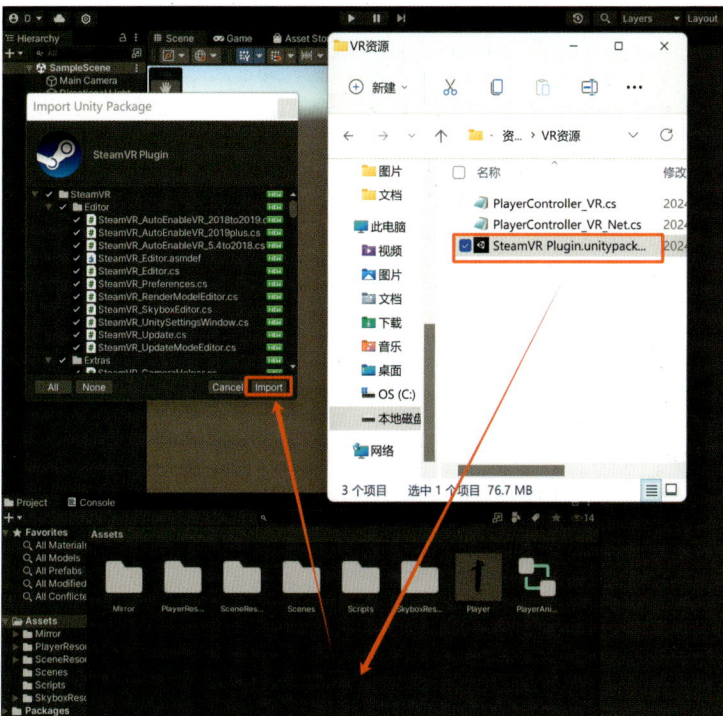

图7-221　导入VR插件

198

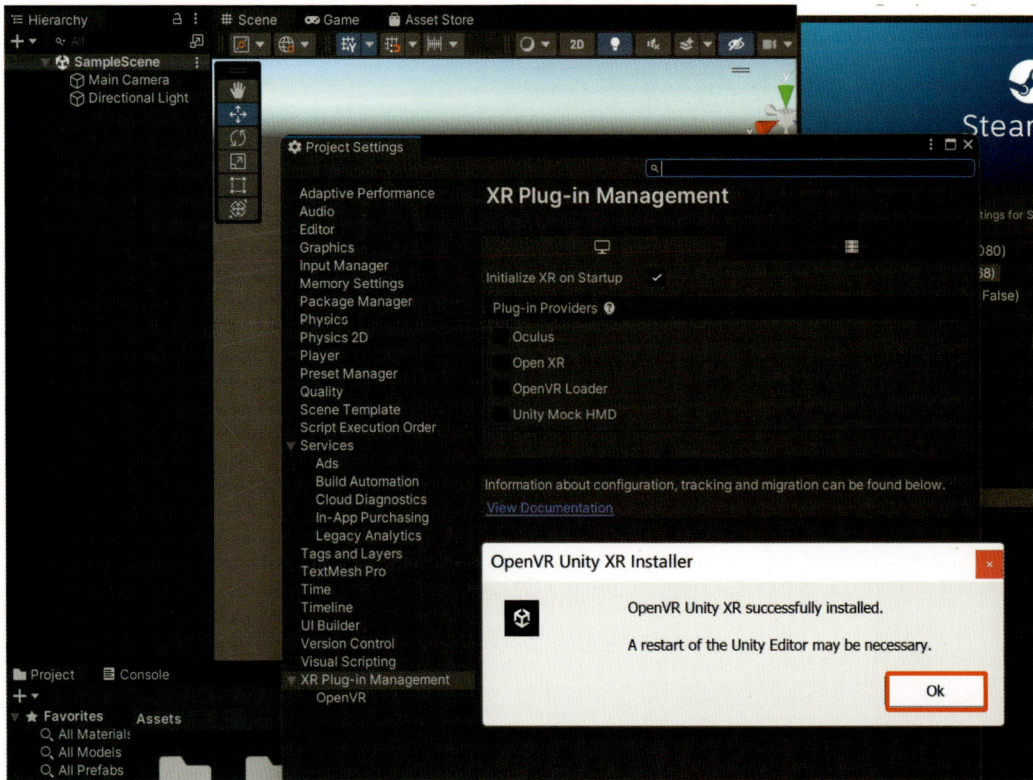

图7-222 导入VR插件

图7-223 导入VR插件

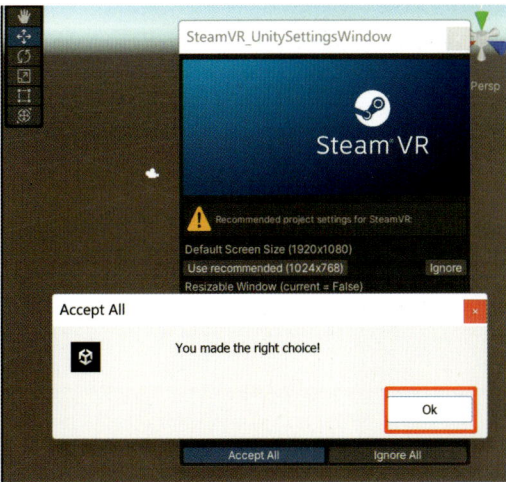

图7-224 导入VR插件

图7-225 设置SteamVR Input属性

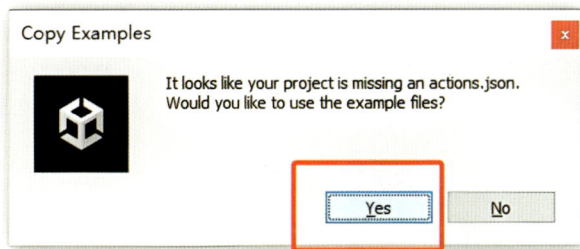

图7-226 设置SteamVR Input属性

"Window/SteamVR Input",打开"SteamVR Input"窗口,根据提示选择默认选项。如图7-225~图7-227所示。

(7)在"SteamVR Input"窗口中,点击"Save and generate",进行保存和编译。如图7-228所示。编译完成之后,关闭这个窗口即可。

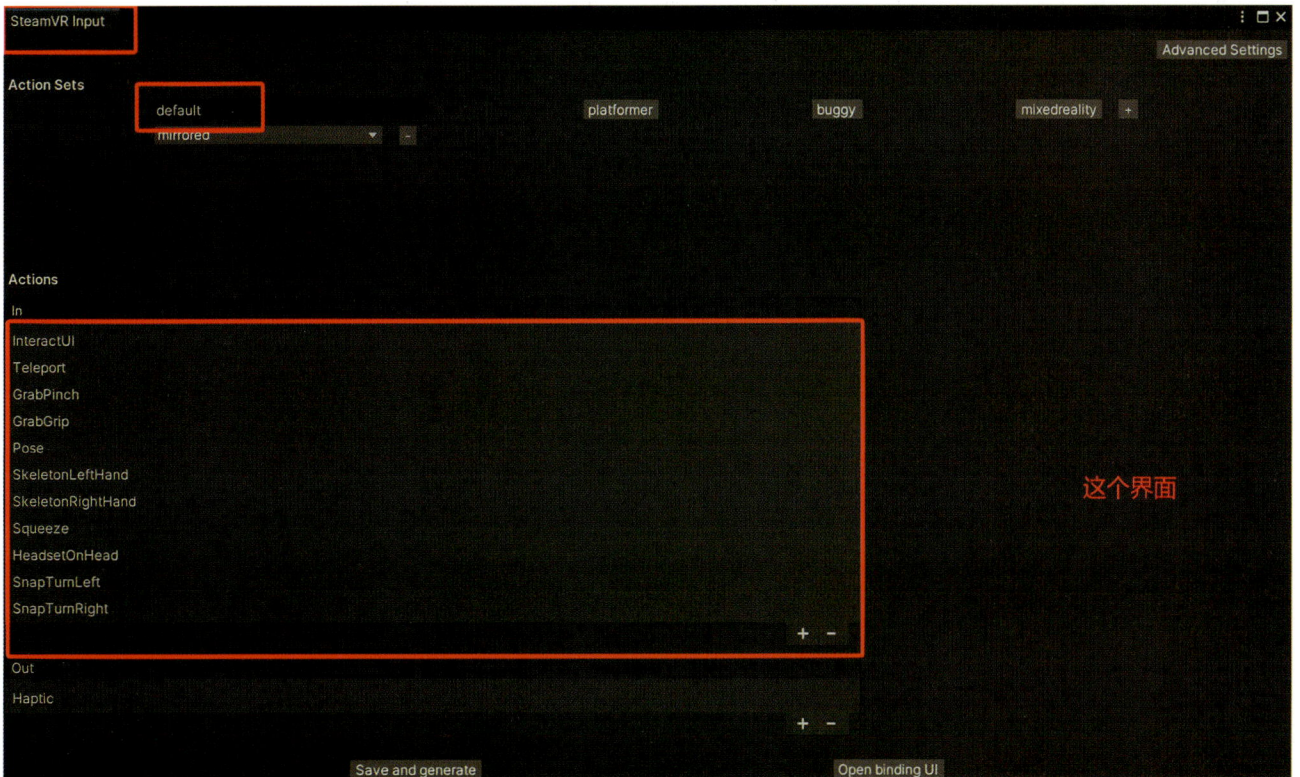

图7-227 设置SteamVR Input属性

（8）在"Hierarchy"层级窗口打开的场景"OffScene_VR"中，选中"Canvas"，在右侧的"Inspector"属性窗口修改它的"Render Mode"为"World Space"，勾选 "Vertex Color Always In Gamma color Space"的选项框，在"Rect Transform"中修改它的"Scale"参数，大小为0.003，修改位置和大小。具体参数如图7-229所示。

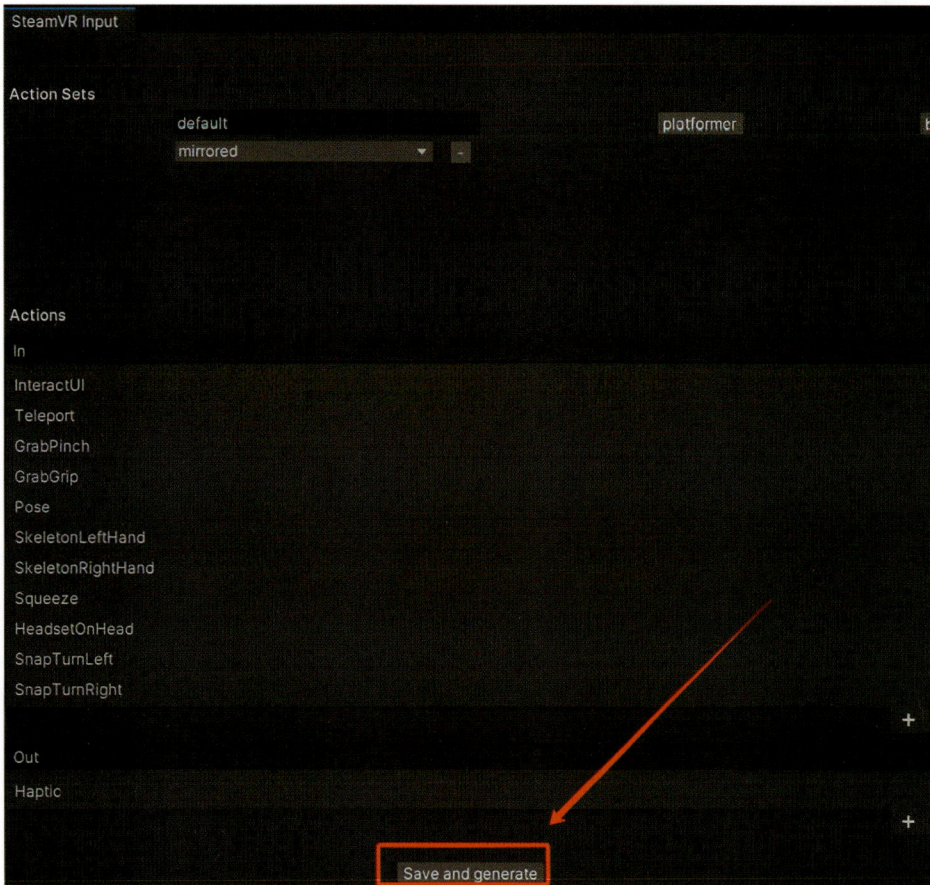

图7-228　设置SteamVR Input属性

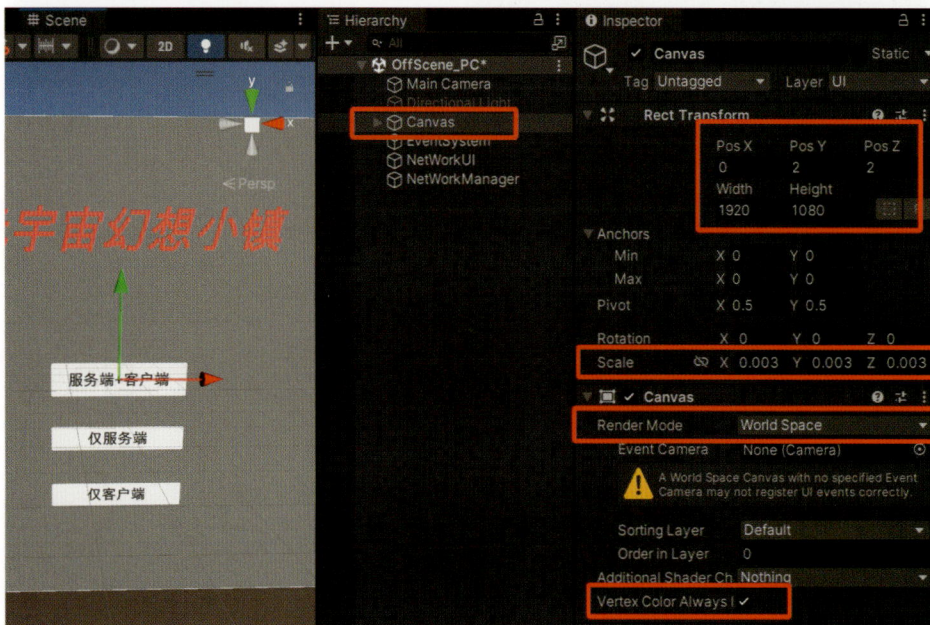

图7-229　设置Canvas属性

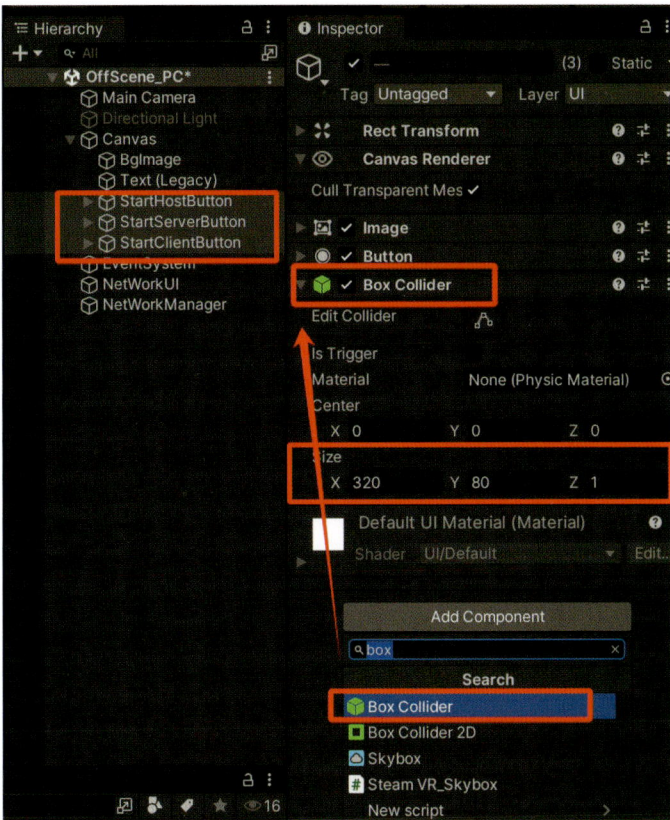

图7-230 为按钮添加碰撞器

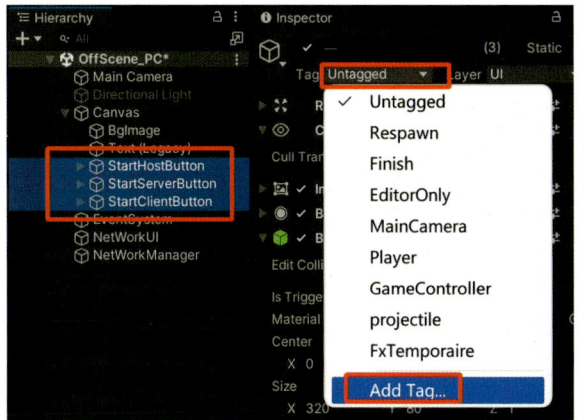

图7-231 为按钮添加标签

（9）按住"shift"，在"Hierarchy"层级窗口选中"Canvas"下的三个"Button"，在右侧的"Inspector"属性窗口为它们添加碰撞器组件"Box Collider"。如图7-230所示。

（10）点击"Inspector"属性窗口的"Tag"，点击"Add Tag"，新增名为"Button"的标签。如图7-231、图7-232所示。

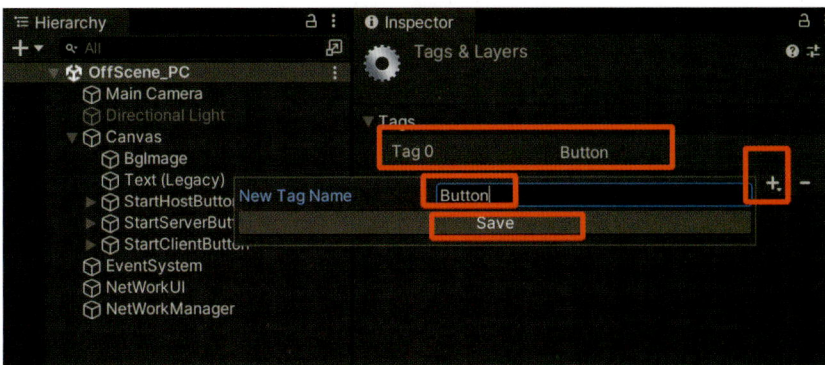

图7-232 新建标签

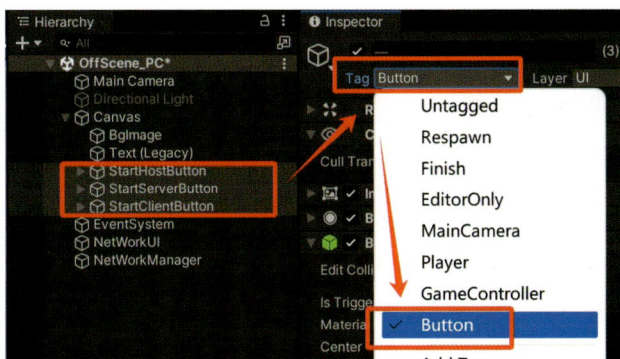

图7-233 给三个按钮挂上标签

（11）按住"shift"，在"Hierarchy"层级窗口选中"Canvas"下的三个"Button"，在右侧的"Inspector"属性窗口为它们添加标签"Button"。如图7-233所示。

（12）在"Hierarchy"层级窗口空白处，鼠标右键选择"3D Object/Plane"，新建一个地面。如图7-234所示。

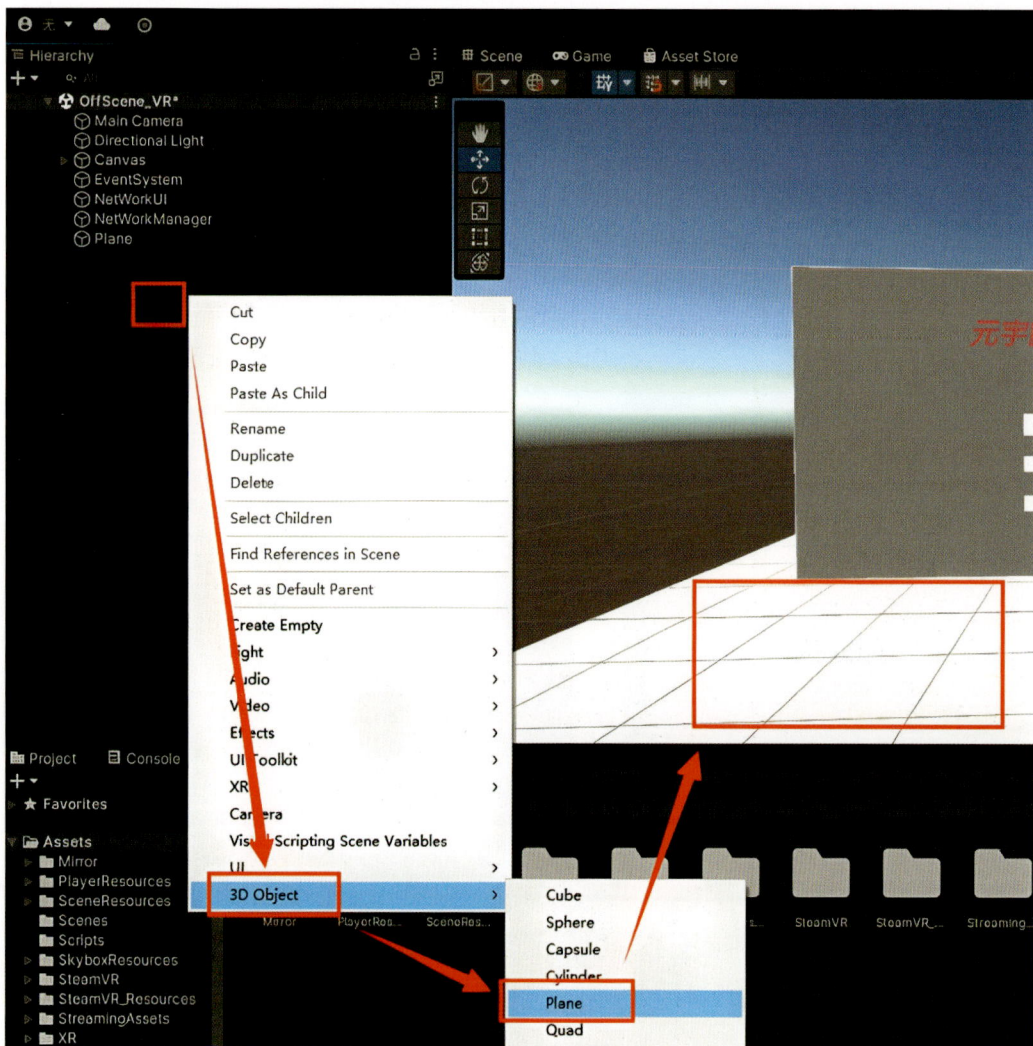

图7-234 新建地面

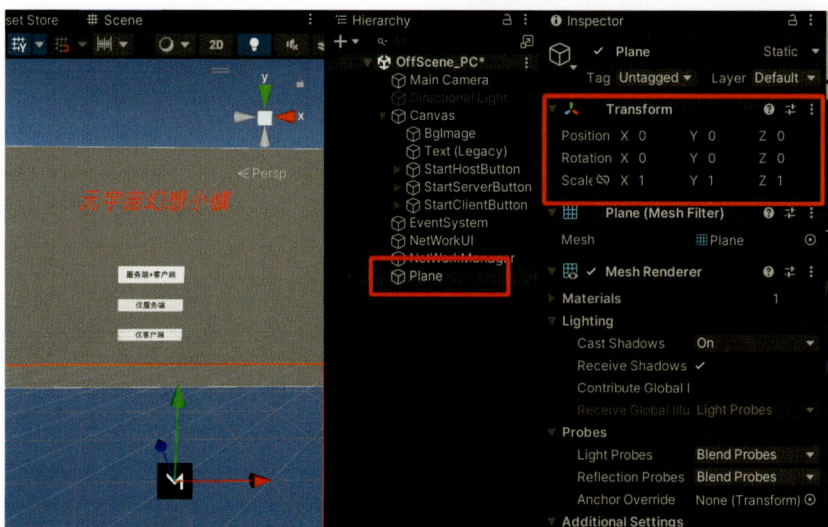

图7-235 重置地面参数为0

（13）在右侧的"Inspector"属性窗口，右键"Transform"选中"Reset"把它的位置归零。如图7-235所示。

（14）在"Hierarchy"层级窗口空白处右键鼠标，在弹出的窗口中选择"Create Empty"，新建两个空物体，分别命名为"PlayerController_VR""Player"。如图7-236所示。

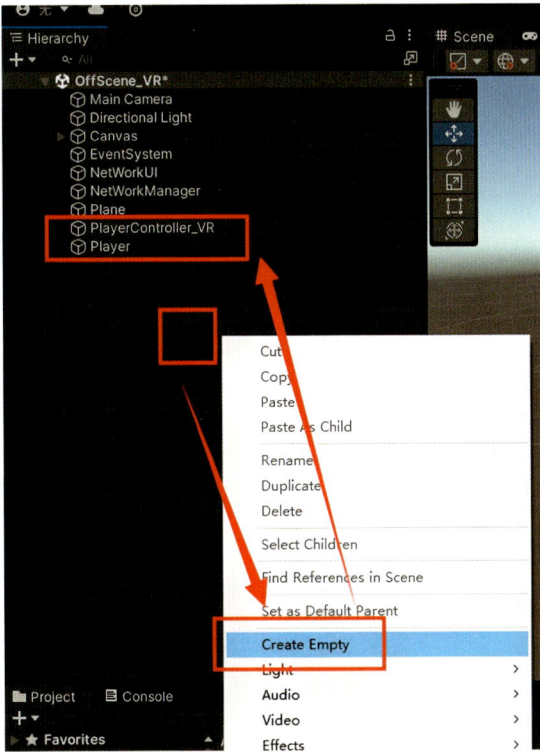

图7-236 新建空物体

（15）按住"shift"，在"Hierarchy"层级窗口选中"PlayerController_VR""Player"，在右侧的"Inspector"属性窗口，右键"Transform"选中"Reset"把它的位置归零。如图7-237所示。

（16）在"Project"项目窗口的"Assets/SteamVR/Prefabs"文件夹内，找到名为"CameraRig"的相机预制体，把它拖到"Hierarchy"层级窗口中"Player"的下面，作为Player的子物体。如图7-238所示。

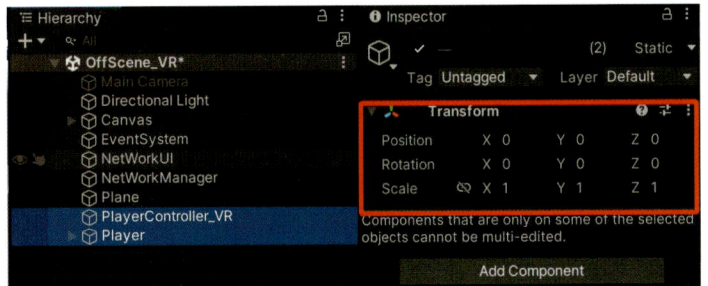

图7-237 重置新建物体的位置大小参数

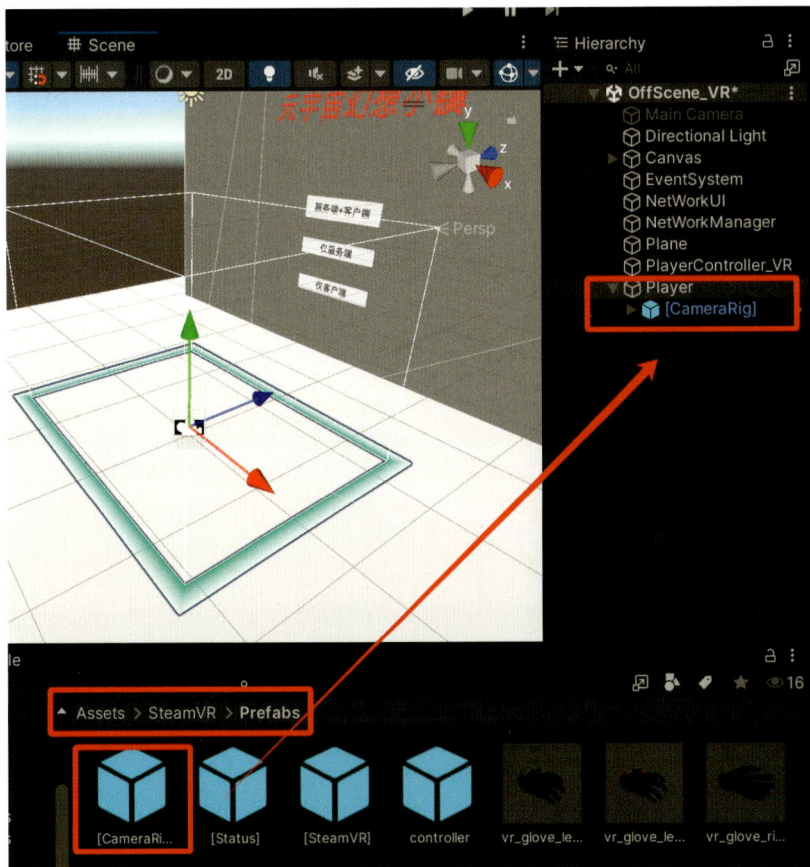

图7-238 添加相机预制体

（17）在右侧的"Inspector"属性窗口，右键"Transform"选中"Reset"把"CameraRig"的位置归零。如图7-239所示。

（18）在"Hierarchy"层级窗口选中"Player"，右键选择"3D Object/Capsule"，为"Player"添加一个胶囊体作为它的子物体。如图7-240所示。

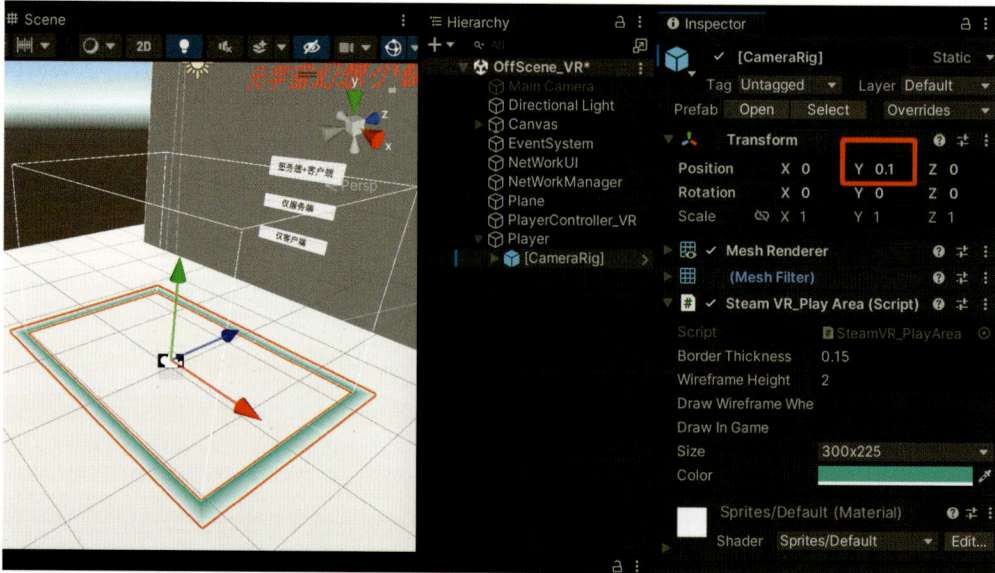

图7-239　设置相机的位置参数

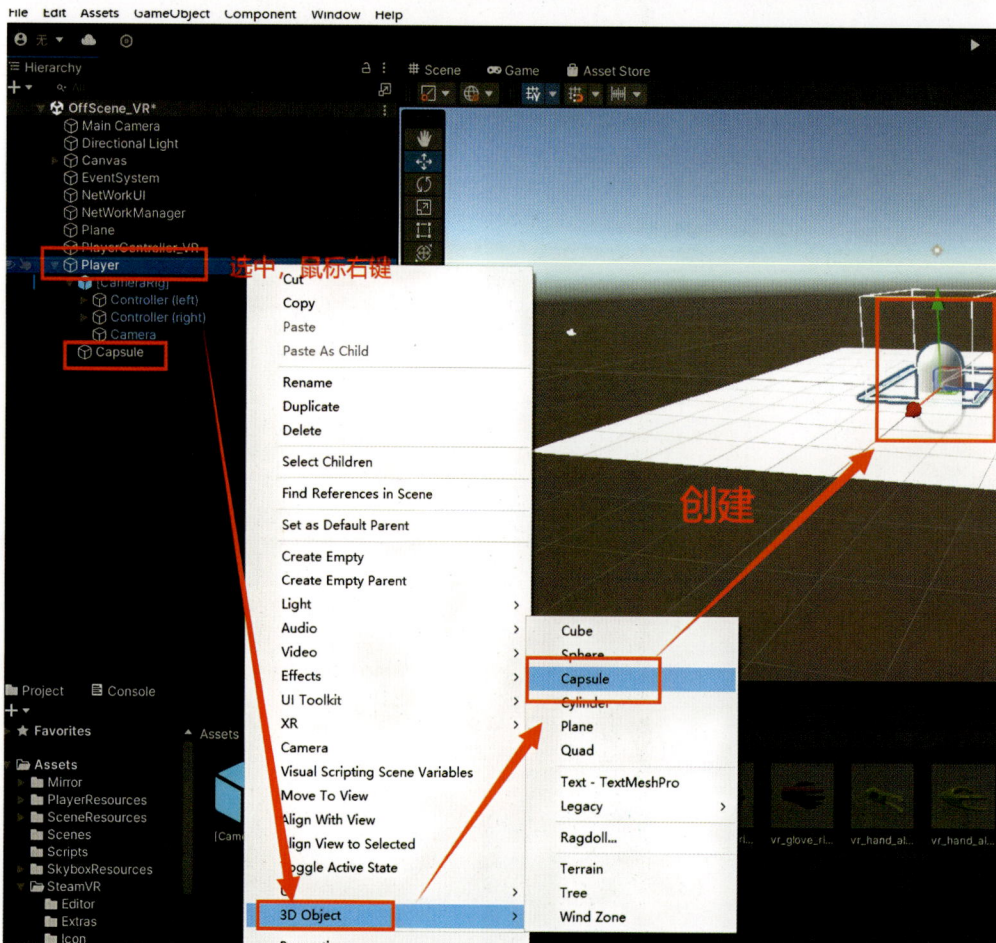

图7-240　添加胶囊体

（19）在"Inspector"属性窗口的"Transform"组件内修改"Capsule"的位置。具体参数如图7-241所示。

（20）在"Hierarchy"层级窗口选中刚添加的相机"Player/[CameraRig]"的子物体"Controller (right)"，鼠标右键，在弹出的窗口中选择"Create Empty"，新建两个空物体，分别命名为"Point01""Point02"，并把它们的位置修改为（0，0，0）、（0，0，5）。如图7-242、图7-243所示。

（21）在"Hierarchy"层级窗口选中"Point01"，在"Inspector"属性窗口搜索并添加绘制线条组件"Line Renderer"。如图7-244所示。

（22）在资源文件夹找到名为"PlayerController_VR_Net"和"PlayerController_VR"的2个脚本文件，拖拽到"Project"项目窗口中的"Assets"文件夹内。如图7-245所示。

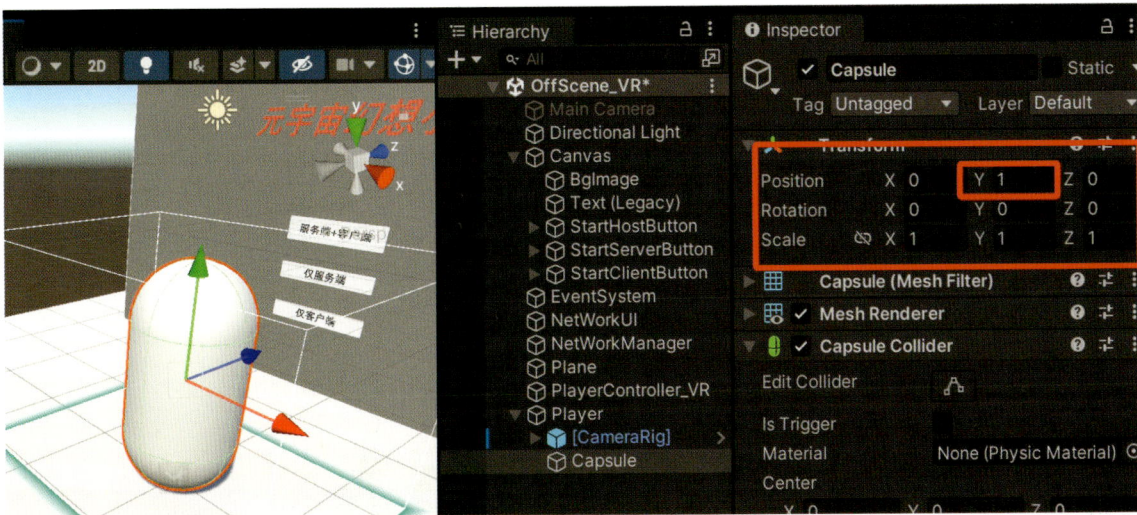

图7-241 修改胶囊体参数

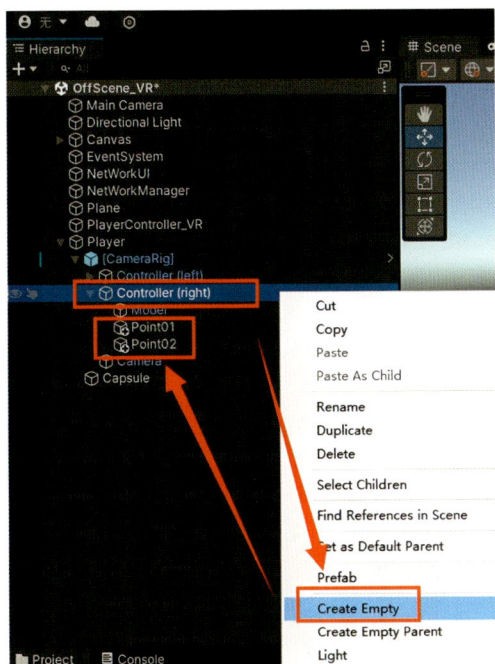

图7-242 为相机添加子物体

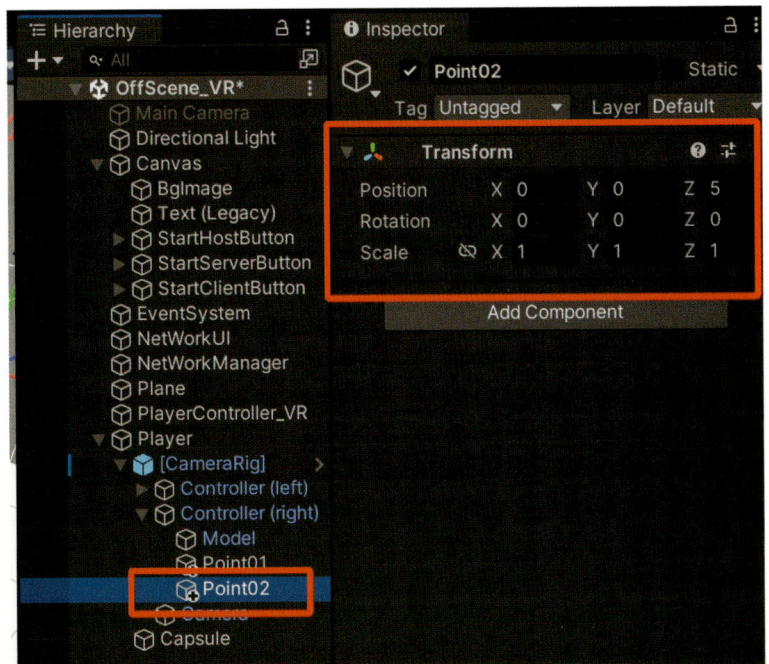

图7-243 重置子物体参数

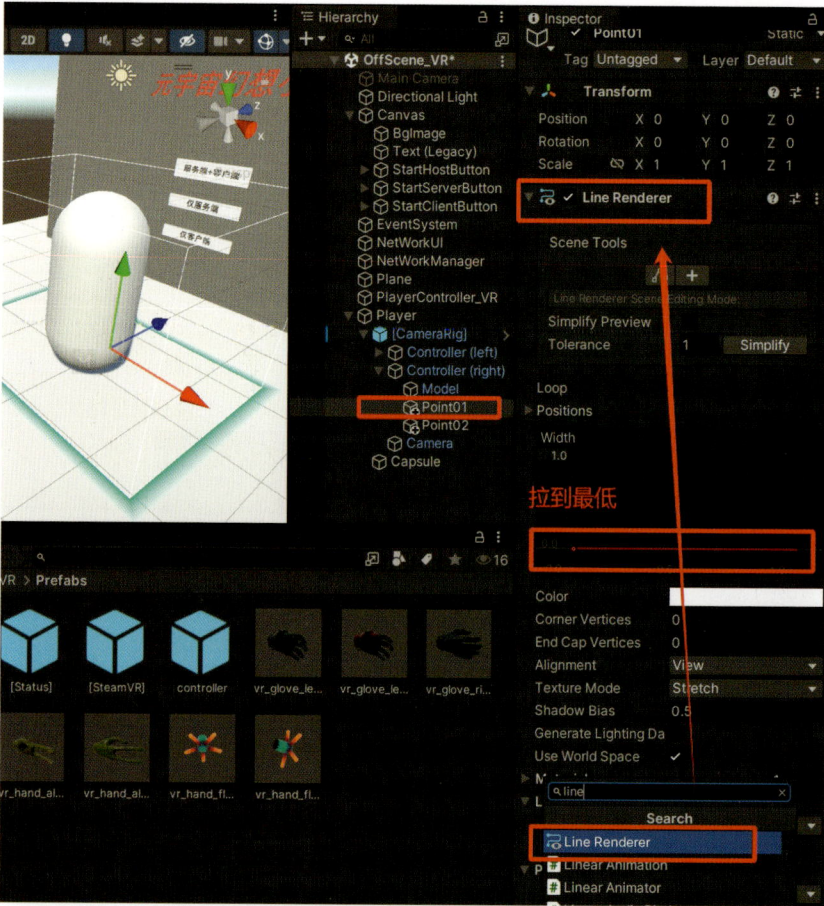

图7-244　添加绘制线条组件

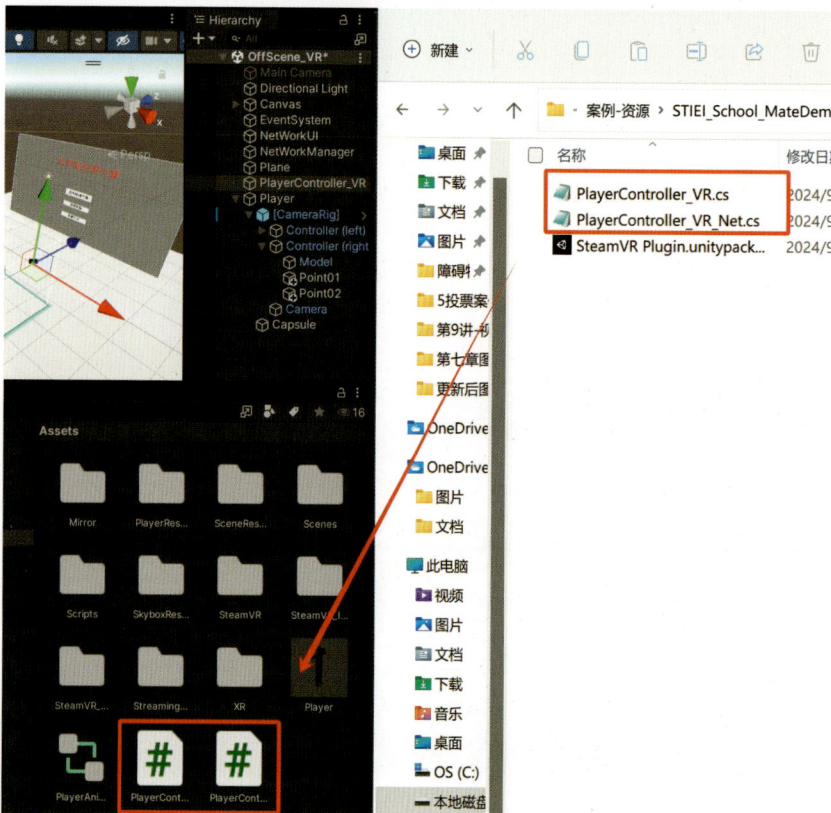

图7-245　导入脚本文件

（23）选择"PlayerController_VR"脚本文件，把这个脚本挂载到"PlayerController_VR"上。如图7-246所示。

（24）按"Ctrl+S"保存场景。在"Hierarchy"层级窗口选中"Player"，按"Ctrl+D"复制一份，命名为"Player_VR"。按住"shift"，在"Hierarchy"层级窗口一起选中"Player_VR""Player"，在右侧的"Inspector"属性窗口，调整"Transform"参数，修改它们的位置信息。如图7-247所示。

（25）在"Hierarchy"层级窗口选中"Player_VR"，为它添加网络物体标识组件"Network Identity"、同步网络位置组件"Network Transform（Reliable）"。如图7-248所示。

（26）图7-249为Player_VR添加网络属性组件。

（27）在"Project"项目窗口中找到脚本文件"PlayerController_VR_Net"，把它挂载到"Player_VR"上。如图7-250所示。

图7-247 修改位置信息

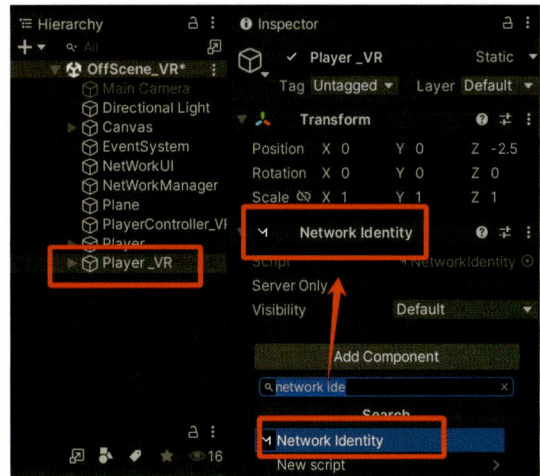
图7-248 为Player_VR添加网络属性组件

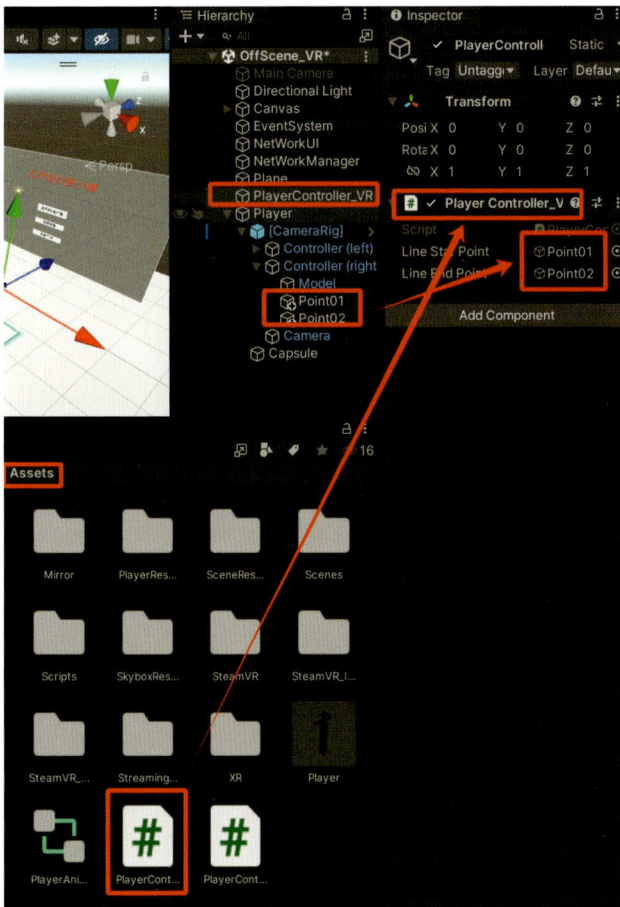
图7-246 挂载脚本

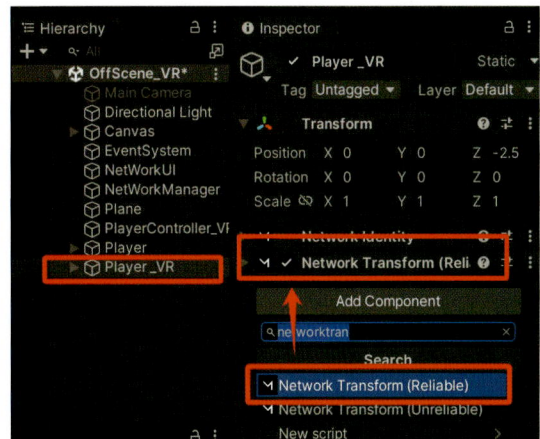
图7-249 为Player_VR添加网络属性组件

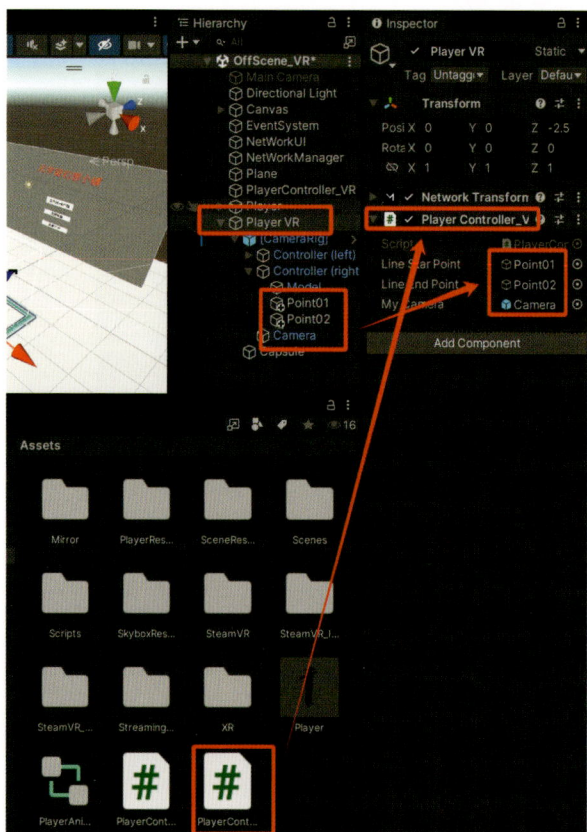

图7-250　挂载脚本

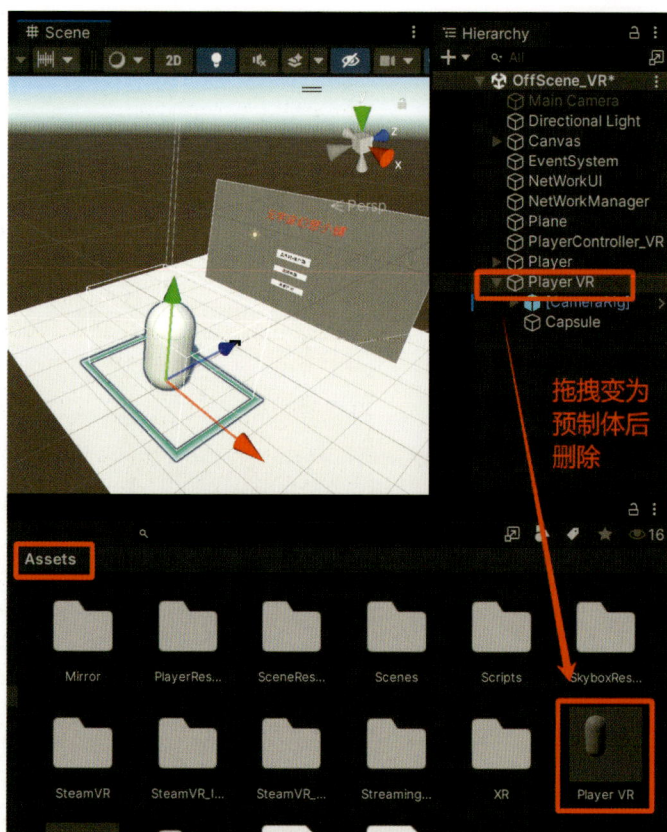

图7-251　设置预制体

（28）在"Hierarchy"层级窗口选中"Player_VR"，把它拖到"Project"项目窗口的"Assets"文件夹下，变为预制体。如图7-251所示。

（29）在"Hierarchy"层级窗口中删除"Player_VR"。如图7-252所示。

（30）在"Hierarchy"层级窗口中选中"NetWorkManager"，在"Inspector"属性窗口中，将资源中的"PlayerVR"预制体拖拽到"Player Prefab"，为它赋值。如图7-253所示。

（31）在"Hierarchy"层级窗口中选中"Main Camera"，取消勾选右侧"Inspector"属性窗口中文件名字左侧的选项框，把它隐藏起来。如图7-254所示。

（32）按"Ctrl+S"保存当前场景。在"Project"项目窗口打开"Assets/Scenes"文件夹，找到"OnScene_VR"场景文件，双击打开。如图7-255所示。

（33）在"Hierarchy"层级窗口中选中"Canvas""Main Camera"物体并删除。如图7-256所示。

图7-252　删除场景中的Player_VR

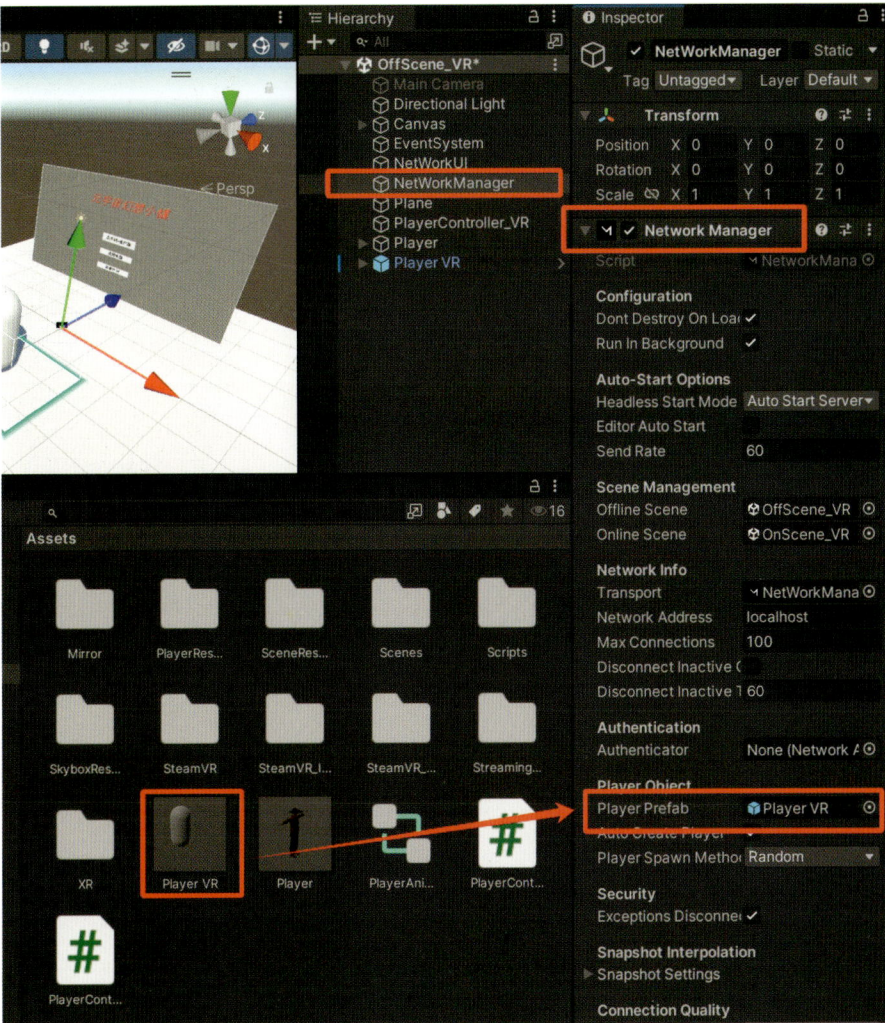

图7-253 为Network Manager组件属性赋值

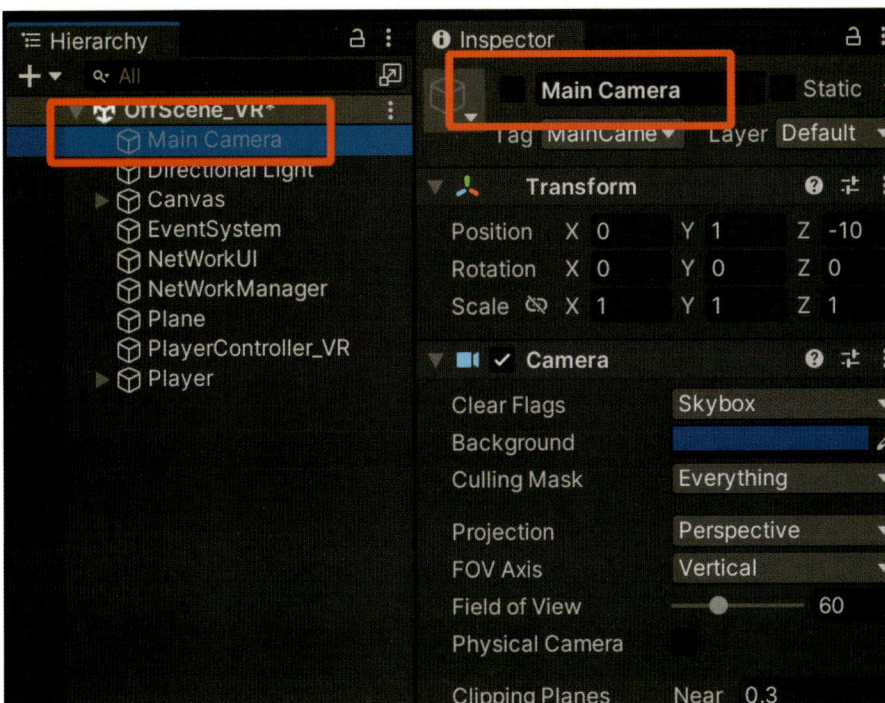

图7-254 隐藏Main Camera

双击打开

位置

图7-255　打开场景

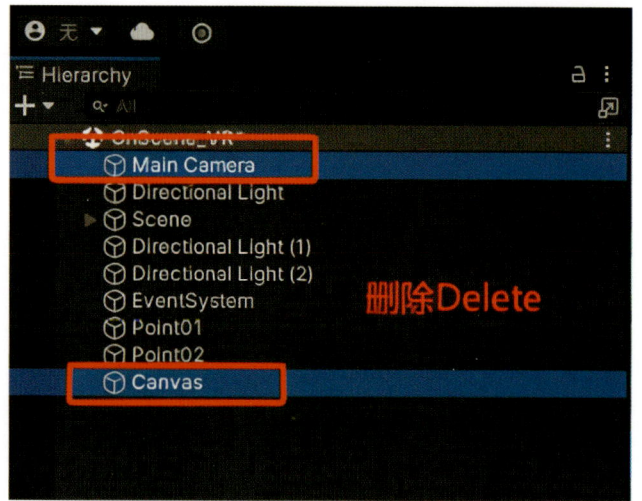

删除Delete

图7-256　删除物体

（34）点击"Inspector"属性窗口的"Tag"，点击"Add Tag"，新增名为"Plane"的标签。所有要移动的地面添加标签"Plane"。如图7-257～图7-259所示。

（35）按"Ctrl+S"保存当前场景。在"Project"项目窗口打开"Assets/Scenes"文件夹，找到"OffScene_VR"场景文件，双击打开。如图7-260所示。

（36）在"Hierarchy"层级窗口中选中"NetWorkManager"，在"Inspector"属性窗口中，将资源中的场景文件"OffScene_VR"和"OnScene_VR"拖拽到"Offline Scene"和"Online Scene"中，为它赋值。如图7-261所示。操作完成后按"Ctrl+S"保存当前场景。

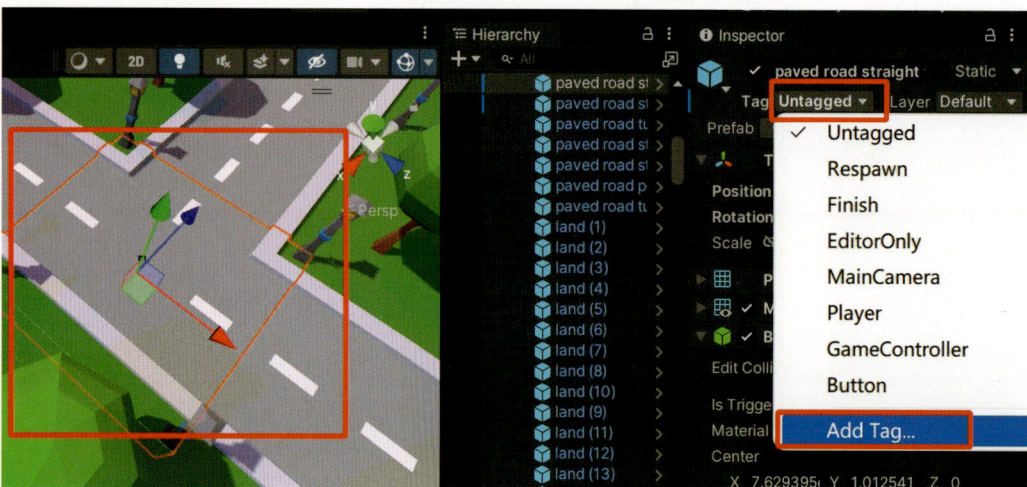

图7-257　添加新标签

图7-258 标签命名为Plane

图7-259 给地面添加标签

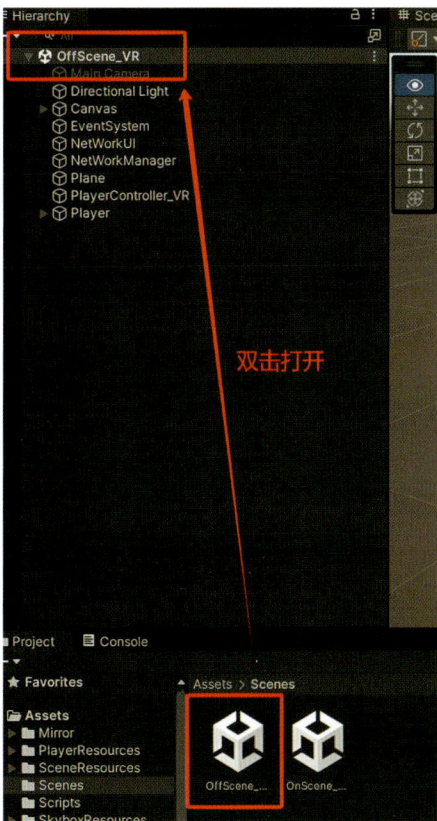
图7-260 打开场景OffScene_VR

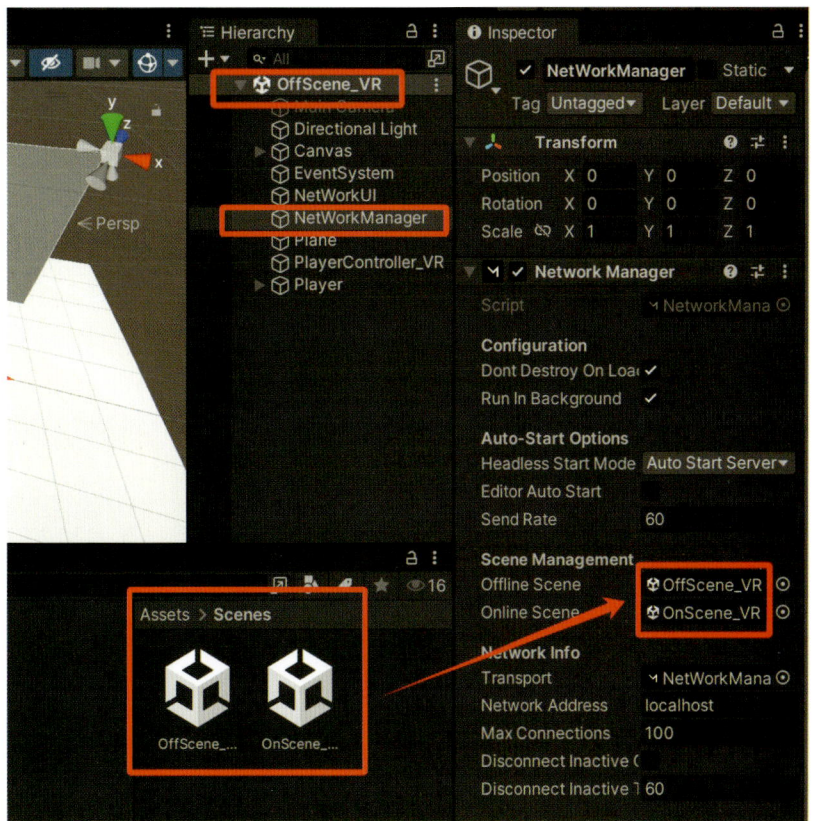
图7-261 将场景文件赋值给NetWorkManager

（37）在菜单栏中选择"File/Build Setting…"，打开"Build Setting"窗口，把"OffScene_VR""OnScene_VR"两个场景文件拖到窗口中。注意顺序是"OffScene_VR"在前。如图7-262所示。

（38）到此，元宇宙幻想小镇VR端项目内容就制作完成了，切换到"OffScene_VR场景"，直接运行预览效果。效果如图7-263所示。

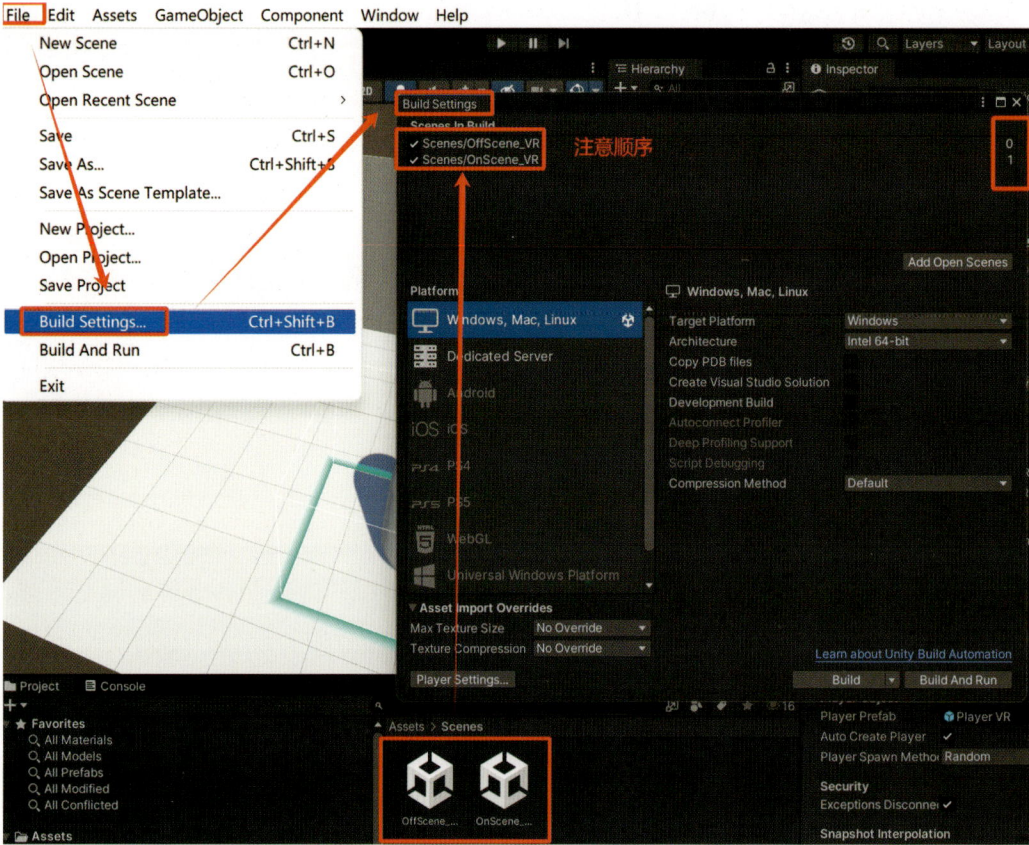

图7-262　在运行导出设置中添加导出场景

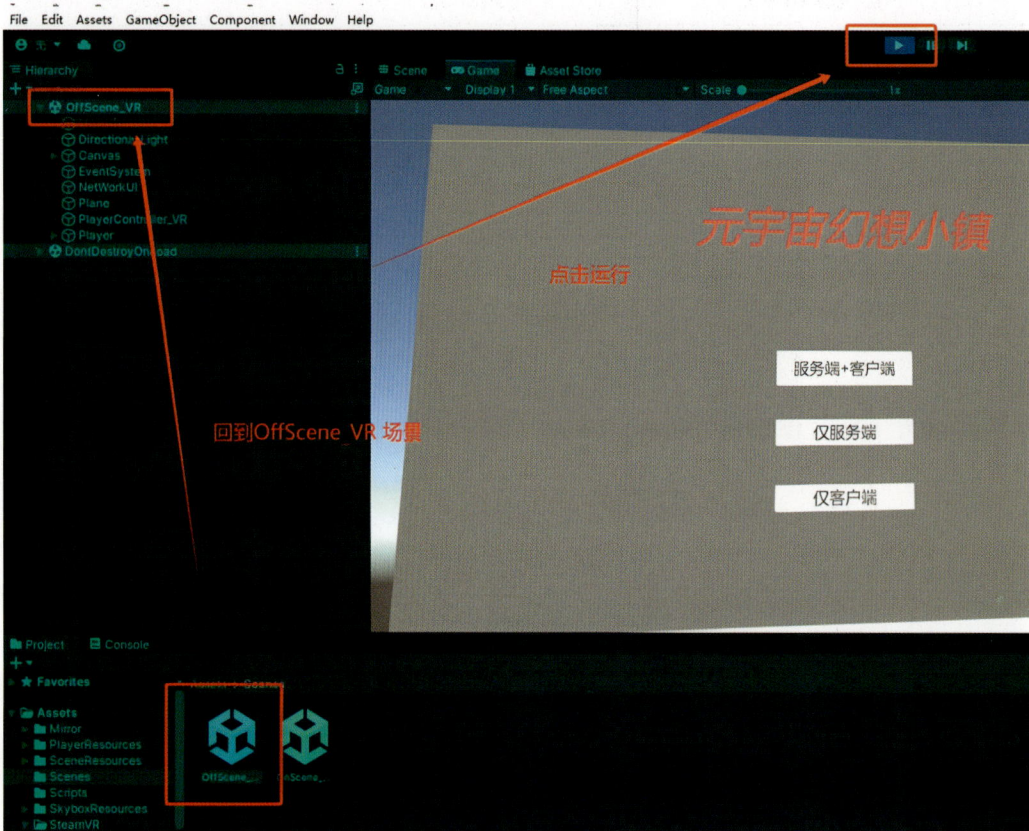

图7-263　VR端运行效果

项目总结

本项目主要学习如何在局域网内实现多人自由探索的虚拟小镇项目制作，帮助读者实现了玩家创造力的释放与共享。通过Unity引擎的强大功能，我们可以构建一个生动且互动性强的三维环境，支持多位玩家在同一局域网内无缝连接。项目亮点在于实现了玩家间的成果分享，玩家不仅能欣赏到彼此的创意作品，还能在局域网内协同漫游和聊天。希望读者在学习相关知识点和实践后，能掌握网络同步、场景加载等技术。今后可以创造出既富有创意又能多人互动的虚拟世界，为局域网游戏开发积累了宝贵经验。

课后作业

（1）在Unity项目中，要实现局域网内多人协同漫游，通常需要使用_____组件来处理网络通信。

（2）为了使玩家能够自由探索，需要为角色添加_____组件来控制移动。

（3）要实现局域网内的玩家同步，应优先考虑哪种网络架构？

　　A. 客户端–服务器模型　　　　B. 点对点模型　　　　C. 主从模型　　　　D. 无中心模型

（4）Unity的哪个功能允许开发者为不同分辨率的屏幕优化游戏视图？

　　A. Canvas Scaler　　　　B. Aspect Ratio Fitter　　　　C. Anchor Presets　　　　D. Resolution Dialog

（5）描述如何在Unity中创建一个新的三维场景，并添加一个漫游角色。

（6）描述怎么实现玩家间的成果分享功能？

中英文对照表（表7-5）

表 7-5　中英文对照表

英文单词	中文释义	英文单词	中文释义
Add Component	添加组件	Authority	权限
Bold and Italic	加粗斜体	BuildSettings	导出设置
Environment	环境	Font Style	字体风格
Fullscreen Mode	全屏模式	Handle	手柄
Network Animator	同步网络对象动画状态	NetworkManager	网络状态管理
Network Identity	网络物体标识	Network Transform	同步网络位置
Input Field	输入框	KCP Transport	网络传输协议
Perspective	透视		

参考文献

[1] 李佩芳. 元宇宙：变革新时代 [M]. 北京：电子工业出版社，2023.

[2] 夏月东. 元宇宙大时代——揭秘元宇宙新经济生态圈和时代机遇 [M]. 北京：中国水利水电出版社，2022.

[3] 于佳宁，何超. 元宇宙 [M]. 北京：中信出版集团出版社，2021.

[4] 曾焕强，陈婧，朱建清，施一帆，林琦.元宇宙导论 [M]. 北京：清华大学出版社，2024.

[5] 吴亚峰. Unity3D开发标准教程（第2版）[M]. 北京：人民邮电出版社，2023.

[6] 冀俊峰，元宇宙浪潮 [M]. 北京：清华大学出版社，2022.